Jander · Jahr
Maßanalyse

Jander · Jahr

Maßanalyse

Theorie und Praxis der Titrationen
mit chemischen und physikalischen
Indikationen

völlig neubearbeitet von

Gerhard Schulze und Jürgen Simon

14. Auflage

Walter de Gruyter
Berlin · New York 1986

Autoren

Professor Dr.-Ing. Gerhard *Schulze*
Technische Universität Berlin
Institut für Anorganische und Analytische Chemie
Straße des 17. Juni 135
D-1000 Berlin 12

Professor Dr. rer. nat. Jürgen *Simon*
Freie Universität Berlin
Institut für Anorganische und Analytische Chemie
Fabeckstraße 34/36
D-1000 Berlin 33

Chronologie

1. Auflage 1935
2. Auflage 1940
3. Auflage 1940
4. Auflage 1943
5. Auflage 1948
6. Auflage 1952
7. Auflage 1956
8. Auflage 1959
9. Auflage 1961
10. Auflage 1963
11. Auflage 1966
12. Auflage 1969
13. Auflage 1973
sechs unveränderte Nachdrucke

CIP-Kurztitelaufnahme der Deutschen Bibliothek

Jander, Gerhart:
Maßanalyse : Theorie u. Praxis d. Titrationen mit chem. u. physikal. Indikationen / Jander ; Jahr. Völlig neubearb. von Gerhard Schulze u. Jürgen Simon. - 14. Aufl. - Berlin ; New York : de Gruyter, 1986.
ISBN 3-11-009970-5
NE: Jahr, Karl Friedrich:; Schulze, Gerhard [Bearb.]

Printed in Germany.
Satz und Druck: Appl, Wemding
Bindung: Lüderitz & Bauer GmbH, Berlin
Einbandentwurf: Hansbernd Lindemann, Berlin

Vorwort

Das seit Jahrzehnten eingeführte Praktikumsbuch über die Maßanalyse von Gerhart Jander und Karl Friedrich Jahr wird mit der 14. Auflage in neuer Bearbeitung vorgelegt. Der Text wurde gegenüber den vorangegangenen Auflagen weitgehend umgestaltet. Dabei ist der modernen Entwicklung im Meßwesen und in der Gerätetechnik ebenso Rechnung getragen worden wie den Fortschritten in der wissenschaftlichen Erkenntnis und der Entwicklung der Methodik. Die Folgerungen, die sich aus der Anwendung des SI-Einheitensystems, dem Gesetz über Einheiten im Meßwesen und dem DIN-Normenwerk für die Maßanalyse ergeben, sind ausführlich dargestellt. Begriffe, wie Stoffmenge, molare Masse und Äquivalent, werden nach den neuen Definitionen benutzt und an Beispielen erläutert. Ihre frühere Bedeutung wird dargelegt, um den grundlegenden Wandel in der Bezeichnungsweise der quantitativen chemischen Analytik zu zeigen. Beibehalten wurde das, was sich in den zurückliegenden Jahren in der Praxis der Unterrichtslaboratorien bewährt hat.

Das Buch wendet sich an Studenten der Chemie im Haupt- und Nebenfach an Hochschulen und Fachhochschulen, an Studierende an Technischen Lehranstalten, an Schüler von Berufsschulen sowie an Chemotechniker, chemisch-technische und pharmazeutisch-technische Assistenten und Laboranten.

Unser Dank gilt Herrn Dr.-Ing. Rudolf Weber vom Verlag Walter de Gruyter und Herrn Dr. Wolfgang Paterno für seine Mitarbeit und seine wertvollen Ratschläge in Diskussionen.

Für Hinweise auf Fehler und Vorschläge für Verbesserungen sind wir dankbar.

Berlin, im September 1985 — Gerhard Schulze — Jürgen Simon

Inhaltsverzeichnis

1 Einführung und Grundbegriffe

Das Ziel einer quantitativen chemischen Analyse ist die Beantwortung der Frage, wieviel von einem gesuchten Stoff in einer Substanzprobe enthalten ist. Die Methoden, mit denen dieses Ziel erreicht wird, lassen sich in klassische und physikalische Analysenmethoden einteilen.

Als **klassische Methoden** werden hier diejenigen bezeichnet, bei denen nach einer chemischen Umsetzung eine Massen- oder eine Volumenbestimmung vorgenommen wird. Die Berechnung der Quantität des gesuchten Stoffes aus dem Meßwert erfolgt mit Hilfe von stöchiometrischen Umrechnungsfaktoren, die in einfacher Weise aus den molaren Massen der an der Reaktion beteiligten Stoffe abgeleitet werden können.

Bei den **physikalischen Methoden** dagegen wird eine konzentrationsabhängige physikalische Eigenschaft des gesuchten Stoffes gemessen und aus dem Wert der Meßgröße seine Konzentration bzw. seine Masse oder Stoffmenge errechnet. Der jeweilige Umrechnungsfaktor hängt von den chemischen, physikalischen und apparativen Versuchsbedingungen ab. Er wird nicht theoretisch abgeleitet, sondern durch Messungen an Lösungen bekannter Konzentration oder an Substanzproben mit bekannten Gehalten experimentell ermittelt. Da die Messungen spezielle Geräte erfordern, nennt man diese Analysenmethoden auch *instrumentelle Methoden*.

Den klassischen Bestimmungsmethoden liegen im wesentlichen zwei Analysenprinzipien zugrunde, das der

- **Gravimetrie** oder **Gewichtsanalyse**
  und das der
- **Titrimetrie** oder **Maßanalyse**[1)].

Gravimetrie und Titrimetrie

Das Analysenprinzip der Gravimetrie basiert auf der Bestimmung der Masse des Reaktionsproduktes einer Fällungsreaktion. Alle der Gravimetrie zuzuordnenden Bestimmungsverfahren sind grundsätzlich durch folgendes Vorgehen gekennzeichnet: Durch Zufügen einer geeigneten Reagenslösung zur Analysenlösung wird der zu bestimmende Stoff unter festgelegten Arbeitsbedingungen in eine schwerlösliche Verbindung übergeführt. Der Niederschlag wird abgetrennt und nach geeigneter Behandlung ausgewogen. Folgende *Voraussetzungen* müssen für den erfolgreichen Einsatz der Gravimetrie erfüllt sein:

[1] Der Ausdruck *Volumetrie* wird hier nicht als Synonym verwendet, da er alle Verfahren umfaßt, die auf einer Volumenmessung beruhen, einschließlich der zur Bestimmung von Gasen.

- Die Ausfällung muß quantitativ erfolgen, d.h. der aufgrund der geringen Löslichkeit des Reaktionsproduktes in der Lösung verbleibende Rest des zu bestimmenden Stoffes muß so klein sein, daß seine Masse unterhalb der Ablesbarkeit der benutzten Analysenwaage liegt.
- Der Niederschlag muß eine konstante und bekannte stöchiometrische Zusammensetzung aufweisen bzw. durch nachfolgende Operationen in eine Verbindung übergeführt werden können, die diese Bedingung erfüllt.
- Der Niederschlag muß eine genaue Massenbestimmung zulassen, d.h. er darf sich auf der Waage nicht verändern.

Beispiel: Das in einer Eisen(III)-Salzlösung enthaltene Eisen(III) soll auf gravimetrischem Wege bestimmt werden. Dazu wird die saure Probelösung zum Sieden erhitzt und unter Rühren tropfenweise mit Ammoniaklösung bis zum Überschuß versetzt. Es fällt ein brauner Niederschlag von Eisen(III)-oxidhydrat, $Fe_2O_3 \cdot xH_2O$, aus. Er wird durch Filtrieren von der Lösung abgetrennt und durch Auswaschen mit heißem, ammoniumnitrathaltigem Wasser von anhaftenden Begleitstoffen so weit wie möglich befreit. Die abgeschiedene Verbindung ist die **Fällungsform.** Sie erfüllt die erste der oben aufgeführten Forderungen. Wegen des schwankenden Wassergehaltes und des möglichen Vorhandenseins von basischen Salzen ist die Zusammensetzung jedoch nicht konstant. Durch Glühen im Porzellantiegel wird der Niederschlag in die **Wägeform** übergeführt, die auch den anderen beiden Forderungen genügt. Es entsteht beim Glühen Eisen(III)-oxid, Fe_2O_3, das stöchiometrisch zusammengesetzt ist und weder Wasser noch Kohlenstoffdioxid aus der Luft anzieht. Es läßt sich bequem und exakt zur Wägung bringen. Aus der Masse des Eisen(III)-oxids, $m(Fe_2O_3)$, wird mit Hilfe des stöchiometrischen Faktors F die Masse des gesuchten Bestandteiles Eisen, $m(Fe)$, berechnet:

$$m(\mathrm{Fe}) = F \cdot m(\mathrm{Fe_2O_3})$$
$$F = \frac{2\,M(\mathrm{Fe})}{M(\mathrm{Fe_2O_3})}.$$

Den Faktor F erhält man aus den molaren Massen von Eisen, $M(\mathrm{Fe}) = 55{,}847$ g/mol, und von Eisen(III)-oxid, $M(\mathrm{Fe_2O_3}) = 159{,}692$ g/mol zu $F = 0{,}6994$.

Um bei einer gravimetrischen Bestimmung die quantitative Abscheidung des zu bestimmenden Stoffes zu erreichen, muß das jeweilige Reagens im Überschuß angewendet werden. Das ist ein Charakteristikum gravimetrischer Verfahren.

Das Analysenprinzip der Titrimetrie beruht auf der Messung des Volumens einer Reagenslösung bekannter Konzentration, die man als **Maßlösung** bezeichnet. Von dem Reagens wird bei den titrimetrischen Verfahren der Analysenlösung (Probelösung) nur soviel in Form der Maßlösung[1)] hinzugefügt, wie für die chemische Umsetzung des zu bestimmenden Stoffes gerade erforderlich ist, d.h. die äquivalente Stoffmenge. Aus dem Volumen der Maßlösung, das bis zum Errei-

[1] Die in der Literatur anzutreffenden Bezeichnungen *Titrand* für Probelösung und *Titrant, Titrator,* auch *Titrans* für Maßlösung werden wegen der Verwechslungsmöglichkeiten hier nicht verwendet.

chen dieses Punktes (**Äquivalenzpunkt**, theoretischer oder stöchiometrischer Endpunkt) benötigt wird, und ihrer Konzentration, die allerdings genau bekannt sein muß, läßt sich bei Kenntnis des Reaktionsablaufs die Masse des gesuchten Stoffes berechnen. Den gesamten Vorgang bezeichnet man als **Titration.**

Beispiel: Es soll das in einer schwefelsauren Lösung von Eisen(II)-sulfat enthaltene Eisen(II) durch eine Titration bestimmt werden. Dazu läßt man in die Analysenlösung eine Kaliumpermanganatlösung einfließen. Die Eisen(II)-Ionen werden von den Permanganationen zu Eisen(III)-Ionen oxidiert, während gleichzeitig die violetten Permanganationen zu nahezu farblosen Mangan(II)-Ionen reduziert werden:

$$5Fe^{2+} + MnO_4^- + 8H^+ \rightarrow 5Fe^{3+} + Mn^{2+} + 4H_2O.$$ [1)]

Sobald die gegen Ende der Titration langsam eintropfende Permanganatlösung praktisch alle Eisen(III)-Ionen oxidiert hat, wird der nächste Tropfen der Reagenslösung nicht mehr entfärbt, so daß die titrierte Lösung rosafarben erscheint. Damit ist der Endpunkt der Titration erreicht, die Umsetzung ist quantitativ erfolgt. Die Kaliumpermanganatlösung wird aus einer geeigneten Vorrichtung, einer Bürette, zugegeben, an der man das bis zum Endpunkt der Titration verbrauchte Volumen ablesen kann. Aufgrund der oben angegebenen Reaktionsgleichung läßt sich aus dem Volumen der Maßlösung in ml, $V(\mathrm{M})$, und ihrer Konzentration die gesuchte Masse des Eisens in mg, $m(\mathrm{Fe})$, nach

$$m(\mathrm{Fe}) = F \cdot V(\mathrm{M})$$

berechnen. Der Faktor F (herkömmlich als *maßanalytisches Äquivalent* bezeichnet) in mg/ml ergibt sich aus der molaren Masse des Eisens und der Stoffmengenkonzentration der Permanganatlösung, beide bezogen auf Äquivalente. Die beiden Größen lassen sich in einfacher Weise aus den molaren Massen der miteinander umgesetzten Stoffe mit Hilfe der Äquivalentzahlen berechnen, die der Reaktionsgleichung zu entnehmen sind (vgl. S. 57).

Maßanalytische Bestimmungen sind an folgende drei *Voraussetzungen* geknüpft:

- Die der Titration zugrunde liegende chemische Reaktion muß schnell, quantitativ und eindeutig in der Weise ablaufen, wie die Reaktionsgleichung angibt.
- Es muß möglich sein, eine Reagenslösung definierter Konzentration herzustellen oder die Konzentration der Lösung auf geeignetem Wege exakt zu bestimmen.
- Der Endpunkt der Titration muß deutlich zu erkennen sein. Er soll mit dem Äquivalenzpunkt, an dem gerade die der Stoffmenge des gesuchten Stoffes äquivalente Reagensmenge zugefügt wurde, zusammenfallen oder zumindest ihm sehr nahe kommen.

[1] Die Hydratation der Wasserstoffionen (vgl. S. 71, Anm. 1) ist hier nicht von Bedeutung und wird daher nicht berücksichtigt.

Die dritte Forderung verlangt in der Regel zusätzliche Maßnahmen, denn nur in wenigen Fällen ist der Titrationsendpunkt so leicht zu erkennen wie in dem beschriebenen Beispiel, in dem die Reagenslösung eine starke Eigenfarbe aufweist, die während der Umsetzung verschwindet. Oft wird der Endpunkt durch Zusatz eines **Indikators** kenntlich gemacht. Darunter versteht man einen Hilfsstoff, den man der Titrationslösung zusetzt und der durch eine auffällige visuelle Veränderung (Farbumschlag, Auftreten oder Verschwinden einer Trübung oder Fluoreszenz) das Ende der Titration anzeigt.

Der Punkt, an dem die Änderung erkennbar ist, stellt den experimentellen oder praktischen Endpunkt der Titration dar. Im Idealfall sollten dieser Endpunkt und der Äquivalenzpunkt identisch sein. In der Praxis tritt jedoch oft eine Abweichung auf, die als **Titrationsfehler** bezeichnet wird (vgl. S. 106). Durch geeignete Wahl des Indikators sollte der Fehler möglichst klein gehalten werden.

Eine weitere Möglichkeit zur Auffindung des Titrationsendpunktes besteht darin, **physikalische Meßmethoden** einzusetzen. Ihre Bedeutung hat in den letzten Jahrzehnten ständig zugenommen. Dadurch wurden die Anwendungsmöglichkeiten der Maßanalyse in vielerlei Hinsicht beträchtlich erweitert.

Die Benutzung der Waage in der Gravimetrie ist augenfällig; doch auch der Maßanalyse liegen - trotz der Ausführung von Volumenmessungen - Wägungen zugrunde. Abgesehen davon, daß die Probe oft nicht von vornherein als Lösung vorliegt, so daß eine bestimmte Substanzportion abgewogen und daraus die Analysenlösung bereitet werden muß, benötigt man die Waage zur Herstellung der Maßlösungen.

Friedrich Mohr (1806–1879), der sich um die Entwicklung der Maßanalyse sehr verdient gemacht hat, charakterisierte diese Eigentümlichkeit der Titrimetrie in der Einleitung zu seinem klassischen *Lehrbuch der chemisch-analytischen Titrirmethode* (1855) mit folgenden Worten: „Titrieren ist eigentlich ein Wägen ohne Waage, und dennoch sind alle Resultate im Sinne des Ausspruchs der Waage verständlich. In letzter Instanz bezieht sich alles auf eine Wägung. Man macht jedoch nur eine Wägung, wo man sonst viele zu machen hatte. Die Genauigkeit der einen Normalwägung ist in jedem mit der so bereiteten Flüssigkeit gemachten Versuche wiederholt. Mit einem Liter Probeflüssigkeit[1)] kann man mehrere hundert Analysen machen. Die Darstellung von zwei und mehr Litern Probeflüssigkeit[1)] erfordert aber nicht mehr Zeit und nicht mehr Wägungen als die von einem Liter. Man wägt also, wenn man Zeit und Muße hat, im voraus und gebraucht die Wägungen, wenn man untersucht."

Aus dem Zitat wird ersichtlich, daß die maßanalytischen Bestimmungsverfahren gegenüber den gravimetrischen den großen Vorteil der Zeitersparnis aufweisen, der besonders zur Geltung kommt, wenn gleichartige Analysen häufig durchgeführt werden müssen.

[1] hier im Sinne von Maßlösung; vgl. S. 2

Einteilung der Titrationen

Die Gliederung der maßanalytischen Bestimmungsverfahren läßt sich nach verschiedenen Gesichtspunkten vornehmen.

Reaktionstyp. Nach der Art der chemischen Reaktion, die bei der titrimetrischen Bestimmung abläuft, unterscheidet man vier Gruppen:

- *Säure-Base-Titrationen,* bei denen Protonenübertragungen von der Säure zur Base stattfinden,
- *Fällungstitrationen,* bei denen eine schwerlösliche Verbindung entsteht, die als Niederschlag ausfällt,
- *Komplexbildungstitrationen,* bei denen Ionen sich mit Ionen oder Molekülen zu löslichen, wenig dissoziierten Komplexen vereinigen,
- *Redoxtitrationen,* bei denen Elektronenübertragungen vom Reduktionsmittel zum Oxidationsmittel erfolgen.

Die Verfahren, die den ersten drei Gruppen zuzuordnen sind, beruhen auf der Kombination von Ionen oder von Ionen und Molekülen; die Oxidationszahlen der Reaktionspartner ändern sich dabei nicht. Die Verfahren der letztgenannten Gruppe dagegen sind durch eine Änderung der Oxidationszahlen der beteiligten Stoffe gekennzeichnet.

Endpunkterkennung. Man kann unterscheiden zwischen

- *chemischer Indikation* des Endpunktes (visueller Indikation) und
- *physikalischer Indikation* des Endpunktes (instrumenteller Indikation).

Im ersten Fall wird in der Regel ein Farbindikator zugesetzt, dessen Farbe sich am Titrationsendpunkt ändert. Ist die Reagenslösung farbig, kann auf den Farbindikator verzichtet werden *(sich selbst indizierende Titration).* Im zweiten Fall wird aus der Änderung einer physikalischen Meßgröße auf den Endpunkt geschlossen. Diese Art der Indikation hat mit der Entwicklung der physikalischen Analysenmethoden in steigendem Maße an Bedeutung gewonnen. Nach der Art der Meßgröße, die zur Anzeige des Endpunktes benutzt wird, läßt sich weiter unterteilen in optische, elektrische, thermische und radiometrische Indikationsverfahren.

Titrationsart. Nach der Vorgehensweise bei einer Titration kann man folgende Einteilung vornehmen:

1\. *Direkte Titration:* Probe- und Reagenslösung werden unmittelbar miteinander umgesetzt.

1.1. *Direkte Titration im engeren Sinn:* Die Probelösung wird vorgelegt, mit der Reagenslösung wird titriert.

1.2. *Inverse Titration:* Ein abgemessenes Volumen der Reagenslösung wird vorgelegt, mit der Probelösung wird titriert.

2\. *Indirekte Titration:* Der zu bestimmende Stoff wird vor der Titration chemisch umgesetzt.

2.1. *Rücktitration:* Der Probelösung wird ein definiertes Volumen an Reagenslösung im Überschuß zugesetzt. Nach erfolgter Reaktion wird der nicht verbrauchte Teil der Reagenslösung mit einer zweiten Reagenslösung titriert.

2.2. *Indirekte Titration im engeren Sinn:* Der zu bestimmende Stoff wird in einer stöchiometrisch ablaufenden Reaktion zu einer definierten Verbindung umgesetzt und diese titrimetrisch bestimmt.

2.3. *Substitutionstitration:* Zur Probelösung wird eine Substanz gegeben, mit der der zu bestimmende Stoff unter Freisetzung eines Bestandteiles der zugesetzten Substanz in stöchiometrischer Weise reagiert. Der freigesetzte Bestandteil wird dann durch direkte Titration bestimmt.

Läßt sich die Titration auf direktem Wege nicht durchführen, weil entweder die Reaktion zu langsam abläuft oder weil Nebenreaktionen auftreten oder weil der Endpunkt nicht gut indiziert werden kann, so gelangt man oft auf indirekte Weise zum Ziel.

Nach der Art der Endpunkterkennung erfolgte die Einteilung dieses Buches in die Kap. 3 und 4. Kap. 3 wurde nach den vier Reaktionstypen untergliedert. Auf die Titrationsart wird bei den Analysenverfahren hingewiesen.

2 Praktische Grundlagen der Maßanalyse

In der Titrimetrie werden Maßlösungen üblicherweise durch Abwägen einer bestimmten Stoffportion, Auflösen und Auffüllen auf ein definiertes Volumen hergestellt. Gelöste Proben werden im allgemeinen nach dem Volumen vorgegeben. Die zur Umsetzung der zu bestimmenden Stoffe erforderlichen Reagenslösungen werden in der Regel volumetrisch ermittelt. Der *Volumenmessung* kommt daher eine besondere Bedeutung zu.

Im *Internationalen Einheitensystem* (Système International d'Unités, SI) ist die *Einheit des Volumens* das Kubikmeter (m^3). Übliche Bruchteile dieser Einheit sind Kubikdezimeter ($1\ dm^3 = 10^{-3}\ m^3$), Kubikzentimeter ($1\ cm^3 = 10^{-6}\ m^3$) und Kubikmillimeter ($1\ mm^3 = 10^{-9}\ m^3$). Für das Kubikdezimeter ist als besonderer Name das *Liter* (l) eingeführt [40-45]. In der analytischen Chemie wird das Volumen häufig in Untereinheiten des Liters angegeben, in Milliliter ($1\ ml = 10^{-3}\ l$) und Mikroliter ($1\ \mu l = 10^{-6}\ l$).

Nicht immer waren in der historischen Entwicklung des Meßwesens Kubikdezimeter und Liter gleich groß. Als das metrische System eingeführt werden sollte, schlug 1790 eine im Auftrage der Französischen Nationalversammlung arbeitende Gelehrtenkommission vor, die Längeneinheit der Natur zu entlehnen und die Masseneinheit damit zu verknüpfen. 1795 wurde als *Grundeinheit der Länge* das *Meter* gewählt und als der vierzigmillionste Teil des durch die Sternwarte von Paris gehenden Erdmeridians festgelegt. Von der Längeneinheit wurde die *Einheit der Masse* abgeleitet und als *Kilogramm* bezeichnet. Man definierte 1 Kilogramm als die Masse eines Kubikdezimeters reinen, luftfreien Wassers bei 4 °C, der Temperatur seiner größten Dichte, unter normalem Druck ($1\ atm = 760\ Torr = 1{,}01325 \cdot 10^5\ Pa$). Der Raum, den ein Kilogramm Wasser unter den genannten Bedingungen einnimmt, erhielt den Namen *Liter.*

Nach den Längenmessungen am Meridian wurden zur Verkörperung von Meter und Kilogramm *Prototype* aus Platinschwamm in Stab- bzw. Zylinderform hergestellt und 1799 von der französischen Regierung als Basiseinheiten bestätigt. Diese als *Urmeter* und *Urkilogramm* bezeichneten Normale (Etalons) wurden 1889 durch vollkommenere Prototype aus einer Platin-Iridium-Legierung (90% Pt, 10% Ir) ersetzt. Sie werden als internationale Standards beim Bureau International des Poids et Mesures im Pavillon de Breteuil in Sèvres bei Paris aufbewahrt. Weitere Prototype erhielten 1889 diejenigen Länder, die der 14 Jahre zuvor unterzeichneten *Internationalen Meterkonvention,* einem zwischenstaatlichen Vertragswerk über das Meßwesen, beigetreten waren.

Nach Anfertigung der ersten Platin-Prototype hatten Messungen von Bessel 1840 ergeben, daß der Erdmeridian etwas länger ist als bei der ursprünglichen Meterdefinition zugrundegelegt worden war, so daß die Verkörperung des Meters um Bruchteile eines Millimeters zu kurz war. Man behielt aber die Meterdefinition nach dem Prototyp bei, gab damit allerdings die Vorstellung auf, daß die Längeneinheit ein Naturmaß sein soll.[1] Ähnlich verhielt es sich mit der Einheit der Masse. Durch spätere Untersuchungen wurde nachgewiesen, daß der Kilogramm-Prototyp um 28 mg zu schwer ausgefallen war, daß ein Kilogramm Wasser nicht genau den Raum von einem Kubikdezimeter, sondern ein etwas größeres Volumen ausfüllt. Man behielt viele Jahre die auf die Masseneinheit bezogene Literdefinition bei (1 kg Wasser nimmt das Volumen von 1 l ein) und legte fest, daß 1 l = 1,000028 dm^3 ist.

Im Jahre 1964 schließlich wurde von der 12. Generalkonferenz für Maß und Gewicht (Conférence Général des Poids et Mesures, CGPM) beschlossen, die bisher geltende Literdefinition zu verwerfen und Kubikdezimeter und Liter gleichzusetzen. Die Volumeneinheit Liter wurde damit auf die Länge und nicht mehr auf die Masse bezogen. Seit 1965 gilt somit: 1 l = 1 dm^3. Verbunden wurde mit dieser Entscheidung die Empfehlung, die Einheit Liter für Messungen hoher Präzision (relative Meßunsicherheit $< 5 \cdot 10^{-5}$ bzw. $5 \cdot 10^{-3}$%) nicht zu verwenden. Damit sollen mögliche Unklarheiten vermieden werden, die sich aus der Frage ergeben, ob Liter nach der alten oder nach der neuen Definition gemeint ist. Auf die Erfordernisse der Titrimetrie wirkt sich diese Empfehlung jedoch nicht aus.

2.1 Geräte zur Volumenmessung

2.1.1 Meßgeräte

Die zur Maßanalyse verwendeten Volumenmeßgeräte werden in der Regel aus Glas gefertigt, für spezielle Anwendungszwecke sind auch Gefäße aus Kunststoff erhältlich. Die für die Herstellung benutzten Glassorten sind in ihren chemischen und physikalischen Eigenschaften den besonderen Anforderungen im Laboratorium angepaßt. Man unterscheidet zwischen chemisch resistenten Gerätegläsern auf Alkali-Erdalkali-Silicat-Basis und relativ hohen Ausdehnungskoeffizienten und den Borosilicatgläsern mit hoher chemischer Beständigkeit und wesentlich kleineren Ausdehnungskoeffizienten. Gläser der ersten Gruppe werden für thermisch weniger beanspruchte Geräte verwendet. Als Beispiel ist das *AR-Glas*[2] zu nennen, dessen Längenausdehnungskoeffizient $\alpha = 9{,}5 \cdot 10^{-6} K^{-1}$ ist. Von den Borosilicatgläsern diente lange Zeit das *Geräteglas 20*[2] zur Herstellung von Laborgeräten. Es ist heute weitgehend durch das Glas *Duran 50*[2] verdrängt worden.

[1] 1960 (11. CGPM) wurde das Meter als das 1650763,73-fache der Wellenlänge der von Atomen des Nuklids ^{86}Kr beim Übergang vom Zustand $5d_5$ zum Zustand $2p_{10}$ ausgesandten, sich im Vakuum ausbreitenden Strahlung definiert, und seit 1983 (17. CGPM) beruht die Definition auf der Festlegung des Wertes für die Lichtgeschwindigkeit auf exakt 299792458 m/s: Das Meter ist die Länge der Strecke, die Licht im leeren Raum während des Intervalls von (1/299792458) Sekunden durchläuft.

[2] Eingetragene Warenzeichen der Firma Schott Glaswerke, Mainz

Der Längenausdehnungskoeffizient des Geräteglases 20 ist $\alpha = 4{,}9 \cdot 10^{-6} K^{-1}$, der von Duran 50 beträgt $\alpha = 3{,}2 \cdot 10^{-6} K^{-1}$ [46]. Durch die minimale Wärmeausdehnung von Duran 50 ist auch eine hohe Temperaturwechselbeständigkeit bedingt. Gegen Wasser, neutrale und saure Lösungen, auch konzentrierte Säuren und Säuregemische sowie gegen Chlor, Brom, Iod und organische Substanzen ist das Glas sehr beständig. Wasser und Säuren lösen nur in geringem Maße vorwiegend einwertige Ionen aus dem Glas. Dadurch bildet sich auf der Oberfläche eine sehr dünne, porenarme Kieselgelschicht aus, die den weiteren Angriff hemmt. Flußsäure jedoch sowie heiße Phosphorsäure und alkalische Lösungen greifen das Glas in steigendem Maße mit zunehmender Konzentration und Temperatur an.

Da man bei maßanalytischen Arbeiten unterschiedlichste Flüssigkeitsvolumina abzumessen hat, benötigt man Meßgeräte verschiedener Größe und Gestalt. Je nach Verwendungszweck benutzt man hauptsächlich vier Arten: *Meßkolben, Meßzylinder, Pipetten* und *Büretten.*

Die Gefäße tragen Markierungen bzw. Graduierungen aus Email- oder Diffusionsfarben, die dauerhaft mit der Glasoberfläche verbunden und chemisch resistent sind.

Man unterscheidet grundsätzlich zwei Arten von Meßgeräten, solche, die auf **Einguß**, und solche, die auf **Ablauf** (Ausguß) justiert sind.

Bei einem auf Einguß justierten Gefäß begrenzt die Marke genau das abzumessende Volumen, d.h. nach dem Auffüllen bis zur Marke ist ein definiertes Volumen in dem Gefäß enthalten. Gießt man die Flüssigkeit aus, so bleibt infolge der Benetzung der Gefäßwand stets ein kleiner Rest an der Wandung haften. Die vollständige Entnahme der abgemessenen Flüssigkeit aus dem Gefäß ist daher nicht möglich.

Ein auf Ablauf justiertes Gefäß gestattet, ein definiertes Flüssigkeitsvolumen zu entnehmen. Der Raum zwischen zwei Marken oder zwischen einer Marke und der Ablaufspitze des Meßgerätes übertrifft das abzumessende Volumen gerade um soviel, wie nach dem Ablaufen an der Glaswand und gegebenenfalls in der Ablaufspitze hängenbleibt. Da bei der Justierung eines solchen Gerätes der verbleibende Flüssigkeitsrest berücksichtigt wurde, ist ein etwas größeres Volumen als das angegebene Nennvolumen darin enthalten.

Die Art der Justierung ist auf dem Gefäß angegeben. Die Kennzeichnung lautete früher *E (Einguß)* oder *A (Ablauf oder Ausguß),* heute erfolgt sie durch **In** bzw. **Ex**.

Für Arbeiten mit lichtempfindlichen Substanzen sind Meßgefäße aus *braunem Glas* erhältlich. Dieses weist eine starke Lichtabsorption im kurzwelligen Bereich auf; die Absorptionskante liegt etwa bei der Wellenlänge 500 nm.

Meßkolben

Meßkolben sind langhalsige Standkolben (Abb. 2-1), die mit Bördelrand ohne Stopfen, mit Schliff und Stopfen sowie auch mit Gewinde und Schraubkappe gefertigt werden. In der Maßanalyse verwendet man vorwiegend Meßkolben, die mit einem Stopfen aus wenig elastischem Kunststoff (z. B. Polyethylen) flüssigkeitsdicht verschließbar sind. Kunststoffstopfen werden gegenüber Glasstopfen bevorzugt, sie schützen den Kolben beim Umfallen vor Bruch.

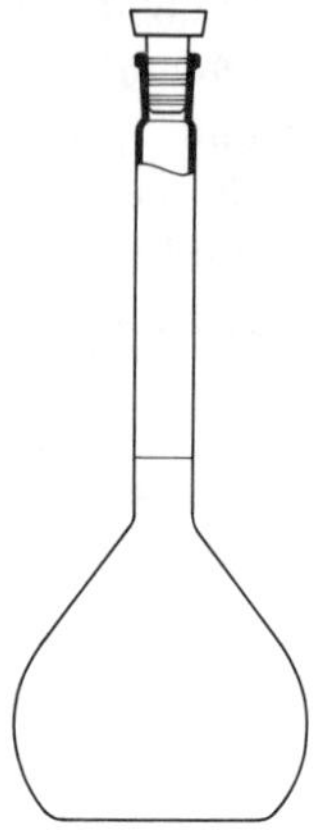

Abb. 2-1 Meßkolben

Das Volumen wird durch eine um den Kolbenhals gezogene *Ringmarke* von maximal 0,4 mm Strichdicke abgegrenzt. Die Justierung erfolgt auf Einguß (In) für die Bezugstemperatur 20 °C. Das Nennvolumen ist dann im Kolben enthalten, wenn der tiefste Punkt des Flüssigkeitsmeniskus sowie der obere Rand des vorderen und des rückwärtigen Teils der Ringmarke in einer Ebene liegen. Um eine solche parallaxenfreie Ablesung vornehmen zu können, muß sich der Meniskus in Augenhöhe befinden.

Über die im Handel befindlichen *Größen der Meßkolben* gibt Tab. 2-1 Auskunft. Da der Ablesefehler bei der Volumenabmessung von der Halsweite des Kolbens abhängt, schreibt das Deutsche Institut für Normung (DIN) für jede Kolbengröße eine bestimmte Halsweite vor[1)]. Vorschriften bestehen ebenfalls für den Mindestdurchmesser des Kolbens und des Bodens (Standfläche). Auch der Abstand zwischen Ringmarke und Halsansatz, die Gesamthöhe und die Wanddicke sind genormt [47]. Die Kegelhülse für den Stopfen ist ein Normschliff [48], die Stopfen werden normgerecht gefertigt [49].

Hinsichtlich der Fehlergrenzen werden zwei *Genauigkeitsklassen* unterschieden: Die **Klasse A** mit engen Fehlergrenzen entspricht der Deutschen Eichordnung, für die **Klasse B** sind die Fehlergrenzen doppelt so groß. Die größten zulässigen Abweichungen vom Nennvolumen sind in Tab. 2-1 enthalten. Die meisten Laborglashersteller fertigen neben den eichfähigen Meßgefäßen der Klasse A solche, die kleinere Toleranzen aufweisen als für die Klasse B vorgeschrieben sind. Sie liegen innerhalb der 1,5fachen Fehlergrenzen der Klasse A.

[1] Die früheren Meßkolbenausführungen (Enghals- und Weithalskolben) mit unterschiedlichen Fehlergrenzen sind von dieser international vereinbarten Form abgelöst worden.

Tab. 2-1 Meßkolben und ihre Fehlergrenzen

Nenn-volumen	maximal zulässiger Volumenfehler			
	Klasse A		Klasse B	
in ml	in ml	in %	in ml	in %
5	±0,025	±0,5	±0,05	±1,0
10	±0,025	±0,25	±0,05	±0,5
20[1)]	±0,04[2)]	±0,20	±0,06[3)]	±0,3
25	±0,04	±0,16	±0,08	±0,32
50	±0,06	±0,12	±0,12	±0,24
100	±0,1	±0,10	±0,2	±0,20
200	±0,15	±0,075	±0,3	±0,15
250	±0,15	±0,06	±0,3	±0,12
500	±0,25	±0,05	±0,5	±0,10
1000	±0,4	±0,04	±0,8	±0,08
2000	±0,6	±0,03	±1,2	±0,06
5000[1)]	±1,2[2)]	±0,024	±1,8[3)]	±0,036

[1] nicht nach DIN
[2] nach der Deutschen Eichordnung, Anlage 12
[3] Herstellerangaben

Die Fehlergrenzen gelten für Wasser mit der Bezugstemperatur 20 °C

Die *Beschriftung* des Kolbens (Abb. 2-2) soll folgende Angaben enthalten:
1. Das Verbandszeichen DIN,
2. den Kennbuchstaben der Genauigkeitsklasse (A oder B),
3. das Justierzeichen In und die Bezugstemperatur (20 °C),
4. den Zahlenwert für den Nenninhalt mit Einheitenzeichen (z. B. 250 ml),
5. den Namen oder das Warenzeichen des Herstellers.

Der zulässige Fehler (z. B. ±0,15 ml) kann vermerkt werden.

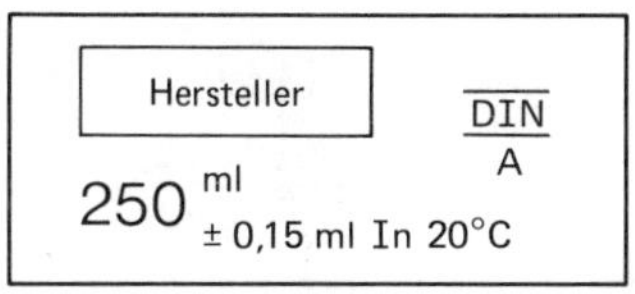

Abb. 2-2 Meßkolbenaufschrift

Meßkolben werden hauptsächlich zur Herstellung von Reagenslösungen bestimmter Konzentration sowie zum Verdünnen von Lösungen auf ein definiertes Volumen verwendet. Letzteres ist erforderlich, wenn für die Analyse nicht die gesamte Probelösung eingesetzt werden soll, sondern nur ein aliquoter Teil.

Für besondere Anwendungszwecke sind *Meßkolben aus Kunststoff* in ausgewählten Größen (25, 50, 100, 250, 500 ml) im Handel erhältlich. Die aus Polypropylen hergestellten Kolben sind hinreichend durchscheinend für das Erkennen der Stellung des Meniskus an der Marke. Kolben aus Polymethylpenten sind durchsichtig. Kunststoffkolben gehören der Genauigkeitsklasse B an. Da die Oberfläche nicht benetzt wird, können diese auf Einguß (In) justierten Kolben auch für Ausguß (Ex) verwendet werden.

Meßzylinder

Diese Meßgeräte sind Standzylinder mit Fuß und Ausgußvorrichtung, die mit einer Volumenskala versehen sind (Abb. 2-3). Sie sind ebenfalls auf Einguß (In) justiert. Mit einem Meßzylinder lassen sich verschiedene Volumina abmessen; allerdings ist die Abmessung weniger genau. Nach [50] werden Meßzylinder nicht nach Genauigkeitsklassen A und B unterschieden, sondern nach der Ausführung der Teilung. Meßzylinder mit *Strichteilung* haben doppelt so große Fehlergrenzen wie solche, die an den Hauptpunkten eine *Ringteilung* tragen. Nach der Deutschen Eichordnung werden engere Fehlertoleranzen gefordert (Tab. 2-2). Außer der Gesamthöhe sind die Innenhöhe vom Boden bis zum obersten Teilstrich und der Abstand vom oberen Skalenende bis zum oberen Rand genormt.

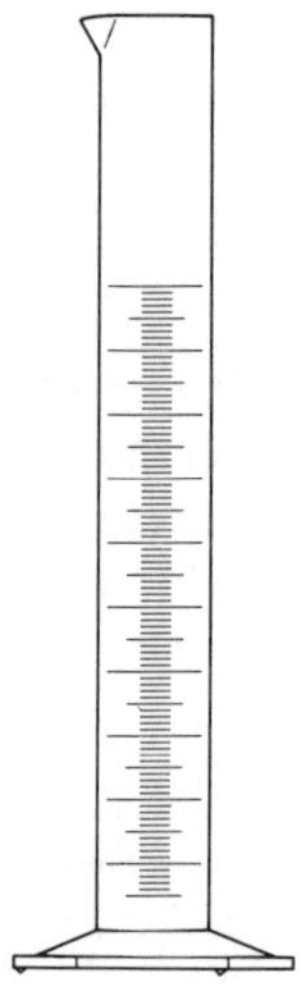

Abb. 2-3 Meßzylinder

Die Größe des Meßzylinders wählt man nach dem abzumessenden Volumen. Für kleine Volumina sind keine großen Meßzylinder zu benutzen, weil der Ablesefehler mit dem Durchmesser des Zylinders zunimmt. So soll der Meßzylinder mindestens zu ⅕ seines Nennvolumens gefüllt sein, damit der relative Fehler keine zu großen Werte annimmt.

Gießt man ein abgemessenes Volumen aus einem Meßzylinder aus, so ist folgendes zu beachten: Für Meßzylinder mit Strichteilung liegt das ausgegossene Volumen annähernd innerhalb der Fehlergrenzen nach Tab. 2-2, wenn bei schräggehaltenem Zylinder nach dem Auslaufen eine Wartezeit von 30 s eingehalten

Tab. 2-2 Meßzylinder und ihre Fehlergrenzen

Nenninhalt in ml	Unterteilung in ml	maximal zulässiger Volumenfehler		
		1 in ml	2 in ml	3 in ml
5	0,1	±0,04	± 0,05	± 0,1
10	0,1	±0,04		
10	0,2		± 0,1	± 0,2
25	0,5	±0,2	± 0,25	± 0,5
50	0,5	±0,2		
50	1,0		± 0,5	± 1
100	1,0	±0,25	± 0,5	± 1
250	2,0	±0,5	± 1,0	± 2
500	5,0	±1,25	± 2,5	± 5
1000	10,0	±2,5	± 5,0	±10
2000	20,0	±5,0	±10,0	±20

1 nach der Deutschen Eichordnung
2 nach DIN 12680 Teil 2 (Meßzylinder mit Hauptpunkte-Ringteilung)
3 nach DIN 12680 Teil 1 (Meßzylinder mit Strichteilung)

Die Fehlergrenzen gelten für Wasser mit der Bezugstemperatur 20 °C

wird. Für Meßzylinder mit Ringteilung in den Hauptpunkten ist unter den gleichen Bedingungen das entnommene Volumen um die Hälfte der Fehlergrenze kleiner als das vorher im Zylinder abgemessene Volumen. Meßzylinder aus Kunststoff sind wegen der fehlenden Benetzung für Ein- und Ausguß verwendbar.

Meßzylinder ohne Ausgußvorrichtung mit Schliffstopfen werden als *Mischzylinder* bezeichnet [51].

Pipetten

Pipetten sind Saugrohre aus Glas, die am unteren Ende in eine Spitze auslaufen. Ihr Rauminhalt ist durch ein oder mehrere Marken bezeichnet, so daß ein definiertes Flüssigkeitsvolumen durch Aufsaugen und Ausfließenlassen abgemessen werden kann. Die Justierung erfolgt auf Ablauf (Ex). Man unterscheidet *Vollpipetten* und *Meßpipetten.*

Vollpipetten (Abb. 2-4) sind in der Mitte zylindrisch erweiterte Glasrohre, die am oberen Rohrteil eine *Ringmarke* tragen. Sie erlauben die Abmessung eines bestimmten Volumens, das auf der zylindrischen Erweiterung angegeben ist.

Die handelsüblichen *Größen der Vollpipetten* sind in Tab. 2-3 aufgeführt. Um die Volumenabmessungen möglichst gut reproduzierbar durchführen zu können, sind in den Deutschen Normen Richtlinien über Abmessung und Handhabung vorgegeben [52]. Sie beziehen sich auf die Durchmesser des Rohres und des zylindrischen Körpers, seine Länge sowie die Länge des oberen Saug- und des unteren Ablaufrohres, die Gesamtlänge der Pipette, die Lage der Ringmarke sowie auf

Abb. 2-4 Vollpipette

Länge, Durchmesser und Neigungswinkel der Auslaufspitze. Die Einteilung erfolgt wie bei den Meßkolben in zwei *Genauigkeitsklassen*. Für Pipetten der **Klasse A** ist die Ablaufzeit für die Flüssigkeit durch Verengung der Spitzenöffnung so verlängert, daß während des Ablaufs bereits das Nachlaufen der Flüssigkeit an der Pipettenwandung erfolgt. Ihre Fehlergrenzen entsprechen den Vorschriften der Deutschen Eichordnung. Pipetten der **Klasse B** haben erheblich kürzere Ablaufzeiten und doppelt so große Fehlergrenzen. Nach dem Ablauf sind bei den Pipetten beider Klassen *keine Wartezeiten* einzuhalten. Auch hier werden neben den eichfähigen Geräten der Klasse A Pipetten angeboten, deren Fehlergrenzen innerhalb der 1,5fachen Werte für die Klasse A liegen, die also kleinere Toleranzen aufweisen als für Pipetten der Klasse B einzuhalten sind.

Tab. 2-3 Vollpipetten und ihre Fehlergrenzen

Nenn-volu-men in ml	Klasse A			Klasse AS			Klasse B		
	max. Fehler		Ablauf-zeit in s	max. Fehler		Ablauf-zeit in s	max. Fehler		Ablauf-zeit in s
	in µl	in %		in µl	in %		in µl	in %	
Pipetten nach der Deutschen Eichordnung bzw. nach DIN									
0,5	± 5	±1	10-20	± 5	±1	4- 8	± 10	±2	4-20
1	± 7	±0,7	10-20	± 7	±0,7	5- 9	± 15	±1,5	5-20
2	±10	±0,5	10-25	±10	±0,5	5- 9	± 20	±1	5-20
5	±15	±0,3	15-30	±15	±0,3	7-11	± 30	±0,6	7-30
10	±20	±0,2	15-40	±20	±0,2	8-12	± 40	±0,4	8-40
20	±30	±0,15	25-50	±30	±0,15	9-13	± 60	±0,3	9-50
25	±30	±0,13	25-50	±30	±0,13	10-15	± 80	±0,32	10-50
50	±50	±0,10	30-60	±50	±0,10	13-18	±100	±0,20	13-60
100	±80	±0,08	40-60	±80	±0,08	25-30	±160	±0,16	25-60

Weitere Pipetten der Klasse AS nach Herstellerangaben

Nenn-volumen in ml	max. Fehler		Ablauf-zeit in s	Nenn-volumen in ml	max. Fehler		Ablauf-zeit in s
	in µl	in %			in µl	in %	
2,5	±10	±0,4	7-11	8	±15	±0,19	8-12
3	±10	±0,33	7-11	9	±15	±0,17	8-12
4	±10	±0,25	7-11	15	±20	±0,13	9-13
6	±15	±0,25	8-12	30	±35	±0,12	13-18
7	±15	±0,21	8-12	40	±35	±0,09	13-18

Ablaufzeiten und maximal zulässige Volumenfehler gelten für Wasser der Bezugstemperatur 20 °C

Durch den Einsatz von Fertigungsautomaten in der Produktion und durch weitgehende Automatisierung in der Justierungs- und Graduierungstechnik wurde die Herstellung von Pipetten möglich, die innerhalb der Eichfehlergrenzen (Klasse A) liegen und dennoch kurze Ablaufzeiten aufweisen [53]. Für sie wurde die Bezeichnung **Klasse AS** (Genauigkeitsklasse A, schnellablaufend) eingeführt. Diese Bezeichnung ist in die Deutsche Eichordnung und in die Vorschriften des Deutschen Instituts für Normung [54] aufgenommen worden. Da ihre Fehlergrenzen denen der Klasse A entsprechen, können diese Geräte als eichfähig bezeichnet und amtlich geeicht werden. Sie erfordern eine *Wartezeit von 15 s* nach dem Ablauf. In der Praxis haben sich Pipetten der Klasse AS stark durchgesetzt und die der Klasse A mit längeren Ablaufzeiten fast verdrängt.

Außer den Vollpipetten mit einer Ringmarke im Ansaugrohr sind auch solche im Handel, die im Ablaufrohr eine *zweite Ringmarke* tragen. Die Ringmarken begrenzen das auf der Pipette angegebene Volumen. Diese Geräte sind daher nicht für vollständigen Ablauf vorgesehen (Nennvolumina 0,5/1/2/3/5/10/15/20/25/50 ml). Die Wartezeit beträgt 15 s. Fehlergrenzen und Ablaufzeiten liegen innerhalb der für Pipetten der Klasse AS vorgeschriebenen Werte. Letzteres trifft auch zu für die *Ausblaspipetten*, die so justiert sind, daß nach Beendigung des zusammenhängenden Ablaufs und einer Wartezeit von 2 s der in der Spitze verbliebene Flüssigkeitsrest ausgeblasen werden muß. Sie sind für 0,5/1/2/3/5/ 10/15/20/25 ml Inhalt erhältlich. *Saugkolbenpipetten* tragen am Ansaugende einen fest mit der Pipette verbundenen Zylinder mit Kolben aus Glas. Als Vollpipetten werden sie mit 1/2/5/10/20/25 ml Inhalt angeboten (Mikroliterpipetten s. S. 24).

Abb. 2-5 Meßpipette für völligen Ablauf

Meßpipetten sind zylindrische kalibrierte Glasröhren, die innerhalb ihres Nennvolumens beliebige Flüssigkeitsvolumina abzumessen gestatten (Abb. 2-5). Sie werden hauptsächlich zum Abmessen kleiner Volumina, auch von Teilen ganzer Milliliter verwendet.

Meßpipetten gibt es ebenfalls in den genannten *Genauigkeitsklassen:* **Klasse A, Klasse B** und **Klasse AS.** In den Klassen A und AS entsprechen die Fehlergrenzen den Vorschriften der Deutschen Eichordnung. Innerhalb der Klassen A und B wird zwischen *Pipetten für teilweisen Ablauf,* die nicht bis zur Spitze graduiert sind [55], und *Pipetten für völligen Ablauf* mit Teilung bis zur Spitze [56] unterschieden. Für schnellablaufende Meßpipetten der Klasse AS [57] ist wiederum eine Wartezeit von 15 s einzuhalten. Auch diese Pipetten sind in beiden Ausführungsformen erhältlich (vgl. Tab. 2-5). Die Normen enthalten Vorschriften über Durchmesser und Gesamtlänge der Pipette, über Skalenlänge, Teilstrichabstand und Strichlängen sowie über Länge, Durchmesser und Neigungswinkel der Spitze. Eine Übersicht über die handelsüblichen Größen, die Unterteilungen sowie die maximal zulässigen Volumenfehler und Ablaufzeiten geben die Tab. 2-4 und 2-5. Die Fehler beziehen sich auf das Volumen, das jeweils von der Nullmarke bis zum gewünschten Teilstrich abgelaufen ist. Damit der relative Fehler nicht unzulässig groß wird, soll das abgemessene Volumen wenigstens ⅕ des Nennvolumens betragen.

Tab. 2-4 Meßpipetten der Klassen A und B und ihre Fehlergrenzen

Nennvolumen	Unterteilung	Pipetten mit Teilablauf				Pipetten mit Vollablauf			
		Klasse A		Klasse B		Klasse A		Klasse B	
in ml	in ml	max. Fehler in µl	Ablaufzeit in s	max. Fehler in µl	Ablaufzeit in s	max. Fehler in µl	Ablaufzeit in s	max. Fehler in µl	Ablaufzeit in s
0,1[1]	0,001							± 4,5[2]	2-12[2]
0,2[1]	0,001							± 4,5[2]	2-12[2]
0,2[1]	0,002							–	–
0,5	0,01			± 10	2-20			± 8[2]	2-12[2]
1	0,01	± 6	25-50	± 10	2-25	± 6	20-40	± 10	2-11
1[1]	0,1							± 10[2]	2-12[2]
2	0,01			± 20	2-25			± 15[2]	2-12[2]
2	0,02	± 10	25-50	± 20	2-25	± 10	20-40	± 20	2-11
2[1]	0,1							± 15[2]	2-12[2]
5	0,05	± 30	25-50	± 50	5-25	± 30	20-40	± 50	3-15
5	0,1			± 50	5-25			± 30[2]	5-15[2]
10	0,1	± 50	25-50	±100	5-25	± 50	20-40	±100	4-15
20[1]	0,1							± 90[2]	9-20[2]
25	0,1			±200	9-25			± 90[2]	9-20[2]
25	0,2	±100	25-50			±100	20-40		

1 nicht nach DIN
2 Herstellerangaben, nicht nach DIN

Ablaufzeiten und maximal zulässige Volumenfehler gelten für Wasser der Bezugstemperatur 20 °C.

Tab. 2-5 Meßpipetten der Klasse AS und ihre Fehlergrenzen

Nenn-volumen in ml	Unter-teilung in ml	max. Fehler in µl	Ablauf-zeit in s	Nenn-volumen in ml	Unter-teilung in ml	max. Fehler in µl	Ablauf-zeit in s
0,1[1] t	0,001	± 3[2]	2-8[2]	2[1]	0,1	± 10[2]	2- 8[2]
0,2[1]	0,001	± 3[2]	2-8[2]	5 t	0,05	± 30	5-11
0,2[1] t	0,002	± 3[2]	2-8[2]	5[1]	0,1	± 20[2]	5-11[2]
0,5 t	0,01	± 5	2-8	10 t	0,1	± 50	5-11
1 t	0,01	± 6	2-8	20[1]	0,1	± 60[2]	9-15[2]
1[1]	0,1	± 6[2]	2-8[2]	25 t	0,1	± 100	9-15
2[1] t	0,01	± 10[2]	2-8[2]	50[1]	0,5	± 80[2]	25-35[2]
2 t	0,02	± 10	2-8				

[1] nicht nach DIN
[2] Herstellerangaben, nicht nach DIN

Sämtliche Pipetten werden für vollständigen Ablauf, die mit t gekennzeichneten auch für teilweisen Ablauf gefertigt.

Ablaufzeiten und maximal zulässige Volumenfehler gelten für Wasser der Bezugstemperatur 20 °C.

Die Pipetten in den Abmessungen 0,1 : 0,001 (Nennvolumen in ml : Unterteilung in ml), 0,2 : 0,001 und 0,2 : 0,002 (Zeilen 1 bis 3 in Tab. 2-4) gibt es für völligen Ablauf auf In justiert in der Klasse A (Fehlergrenzen ± 1/ ± 2/ ± 2 µl) und in der Klasse B (± 1,5/ ± 3/ ± 3 µl). Sie werden durch Ausspülen entleert.

Weiterhin sind als Meßpipetten gearbeitet im Handel:
Ausblaspipetten in den Abmessungen 0,1 : 0,001/0,2 : 0,001/0,2 : 0,002/0,5 : 0,01/

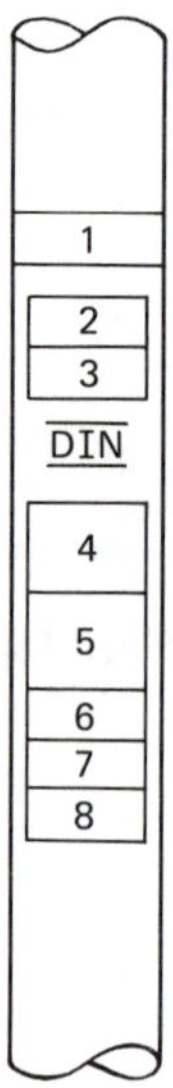

1 Farbkennzeichen (Color-Code)
2 Name, Warenzeichen des Herstellers
3 Nennvolumen und Skalenwert (z. B. 10 : 0,1)
4 Klassenzeichen (A, B oder AS)
5 Zeichen für Ablauf (Ex)
6 Bezugstemperatur (20 °C)
7 Fehlergrenze (z. B. ± 0,1 ml)
8 Einheitenzeichen (ml)

Abb. 2-6 Pipettenaufschrift

1:0,01/2:0,01/2:0,02/5:0,05/5:0,1/10:0,1/20:0,1/25:0,1 ml, die bis zur Spitze geteilt sind und die nach Volumenfehler und Ablaufzeiten der Klasse AS entsprechen; die Wartezeit beträgt 2 s;
Saugkolbenpipetten für 0,5:0,01/1:0,01/2:0,02/5:0,05/10:0,1/25:0,1 ml Inhalt;
Meßpipetten aus Kunststoff ohne Benetzung für 1/2/5/10 ml Nennvolumen mit 0,1-ml-Unterteilung.

Die *Aufschriften* auf den Pipetten enthalten Angaben, die bereits bei den Meßkolben aufgezählt wurden (Abb. 2-6). Das Justierzeichen bei den Pipetten ist Ex. Bei Meßpipetten soll neben dem Nennvolumen auch die Unterteilung (Skalenwert) vermerkt werden, z. B. 10:0,1 bei einer 10-ml-Pipette mit 0,1-ml-Unterteilung.

Außerdem kann eine *Farbkennzeichnung* (Farbstreifen) angebracht werden. Die Farbe ist für jede Pipettenart international vereinbart *(Color-Code)* und durch eine Norm festgelegt [58], ihre Anbringung ist jedoch nicht vorgeschrieben. Vollpipetten und Meßpipetten für vollständigen Ablauf sind mit einem Streifen oder mit zwei Streifen gleicher Breite gekennzeichnet, Meßpipetten für Teilablauf tragen zusätzlich noch einen schmalen Streifen (vgl. Tab. 2-6).

Das *Abmessen eines Flüssigkeitsvolumens* mit einer Pipette wird folgendermaßen vorgenommen: Die Pipette wird mit ihrem spitzen Ende tief genug in die abzumessende Flüssigkeit eingetaucht und die Flüssigkeit bis über die Ringmarke (Nullmarke) aufgezogen. Dann nimmt man die Pipette heraus, wischt die außen

Tab. 2-6 Color-Code-System (Auszug)

Vollpipetten		Meßpipetten		
Nennvolumen in ml	Color-Code	Nennvolumen in ml	Unterteilung in ml	Color-Code
0,5	2 × schwarz	0,1	0,001	2 × grün
1	blau	0,2	0,001	2 × blau
2	orange	0,2	0,002	2 × weiß
3	schwarz	0,5	0,01	2 × gelb
4	2 × rot	1	0,01	gelb
5	weiß	1	0,1	rot
6	2 × orange	2	0,01	2 × weiß
7	2 × grün	2	0,02	schwarz
8	blau	2	0,1	grün
9	schwarz	5	0,05	rot
10	rot	5	0,1	blau
15	grün	10	0,1	orange
20	gelb	20	0,1	2 × gelb
25	blau	25	0,1	weiß
30	schwarz	25	0,2	grün
40	weiß			
50	rot			
100	gelb			

anhaftende Flüssigkeit mit einem Papiertuch ab, legt die Pipette senkrecht an die Wand eines geneigt gehaltenen Becherglases und senkt den Meniskus solange ab, bis sein tiefster Punkt den oberen Rand der Ringmarke berührt und mit ihrem vorderen und rückwärtigen Teil in einer Ebene liegt (parallaxenfreie Ablesung). Nachdem man die Spitze der Pipette an der Gefäßwand abgestreift hat, wird die Pipette entleert. Dabei wird sie wieder senkrecht über das geneigte Aufnahmegefäß gehalten, wobei ihre Spitze an dessen Wandung anliegt (Abb. 2-7). Man läßt nun die Flüssigkeit vollständig oder bis zur gewünschten Marke ablaufen und streicht die Pipettenspitze an der Gefäßwand ab. Bei Pipetten der Klasse AS hat man zwischen Ablauf und Abstreifen eine Wartezeit von 15 s einzuhalten. Die Pipette darf nicht ausgeblasen werden[1]. Der in der Spitze verbleibende Flüssigkeitsrest ist bei der Justierung berücksichtigt worden.

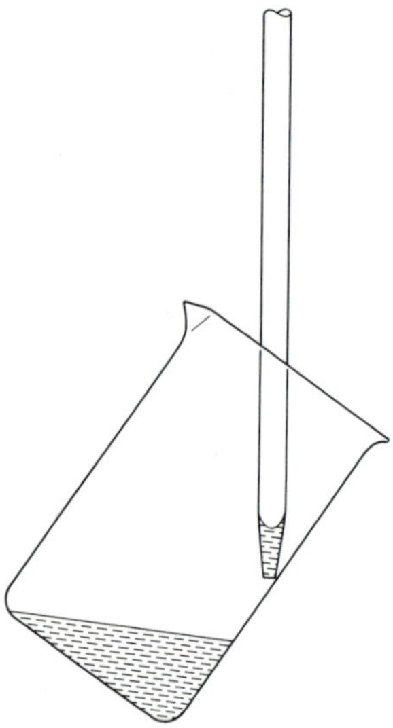

Abb. 2-7 Richtige Ablaufhaltung einer Pipette

Voraussetzung für die richtige Abmessung des Volumens ist, daß die bei der Justierung festgelegten Meßbedingungen auch bei der Benutzung eingehalten werden. Das bedeutet: Ablauf- und Wartezeit müssen ebenso wie die Temperatur der Meßflüssigkeit übereinstimmen; auch muß die Pipette in gleicher Weise gehandhabt werden. Die Ablaufzeit ist durch den inneren Durchmesser der Pipettenspitze vorgegeben. Sie ändert sich, wenn die Spitze beschädigt wird. Um deren Unversehrtheit kontrollieren zu können, kann eine 1 bis 2 mm breite Ringmarke in Diffusionsfarbe an der Spitze angebracht werden. Die Wartezeit (keine bzw. 15 s) richtet sich nach der Genauigkeitsklasse der Pipette. Weicht die Meßtemperatur von der Bezugstemperatur (20 °C) ab, ändert sich sowohl das Volumen des Meß-

[1] Ausblaspipetten sind besonders gekennzeichnet, vgl. S. 16, 18

gerätes als auch das der Flüssigkeit. Während die Volumenausdehnung des Glases sehr gering ist und im allgemeinen nicht berücksichtigt zu werden braucht (vgl. S. 39), ist die Ausdehnung der Flüssigkeit erheblich größer (vgl. S. 61), so daß das Meßergebnis verfälscht werden kann. Für die Handhabung der Pipette ist wichtig, daß sie senkrecht gehalten wird und an der Wandung des Gefäßes anliegt. Bei normal justierten Meßpipetten dürfen aus einer Füllung nicht mehrere Volumina hintereinander abgemessen werden.

Benutzt man eine Pipette erstmals zum Abmessen einer bestimmten Flüssigkeit, so ist sie mit dieser zweimal vorzuspülen.

Die früher übliche Technik des Ansaugens der Flüssigkeit mit dem Mund, Verschließen der Saugöffnung mit dem angefeuchteten Zeigefinger und Absenken des Meniskus durch vorsichtiges Lüften des Fingers ist heute nach den Arbeitsschutzvorschriften verboten [59]. Es soll mit diesem Verbot verhindert werden, daß Dämpfe, die beim Pipettiervorgang aus aggressiven Flüssigkeiten entstehen, Schädigungen der Schleimhäute der Atemwege hervorrufen und daß ätzende oder giftige Substanzen in den Mund gelangen. Diese Gefahr ist besonders groß, wenn Flüssigkeitsreste aus Gefäßen entnommen werden sollen, so daß eine Sichtkontrolle der Pipettenspitze beim Ansaugen mit dem Mund nicht möglich ist. Sinkt dabei der Flüssigkeitsspiegel unter die Pipettenspitze, wird Luft angesaugt. Der Saugwiderstand verringert sich plötzlich und die Flüssigkeit schießt in die Mundhöhle. In klinischen Laboratorien besteht außerdem hohe Infektionsgefahr. Aus grundsätzlichen hygienischen Gründen wurde das Verbot generell ausgesprochen.

Es sind daher zum Aufziehen von Flüssigkeiten **Pipettierhilfen** zu verwenden, die in großer Vielfalt im Handel angeboten werden. Sie werden auf das Ansaugrohr der Pipette gesteckt und lassen sich mit einer Hand bedienen. Selbstverständlich muß man sich an die Vorrichtungen gewöhnen. Einige Beispiele für Pipettierhilfen sollen im folgenden beschrieben werden. Der *Pipettierball* aus Gummi (z. B. *Peleus-Ball,* Sicherheitspipettiervorrichtung nach Pels Leusden, D. B. P. Nr. 897930, Franz Bergmann KG, Berlin) ist mit drei Ventilen ausgestattet (Abb. 2-8). Nach Öffnen des Luftauslaßventils A mit Daumen und Zeigefinger wird der Gummiball zusammengedrückt. Dann wird das Ansaugventil S (Saugen) geöffnet, bis der gewünschte Flüssigkeitsstand in der Pipette erreicht ist. Anschließend wird durch das Ventil E (Entleeren) die Pipette belüftet und entleert. Ebenfalls mit Gummiball arbeitet der *Pumpett* (B. Braun, Melsungen) und der *piko-ball* (Dr. Milto Kotrba, Bubenreuth über Erlangen) (Abb. 2-8).

Nach dem Prinzip der Kolbenpumpe ist das Gerät *pi·pump* (Glasfirn Giessen) konstruiert. In einem Kunststoffgehäuse ist ein Kolben an einer Zahnstange befestigt, die sich über ein Triebrad mit dem Daumen nach oben oder unten bewegen läßt. Ein stufenförmiger Einsteckkonus aus weichem Kunststoff sorgt für sicheren Sitz auf der Pipette, ein Ablaufventil ermöglicht den freien Ablauf der Flüssigkeit. Lieferbar sind drei Größen (für Pipetten bis 2 ml, bis 10 ml und bis 25 ml). Ein weiteres Modell für Pipetten bis 0,2 ml wird ohne Ablaufventil gefertigt (Abb. 2-9). Bei den *Kolbenpipettierhelfern* aus Polypropylen (Abb. 2-10) für Pipet-

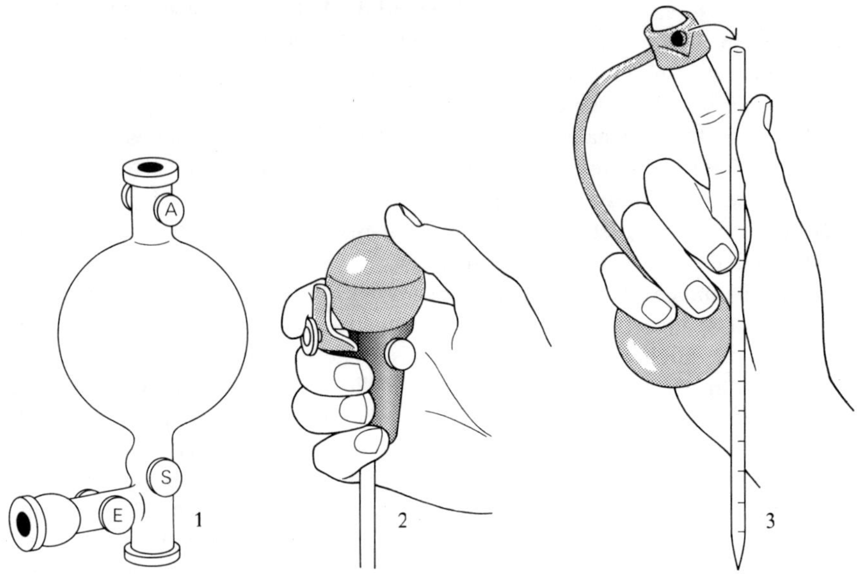

Abb. 2-8 Pipettierhilfen mit Gummiball (1) Peleus-Ball (2) Pumpett (3) piko-ball

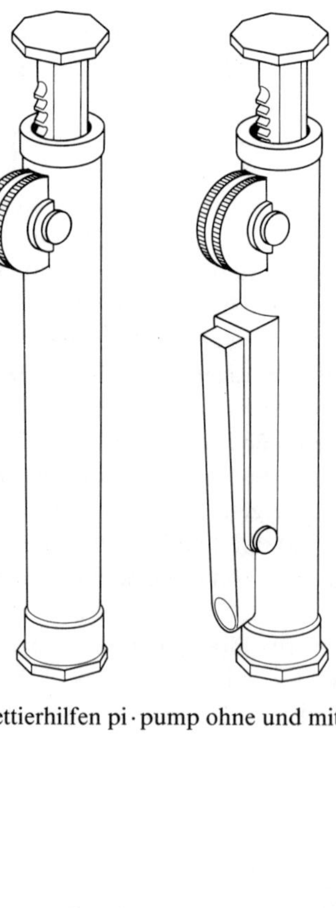

Abb. 2-9 Pipettierhilfen pi · pump ohne und mit Ablaufventil

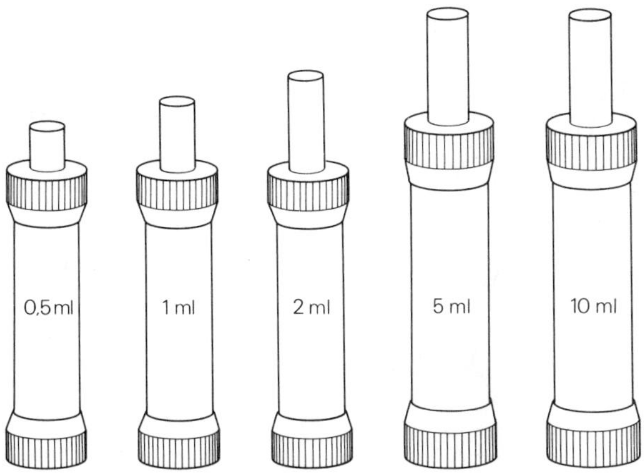

Abb. 2-10 Kolbenpipettierhelfer

ten mit 0,5/1/2/5/10 ml Inhalt (Rudolf Brand, Wertheim) wird durch Niederdrücken eines Stempels eine Feder gespannt, die den Kolben zurückdrückt, wodurch die Flüssigkeit angesaugt wird. Der Stempel ist durchbohrt, die Bohrung wird mit dem Zeigefinger verschlossen. Durch Lüften des Fingers gibt man den Ablauf frei.

Für größere Volumina eignet sich der *Unterdruck-Pipettierhelfer* (Rudolf Brand, Wertheim), der aus einem Ventilkopf mit Stempel aus Polypropylen und aus einem Siliconschlauch zur Verbindung mit einer Wasserstrahlpumpe besteht. Verschließt man mit dem Zeigefinger die Bohrung des Stempels und drückt ihn nieder, öffnet sich das Ventil zur Pumpenseite; die Flüssigkeit wird angesaugt. Ist die Pipette gefüllt, läßt man den Stempel zurückgleiten und verschließt damit das Ventil. Durch Verringern des Fingerdruckes auf die Bohrung nimmt man die Einstellung des Nullpunktes vor (vgl. S. 20) und läßt dann durch Abheben des Fingers das gewünschte Volumen ablaufen.

Komfortabler, dafür aber teuerer sind elektrisch betriebene Pipettiergeräte. Der *Pipetus* (Carl Roth GmbH + Co, Karlsruhe) besteht aus einer Pumpe in einem Plastikgehäuse mit Kabelanschluß, die durch einen Doppelschlauch mit dem Handteil verbunden ist (Abb. 2-11). Letzteres enthält einen Adapter, in den die Pipette eingeführt wird. Drückt man den oberen Füllknopf, wird die Flüssigkeit angesaugt; Drücken des unteren Entleerknopfes läßt die Flüssigkeit ablaufen. Füll- und Ablaufgeschwindigkeit können durch die Stärke des Fingerdruckes stufenlos reguliert werden. In kabelloser Ausführung werden batteriebetriebene Geräte angeboten (Sarstedt, Rommelsdorf, Nümbrecht; *Mopet,* Fisher Scientific, Pittsburgh, Pa, USA).

Lösungen leicht flüchtiger Gase (NH_3, SO_2) werden nicht angesaugt, sondern besser mit Hilfe eines Gummihandgebläses in die Pipette hineingedrückt.

Zum *Aufbewahren der Pipetten* benutzt man flache Schalen mit Randkerben

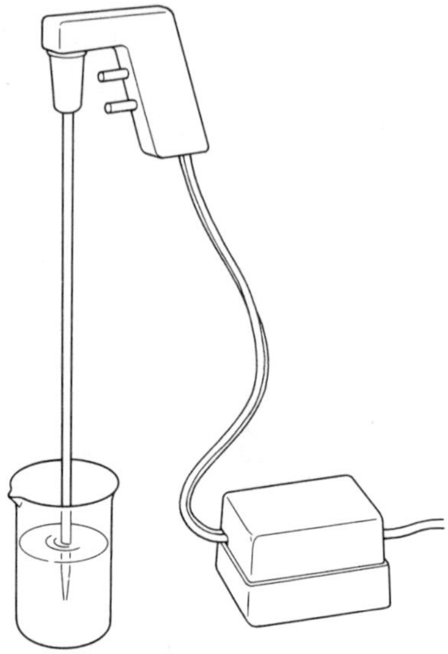

Abb. 2-11 Elektrisches Pipettiergerät

zum horizontalen Ablegen oder Gestelle in verschiedenen Ausführungsformen zum senkrechten Einstecken, ferner Kunststoffkörbe, die in Verbindung mit Spülmaschinen verwendet werden können.

Mikroliterpipetten dienen zum schnellen Pipettieren kleiner Flüssigkeitsvolumina. Es sind Kolbenpipetten mit fest eingestelltem oder mit variablem Hub. Im Bereich zwischen 1 µl und 1000 µl sind beispielsweise 35 Größen mit konstantem Volumen lieferbar. Bei den einstellbaren Mikroliterpipetten wird der Kolbenhub durch Verdrehen eines Knopfes oder Rädchens verändert. Im Schaft der Pipette ist das gewählte Volumen digital ablesbar. Von den Herstellern werden jeweils mehrere Modelle angeboten, die verschiedene Volumenbereiche zwischen 0,5 und 1000 µl überdecken. Einige Ausführungsformen zeigt Abb. 2-12.

Der Pipettenschaft enthält einen Zylinder, in dem ein luftdicht schließender Kolben geführt wird, sowie ein System zur Hubbegrenzung des Kolbens. Der Gesamthub ist durch einen Zwischenanschlag unterteilt. Das Pipettiervolumen wird durch den Zylinderdurchmesser und den Hub vom oberen Endanschlag bis zum Zwischenanschlag bestimmt. Der weitere Hub bis zum unteren Endanschlag gestattet das vollständige Entleeren. Auf das untere Ende der Pipette wird eine Spitze aus Polypropylen gesteckt, die allein die Flüssigkeit aufnimmt, so daß diese mit der Pipette selbst nicht in Berührung kommt. Durch wäßrige Lösungen wird die Spitze praktisch nicht benetzt. Um aber Verschleppungsfehler sicher auszuschließen, wird beim Übergang zu einer anderen Pipettierflüssigkeit die Spitze durch eine neue ersetzt. Nach dem Aufsetzen der Spitze drückt man den Knopf am oberen Schaftende bis zum ersten Anschlag, bevor man die Spitze in die Flüssigkeit eintaucht. Nach dem Eintauchen läßt man den Druckknopf langsam zurückglei-

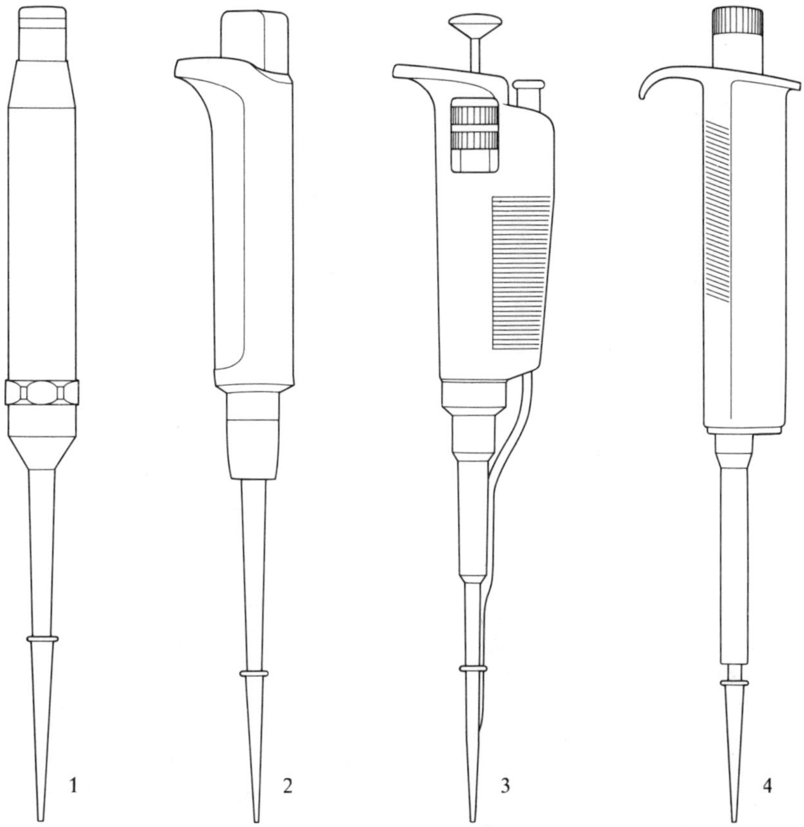

Abb. 2-12 Mikroliterpipetten
(1) Eppendorf-Pipette, Eppendorf Gerätebau Netheler + Hinz GmbH, Hamburg
(2) Brand-Mikroliterpipette, Rudolf Brand, Wertheim
(3) Pipetman P, Gilson Médical Electronics, Villiers-le-Bel, Frankreich
(4) Finnpipette-Digital, LKB Instrument GmbH, Gräfelfing

ten und füllt damit die Spitze. Sie wird an der Wand des Entnahmegefäßes abgestreift. Zum Entleeren legt man sie an die Wand des schräg gehaltenen Probegefäßes an, drückt den Knopf langsam bis zum ersten Anschlag und nach ein bis zwei Sekunden weiter bis zum Endanschlag. In dieser Position wird die Pipette an der Wandung aus dem Gefäß gezogen. Danach läßt man den Knopf langsam zurückgleiten. Die Pipette ist während des Pipettiervorganges senkrecht zu halten. Ohne aufgesteckte Spitze soll keine Flüssigkeit angesaugt werden, mit gefüllter Spitze soll die Pipette nicht hingelegt werden.

Von den Herstellerfirmen wird die relative Abweichung vom Sollwert des Volumens für Mikroliterpipetten von 10 bis 1000 µl mit $< 1\%$, für Pipetten von 5 µl mit $< 2\%$ angegeben. Die Fehler gelten für Wasser von 20 °C.

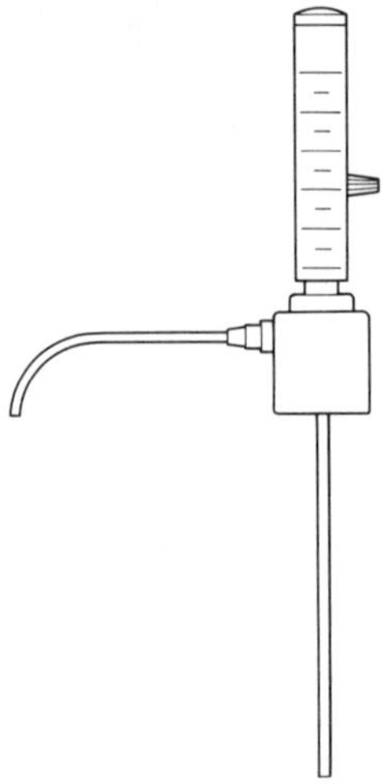

Abb. 2-13 Dispenser (Dispensette, Rudolf Brand, Wertheim)

Dispenser sind Volumenmeßgeräte, die zum schnellen Abmessen von Flüssigkeiten aus Vorratsflaschen - vor allem für Seriendosierungen - entwickelt wurden. Es existieren verschiedene Ausführungsformen: Einstellbare Kolbenpipetten mit aufgestecktem Vorratsfläschchen für den µl-Bereich, Handgeräte, die über einen Schlauch und einen speziellen Flaschenverschluß mit der Vorratsflasche verbunden werden, sowie Geräte, die direkt auf die Flasche aufgesteckt oder aufgeschraubt werden. Sie arbeiten nach dem Saugkolbenprinzip. Abb. 2-13 zeigt ein Beispiel. Dispenser gibt es in verschiedenen Größen, die jeweils einen bestimmten Volumenbereich zwischen 10 und 1000 µl bzw. 0,1 und 100 ml umfassen. Bei dem in Abb. 2-13 dargestellten Modell kann das gewünschte Dosiervolumen innerhalb des Einstellbereiches stufenlos umgestellt und dann fixiert werden; es werden auch Geräte mit fest eingestelltem Volumen angeboten. Für die variable Version wird im ml-Bereich vom Hersteller eine Abweichung vom Sollwert von $< 1\%$, für die mit Festvolumen von $< 0{,}5\%$ garantiert.

Dilutoren sind Dosiergeräte, die zur Zeitersparnis beim Analysieren großer Serien zum Mischen von Flüssigkeiten eingesetzt werden können. Sie nehmen ein vorgewähltes Probevolumen und ein vorgewähltes Reagensvolumen aus getrennten Vorratsgefäßen auf und stoßen die Flüssigkeiten gemeinsam aus.

Büretten

Büretten sind lange zylindrische Glasröhren, die am unteren Ende einen regulierbaren Ablauf besitzen. Der zylindrische Teil von einheitlichem Durchmesser trägt eine Graduierung. Büretten werden auf Ablauf (Ex) justiert.

Eine häufig verwendete Bürette gestattet die Entnahme von 50 ml; sie ist in

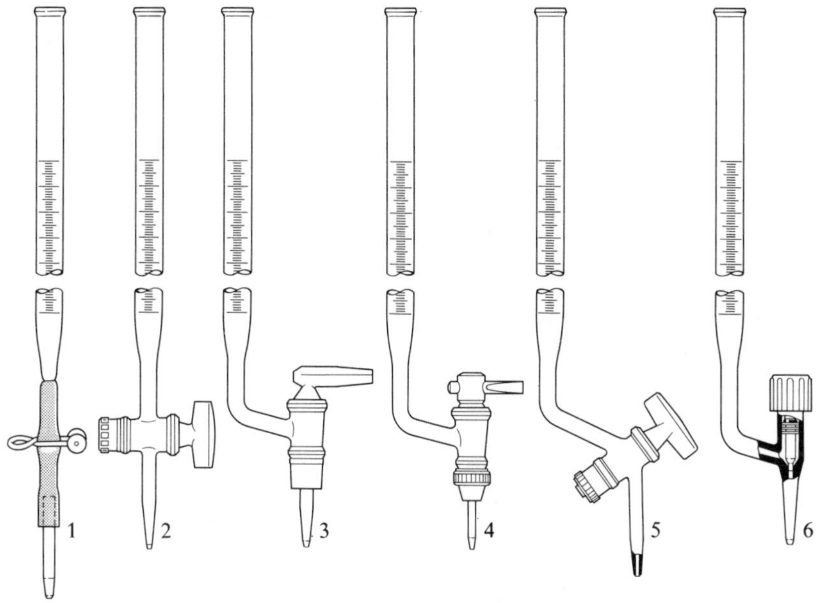

Abb. 2-14 Bürettenhähne
(1) Gummischlauch mit Quetschhahn
(2) gerader Hahn, Glas
(3) seitlicher Hahn, konventionelle Form, Glas
(4) seitlicher Hahn, konventionelle Form, PTFE
(5) seitlicher Hahn, moderne Form, PTFE
(6) Feindosierventil mit PTFE-Spindel

Zehntelmilliliter unterteilt. Die ersten Büretten waren am unteren Ende mit einem kurzen Stück Gummischlauch versehen, in den ein in eine Spitze auslaufendes Ausflußröhrchen aus Glas geschoben wurde. Der Verschluß erfolgte mit einem *Quetschhahn* (Mohrsche Bürette). Solche Büretten sind auch heute noch im Handel. Bunsen verwendete statt des Quetschhahnes ein kleines in den Gummischlauch gebrachtes Glasstäbchen. Später wurden *gläserne Schliffhähne* eingeführt, die entweder senkrecht oder seitlich angesetzt waren. Die Glashähne müssen gefettet werden, damit sie dicht sind. Heute sind die Glashähne häufig durch *Hähne mit Küken aus Polytetrafluorethylen* (PTFE) ersetzt. Auch *Feindosierventile* mit einer PTFE-Spindel sind im Handel. Bei der Verwendung von Kunststoffküken besteht nicht die Gefahr, daß die Meßflüssigkeit und die Glaswand durch Hahnfett verunreinigt werden. Abb. 2-14 zeigt die verschiedenen Ausführungsformen.

Für die Entnahme kleinerer Volumina finden *Mikrobüretten* mit 1, 2 oder 5 ml Inhalt Anwendung. Sie sind in Hundertstelmilliliter geteilt (Abb. 2-15). Aus dem Vorratsgefäß kann die Bürette über ein Füllrohr mit Hahn leicht nachgefüllt werden.

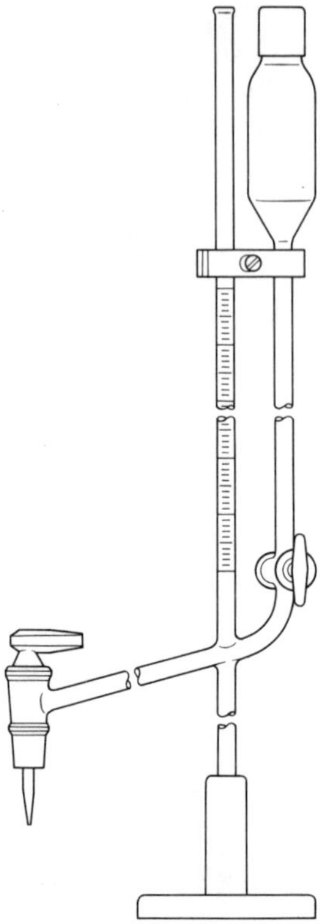

Abb. 2-15 Mikrobürette

Bequemes Füllen gestatten ebenfalls die Büretten auf Vorratsflaschen, die auch als *Titrierapparate* bezeichnet werden (Abb. 2-16). Die Vorratsflasche faßt einen oder zwei Liter. Mit einem Gummihandgebläse, das auf den seitlichen Ansatzstutzen geschoben wird, läßt sich die Flüssigkeit durch das Füllrohr in die Bürette drücken. Die Einstellung auf die Nullmarke erfolgt automatisch durch selbständiges Abhebern der überstehenden Flüssigkeit (Vorrichtung nach Pellet). Diese Büretten werden ohne und mit Zwischenhahn gefertigt.

Besonders geeignet für den Einsatz im Betrieb und bei Felduntersuchungen sind Titrierapparate nach Schilling (Abb. 2-17) und Bürkle-Titriergeräte. Mit ihnen kann man robust umgehen und trotzdem präzise Titrationen ausführen. Sie bestehen aus einer Vorratsflasche aus Polyethylen in einem Plastikfuß und einer Bürette mit Pellet-Oberteil, die durch eine Halteklemme miteinander verbunden sind. Die Maßlösung wird der Bürette über ein Steigrohr aus Polyvinylchlorid aus der Vorratsflasche zugeführt. Die Füllung der Bürette erfolgt durch leichten Druck auf die Flasche. Bürette und Auslaufröhrchen mit Spitze sind durch einen Kunststoffschlauch verbunden, der im Bürettenhalter aus Polyamid durch eine Feder verschlossen wird. Ein Druckknopf gestattet schnelles Titrieren (Abb. 2-18.1), eine vorklappbare Schraube erlaubt die tropfenweise Zugabe der

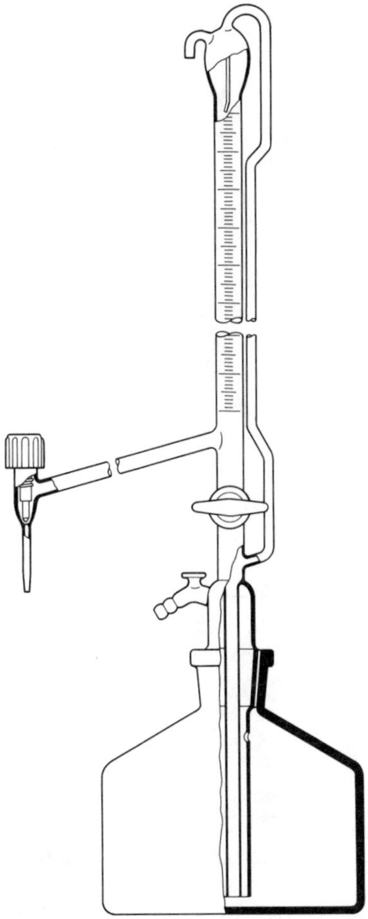

Abb. 2-16 Titrierapparat

Titrierflüssigkeit (Abb. 2-18.2). Ausführungen sind mit Büretten von 5, 10, 15, 25 und 50 ml Inhalt sowie Vorratsflaschen von 500 und 1000 ml Fassungsvermögen erhältlich.

Auch bei Büretten werden drei *Genauigkeitsklassen* unterschieden [60]: **Klasse A** (enge Fehlergrenzen, Ringteilung, keine Wartezeit), **Klasse AS** (enge Fehlergrenzen, Ringteilung in den Hauptpunkten, verkürzte Ablaufzeit, 30 s Wartezeit) und **Klasse B** (doppelte Fehlergrenzen wie für Klasse A, Strichteilung, keine Wartezeit). Die maximale Skalenlänge, der Teilstrichmindestabstand sowie Teilstrichlänge und -breite sind vorgeschrieben. Tab. 2-7 gibt eine Übersicht über die handelsüblichen Größen, die Fehlergrenzen und Ablaufzeiten.

Wie bei den anderen Meßgeräten werden von den Geräteherstellern Büretten angeboten, deren Fehlertoleranzen kleiner sind als für die Klasse B vorgegeben; für sie werden die 1,5fachen Werte der Fehlergrenzen der Klasse A garantiert.

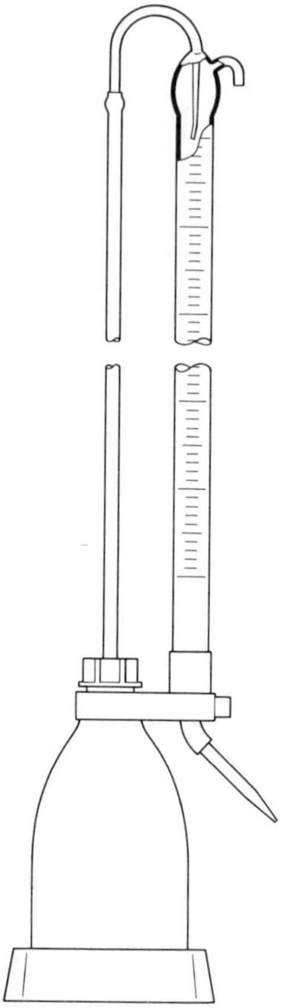

Abb. 2-17 Titrierapparat nach Schilling

Die *Fehlergrenze* ist die größte zulässige Abweichung. Sie gilt sowohl für das Gesamtvolumen als auch für jedes Teilvolumen. Damit der relative Fehler jedoch nicht zu groß wird, soll das abzumessende Flüssigkeitsvolumen mindestens ⅕ des Nennvolumens betragen. Unter der *Ablaufzeit* ist die Zeitspanne zu verstehen, die bei vollständig geöffnetem Bürettenhahn zum ununterbrochenen Auslaufen der Bürette von der Nullmarke bis zum Skalenendwert benötigt wird.

Bei den Meßkolben und Pipetten wurden bereits die *Aufschriften* zusammengestellt, die auf Volumenmeßgeräten aus Glas anzubringen sind oder angebracht werden dürfen (vgl. S. 11 und 18). Sie gelten sinngemäß für Büretten. Das Justierzeichen ist Ex für Büretten der Klassen A und B und Ex + 30 s für solche der Klasse AS. Die Glasart, aus der die Bürette hergestellt ist, wird durch Angabe des Glastyps oder durch eine Farbkennzeichnung vermerkt (Borosilicatglas: grün; Soda-Kalk-Glas: schwarz). Auf Büretten der Klasse A kann die tatsächliche Ablaufzeit angegeben werden. An der Spitze dürfen die Büretten zur Kontrolle ihrer Unversehrtheit eine 1–2 mm breite Ringmarke tragen.

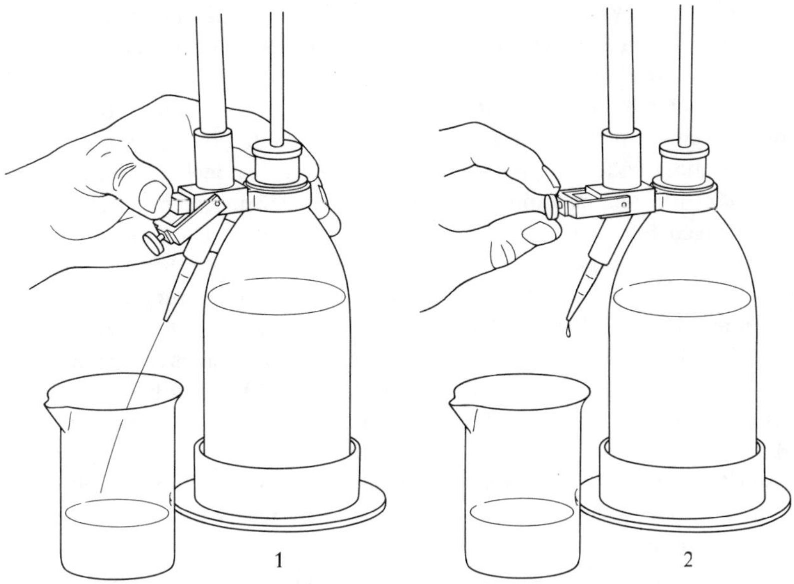

Abb. 2-18 Bürkle-Titriergerät (1) schnelles, (2) tropfenweises Titrieren

Tab. 2-7 Büretten und ihre Fehlergrenzen

Nenn-volumen in ml	Unter-teilung in ml	Klasse A		Klasse AS		Klasse B	
		max. Fehler in µl	Ablauf-zeit in s	max. Fehler in µl	Ablauf-zeit in s	max. Fehler in µl	Ablauf-zeit in s
1	0,01			± 10	25-35		
2	0,01			± 10	35-45		
5[1)]	0,01			± 10[2)]	35-45[2)]		
5	0,02			± 10	35-45		
10	0,02			± 20	35-45	± 50	35-170
10	0,05	± 20	70-100			± 50	35- 60
25	0,05	± 30	120-170	± 30	35-45	± 50	35-170
25[1)]	0,1			± 30[2)]	35-45[2)]		
50	0,1	± 50	105-150	± 50	35-45	± 100	35-150
100[1)]	0,2			± 80[2)]		± 120[2)]	45- 55[2)]

[1] nicht nach DIN
[2] Herstellerangaben

Fehlergrenzen und Ablaufzeiten gelten für Wasser von 20 °C Bezugstemperatur

Zum Gebrauch wird die Bürette senkrecht in ein Stativ eingespannt und mit Hilfe eines kleinen Trichters gefüllt. Durch kurzes Öffnen des Hahnes verdrängt man die Luft aus dem unteren verengten Rohr und der Hahnbohrung. Die Flüssigkeit soll danach etwa 5 mm über der Nullmarke stehen. Dann öffnet man den Hahn vorsichtig und läßt die Flüssigkeit bis zur Nullmarke ab. Ein an der Ablaufspitze anhaftender Tropfen wird an der Wand eines Becherglases abgestreift. Nach dieser Einstellung kann die Abmessung des gewünschten Flüssigkeitsvolumens erfolgen bzw. die Titration durchgeführt werden. Dazu öffnet man den Hahn vollständig und läßt die Flüssigkeit bis etwa 5 mm oberhalb des gewählten Teilstriches ablaufen bzw. bis kurz vor Erreichen des Indikatorumschlags in die zu titrierende Lösung einlaufen. Büretten sind im Gegensatz zu Pipetten so justiert, daß sie frei ablaufen müssen und nicht an der Wandung eines schräg gehaltenen Gefäßes anliegen dürfen. Nach Schließen des Hahnes wartet man bei Büretten der Klasse AS 30 s lang und läßt dann die Flüssigkeit bis zur gewünschten Markierung ab bzw. titriert tropfenweise bis zum Farbumschlag. Bei Büretten der Klassen A und B entfällt die Wartezeit. Anschließend streift man die Spitze an der Wandung ab. Die Ablesung des Flüssigkeitsstandes hat - wie bei den anderen Volumenmeßgeräten - an der Stelle zu erfolgen, an der eine durch den tiefsten Punkt des Meniskus senkrecht zur Achse der Bürette gelegte Ebene deren Wandungen schneidet. Das Auge muß sich dabei in gleicher Höhe mit dem Meniskus befinden, um Parallaxenfreiheit zu gewährleisten. Diese Forderung läßt sich leicht kontrollieren, wenn die Bürette eine Ringteilung aufweist. Dann müssen sich der vordere und der rückwärtige Teil der Marke decken. Auch wenn der Teilstrich nur halb um die Bürette herumgeführt ist, läßt sich der Parallaxenfehler vermeiden. Am Titrationsendpunkt stellt sich der Meniskus meistens nicht genau auf einen Teilstrich ein. Man orientiert sich dann an den unter und über dem Meniskus liegenden Teilstrichen und schätzt das dazwischen befindliche Volumen ab. Eine Bürette von 50 ml Inhalt beispielsweise ist auf Zehntelmilliliter ablesbar (vgl. Tab. 2-7), Hundertstelmilliliter müssen geschätzt werden.

Häufig erschweren Reflexionserscheinungen im Flüssigkeitsspiegel die genaue Ablesung der Bürette. Eine Erleichterung bietet die *Visierblende* nach Göckel. Sie besteht aus einem Kartonstück, dessen obere Hälfte weiß, dessen untere Hälfte schwarz ist. Hält man die schwarz-weiße Trennungslinie ein wenig unterhalb des Meniskus, verringert man die störenden Lichtreflexe (Abb. 2-19.1). Es wird auch empfohlen, ein entsprechendes Stück Papier mit Schlitzen zu versehen und über die Bürette zu ziehen (Abb. 2-19.2). Kontrastierende Ablesevorrichtungen sind ebenfalls in Form von *Clips aus Polypropylen* im Handel (Abb. 2-20). Sie werden mit unterschiedlichem Durchmesser angeboten, so daß sie für verschiedene Rohrstärken passen, auch für Pipetten und Meßzylinder.

Leichter ablesen lassen sich Büretten mit *Schellbachstreifen*. Das ist ein breiter weißer Streifen aus Milchglas mit einem schmalen blauen Streifen in der Mitte, der in die Rückwand der Bürette eingeschmolzen ist. Die Berührungsstelle der Spiegelbilder, die von der oberen und der unteren Fläche des Meniskus erzeugt werden, erscheint als Einschnürung des blauen Streifens in Form zweier unter-

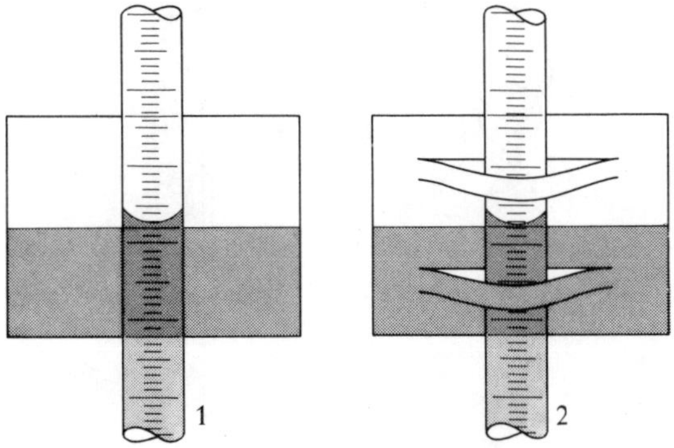

Abb. 2-19 Visierblende

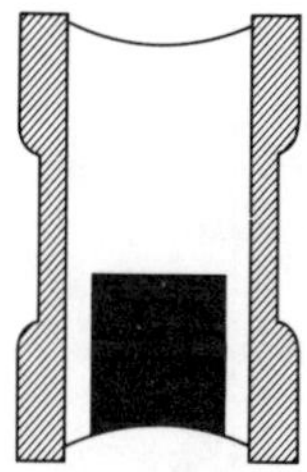

Abb. 2-20 Kontrastclip

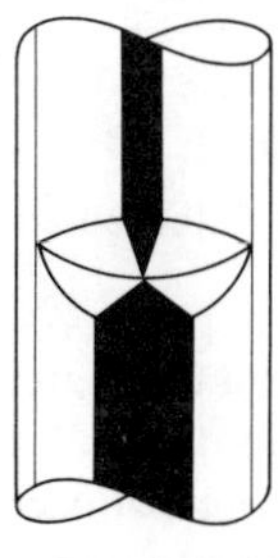

Abb. 2-21 Meniskus in einer Schellbachbürette

schiedlich breiter Keile (Abb. 2-21). Die Ablesung erfolgt in der Ebene, in der sich die beiden Keilspitzen berühren; sie erfordert aber auch die richtige Augenhöhe.

Folgende *allgemeine Regeln über die Behandlung von Büretten* sollten beachtet werden: Alkalische Lösungen läßt man nicht in der Bürette stehen, da sie das Glas angreifen und ein Glashahn sich festfressen kann. Verdunsten der Lösungen und Verstauben der Büretten lassen sich vermeiden, wenn man sie mit einem geeigneten Reagensglas oder einer im Handel erhältlichen Bürettenkappe aus Polypropylen verschließt. Glashähne an Büretten müssen gefettet werden. Dazu genügt eine winzige Menge Hahnfett (Vaseline). Es empfiehlt sich, das Küken dünn zu schmieren und es dann abzuwischen, wobei kein Fett in die Hahnbohrung gelangen darf. Der im Schliffbett verbleibende Fettrest genügt; es ist falsch, das

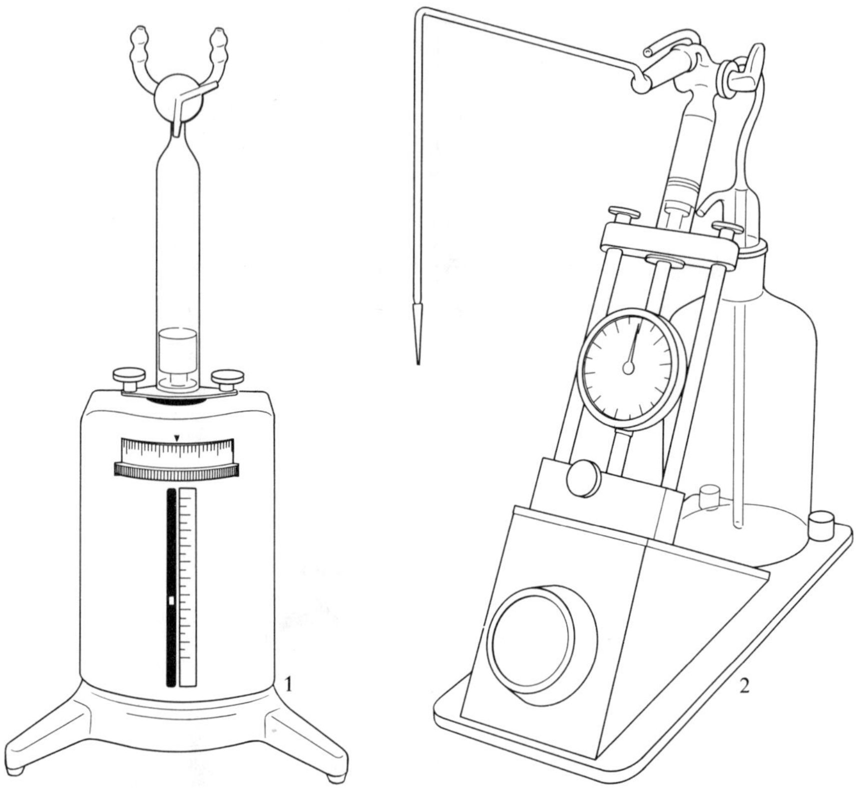

Abb. 2-22 Kolbenbüretten (1) Metrohm, Herisau, Schweiz (2) Ströhlein, Düsseldorf

Hahnküken zu überfetten. Der Schliff soll gleichmäßig klar aussehen, der Hahn soll sich leicht drehen lassen. Ein festgefressenes Hahnküken löst man nach Entleeren der Bürette vorsichtig durch Eintauchen in heißes Wasser. Danach wird es sorgfältig gereinigt und erneut gefettet. Die Ablaufspitze darf bei all diesen Operationen nicht beschädigt werden, weil sich sonst die Ablaufgeschwindigkeit und damit die Meßgenauigkeit ändern.

Kolbenbüretten enthalten als Bauelement einen Präzisionsglaszylinder mit PTFE-Kolben, der auf ein Unterteil montiert ist, auf dem die Ableseskalen und Bedienungselemente angebracht sind. Ein Dreiweghahn gestattet die Entnahme der Reagenslösung aus dem Vorratsgefäß beim Zurückgleiten des Kolbens (Füllen) und nach Drehen des Hahnes die Abgabe in die vorgelegte Lösung (Dosieren, Titrieren). Der Kolben wird an einer Spindel geführt und das Volumen als Spindelhub gemessen. Eine Spindelumdrehung läßt sich nach dem Prinzip der Mikrometerschraube sehr hoch auflösen und daher präzise messen. Abb. 2-22 zeigt zwei Beispiele. Die Ablesung erfolgt an einer senkrechten Grobskala und an einer waagerechten Feinskala, deren Teilstriche 0,1% des Gesamtvolumens von 5,

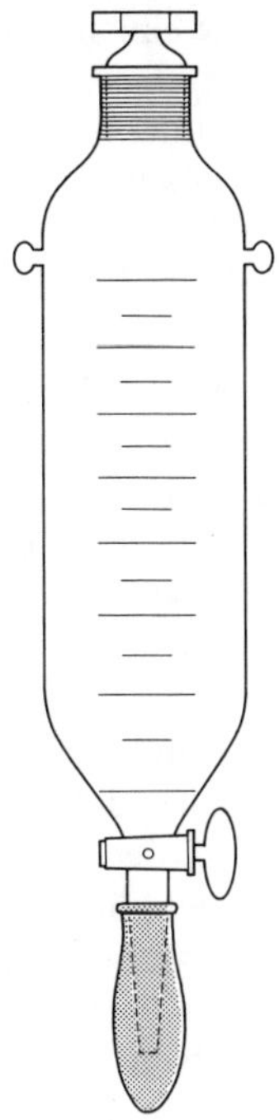

Abb. 2-23 Wägebürette

10, 20 oder 50 ml entsprechen (Metrohm AG, Herisau, Schweiz; vgl. Abb. 2-22.1), bzw. an einer Meßuhr mit zwei ineinanderliegenden Skalen bis 5 ml mit Unterteilung in 0,002 ml (Ströhlein GmbH & Co, Düsseldorf; vgl. Abb. 2-22.2). Zu Kolbenbüretten werden auch Wechseleinheiten angeboten, die den Austausch der Reagenslösung und/oder des Zylindervolumens ermöglichen. Parallaxenfehler und Nachlauffehler können bei Kolbenbüretten nicht auftreten.

Die apparative Entwicklung führte von der einfachen *Hand-Kolbenbürette* über die *Kolbenbürette mit Motorantrieb und Digitalanzeige* zu den *automatischen Titratoren,* in denen die Zugabe der Maßlösung von einem elektrischen Signal gesteuert wird. Das Steuersignal ergibt sich aus der laufenden Messung einer elektrischen oder optischen Größe in der Lösung.

Wägebüretten bieten die Möglichkeit, die zum Erreichen des Titrationsendpunktes erforderliche Maßlösung ihrer Masse nach zu bestimmen. Zu dem Zweck wird die Bürette mit der Reagenslösung vor Beginn und nach Beendigung der Titration gewogen. Diese methodische Variante heißt *Wägetitration.* Daß dabei nicht das Volumen der Maßlösung, sondern ihre Masse ermittelt wird, scheint im Widerspruch zum Wesen der Maßanalyse zu stehen. Ihr charakteristisches Merkmal aber bleibt erhalten: Die Bestimmung erfolgt über das Reagens, nicht über das Reaktionsprodukt. Abb. 2-23 zeigt eine von Friedman und LaMer [61] beschriebene Wägebürette mit Einfüllöffnung und Ablaufhahn, die in eine Schalenwaage eingehängt werden kann. Bei der Titration wird sie von einer Stativklammer gehalten und wie eine normale Bürette benutzt. Die Graduierung dient nur zur Orientierung, für die eigentliche Messung ist sie ohne Bedeutung. Die einfachste und preiswerteste Bürette für die Wägetitration ist eine Polyethylenspritzflasche [62], deren Auslaufspitze so ausgezogen wurde, daß die Tropfen hinreichend klein sind. Szebelledy und Clauder [63] benutzten für Titrationen im Mikromaßstab eine Injektionsspritze mit 2 ml Inhalt in einer Stativhalterung mit Schraubenspindel als Wägebürette. Eine von Rellstab [64] angegebene Anordnung gestattet, die entnommene Flüssigkeit während der Titration kontinuierlich durch Wägung zu messen. Der große Vorteil der Wägetitration ist in der besseren Reproduzierbarkeit der Ergebnisse zu sehen. Während man beim Ablesen einer auf 0,1 ml unterteilten Bürette leicht einen Ablesefehler von 0,02 ml machen kann, läßt sich auf einer Makro-Analysenwaage die Ablesung auf 0,1 mg vornehmen. Selbst wenn man einen Wägefehler von 1 mg annimmt, entspricht dieser nur einem Volumenfehler von etwa 0,001 ml. Daraus folgt für die Wägetitration eine Reproduzierbarkeit, die mindestens um eine Zehnerpotenz besser ist. Weitere Vorteile liegen darin, daß der Einfluß der Temperatur und der Einfluß des Nachlaufes bei Verwendung viskoser Lösungen sowie die Schwierigkeiten, die bei der Meniskusablesung auftreten können, wegfallen. Ein Nachteil ist die umständlichere Handhabung bei diskontinuierlicher Arbeitsweise. Der größere Zeitaufwand für eine Wägung gegenüber einer Volumenmessung läßt sich durch Verwendung einer modernen, halbautomatischen Waage weitgehend ausgleichen. Über Maßlösungen für die Wägetitration s. S. 64.

2.1.2 Reinigung und Trocknung

Meßgeräte, aber auch Bechergläser, Kolben, Schalen usw., die man für quantitativ-analytische Arbeiten benutzt, müssen vollständig sauber sein. Bei den Meßgeräten muß sog. *fettfreies Ablaufen* gewährleistet sein. Daran erkennt man, daß die Glaswand gleichmäßig von der Flüssigkeit benetzt wird. Ungleichmäßige Benetzung macht sich beim Ablaufen am Aufreißen des Flüssigkeitsfilmes unter Bildung von unregelmäßigen Streifen oder von Tröpfchen bemerkbar. Am häufigsten werden die Geräte durch Fett verunreinigt. Ein Fettfilm bewirkt eine geringere Benetzung der Wandung und hat bei Büretten und Pipetten Meßfehler wegen einer ungewissen Vergrößerung des abgegebenen Volumens zur Folge. Deshalb soll ein Bürettenhahn aus Glas nur sehr wenig gefettet werden; vor allem darf kein Fett in die Bohrung des Hahnkükens gebracht werden (vgl. S. 33). Günstiger sind Hähne mit Teflonküken, die nicht gefettet zu werden brauchen.

Glasgeräte sollten sofort nach dem Gebrauch gereinigt werden. Zur Reinigung dienen Wasser, verdünnte und konzentrierte Säuren und Laugen sowie Detergentien. Die Verwendung von *Detergentien* hat sich in steigendem Maße durchgesetzt, weil sie gefahrlos gehandhabt werden können, die Geräte nicht angreifen, schonend für Haut und Kleidung sind und nicht zur Kontamination des Abwassers mit Schwermetallen beitragen, andererseits aber schnell und gründlich reinigen, da sie viele Arten von Schmutz sowie Fett gut lösen. Es sind viele Detergentiengemische im Handel, die speziell für die Reinigung von Laborgeräten angeboten werden (z. B. Extran, Mucasol, RBS, Tween[1]).

Nach den Richtlinien zur Unfallverhütung für Laboratorien [59] dürfen hochreaktive Reinigungsmittel (z. B. konzentrierte Säuren und Dichromat-Schwefelsäure) nur dann verwendet werden, wenn andere Mittel sich als ungeeignet erwiesen haben. Vor ihrer Verwendung ist festzustellen, ob die Reste im Gefäß mit dem Reinigungsmittel nicht in gefährlicher Weise reagieren.

Ein früher häufig benutztes Mittel ist Dichromat-Schwefelsäure *(Chromschwefelsäure)*, hergestellt durch Auflösen von fein gepulvertem Natriumdichromat[2] in kalter konzentrierter Schwefelsäure (ca. 60 g/l), mit der man die Gefäße füllt und mehrere Stunden lang stehenläßt. Schneller wirkt die Lösung in der Wärme (50–70 °C). Chromschwefelsäure ist hygroskopisch; durch Wasseraufnahme läßt ihre Wirksamkeit nach. Wenn die Lösung eine grünliche Farbe annimmt, ist sie verbraucht. Auch *Chromsalpetersäure,* eine Lösung von Kaliumdichromat in konzentrierter Salpetersäure, ist als Reinigungsmittel vorgeschlagen worden. Sie ist nicht hygroskopisch und bei Raumtemperatur schneller wirksam. Zu den hochreaktiven Reinigungsmitteln (s. o.) gehören weiterhin die fast wasserfreie rauchende Salpetersäure und ein Gemisch aus konzentrierter Schwefelsäure und rauchender Salpetersäure, die sehr schnell wirken. Alle diese Mittel müssen mit großer Vorsicht gehandhabt werden.

Auch alkalische Lösungen eignen sich als Entfettungsmittel. Vorgeschlagen wurden alkoholische und wäßrige Kalilauge sowie Natronlauge, ferner alkalische Permanganatlösung, hergestellt durch Mischen von gesättigter Kaliumpermanganatlösung mit dem gleichen Volumen 20%iger Natronlauge. Da alkalische Lösungen Glas angreifen, sollten sie zur Reinigung von Meßgeräten nicht verwendet werden.

Bewährt hat sich jedoch die Behandlung mit neutraler gesättigter Kaliumpermanganatlösung (64 g/l) und anschließende Nachbehandlung mit konzentrierter Salzsäure. Das entstehende Chlor bewirkt in statu nascendi eine besonders gründliche Oxidation.

Nach der Behandlung mit Reinigungsmitteln werden die Gefäße sorgfältig mit Leitungswasser und danach mit deionisiertem Wasser gespült. Werden alkalische Lösungen zum Reinigen verwendet, ist nach dem ersten Waschen mit Wasser eine Zwischenspülung mit Säure erforderlich.

Die Meßgefäße können getrocknet werden, indem man mit Hilfe einer Wasserstrahlpumpe einen kräftigen Luftstrom hindurchsaugt. Um sie vor Eindringen von Staub zu schützen, wird die Luft durch ein Stück Filtrierpapier, das man am offenen Ende ansaugt, gefiltert. Vorheriges Ausspülen der Gefäße mit Ethanol

[1] Die Namen sind eingetragene Warenzeichen.

[2] $K_2Cr_2O_7$ löst sich nur zu etwa 5 g/l, $Na_2Cr_2O_7 \cdot 2H_2O$ dagegen zu etwa 70 g/l in konzentrierter Schwefelsäure.

oder besser Aceton beschleunigt den Trockenvorgang. Das ist jedoch nur sinnvoll, wenn diese Lösemittel keine Fettspuren gelöst enthalten. Das zeitraubende Trocknen der Pipetten und Büretten läßt sich umgehen, wenn man die Gefäße mehrmals mit einigen Millilitern der Lösung ausspült, die abgemessen werden soll.

Die Frage, ob Meßgeräte aus Glas ohne Einbuße an Meßgenauigkeit erhitzt werden dürfen, wird in fast allen Praktikumsbüchern verneint. Vom Trocknen durch Erwärmen, z.B. im Trockenschrank, wird abgeraten, weil sich dabei das Gefäßvolumen ändert und das ursprüngliche Volumen nur sehr langsam oder gar nicht wieder einstellt. Glasgerätehersteller argumentieren dagegen [53], daß die thermische Ausdehnung einwandfrei getemperter Gläser vollständig reversibel ist, so daß nach dem Erkalten keine Volumenveränderung festzustellen ist. Allerdings darf das Glas nicht so hoch erhitzt werden, daß Deformationen infolge Erweichung auftreten. Sind danach bei trockenen Gläsern keine nachteiligen Folgen zu erwarten, so kann beim Erhitzen nassen Glases der hydrolytische Angriff des Wassers auf die Glasoberfläche bei höheren Temperaturen zu ihrer Aufrauhung und damit zur Änderung der Ablaufeigenschaften und Beeinträchtigung der Meßgenauigkeit führen. Will man ein Glasgefäß auf höhere Temperaturen erhitzen, sollte es unterhalb 100 °C solange vorgetrocknet werden, bis das Wasser verdunstet ist; erst dann sollte man die Temperatur steigern.

2.1.3 Justierung und Nachprüfung

Die genaueste Methode zur Messung des Volumens einer Flüssigkeit ist die Wägung. Deshalb wird die Justierung der Volumenmeßgeräte bei der Fertigung und die bei höheren Genauigkeitsansprüchen gewünschte Nachprüfung durch Auswägen von Wasser bzw. - bei kleinen Volumina - von Quecksilber vorgenommen. Die dem Volumen V entsprechende Masse m wird aus der Dichte ρ bei der Meßtemperatur nach $m = \rho \cdot V$ berechnet. Zur Justierung füllt man die dem Nennvolumen entsprechende Masse der Flüssigkeit in das Meßgefäß und legt die Ringmarke (neu) fest. Man kann auch die Masse der Flüssigkeit, die sich bei Füllung bis zur Marke in dem Gefäß befindet, durch Wägung bestimmen und daraus das tatsächliche Volumen berechnen. Die Volumenberechnung erfolgt unter Berücksichtigung der thermischen Ausdehnung des Meßgefäßes, die Massebestimmung unter Berücksichtigung des Luftauftriebs bei der Wägung.

Temperaturkorrektur

Weicht die Meßtemperatur t_M von der üblichen Bezugstemperatur $t_{20} = 20\,°C$ ab, so ergibt sich das veränderte Volumen aus der Gleichung

$$V_M = V_{20}\,[1 + \gamma(t_M - t_{20})]. \qquad (2\text{-}1)$$

Darin ist V_M das Volumen des Gefäßes bei der Temperatur t_M, V_{20} das Volumen bei 20 °C und γ der Volumenausdehnungskoeffizient des Glases. Für γ gilt $\gamma \approx 3\alpha$; für Duran 50 ist daher $\gamma = 1 \cdot 10^{-5} K^{-1}$, für Geräteglas 20 ist $\gamma = 1{,}4 \cdot 10^{-5} K^{-1}$ (vgl. S. 9). Die Volumenänderung ist meistens so klein, daß sie vernachlässigt werden kann. Sie beträgt nach Gleichung 2-1 z. B. für einen Meßkolben aus Duran von 1 l Inhalt 0,01 ml, wenn die Meßtemperatur um 1 °C von der Bezugstemperatur abweicht (0,001%/ °C).

Auftriebskorrektur

Benutzt man zum Abwägen der Flüssigkeit eine mechanische Hebelwaage (Zwei- oder Einschalenwaage), so beruht die Bestimmung ihrer Masse m_1 auf einem Vergleich mit der bekannten Masse m_2 der Wägestücke bzw. der Schaltwägestücke. Bei der Wägung kompensiert man nach dem Hebelgesetz die von der Masse m_1 infolge ihrer Anziehung im Schwerefeld der Erde erzeugte Gewichtskraft G_1 durch die der Wägestücke G_2.[1] Die Gleichgewichtsbedingung (im Vakuum) für die Gewichtskräfte an der Waage

$$G_1 = G_2 \tag{2-2}$$

gilt auch für die Massen, denn die Gewichtskraft G ist gleich dem Produkt aus Masse m und örtlicher Fallbeschleunigung g, $G = m \cdot g$. Da sich beide Massen am gleichen Ort des Gravitationsfeldes der Erde befinden, besitzt g den gleichen Wert:

$$m_1 \cdot g = m_2 \cdot g$$
$$m_1 = m_2. \tag{2-3}$$

Die Wägungen werden aber nicht im Vakuum, sondern im lufterfüllten Raum vorgenommen. Darin erfahren Wägegut und Wägestücke einen Auftrieb. Um diesen Luftauftrieb erscheinen ihre Gewichte gegenüber den Vakuumgewichten verringert (Tauchgewichte in Luft). Die Auftriebskräfte sind den Gewichten der durch Wägegut bzw. durch Wägestücke verdrängten Luft, G_1(Luft) bzw. G_2(Luft), gleich (Prinzip des Archimedes). Die im Vakuum geltenden Beziehungen 2-2 und 2-3 gehen daher bei Wägungen an der Luft über in

$$G_1 - G_1(\text{Luft}) = G_2 - G_2(\text{Luft})$$

und

$$m_1 - m_1(\text{Luft}) = m_2 - m_2(\text{Luft}).$$

Ersetzt man die Massen der verdrängten Luft, m_1(Luft) und m_2(Luft), über die Definitionsgleichung für die Dichte, $\rho = m/V$, durch die jeweiligen Volumina, und diese wiederum durch die Massen von Wägegut und Wägestücken, so erhält man

[1] Bei Verwendung von elektronischen Waagen wird die Kompensation nicht durch Wägestücke, sondern meist auf elektromagnetischem Wege vorgenommen.

$$
\begin{aligned}
m_1 - V_1 \cdot \rho(\text{Luft}) &= m_2 - V_2 \cdot \rho(\text{Luft}) \\
m_1 - \frac{m_1}{\rho_1} \cdot \rho(\text{Luft}) &= m_2 - \frac{m_2}{\rho_2} \cdot \rho(\text{Luft}) \\
m_1 \left[1 - \frac{\rho(\text{Luft})}{\rho_1}\right] &= m_2 \left[1 - \frac{\rho(\text{Luft})}{\rho_2}\right] \\
m_1 &= m_2 \frac{1 - \dfrac{\rho(\text{Luft})}{\rho_2}}{1 - \dfrac{\rho(\text{Luft})}{\rho_1}}. \qquad (2\text{-}4)
\end{aligned}
$$

Wie aus Gleichung 2-4 hervorgeht, zeigt eine Waage die Masse nur dann richtig an, wenn das Wägegut einerseits und die Wägestücke bzw. die Schaltwägestücke bzw. die zum Justieren der Waage benutzten Massenormale (je nach Waagentyp) andererseits die gleiche Dichte ($\rho_1 = \rho_2$) und damit das gleiche Volumen haben. In der Regel sind aber die Dichten unterschiedlich, so daß verschiedene Luftvolumina verdrängt werden. Bei kleinerer Dichte des Wägegutes ($\rho_1 < \rho_2$) zum Beispiel verdrängt dieses ein größeres Luftvolumen als die Wägestücke ($V_1 > V_2$), so daß seine Masse zu klein gefunden wird.

Die Dichte der Luft hängt von der Feuchtigkeit, der Temperatur und dem Druck ab. In der analytischen Chemie rechnet man oft mit dem mittleren Wert $\rho(\text{Luft}) = 0{,}0012$ g/ml (Luft vom relativen Feuchtegrad 50% unter Normaldruck bei Raumtemperatur). Die Wägestücke bzw. Massennormale werden aus korrosionsbeständigem Stahl gefertigt; ihre Dichte beträgt $\rho_2 = 8{,}0$ g/ml. Die früher aus vernickeltem Messing hergestellten Wägestücke haben die Dichte $\rho_2 = 8{,}4$ g/ml; bei älteren Waagen ist daher mit diesem Wert zu rechnen.

Erweitert man Gleichung 2-4 mit dem Faktor $\left[1 + \frac{\rho(\text{Luft})}{\rho_1}\right]$, so ist der Nenner $\left[1 - \frac{\rho(\text{Luft})^2}{\rho_1^2}\right]$. Vernachlässigt man den Quotienten $\frac{\rho(\text{Luft})^2}{\rho_1^2}$, der bei einer Dichte des Wägegutes von z. B. $\rho_1 = 1$ g/ml von der Größenordnung 10^{-6}, bei größerer Dichte ρ_1 noch kleiner ist, gegen 1, geht Gleichung 2-4 über in

$$
m_1 = m_2 \left[1 - \frac{\rho(\text{Luft})}{\rho_2}\right] \cdot \left[1 + \frac{\rho(\text{Luft})}{\rho_1}\right].
$$

Zu demselben Ergebnis gelangt man, wenn man auf Gleichung 2-4 die Regeln für das Rechnen mit kleinen Werten anwendet. Multiplikation der Klammern und Vernachlässigung des quadratischen Gliedes $\frac{\rho(\text{Luft})^2}{\rho_1 \cdot \rho_2}$, das von der Größenordung 10^{-7} bis 10^{-8} ist, führen zu der Beziehung

$$
m_1 = m_2 \left[1 + \frac{\rho(\text{Luft})}{\rho_1} - \frac{\rho(\text{Luft})}{\rho_2}\right] \qquad (2\text{-}5)
$$

$$
m_1 = m_2 + m_2 \cdot k
$$

mit $k = \rho(\text{Luft}) \left[\frac{1}{\rho_1} - \frac{1}{\rho_2}\right]$.

Tab. 2-8 Luftauftriebskorrektur k zur Reduktion von Wägungen auf das Vakuum

ρ_l in g/l	k in mg/g	ρ_l in g/l	k in mg/g	ρ_l in g/l	k in mg/g
0,60	+1,85	2,50	+0,33	6,50	+0,03
0,80	+1,35	3,00	+0,25	7,00	+0,02
1,00	+1,05	3,50	+0,19	8,00	±0,00
1,20	+0,85	4,00	+0,15	9,00	−0,02
1,40	+0,71	4,50	+0,12	10,00	−0,03
1,60	+0,60	5,00	+0,09	12,00	−0,05
1,80	+0,52	5,50	+0,07	16,00	−0,08
2,00	+0,45	6,00	+0,05	20,00	−0,09

Bei einer Wägung in Luft muß $m_2 \cdot k$ zu dem an der Waage angezeigten Wert m_2 addiert werden, um den auftriebskorrigierten Wert für die Masse zu erhalten. In Tab. 2-8 sind die Werte für k in mg/g für Wägegut verschiedener Dichten ρ_1 - berechnet mit $\rho(\text{Luft}) = 0{,}0012$ g/ml und $\rho_2 = 8{,}0$ g/ml - aufgeführt (vgl. auch [5]). Ist die Dichte der Wägestücke $\rho_2 = 8{,}4$ g/ml, erhöhen sich die Werte für k um 1 Ziffer in der zweiten Dezimale. Für Wasser als Wägegut mit $\rho_1 = \rho(H_2O) = 1$ g/ml beträgt beispielsweise die Auftriebskorrektur $k = 1{,}05$ mg/g, d. h. die Masse m_1 ist $m_1 = m_2 + 0{,}00105\ m_2$. Ohne Berücksichtigung des Luftauftriebs ergäbe die Wägung einen um etwa 0,1% zu kleinen Wert.

Während bei den meisten analytischen Arbeiten die Reduktion des Wägeergebnisses auf das Vakuum nicht notwendig ist, weil die anderen experimentellen Fehler größer als die Korrekturwerte sind, wird bei maßanalytischen Präzisionsbestimmungen und bei der Justierung von Volumenmeßgeräten durch Auswägen der Luftauftrieb berücksichtigt.

Im folgenden soll das Vorgehen bei der Justierung eines Meßkolbens, einer Pipette und einer Bürette erläutert werden.

Justierung eines Meßkolbens

Es ist die Frage zu beantworten, wieviel Gramm Wasser von t_M (Raumtemperatur) in den Kolben von gleicher Temperatur eingewogen werden müssen, damit das Wasser bei der Bezugstemperatur $t_{20} = 20\,°C$ das gewünschte Volumen einnimmt. Aus Gleichung 2-1 ergibt sich das Volumen V_M bei t_M, das dem festzulegenden V_{20} bei 20 °C entspricht. Aus der Dichte des Wassers und seinem Volumen bei der Temperatur t_M erhalten wir die einzuwägende Masse m_1. Aus Gleichung 2-4 ist zu entnehmen, welcher Wert m_2 unter Berücksichtigung des Luftauftriebs für die Masse m_1 von der Waage angezeigt werden muß. Gleichung 2-4 wird deshalb nach m_2 aufgelöst. Analoge Überlegungen wie bei der Ableitung von Gleichung 2-5 führen zu der Beziehung

$$m_2 = m_1 \left[1 - \frac{\rho(\text{Luft})}{\rho_1} + \frac{\rho(\text{Luft})}{\rho_2}\right]. \tag{2-6}$$

Mit $m_1 = V_M(H_2O) \cdot \rho_M(H_2O)$ für die Masse des Wassers, die eingewogen werden muß, und $\rho_1 = \rho_M(H_2O)$ geht Gleichung 2-6 über in

$$m_2 = V_M(H_2O) \cdot \rho_M(H_2O) \left[1 - \frac{\rho(\text{Luft})}{\rho_M(H_2O)} + \frac{\rho(\text{Luft})}{\rho_2}\right].$$

Unter Einbeziehung von Gleichung 2-1 erhält man schließlich

$$m_2 = V_{20}[1 + \gamma(t_M - t_{20})] \left[\rho_M(H_2O) - \rho(\text{Luft}) + \frac{\rho_M(H_2O) \cdot \rho(\text{Luft})}{\rho_2}\right]. \tag{2-7}$$

Die von der Waage angezeigte Masse m_2 legt bei der Meßtemperatur t_M das gewünschte Volumen V_{20} bei 20 °C fest.

Beispiel: Ein Meßkolben von 1 l Inhalt aus Duran 50 soll justiert werden. Die Raumtemperatur t_M soll 25 °C betragen. Die Dichte des Wassers bei dieser Temperatur ist $\rho_{25}(H_2O) = 0{,}997\,043$ g/ml [5], die der Luft $\rho_{25}(\text{Luft}) = 0{,}001\,178$ g/ml bei einem Feuchtegrad von 50% und einem Druck $p = 1{,}01325 \cdot 10^5$ Pa. Die Dichte der Wägestücke sei $\rho_2 = 8{,}0$ g/ml. Für m_2 ergibt sich nach Gleichung 2-7:

$$m_2 = 1000\,\text{ml}[1 + 1 \cdot 10^{-5}\,\text{K}^{-1}(25 - 20)\,°\text{C}]$$
$$\cdot \left[(0{,}997\,043 - 0{,}001\,178)\,\text{g/ml} + \frac{0{,}997\,043\,\text{g/ml}}{8{,}0\,\text{g/ml}} \cdot 0{,}001\,178\,\text{g/ml}\right]$$
$$m_2 = 996{,}06\,\text{g}.$$

Der saubere und trockene Meßkolben wird nach etwa einstündigem Stehen im Wägeraum zur Herstellung des Temperaturausgleichs auf einer Waage mit entsprechender Höchstlast (Tarierwaage, Oberschalenwaage), die 0,01 g abzulesen gestattet, gewogen. Dann nimmt man den Kolben von der Waage, setzt einen kleinen Trichter mit langem Ablaufrohr, das unterhalb der Justiermarke des Kolbens endet, auf den Kolben und füllt langsam destilliertes Wasser[1)] ein, das ebenfalls eine Stunde lang im Wägeraum gestanden hat, bis die Flüssigkeit 1 bis 2 cm unterhalb der Ringmarke steht. Der Trichter wird nun abgenommen, der Kolben auf die Waagschale gesetzt und tropfenweise weiter mit Wasser gefüllt, bis sich der berechnete Wert m_2 auf der Skala der Waage einstellt. Bei Verwendung einer Tarierwaage wird der leere Kolben auf die linke Waagschale zusammen mit einem Wägestück von 1 kg gestellt und die Waage durch Auflegen geeigneter Wägestükke ins Gleichgewicht gebracht. Anschließend wird das 1-kg-Stück von der linken Waagschale heruntergenommen und statt seiner die Differenz $1000 - m_2$, die sogenannte Zulage (hier 3,94 g) aufgelegt. Jetzt wird der Kolben wie beschrieben vorsichtig mit Wasser aufgefüllt, bis das Gleichgewicht hergestellt ist. Sollten sich im Kolbenhals oberhalb des Meniskus Wassertröpfchen gebildet haben, sind diese vor der endgültigen Ablesung mit einem Stück Filterpapier, das um einen Glas-

[1] Der Einfluß von gelöstem Sauerstoff und gelöstem Kohlenstoffdioxid kann bei der Justierung vernachlässigt werden.

Tab. 2-9 Masse von Wasser, die, bei t_M eingewogen, bei 20 °C den Raum 1000 ml einnimmt, und Zulagewerte

t_M in °C	m_2 in g	$1000 - m_2$ in g	t_M in °C	m_2 in g	$1000 - m_2$ in g
15,0	997,98	2,02	23,0	996,53	3,47
16,0	997,84	2,16	24,0	996,30	3,70
17,0	997,68	2,32	25,0	996,06	3,94
18,0	997,52	2,48	26,0	995,81	4,19
19,0	997,34	2,66	27,0	995,58	4,42
20,0	997,15	2,85	28,0	995,29	4,71
21,0	996,95	3,05	29,0	995,02	4,98
22,0	996,75	3,25	30,0	994,73	5,27

stab gewickelt wird, zu entfernen. Nach der Justierung wird ein Klebestreifen derart um den Kolbenhals gelegt, daß die durch den so entstandenen Kreis gelegte Ebene den tiefsten Punkt des Meniskus berührt.

Der nach Gleichung 2-7 berechnete Wert für m_2 ist stets kleiner als 1000 g, weil die Dichte des Wassers bei Raumtemperatur kleiner als 1 ist. In Tab. 2-9 ist die Masse m_2 des Wassers, die bei t_M in einen Meßkolben eingewogen werden muß und die bei 20 °C das Volumen von 1000 ml einnimmt, in Abhängigkeit von der Versuchstemperatur aufgeführt. Die Zulage $1000 - m_2$ ist ebenfalls angegeben. Die Werte gelten unter folgenden Bedingungen: Bezugstemperatur 20 °C, Gefäßmaterial Duran 50 (oder Glas mit gleichem Ausdehnungskoeffizienten), Dichte der Wägestücke 8,0 g/ml, Ausführung der Wägungen in Luft unter Normaldruck ($1{,}01325 \cdot 10^5$ Pa oder 760 Torr) vom mittleren Feuchtegrad 50% und bei der Temperatur t_M. Werden Wägestücke der Dichte 8,4 g/ml benutzt, so verringern sich die Werte von m_2 um höchstens eine Ziffer in der zweiten Dezimale bzw. erhöhen sich die Werte der Zulage um maximal eine Ziffer in der zweiten Dezimale.

Die *Nachprüfung* eines bereits justierten Meßkolbens kann auch in der Weise erfolgen, daß man das Volumen durch Auswägen mit Wasser (bzw. Quecksilber) ermittelt und das tatsächliche Volumen berechnet. Dazu wird der Kolben im trokkenen Zustand gewogen, mit Wasser der Temperatur t_M bis zur Ringmarke aufgefüllt und erneut gewogen. Die Differenz beider Wägungen liefert die Masse m_2, aus der nach Gleichung 2-5 die auftriebskorrigierte Masse des Wassers m_1 berechnet wird. Das Volumen des Wassers bei t_M erhält man aus $V_M(H_2O) = \frac{m_1}{\rho_M(H_2O)}$, das Volumen bei 20 °C ergibt sich aus Gleichung 2-1. Die Nachprüfung ist mehrfach zu wiederholen. Keine der Abweichungen vom Nennvolumen soll die in Tab. 2-1 angegebenen Fehlergrenzen überschreiten.

Justierung einer Pipette

Zunächst wird durch mehrere rohe Bestimmungen die ungefähre Lage der Marke ermittelt. Die Pipette wird dann mit Wasser gleicher Temperatur bis zu dieser

Marke gefüllt, das Wasser in ein austariertes Wägeglas entleert und gewogen. Die Lage der Marke wird nun so lange verschoben, bis die Differenz zwischen dem Volumen des ausgeflossenen Wassers und dem Nennvolumen innerhalb der zulässigen Abweichung liegt. Diese Tätigkeit ist sicher sehr selten auszuführen. Leichter läßt sich die *Nachprüfung* einer Pipette vornehmen. Man saugt zu diesem Zweck das Wasser an, stellt den Meniskus auf die Ringmarke ein und ermittelt die Masse des in das austarierte Wägeglas ausgelaufenen Wassers (m_2). Die Berechnung des Volumens bei 20 °C aus der Anzeige der Waage erfolgt in analoger Weise, wie bei der Nachprüfung eines Meßkolbens beschrieben wurde. Auch hier sind mehrere Messungen durchzuführen, wobei alle Abweichungen innerhalb der zulässigen Fehlergrenzen liegen müssen (vgl. Tab. 2-3 bis 2-5). Bei diesen Arbeiten ist selbstverständlich auf die richtige Handhabung der Pipette (s. S. 20) zu achten.

Ein Rechenbeispiel für die Nachprüfung des Volumens einer Pipette ist auf S. 47 angegeben.

Zur *Kontrolle des Volumens von Mikroliterpipetten* ist eine Halbmikro- oder Mikrowaage erforderlich. Für Pipetten von 1 bis 100 µl wird empfohlen, die Pipettenspitze zuerst leer, dann mit dem angesaugten Wasser zu wägen. Für Pipetten über 100 µl soll das auspipettierte Wasser in einem verschlossenen Wägegefäß gewogen werden. Bei routinemäßigen Messungen können die Zahlenwerte für Milligramm und Mikroliter gleichgesetzt werden, bei genaueren Bestimmungen ist die Dichte des Wassers zu berücksichtigen. Zur Nachprüfung des Volumens wird weiterhin eine photometrische Methode angegeben, bei der die Extinktion einer alkalischen Phenolrotlösung bei der Wellenlänge 546 nm gemessen und mit der einer Lösung verglichen wird, die unter Verwendung amtlich geeichter Volumenmeßgeräte hergestellt wird.

Nachprüfung einer Bürette

Im folgenden wird nur die Methode beschrieben, die zur Nachprüfung der Bürettenkalibrierung angewendet wird, denn die Aufgabe, eine Bürette vollständig zu kalibrieren, dürfte sich im Laboratorium kaum stellen.

Die saubere Bürette wird senkrecht eingespannt, mit Wasser gleicher Temperatur gefüllt, der Meniskus auf die Nullmarke eingestellt und der Tropfen an der Ablaufspitze abgestreift. Dann läßt man das Wasser im freien Strahl bis kurz oberhalb der 5-ml-Markierung in ein gewogenes größeres Wägeglas abfließen, drosselt die Auslaufgeschwindigkeit und stellt genau auf die Marke ein. Nach dem Abstreichen der Spitze an der Wand des Wägegefäßes wird das ausgelaufene Wasser gewogen. Der Vorgang wird mehrmals wiederholt. Anschließend werden in gleicher Weise nacheinander die Volumina 0–10, 0–15, 0–20, 0–25, 0–30, 0–40 und 0–50 ml nachgeprüft. Es ist besonders darauf hinzuweisen, daß die Bürette vor der Prüfung der einzelnen Intervalle jedesmal wieder bis zur Nullmarke aufzufüllen ist. Würde man die Flüssigkeit für die Intervalle 0–5, 5–10, 10–15, 15–20, 20–30, 30–40 und 40–50 ml auswägen, so addierten sich die bei jeder Ablesung

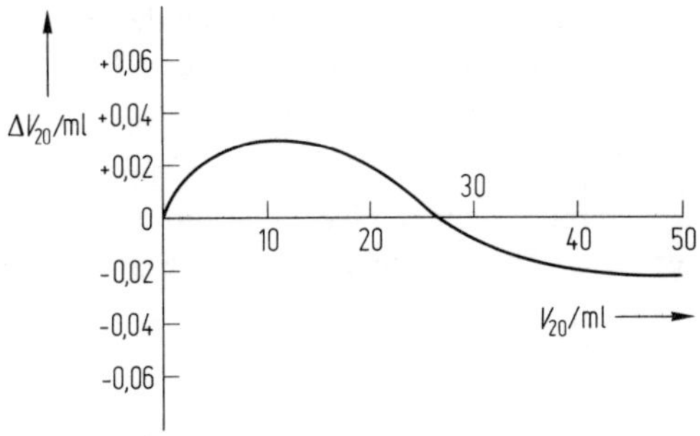

Abb. 2-24 Fehlerkurve einer Bürette

unvermeidlichen Beobachtungsfehler, die Nachprüfung fiele erheblich ungenauer aus.

Die Differenzen Δm_2 zwischen den ermittelten Massen m_2' und den nach Gleichung 2-7 für die jeweiligen Volumina berechneten Werte m_2

$$\Delta m_2 = m_2' - m_2$$

ergeben die Abweichungen der Bürette vom jeweiligen Sollvolumen ΔV_{20} nach

$$\Delta V_{20} = \rho_{20}(H_2O) \cdot \Delta m_2.$$

Sie werden zweckmäßigerweise graphisch dargestellt, indem die Abweichungen ΔV_{20} (in Hundertstelmilliliter) auf der Ordinate gegen die Bürettengraduierung V_{20} als Abszisse aufgetragen werden. Man erhält einen Kurvenzug (Abb. 2-24), der die für jede beliebige Marke der Bürettenskala gültige Korrektur abzulesen gestattet. Die Abweichung darf in keinem Bereich die in Tab. 2-7 angegebenen Werte für die maximalen Fehler überschreiten.

Bei maßanalytischen Arbeiten müssen Gerätejustierungen selten vorgenommen werden. Wichtig ist aber, daß die verwendeten Volumenmeßgeräte - Meßkolben, Pipetten und Büretten - untereinander übereinstimmen. Eine Überprüfung solcher Übereinstimmung kann z. B. für einen Meßkolben von 100 ml Inhalt und eine Pipette von 20 ml Nennvolumen in der Weise vorgenommen werden, daß man den Inhalt der Pipette fünfmal in den trockenen Meßkolben ablaufen läßt und den Meniskus anschließend mit der Ringmarke vergleicht.

Fehlerbetrachtung

Das Ergebnis einer jeden Messung ist fehlerhaft. Diese Feststellung gilt für physikalische Messungen ebenso wie für quantitative chemische Analysen. Nimmt man eine Anzahl von Untersuchungen nacheinander vor, so beobachtet man, daß trotz Anwendung größter Sorgfalt und Arbeiten unter möglichst gleichbleibenden Bedingungen die Ergebnisse gewisse Abweichungen voneinander aufweisen. Die Ursache dafür sind zufällige Einflüsse, die vom Willen des Experimentators unabhängig sind.

Um diese *zufälligen Fehler* erfassen zu können, bildet man zunächst den **arithmetischen Mittelwert** $\bar{x}$ der einzelnen Meßwerte x_i aus n Messungen nach

$$\bar{x} = \frac{x_1 + x_2 + x_3 + \ldots\ldots + x_n}{n} = \frac{1}{n} \sum x_i.$$

Die Einzelwerte streuen mehr oder weniger stark um diesen Mittelwert. Als Maß für die Streuung verwendet man am häufigsten die **Standardabweichung** s. Sie ist definiert als

$$s = \sqrt{\frac{\sum(x_i - \bar{x})^2}{n-1}}.$$

Zu ihrer Berechnung bildet man die n Abweichungen der Einzelwerte vom Mittelwert $(x_i - \bar{x})$, quadriert diese Differenzen, summiert die Quadrate $(x_i - \bar{x})^2$, dividiert die Summe durch die um 1 verminderte Zahl der Messungen und zieht die Quadratwurzel. Die Standardabweichung hat die gleiche Einheit wie der Mittelwert. Sie kennzeichnet die **Reproduzierbarkeit** (Präzision) eines Meßverfahrens.

Häufig wird als Maß für die zufälligen Fehler nicht die absolute Größe s, sondern die auf den Mittelwert bezogene *relative Standardabweichung* bzw. deren hundertfacher Wert, der **Variationskoeffizient** v, in Prozent angegeben:

$$v = \frac{s \cdot 100}{\bar{x}} \%.$$

Selbst wenn ein Meßverfahren die angestrebte gute Reproduzierbarkeit aufweist, muß der Mittelwert einer Meßreihe nicht mit dem wahren Wert oder dem Sollwert übereinstimmen. Neben den Zufallsfehlern können *systematische Fehler* in Form einseitiger Abweichungen auftreten. Sie sind bestimmend für die **Richtigkeit** des Ergebnisses und müssen daher erkannt und korrigiert bzw. ausgeschaltet werden.

Abb. 2-25 zeigt, daß die Mittelwerte zweier Meßreihen trotz gleicher Reproduzierbarkeit der Meßverfahren unterschiedliche Beurteilung erhalten müssen.

Im Fall 1 ist das Ergebnis $\bar{x}_1$ richtig; der wahre Wert μ liegt innerhalb des Bereichs der zufälligen Fehler. Im Fall 2 jedoch tritt ein so großer systematischer Fehler auf, daß μ außerhalb des Fehlerbereichs liegt; $\bar{x}_2$ ist als falsch zu beurteilen und damit unbrauchbar. Ausführlichere Betrachtungen über Fehler und über die Bewertung von Meßergebnissen findet man in [65].

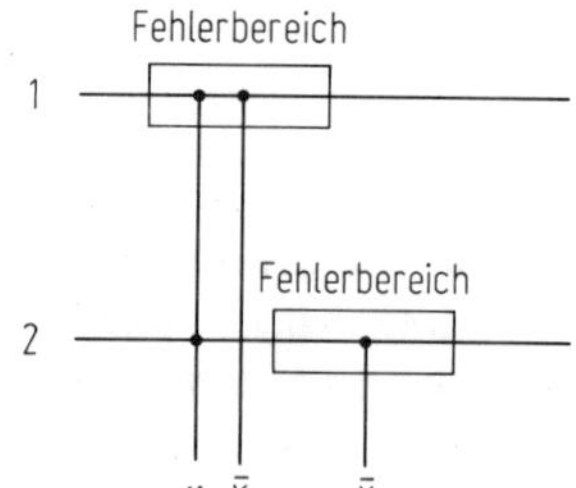

Abb. 2-25 Reproduzierbarkeit und Richtigkeit von Meßergebnissen

Systematische Fehler sind auf verschiedene Ursachen zurückzuführen. Für die Maßanalyse lassen sich - ohne Anspruch auf Vollständigkeit - folgende Möglichkeiten angeben:

- Arbeits- und personenbedingte Fehler, z. B. durch Nichtbeachtung von Blindwerten, Verwendung unreiner Reagentien und Maßlösungen mit falschem Titer; ungenaues Ablesen einer Bürette; Unfähigkeit, die Farbänderung eines Indikators zu erkennen.
- Gerätebedingte Fehler, z. B. durch Benutzung unrichtig kalibrierter Wägestükke und Meßgeräte.
- Methodisch bedingte Fehler, z. B. durch unvollständig ablaufende Reaktionen, Auftreten von Nebenreaktionen, Miterfassung anderer Bestandteile.

Am Beispiel der Prüfung einer Pipette auf Richtigkeit und Reproduzierbarkeit durch Auswägen mit Wasser soll eine Fehlerberechnung erläutert werden.

Beispiel: Pipettenüberprüfung
Nennvolumen der Pipette: $V_{20} = 20{,}00$ ml (Sollwert)
Genauigkeitsklasse: AS
Material: Duran 50, $\gamma = 1 \cdot 10^{-5}\,\mathrm{K}^{-1}$
Versuchstemperatur: $t = 23\,°\mathrm{C}$
Dichte des Wassers: $\rho_{23}(H_2O) = 0{,}997\,537$ g/ml
Dichte der Luft: $\rho_{23}(\text{Luft}) = 0{,}001\,186$ g/ml (50% Feuchte, Normaldruck)
Dichte der Wägestücke: $\rho_2 = 8{,}0$ g/ml

Es wurden 10 Messungen durchgeführt. Die an der Waage abgelesenen Massen m_2 sind in der Tabelle in Spalte 2 aufgeführt. Spalte 3 enthält die Vakuummassen m_1. Der k-Wert für die Auftriebskorrektur ergibt sich unter den oben angegebenen Versuchsbedingungen zu $k = 1{,}041$ mg/g. V_{23} ist das Volumen des Wassers bei 23 °C $\left(V_{23} = \frac{m_1}{0{,}997\,537}\,\mathrm{ml}\right)$, V_{20} das bei 20 °C $\left(V_{20} = \frac{V_{23}}{1{,}00003}\,\mathrm{ml}\right)$.

Auswertung:

Nr.	Masse in g		Volumen in ml		$V_{20} - \bar{V}_{20}$ in µl	$(V_{20} - \bar{V}_{20})^2$
	m_2	m_1	V_{23}	V_{20}		
1	19,9022	19,9229	19,9721	19,9715	−8,2	67,24
2	19,9138	19,9345	19,9837	19,9831	+3,4	11,56
3	19,9185	19,9392	19,9884	19,9878	+8,1	65,61
4	19,9008	19,9215	19,9707	19,9701	−9,6	92,16
5	19,9024	19,9231	19,9723	19,9717	−8,0	64,00
6	19,9062	19,9265	19,9761	19,9755	−4,2	17,64
7	19,9198	19,9405	19,9897	19,9891	+9,4	88,36
8	19,9173	19,9380	19,9872	19,9866	+6,9	47,61
9	19,9076	19,9283	19,9775	19,9769	−2,8	7,84
10	19,9152	19,9359	19,9851	19,9845	+4,8	23,04

$\bar{V}_{20} = 19{,}9797$ ml, $\Sigma\,(V_{20} - \bar{V}_{20})^2 = 486{,}95$

Ergebnisse:
$\bar{V}_{20} = 19{,}98$ ml
$s = 0{,}0074$ ml
$v = 0{,}037\%$
Abweichung vom Sollwert: $-0{,}02$ ml
relative Abweichung: $-0{,}10\%$
Der nach Tab. 2-3 zulässige maximale Fehler beträgt $\pm 0{,}03$ ml oder $\pm 0{,}15\%$. Er wird bei keiner der 10 Messungen überschritten. Die Pipette ist korrekt justiert.

2.2 Lösungen für die Maßanalyse

Wie einleitend erläutert wurde (vgl. S. 2), enthält eine Maßlösung als Titriermittel ein Reagens in bekannter Konzentration, das sich bei der Titration quantitativ mit dem zu bestimmenden Stoff in der Analysenlösung umsetzt. Die Konzentration der Maßlösung läßt sich im Prinzip beliebig wählen, doch ist es sinnvoll, sie der zu erwartenden Stoffmenge in der Probelösung anzupassen. Setzt man eine Maßlösung zu kleiner Konzentration ein, wird das für die Titration benötigte Volumen zu groß. Verwendet man eine zu konzentrierte Lösung, wird bis zum Äquivalenzpunkt nur wenig verbraucht, so daß der relative Ablesefehler große Werte annehmen kann.

2.2.1 Empirische Lösungen, Normallösungen, Maßlösungen

Als die Entwicklung der Maßanalyse in den ersten Jahrzehnten des 19. Jahrhunderts begann (vgl. S. 301), setzte man die Reagenslösungen so an, daß ein Liter der Lösung einem oder einigen Gramm der zu bestimmenden Substanz entsprach.

So entwickelte Gay-Lussac im Jahre 1832 ein Verfahren zur Titration von Silberionen mit einer Natriumchloridlösung (vgl. S. 138), von der 1 l gerade 5 g Silber anzeigte. Margueritte, der 1846 das Kaliumpermanganat in die Maßanalyse einführte, beschrieb eine „Chamaeleonlösung", von der 1 l gerade 10 g Eisen entsprach. Der Vorteil dieser Lösung lag darin, daß bei einer Einwaage von 1 g einer eisenhaltigen Substanz und bei Benutzung einer damals üblichen Bürette von 100 ml Inhalt nach der Titration der aufgelösten Probe der Massenanteil an Eisen in Prozent direkt an der Bürette abgelesen werden konnte.

Die Unzweckmäßigkeit solcher **empirischer Lösungen** erwies sich aber in dem Maße, in dem man erkannte, daß mit Kaliumpermanganatlösung nicht nur Eisen, sondern auch andere Substanzen, wie Wasserstoffperoxid, salpetrige Säure, Oxalsäure usw., titriert werden können. Wollte man so wie Margueritte beim Eisen verfahren, müßte man für jede dieser Substanzen eine besondere Maßlösung bereithalten, die jeweils einer bestimmten Masse der zu bestimmenden Substanz entspräche. Bei Verwendung nur einer Lösung hätte man jedesmal umständliche Umrechnungen vornehmen müssen. Erschwerend kam hinzu, daß damals in den Ländern Europas unterschiedliche Maßeinheiten in Gebrauch waren. Man suchte nach einer allgemein anwendbaren und vom jeweiligen Maßsystem unabhängigen Methode zur Herstellung der Maßlösungen und fand sie in der Verwendung der chemischen Einheiten. Es erwies sich als sinnvoll, die Maßlösungen auf *Äquivalentbasis* anzusetzen. So hat man schon frühzeitig die sogenannten **Normallösungen** in die maßanalytische Praxis eingeführt (ab 1844). Aber erst nach Erscheinen von Mohrs *Lehrbuch der chemisch-analytischen Titrirmethode* (1855) setzte sich ihre Anwendung generell durch und brachte eine Verallgemeinerung der Maßanalyse [159].

Der Konzentration einer Normallösung lag das *Äquivalentgewicht* zugrunde. Man bezeichnete als eine 1normale (1 N) Lösung eine solche, die das Äquivalentgewicht[1] (die Äquivalentmasse) der gelösten Substanz (in g) - das man auch *Grammäquivalent* nannte - in einem Liter enthielt. Neben der *Normalität* war als weitere Konzentrationsbezeichnung die *Molarität* eingeführt. In einer 1molaren (1 M) Lösung war soviel von der Substanz in einem Liter gelöst, wie ihr *Molekulargewicht*[1] oder die Molmasse (in g) angab. Für diesen Begriff war auch die Bezeichnung *Grammolekül* üblich, das man abgekürzt *Mol* nannte. Die entsprechende Abkürzung für Grammäquivalent lautete *Val.* Unter 1 Mol $AgNO_3$ verstand man somit 169,873 g $AgNO_3$, unter 1 Mol H_2SO_4 98,07 g H_2SO_4; dagegen war 1 Val H_2SO_4 49,04 g H_2SO_4. Das Molekulargewicht ergab sich für die mehratomigen Moleküle als *Summe der Atomgewichte* der in ihnen enthaltenen Elemente. Das Äquivalentgewicht eines Stoffes erhielt man durch Division seines Atom- oder Molekulargewichts durch die *Wertigkeit,* die er in der betrachteten Reaktion gegenüber dem zu bestimmenden Stoff betätigt (stöchiometrische Wertigkeit), bzw. bei Redoxreaktionen durch die Wertigkeitsänderung (Änderung der Oxidationszahl), die bei der Reaktion eintritt.

Der Begriff *Wertigkeit* oder *Valenz* hat im Laufe der Entwicklung der theoretischen Vorstellungen über die chemische Bindung eine Differenzierung erfahren, die eine einheitliche Anwendung in allen Fällen nicht erlaubt. Sagte man ursprünglich, daß ein Atom eines einwertigen Stoffes ein Atom Wasserstoff oder ein halbes Atom Sauerstoff binden oder ersetzen kann, so wird heute eine Anzahl valenztheoretischer Begriffe unterschieden, die alle unter der Sammelbezeichnung Wertigkeit zusammengefaßt werden können [66]: Die stöchiometrische Wertigkeit, die Ionenwertigkeit (Ionenladung), die Oxidationszahl (Oxidationsstufe), die Koordinationszahl, die Bindigkeit (Zahl der kovalenten Bindungen) und die formale Ladung. Der mehrdeutige Begriff Wertigkeit wird im folgenden weitgehend vermieden.

Mit Einführung des Internationalen Einheitensystems (SI) und Übernahme in nationales Recht durch das Gesetz über Einheiten im Meßwesen [41] erfolgte eine

[1] Im allgemeinen Sprachgebrauch wurde (und wird auch heute noch) das Ergebnis einer Wägung oft als Gewicht anstatt als Masse bezeichnet, aber in Einheiten der Masse angegeben; für den Geschäftsverkehr ist das sogar gesetzlich gestattet.

Umstellung auf eine neue begriffliche Grundlage, die zwar nicht zu einer Änderung der bisher benutzten Zahlenwerte, aber zu einer neuen und eindeutigen Sprachregelung führte. Da in der Maßanalyse der Äquivalentbegriff eine wichtige Rolle spielt, wirkt sich der Wegfall der nicht in das SI-System passenden Bezeichnungen Molekular- und Äquivalentgewicht mit den individuellen Masseangaben als Grammolekül und Grammäquivalent auf diesem Gebiet besonders aus. Im folgenden sollen daher die jetzt gültigen Größen und Einheiten näher erläutert werden.

Stoffmenge

Im Jahre 1971 wurde durch die 14. Generalkonferenz für Maß und Gewicht (CGPM) die *Basiseinheit Mol* in das Internationale Einheitensystem eingeführt. Für die zugehörige physikalische Größe wurde die Bezeichnung *Stoffmenge* festgelegt [41]. Damit ist der Name Mol zwar von früher her übernommen worden, er hat aber eine andere Definition erhalten. Auch der Begriff Stoffmenge hat eine ganz bestimmte Bedeutung erlangt. Man versteht unter Stoffmenge nicht mehr allgemein ein begrenztes Materiesystem oder eine Stoffportion [67, 68] (eine Substanzprobe *ist* eine Stoffmenge), sondern eine meßbare Eigenschaft einer Stoffportion (eine Substanzprobe *hat* eine Stoffmenge). Die Quantität, das „Wieviel" einer Stoffportion[1)], läßt sich durch Angabe ihrer Eigenschaften Masse, Volumen oder Anzahl der in ihr enthaltenen Teilchen bestimmter Art erfassen. Von diesen Möglichkeiten ist für die Chemie die letzte von maßgeblicher Bedeutung und hat daher zur Festlegung der Größe Stoffmenge geführt [67, 69, 70].

Da sich einzelne Atome oder Moleküle nicht direkt abzählen lassen, muß man in der Praxis so große Teilchenanzahlen wählen, daß eine Messung möglich ist. Diese sehr großen Teilchenanzahlen in makroskopischen Stoffportionen sind für praktische Berechnungen zu unbequem, so daß die Einführung einer geeigneten *Zähleinheit* für die Teilchenanzahl sinnvoll erschien. Das ist mit der Definition der Basiseinheit Mol geschehen. Das Mol ist somit nicht mehr eine individuelle Masseneinheit, sondern eine Zähleinheit und es gilt definitionsgemäß [41]:

- Das Mol ist die Stoffmenge eines Systems, das aus ebensoviel Einzelteilchen besteht, wie Atome in 0,012 kg des Kohlenstoffnuklids ^{12}C enthalten sind.

Bei Verwendung der Basiseinheit Mol (Einheitenzeichen: mol), muß stets angegeben werden, welche Einzelteilchen gemeint sind. Sie können Atome, Moleküle, Ionen, Elektronen sowie andere Teilchen oder Gruppen solcher Teilchen genau angebbarer Zusammensetzung sein [41, 67]. Was man bei einem Stoff als Teilchen ansehen will, muß im Einzelfall entschieden werden und richtet sich nach der jeweiligen Betrachtungsweise. Bei Stoffen, die nicht aus Molekülen aufgebaut sind, sondern beispielsweise in Ionengittern kristallisieren, wird im allgemeinen als

[1] Spezielle Bezeichnungen für eine Stoffportion in der analytischen Chemie sind z. B. *Probe, Einwaage, Auswaage, aliquoter Teil.*

Einzelteilchen eine Gruppe von Teilchen definierter Zusammensetzung angesehen, z. B. NaCl, $BaSO_4$, $KMnO_4$, unabhängig davon, ob diese Teilchenkombination im Kristall als Baustein vorhanden ist oder nicht.

Bei Berechnungen soll die Stoffmenge (Größenzeichen: n) durch eine *Größengleichung* angegeben werden, wobei das Symbol der zugrundegelegten Teilchenart in Klammern hinter das Größenzeichen gesetzt wird, z. B. $n(H_2SO_4) = 0{,}5$ mol. Die Stoffmenge ist eine reine Zählgröße, ihre Einheit Mol eine universelle Zähleinheit, die auf alle denkbaren Teilchenarten angewendet werden kann. Ihr liegt die experimentell zugängliche Teilchenanzahl pro Mol zugrunde, die als **Avogadro-Konstante**[1] *(molare Teilchenanzahl)* bezeichnet wird und den Wert $N_A = 6{,}022 \cdot 10^{23}\ \text{mol}^{-1}$ hat[2]. Die Stoffmenge n(X) einer beliebigen Teilchenart X ist mit der Teilchenanzahl N(X) durch die Beziehung

$$n(\mathrm{X}) = \frac{N(\mathrm{X})}{N_A}$$

verknüpft. Sie erfaßt die in einer Stoffportion enthaltene Anzahl von Teilchen in Vielfachen von N_A. (Auch bei der Teilchenanzahl N muß wie bei der Stoffmenge n die Art der Teilchen angegeben werden).

Äquivalentteilchen

Der Teilchenbegriff läßt sich auch auf Äquivalente anwenden, was besonders für die Maßanalyse von Bedeutung ist. Unter einem *Äquivalentteilchen* oder kurz *Äquivalent* versteht man rein formal den Bruchteil $^1/_{z^*}$ eines Teilchens X (Atom, Molekül, Ion oder Atomgruppe), der bei einer bestimmten chemischen Reaktion jeweils am Austausch von einer positiven oder negativen Elementarladung beteiligt ist. Dem Äquivalentteilchen kommt keine reale Bedeutung zu, die Teilung ist rein gedanklich zu verstehen. Da eine stoffliche Zerlegung mit der Teilung nicht gemeint ist, bleiben die qualitativen Eigenschaften der Teilchenart erhalten. Die Anzahl der Äquivalente je Teilchen X, die *Äquivalentzahl* z^*, ist stets eine ganze Zahl, die sich aus der Reaktionsgleichung (Äquivalenzbeziehung) oder aus der Ionenladung ergibt. Ihr reziproker Wert wird bei der Angabe der Stoffmenge von Äquivalenten vor das Teilchensymbol gesetzt und kennzeichnet so das Äquivalentteilchen, z. B. $n(\frac{1}{2}\,Mg^{2+})$, $n(\frac{1}{2}\,H_2SO_4)$, $n(\frac{1}{5}\,KMnO_4)$, allgemein $n(^1/_{z^*}\,\mathrm{X})$.

Man kann folgende Arten von Äquivalentteilchen unterscheiden:

- *Säure-Base-Äquivalent (Neutralisationsäquivalent);* es charakterisiert ein gedachtes Teilchen, das bei einer Säure-Base-Reaktion ein Proton freisetzen oder binden kann, z. B. HCl, $\frac{1}{2}H_2SO_4$, $\frac{1}{3}H_3PO_4$, NaOH, $\frac{1}{2}Ba(OH)_2$, $\frac{1}{3}Al(OH)_3$. Die Äquivalentzahl z^* ist gleich der Anzahl der H^+ oder OH^--Ionen, die das Teilchen bei vollständiger Umsetzung abgibt. Ist $z^* = 1$, so

[1] Die in der deutschen Literatur früher übliche Bezeichnung *Loschmidtsche Zahl* bezieht sich auf den reinen Zahlenwert (ohne Einheit).

[2] derzeitiger Wert $N_A = (6{,}022045 \pm 0{,}000031) \cdot 10^{23}\ \text{mol}^{-1}$

sind Äquivalentteilchen und Teilchen X identisch ($\frac{1}{1}$HCl = HCl, $\frac{1}{1}$NaOH = NaOH).

- *Redox-Äquivalent;* es kennzeichnet ein Teilchen, das bei einer Redoxreaktion ein Elektron aufnehmen oder abgeben kann, z. B. Fe^{2+}, $\frac{1}{5}$ $KMnO_4$, $\frac{1}{6}$ $KBrO_3$. Die Äquivalentzahl z^* ist gleich dem Betrag der Differenz der Oxidationszahlen vor und nach der Reaktion desjenigen Atoms, das dabei seine Oxidationszahl ändert.
- *Ionen-Äquivalent;* es ist als Bruchteil eines Ions zu betrachten, der eine positive oder negative Elementarladung trägt, z. B. Na^+, $\frac{1}{2}Mg^{2+}$, $\frac{1}{3}Al^{3+}$, Cl^-, $\frac{1}{2}SO_4^{2-}$. Die Äquivalentzahl z^* ist gleich dem Betrag der Ladungszahl des an der Reaktion beteiligten Ions, z. B. beim Ionenaustausch oder bei der elektrolytischen Abscheidung.

Die Stoffmenge von Äquivalenten, $n(\frac{1}{z^*}\,X)$, in Kurzform auch n(eq), wird ebenfalls in der Einheit Mol angegeben, die als Zähleinheit für alle Teilchen Verwendung finden kann. Damit wird die Einheit Val überflüssig und kann wegfallen, da zu jedem Begriff nur ein Name gehören sollte. Auch der Grundsatz des Einheitengesetzes [41], nach dem zwischen zwei verschiedenen Einheiten einer Größe ein fester Umrechnungsfaktor bestehen muß, spricht gegen ihre weitere Verwendung. Val und Mol sind durch variable Umrechnungsfaktoren miteinander verknüpft, die von der zugehörigen Reaktion (z. B. hat $KMnO_4$ in saurer Lösung die Äquivalentzahl $z^* = 5$, in neutraler Lösung $z^* = 3$, vgl. S. 58) und von der Art des Äquivalentteilchens abhängen (für die Oxidation von Fe^{2+} zu Fe^{3+} ist $z^* = 1$, für das Ionen-Äquivalent von Fe^{2+} gilt $z^* = 2$). Ersetzt man die früher übliche Angabe in Val durch die Stoffmengenangabe in Mol auf der Basis von Äquivalentteilchen, ändert sich der Zahlenwert der Angabe nicht (früher: 0,1 Val H_2SO_4, jetzt: $n(\frac{1}{2}H_2SO_4) = 0{,}1$ mol).

Für eine vorgegebene Schwefelsäureportion sei die Stoffmenge bezogen auf H_2SO_4-Moleküle

$$n(H_2SO_4) = 0{,}1 \text{ mol}.$$

Bezieht man sie auf Äquivalente, ist die Stoffmenge

$$n(\tfrac{1}{2}H_2SO_4) = 2 \cdot 0{,}1 \text{ mol}.$$

Daraus folgt:

$$2n(H_2SO_4) = n(\tfrac{1}{2}H_2SO_4).$$

Der Zahlenwert der Stoffmenge n verdoppelt sich also gegenüber dem auf H_2SO_4-Moleküle bezogenen Wert, wenn man Äquivalente zugrunde legt, weil jedes H_2SO_4-Molekül 2 Äquivalenten $\frac{1}{2}H_2SO_4$ entspricht. Allgemein besteht für eine Stoffportion zwischen der Stoffmenge der Teilchen X und der Stoffmenge ihrer Äquivalentteilchen die Beziehung

$$n\left(\frac{1}{z^*}\,X\right) = z^* \cdot n(X).$$

Molare Masse

Die Reaktionsgleichungen, mit denen wir chemische Vorgänge beschreiben, geben die Umsetzungen auf der Basis von Teilchen wieder, z. B.

$$HCl + NaOH \rightarrow NaCl + H_2O.$$

Da die Teilchenanzahl der auf die gleiche Teilchenart bezogenen Stoffmenge proportional ist, $n(X) = N(X)/N_A$, besagt die Gleichung, daß 1 mol HCl mit 1 mol NaOH unter Bildung von 1 mol NaCl und 1 mol H_2O reagiert. Beim praktischen Arbeiten erfolgt die Messung der Quantität der umgesetzten Stoffe jedoch im allgemeinen nicht aufgrund ihrer Teilchenanzahl, sondern mit Hilfe der Waage über ihre Masse. Man benötigt deshalb eine Größe, mit der man die Masse und die Stoffmenge einer Stoffportion ineinander umrechnen kann. Diese Größe ist die stoffmengenbezogene Masse oder *molare Masse M,* der Quotient aus der Masse m und der Stoffmenge n:

$$M(X) = \frac{m}{n(X)}.$$

Ihre SI-Einheit ist kg/mol, die übliche Einheit g/mol. Da man sie auf verschiedene Teilchenarten beziehen kann, wird das Symbol für das Teilchen in Klammern hinter das Größenzeichen gesetzt, z. B.

$M(S)$	= 32,06 g/mol	(Atome)
$M(SO_4^{2-})$	= 96,06 g/mol	(Ionen)
$M(H_2SO_4)$	= 98,07 g/mol	(Moleküle)
$M(\frac{1}{2}H_2SO_4)$	= 49,04 g/mol	(Äquivalente).

Zwischen der molaren Masse $M(X)$ der Teilchen X und der molaren Masse ihrer Äquivalente $M(eq)$ besteht die Beziehung:

$$M\left(\frac{1}{z^*}X\right) = \frac{1}{z^*} \cdot M(X).$$

Die molare Masse ist für einen gegebenen Stoff und eine gegebene Teilchenart eine Konstante; man findet die für die einzelnen Stoffe berechneten Werte tabelliert, z. B. in [5]. Durch die Definition der Basiseinheit Mol (vgl. S. 50) ist die molare Masse des Kohlenstoffnuklids ^{12}C als Bezugswert zu

$$M(^{12}C) = 12\ g/mol$$

vorgegeben. Den Zusammenhang zwischen der molaren Masse M und der Masse eines Einzelteilchens m_T beschreibt die Beziehung

$$M = m_T \cdot N_A$$

(die Masse von N_A Molekülen, Atomen oder Äquivalenten ist die molare Masse).

Zur Berechnung der Masse aus der Stoffmenge und umgekehrt wird die Definitionsgleichung für die molare Masse nach der gesuchten Größe umgestellt:

$$m = M(X) \cdot n(X) \quad \text{bzw.} \quad n(X) = \frac{m}{M(X)}.$$

Beispiel: Welche Masse hat eine Stoffportion Kaliumpermanganat, wenn die gewünschte Stoffmenge 0,1 mol Äquivalente ($z^* = 5$) betragen soll?

$$n(\tfrac{1}{5}\,KMnO_4) = 0{,}1\ \text{mol}$$
$$M(\tfrac{1}{5}\,KMnO_4) = 31{,}608\ \text{g/mol}$$
$$m = M(\tfrac{1}{5}\,KMnO_4) \cdot n(\tfrac{1}{5}KMnO_4)$$
$$m = 31{,}608\ \text{g/mol} \cdot 0{,}1\ \text{mol}$$
$$m = 3{,}1608\ \text{g}.$$

Beispiel: Welche Stoffmenge hat eine Oxalsäureportion, deren Masse 4,5018 g beträgt?

$$m = 4{,}5018\ \text{g}$$
$$M(C_2H_2O_4) = 90{,}035\ \text{g/mol}$$
$$n(C_2H_2O_4) = \frac{m}{M(C_2H_2O_4)}$$
$$n(C_2H_2O_4) = \frac{4{,}5018\ \text{g}}{90{,}035\ \text{g/mol}}$$
$$n(C_2H_2O_4) = 0{,}05\ \text{mol}.$$

Gehalt von Lösungen

In der Maßanalyse kommt dem Begriff *Lösung* eine zentrale Bedeutung zu. Als Lösung bezeichnet man ein flüssiges homogenes Stoffgemisch (Mischphase), das einen oder mehrere gelöste Stoffe in einem Lösemittel verteilt enthält. Will man eine Aussage über die quantitative Zusammensetzung der Lösung machen, so gibt man deren Gehalt an gelöstem Stoff an. Der Begriff *Gehalt* soll nur benutzt werden, wenn die Aussage allgemeiner (qualitativer) Natur ist (z. B. der Bleigehalt eines Erzes oder der Chloridgehalt eines Wassers soll bestimmt werden). Gehalt soll als Oberbegriff für die Größen *Anteil* und *Konzentration* betrachtet werden, die dann benutzt werden sollen, wenn Zahlenwerte angegeben werden [71]. Die quantitative Zusammensetzung einer Lösung läßt sich mit Hilfe der Größen Masse m, Stoffmenge n oder Volumen V beschreiben. Dabei ist zu berücksichtigen, daß die Stoffmenge von der Teilchenart, das Volumen von der Temperatur abhängt.

Anteile sind Verhältnisgrößen (Dimension 1), in denen eine der genannten Größen eines Bestandteiles i (m_i, n_i, V_i) auf dieselbe Größe aller Bestandteile einer Stoffportion (m, n, V_0) bezogen ist. Man unterscheidet:

Massenanteil	$w_i = m_i/m$	(früher: Massenbruch)
Stoffmengenanteil	$x_i = n_i/n$	(früher: Molenbruch)
Volumenanteil	$\varphi_i = V_i/V_0$ [1]	(früher: Volumenbruch).

V_0 ist das Volumen aller Bestandteile vor dem Vermischen; es ist mit dem Gesamtvolumen V der Mischung nur identisch, wenn beim Mischvorgang keine Vo-

[1] Die Größe V_i sollte nur dann benutzt werden, wenn die Stoffportion des Bestandteiles i vor dem Vermischen als Flüssigkeit vorliegt.

lumenänderung eintritt (ideale Mischung). Die Werte von Masse und Stoffmenge der einzelnen Bestandteile dagegen addieren sich beim Vermischen (Lösen).

Die Angabe der Zahlenwerte kann in Form von Dezimalbrüchen, in Prozent bzw. Promille oder mit je einer Einheit im Zähler und Nenner erfolgen; z. B. ist für 5%ige Salzsäure (herkömmliche Bezeichnungsweise):

$$w(\text{HCl}) = 0{,}05 = 5\% = 50‰ = 0{,}05\ \text{g/g} = 50\ \text{mg/g}.$$

Die Zeichen % und ‰ stellen keine Einheiten dar, sondern stehen für die Potenzen 10^{-2} bzw. 10^{-3}. Die früher üblichen Bezeichnungen Gewichtsprozent (Gew.-%), Molprozent (Mol-%) bzw. Atomprozent (Atom-%) und Volumenprozent (Vol.-%) sollen - weil sie besondere Einheiten vortäuschen - durch die entsprechenden Größenzeichen w, x und φ ersetzt werden.

Enthält eine Lösung mehrere gelöste Stoffe, so kann man aus dem Anteil eines Bestandteiles natürlich nicht auf die vollständige Zusammensetzung der Lösung schließen. Der Massenanteil w_i eines Bestandteils kann aber unabhängig von anderen Lösungspartnern ermittelt werden, weil die Gesamtmasse m der Lösungsportion direkt bestimmt werden kann. Entsprechendes gilt für den Volumenanteil φ_i bei idealen Mischungen. Dagegen ist der Stoffmengenanteil x_i nur angebbar, wenn alle Bestandteile nach Art und Quantität bekannt sind, weil sich nur dann die Gesamtstoffmenge n der Lösungsportion berechnen läßt.

Konzentrationen sind Gehaltsgrößen, bei denen die Quantitätsgröße des Bestandteiles i auf das Volumen V der Lösungsportion bezogen wird. Zu unterscheiden sind:

Massenkonzentration	$\beta_i = \dfrac{m_i}{V}$
Stoffmengenkonzentration	$c_i = \dfrac{n_i}{V}$
Volumenkonzentration	$\sigma_i = \dfrac{V_i}{V}.$

Da sich das Volumen mit der Temperatur ändert, sind die drei Konzentrationsgrößen temperaturabhängig[1)]; die Druckabhängigkeit des Volumens von Lösungen dagegen kann vernachlässigt werden.

Massenkonzentration β_i und Massenanteil w_i eines Bestandteiles lassen sich über die Dichte $\rho = \dfrac{m}{V}$ der Lösung ineinander umrechnen:

$$\beta_i = \frac{m_i}{V} = \frac{m_i \cdot \rho}{m} = w_i \cdot \rho.$$

[1] Eine temperaturunabhängige Größe ist die *Molalität* b_i, die auf die Masse einer Lösemittelportion m (Lm) bezogene Stoffmenge n_i der darin gelösten Stoffportion: $b_i = n_i/m\,(\text{Lm})$.

Beispiel: Welche Massenkonzentration hat „5%ige Salzsäure“?

$w(\mathrm{HCl}) = 0{,}05$
$\rho(\mathrm{HCl\text{-}Lösung}) = 1{,}023\ \mathrm{g/ml}$ (bei 20 °C)
$\beta(\mathrm{HCl}) = 0{,}05 \cdot 1{,}023\ \mathrm{g/ml} = 0{,}0512\ \mathrm{g/ml}$
$\beta(\mathrm{HCl}) = 51{,}2\ \mathrm{g/l}.$

Volumenkonzentration σ_i und Volumenanteil φ_i sind für ideale Mischungen $(V_0 = V)$ gleich. Bei der Angabe von Volumengehalten ist im allgemeinen das Volumen V der Lösung die Bezugsgröße; z. B. ist mit der Angabe „40%iger Alkohol“ für eine Ethanol-Wasser-Mischung die Volumenkonzentration σ(EtOH) gemeint und nicht der Volumenanteil φ (EtOH). Beide Größen sind wegen des nichtidealen Verhaltens von Alkohol-Wasser-Mischungen nicht gleich.

Die wichtigste Gehaltsgröße in der Maßanalyse ist die Stoffmengenkonzentration c_i. Sie ist in der Regel gemeint, wenn von der Konzentration die Rede ist[1]. Um den Teilchenbezug der Stoffmenge und der aus ihr abgeleiteten Größen auszudrücken, setzen wir das Symbol für die Teilchenart wieder in Klammern hinter das Größenzeichen[2]:

$$c(\mathrm{X}) = \frac{n(\mathrm{X})}{V}.$$

Die SI-Einheit von c(X) ist mol/m^3, die übliche Einheit mol/l. Für die Stoffmengenkonzentration von Äquivalenten ist auch der Name *Äquivalentkonzentration* üblich [67]. Zwischen ihr und der auf ganze Teilchen bezogenen Stoffmengenkonzentration besteht die Beziehung

$$c\left(\frac{1}{z^*}\mathrm{X}\right) = z^* \cdot c(\mathrm{X}).$$

Die Verwendung der Namen *Molarität* und *Normalität* für die Stoffmengen- bzw. die Äquivalentkonzentration wird nicht mehr empfohlen [67]. Da das Eigenschaftswort *molar* die Bedeutung von stoffmengenbezogen hat (Stoffmenge im Nenner), soll es bei der Angabe von Stoffmengenkonzentrationen als volumenbezogene Größen (Volumen im Nenner) nicht mehr benutzt werden. Dasselbe gilt für das Wort *normal* als andere Bezeichnung für die früher verwendete Konzentrationsangabe in Val/l [67]. Daher wird der bisher übliche Name *Normallösung* durch **Maßlösung** ersetzt. Anstatt der früheren Schreibweise

0,05 M H_2SO_4 oder 0,05 molare Schwefelsäure

[1] Die Kurzbezeichnung Konzentration für Stoffmengenkonzentration wird nach [71] nicht empfohlen.

[2] Die eckigen Klammern um das Formelsymbol, eine früher übliche Schreibweise zur Angabe der Stoffmengenkonzentration, z. B. $[H^+]$, $[SO_4^{2-}]$, werden durch das Zeichen c(X) ersetzt [67].

lautet die Angabe

Schwefelsäure, $c(H_2SO_4) = 0{,}05$ mol/l (Größengleichung)
oder H_2SO_4, 0,05 mol/l (Kurzform).

Analog gilt statt

0,1 N H_2SO_4 oder 0,1 normale Schwefelsäure

jetzt Schwefelsäure, $c(\frac{1}{2}\,H_2SO_4) = 0{,}1$ mol/l
oder Schwefelsäure, $c(H_2SO_4) = 0{,}05$ mol/l
oder H_2SO_4, 0,05 mol/l.

Die Umrechnung der Massenkonzentration in die Stoffmengenkonzentration und umgekehrt erfolgt mit Hilfe der molaren Masse des gelösten Stoffes nach

$$\beta_i = c(\mathrm{X}) \cdot M(\mathrm{X}) \quad \text{bzw.} \quad c(\mathrm{X}) = \frac{\beta_i}{M(\mathrm{X})}.$$

Beispiel: Welche Stoffmengenkonzentration hat Salzsäure der Massenkonzentration $\beta(\mathrm{HCl}) = 51{,}2$ g/l?
Mit $M(\mathrm{HCl}) = 36{,}461$ g/mol ergibt sich

$$c(\mathrm{HCl}) = \frac{51{,}2\ \mathrm{g/l}}{36{,}461\ \mathrm{g/mol}} = 1{,}404\ \mathrm{mol/l}.$$

Die folgenden Beispiele sollen die Ableitung der Äquivalentzahl z^* aus der Reaktionsgleichung erläutern und die Beziehung zwischen der Äquivalentkonzentration und der Massenkonzentration von Maßlösungen verdeutlichen (frühere Konzentrationsbezeichnung in Klammern).

1. Die Neutralisation von Kalilauge durch Salzsäure erfolgt nach dem Reaktionsschema

$$\mathrm{KOH + HCl \rightarrow H_2O + KCl} \qquad \text{oder}$$
$$\mathrm{OH^- + H^+ \rightarrow H_2O.}$$

Ein KOH-Teilchen liefert ein OH^--Ion, das ein H^+-Ion bindet; folglich ist die Äquivalentzahl $z^* = 1$. Eine Kalilauge-Maßlösung der Äquivalentkonzentration $c(\mathrm{KOH}) = 1$ mol/l (1 N) hat die Massenkonzentration

$$\beta(\mathrm{KOH}) = c(\mathrm{KOH}) \cdot M(\mathrm{KOH})$$
$$\beta(\mathrm{KOH}) = 1\ \mathrm{mol/l} \cdot 56{,}106\ \mathrm{g/mol} = 56{,}106\ \mathrm{g/l}.$$

Analog gilt für eine Natronlauge-Maßlösung:

$c(\mathrm{NaOH}) = 1$ mol/l (1 N) und $\beta(\mathrm{NaOH}) = 39{,}997$ g/l.

Dagegen ist für die Neutralisation von Bariumhydroxidlösung nach

$$\mathrm{Ba(OH)_2 + 2\,HCl \rightarrow 2\,H_2O + BaCl_2} \qquad \text{oder}$$
$$\mathrm{2\,OH^- + 2\,H^+ \rightarrow 2\,H_2O}$$

die Äquivalentzahl $z^* = 2$. Für eine $Ba(OH)_2$-Maßlösung der Äquivalentkonzentration $c(\frac{1}{2}\ Ba(OH)_2) = 1$ mol/l (1 N) erhält man

$$\beta(Ba(OH)_2) = c(\tfrac{1}{2}\ Ba(OH)_2) \cdot \tfrac{1}{2}\ M(Ba(OH)_2)$$
$$\beta(Ba(OH)_2) = 1\ \text{mol/l} \cdot \frac{171{,}35}{2}\ \text{g/mol} = 85{,}68\ \text{g/l}.$$

2. Für die Fällungstitration von Chlorid mit Silberionen nach

$$Ag^+ + Cl^- \rightarrow AgCl$$

ist die Äquivalentzahl für beide Ionensorten $z^* = 1$. Eine Silbernitrat-Maßlösung der Äquivalentkonzentration $c(AgNO_3) = 1$ mol/l (1 N) hat die Massenkonzentration

$$\beta(AgNO_3) = c(AgNO_3) \cdot M(AgNO_3)$$
$$\beta(AgNO_3) = 1\ \text{mol/l} \cdot 169{,}873\ \text{g/mol} = 169{,}873\ \text{g/l}.$$

3. Für eine Natriumthiosulfat-Maßlösung, die zur Titration von Iod nach

$$2\,S_2O_3^{2-} + 2\,I \rightarrow S_4O_6^{2-} + 2\,I^-$$

verwendet werden soll, ist bei der Ermittlung des Äquivalentteilchens ebenfalls $z^* = 1$ zugrunde zu legen, da ein Thiosulfation ein Iodatom reduziert (Änderung der Oxidationszahl um 1). Soll die Äquivalentkonzentration $c(Na_2S_2O_3) = 1$ mol/l (1 N) betragen, ist

$$\beta(Na_2S_2O_3) = c(Na_2S_2O_3) \cdot M(Na_2S_2O_3)$$
$$\beta(Na_2S_2O_3) = 1\ \text{mol/l} \cdot 158{,}10\ \text{g/mol} = 158{,}10\ \text{g/l}.$$

Geht man zur Herstellung von 1 l Maßlösung von dem kristallwasserhaltigen Salz $Na_2S_2O_3 \cdot 5\,H_2O$ aus, sind 248,17 g einzuwägen.

4. Titriert man mit einer Kaliumpermanganat-Maßlösung in stark saurer Lösung, so nimmt ein MnO_4^--Ion bei der Reduktion 5 Elektronen auf, die Oxidationszahl des Mangans ändert sich von VII im Permanganat auf II:

$$MnO_4^- + 8\,H^+ + 5\,e^- \rightarrow Mn^{2+} + 4\,H_2O.$$

Die Äquivalentzahl von $KMnO_4$ ist $z^* = 5$. Titriert man dagegen in schwach saurer oder neutraler Lösung, ändert sich die Oxidationszahl des Mangans nur um 3 ($Mn^{VII} \rightarrow Mn^{IV}$):

$$MnO_4^- + 2\,H_2O + 3\,e^- \rightarrow MnO_2 + 4\,OH^-.$$

Somit ist $z^* = 3$. Die Äquivalentkonzentration einer Kaliumpermanganatlösung ist im ersten Fall $c(\frac{1}{5}KMnO_4) = 0{,}1$ mol/l (1 N), im zweiten Fall $c(\frac{1}{3}KMnO_4) = 0{,}1$ mol/l (ebenfalls 1 N). Die zugehörigen Massenkonzentrationen betragen

$$\beta(\tfrac{1}{5}KMnO_4) = c(\tfrac{1}{5}KMnO_4) \cdot \tfrac{1}{5}M(KMnO_4)$$
$$\beta(\tfrac{1}{5}KMnO_4) = 1\ \text{mol/l} \cdot \frac{158{,}034}{5}\ \text{g/mol} = 31{,}607\ \text{g/l}$$

bzw.

$$\beta(\tfrac{1}{3}KMnO_4) = c(\tfrac{1}{3}KMnO_4) \cdot \tfrac{1}{3}M(KMnO_4)$$

$$\beta(\tfrac{1}{3}KMnO_4) = 1\ mol/l \cdot \frac{158{,}034}{3}\ g/mol = 52{,}678\ g/l.$$

Die frühere Schreibweise 1 N ist keine eindeutige Konzentrationsangabe, weil sie nicht zum Audruck bringt, welches Äquivalent gemeint ist.

5. Für eine Kaliumdichromat-Maßlösung der Äquivalentkonzentration $c(eq) =$ 1 mol/l (1 N), die als Oxidationsmittel in saurer Lösung dient, ist für das Dichromat $z^* = 6$, da sich die Oxidationszahl beider Chromatome von VI auf III ändert, ein Dichromation bei der Reduktion folglich 6 Elektronen aufnimmt:

$$Cr_2O_7^{2-} + 14\,H^+ + 6\,e^- \rightarrow 2\,Cr^{3+} + 7\,H_2O.$$

Die Äquivalentkonzentration ist $c(\tfrac{1}{6}K_2Cr_2O_7) = 1$ mol/l (1 N), die Massenkonzentration

$$\beta(\tfrac{1}{6}K_2Cr_2O_7) = c(\tfrac{1}{6}K_2Cr_2O_7) \cdot \tfrac{1}{6}M(K_2Cr_2O_7)$$

$$\beta(\tfrac{1}{6}K_2Cr_2O_7) = 1\ mol/l \cdot \frac{294{,}184}{6}\ g/mol = 49{,}031\ g/l.$$

Einer Kaliumdichromatlösung, $c(eq) = 1$ mol/l (1 N), die nicht für Redoxtitrationen, sondern zur Ausfällung von Bariumionen nach

$$Cr_2O_7^{2-} + Ba^{2+} + H_2O \rightarrow 2\,BaCrO_4 + 2\,H^+$$

benutzt werden soll, ist als Ionen-Äquivalent $\tfrac{1}{4}K_2Cr_2O_7$ zuzuordnen ($z^* = 4$), da 1 Dichromation 2 Bariumionen mit $z^* = 2$ äquivalent ist. Die Äquivalentkonzentration einer Kaliumdichromatlösung für Fällungszwecke beträgt somit $c(\tfrac{1}{4}K_2Cr_2O_7) = 1$ mol/l (wiederum 1 N), ihre Massenkonzentration

$$\beta(\tfrac{1}{4}K_2Cr_2O_7) = c(\tfrac{1}{4}K_2Cr_2O_7) \cdot \tfrac{1}{4}M(K_2Cr_2O_7)$$

$$\beta(\tfrac{1}{4}K_2Cr_2O_7) = 1\ mol/l \cdot \frac{294{,}184}{4}\ g/mol = 73{,}546\ g/l.$$

Die beiden letzten Beispiele zeigen deutlich, daß die Äquivalentzahl z^* eines Stoffes und damit seine Äquivalentkonzentration $c(eq)$ keine konstanten Größen sind, sondern für unterschiedliche Reaktionen unterschiedliche Werte besitzen können.

Als Vorteile der Maßlösungen, die auf der Basis von Äquivalenten angesetzt werden, sind zu nennen:

- Gleiche Volumina von Lösungen gleicher Äquivalentkonzentration enthalten äquivalente Stoffmengen. 20 ml Salzsäure, $c(HCl) = 1$ mol/l, neutralisieren genau 20 ml Kalilauge, $c(KOH) = 1$ mol/l, oder 20 ml Bariumhydroxidlösung, $c(\tfrac{1}{2}Ba(OH)_2) = 1$ mol/l. Das führt zur Vereinfachung der Berechnungen.
- Ein Liter einer solchen Maßlösung zeigt die verschiedenen Stoffe, mit denen sie unter gleichen Reaktionsbedingungen reagiert, im Verhältnis der auf Äqui-

valente bezogenen molaren Massen dieser Stoffe an. Ein Liter einer Kaliumpermanganatlösung für Titrationen im stark sauren Medium, $c(\frac{1}{5}KMnO_4) =$ 1 mol/l, entspricht ½Mol salpetriger Säure, 1 Mol Eisen(II) oder ½Mol Oxalsäure und damit auch 23,507 g HNO_2, 55,847 g Fe sowie 45,018 g $H_2C_2O_4$.

Das Volumen der bei einer Titration verbrauchten Maßlösung auf Äquivalentbasis in ml ist gleich dem Zahlenwert des Massenanteils in Prozent an dem zu bestimmenden Stoff in einer Substanzprobe, wenn die Einwaage in g so gewählt wird, daß sie einem Zehntel der auf Äquivalente bezogenen Masse des gesuchten Stoffes entspricht. Will man z. B. den Massenanteil *w*(NaCl) in Prozent in einem Gemisch aus Natriumchlorid und Natriumnitrat ermitteln, wägt man 5,8443 g Probe ein ($\triangleq \frac{1}{10}M$(NaCl)) und titriert nach dem Auflösen mit Silbernitratlösung, $c(AgNO_3) = 1$ mol/l. Da 1 l der $AgNO_3$-Lösung 58,443 g NaCl entspricht, zeigt 1 ml 1% der Einwaage an. Besser verwendet man jedoch eine Lösung mit $c(AgNO_3) = 0{,}1$ mol/l und 0,5844 g Einwaage.

Praktisch arbeitet man im allgemeinen überhaupt nicht mit Maßlösungen der Konzentration $c(\text{eq}) = 1$ mol/l (1 N), sondern mit verdünnteren Lösungen, z. B. mit $c(\text{eq}) = 0{,}1$ bzw. 0,2 mol/l (0,1 N bzw. 0,2 N), seltener mit $c(\text{eq}) = 0{,}5$ oder 0,05 oder 0,01 mol/l.

In Tab. 2-10 sind einige in der Maßanalyse häufig benutzte Größen in der heute gültigen bzw. empfohlenen und in der alten Bezeichnungsweise zusammengefaßt [nach 67].

Tab. 2-10 Größen und Einheiten – heutige und frühere Bezeichnungen

heutige Bezeichnungen	frühere Bezeichnungen
Masse *m* in kg oder g	Masse, Gewicht, Menge, Gewichtsmenge, Grammenge in kg oder g
Stoffmenge *n* (X), *n* (eq) in mol	Menge, Molmenge, Molzahl, Anzahl Mole als Grammatom, Grammion, Grammolekül (Mol), Grammäquivalent (Val)
Molare Masse *M* (X), *M* (eq) in g/mol	Atomgewicht, Atommasse, Molekulargewicht, Molgewicht, Molmasse, Äquivalentgewicht, Äquivalentmasse, Formelgewicht, Formelmasse in g, g/Mol, g/Val, als relative Größen ohne Einheit
Massenkonzentration β in g/l	Konzentration, Gehalt in g/l
Stoffmengenkonzentration *c* (X) in mol/l	Konzentration, Gehalt; molare Konzentration oder Molarität in Mol/l, Zeichen: M
Äquivalentkonzentration *c* (eq) in mol/l	normale Konzentration oder Normalität in Val/l, Zeichen: N
Massenanteil *w* in g/g	Gewichtsprozent (Gew.-%), Massenprozent, Massenbruch
Stoffmengenanteil *x* in mol/mol	Molprozent (Mol-%), Molenbruch, Molgehalt, Atomprozent

1 Mol nach neuer Definition kennzeichnet als Einheit der Stoffmenge eine Stoffportion, die N_A Teilchen enthält. 1 Mol nach alter Definition (als Molekulargewicht eines Stoffes in Gramm) ist die Masse einer Stoffportion, die ebenfalls N_A-Teilchen enthält. Trotz der unterschiedlichen Definition des Begriffes Mol bezieht er sich auf die gleiche Quantität und damit auf die gleiche Stoffportion. Daher sind die *Zahlenwerte* der molaren Massen gleich denen der früheren Atom-, Molekular- und Formelgewichte bzw. gleich den relativen Atom-, Molekül- und Formelmassen.

Eine ausführliche Behandlung der hier erörterten Begriffe, Zusammenhänge und Berechnungen findet man in [72, 73].

2.2.2 Herstellung von Maßlösungen

Grundsätzlich werden Maßlösungen auf folgende Weise hergestellt: Man wägt die berechnete Portion des gewünschten Stoffes, die sich aus der molaren Masse der Äquivalente ergibt, auf einer Analysenwaage ab, spült sie quantitativ in einen sauberen Meßkolben mit aufgesetztem Trichter über, füllt den Kolben zu etwa drei Viertel seines Inhalts mit Wasser von Zimmertemperatur, bringt die Substanz unter kräftigem Umschwenken vollständig in Lösung, gibt vorsichtig - zuletzt tropfenweise - Wasser bis zur Ringmarke zu und mischt nach Verschließen des Kolbens zum Konzentrationsausgleich gut durch.

Da der Kolben bei 20 °C justiert ist, begeht man einen Fehler, wenn man bei einer abweichenden Temperatur auffüllt. Der Fehler läßt sich vermeiden, wenn der Kolben unter Verwendung eines Umlaufthermostaten auf $(20 \pm 0{,}2)$ °C temperiert wird. Man kann den Fehler auch korrigieren oder rechnerisch berücksichtigen. Liegt die Temperatur von Lösung und Kolben oberhalb 20 °C, ist die Lösung zu konzentriert, sie würde bei 20 °C ein kleineres Volumen einnehmen. Füllt man bei niedrigeren Temperaturen auf, wäre die Lösung verdünnter als gewünscht.

Bei der Berechnung des Volumenfehlers ist zu berücksichtigen, daß das Volumen des Glaskolbens und das der Lösung unterschiedliche Temperaturabhängigkeiten aufweisen; das Volumen der Lösung ändert sich viel stärker mit der Temperatur. Ist γ_1 der Volumenausdehnungskoeffizient des Glases ($\gamma_1 = 1 \cdot 10^{-5}\ \text{K}^{-1}$ für Duran; vgl. S. 9) und γ_2 der der Lösung ($\gamma_2 = 20{,}6 \cdot 10^{-5}\ \text{K}^{-1}$ bei 20 °C für Wasser und wäßrige Lösungen mit $c \leqslant 0{,}1$ mol/l), so hat der bei 20 °C justierte Kolben bei der Temperatur t_M, bei der die Maßlösung hergestellt wird, das Volumen

$$V(\text{K})_M = V(\text{K})_{20}[1 + \gamma_1(t_M - t_{20})].$$

Das gleiche Volumen hat die Lösung: $V(\text{L})_M = V(\text{K})_M$. Bei 20 °C jedoch würde die Lösung im Kolben das Volumen $V(\text{L})_{20}$ einnehmen, das sich aus der Beziehung

$$V(\text{L})_{20}[1 + \gamma_2(t_M - t_{20})] = V(\text{K})_{20}[1 + \gamma_1(t_M - t_{20})]$$

zu

$$V(\mathrm{L})_{20} = V(\mathrm{K})_{20}\, \frac{1+\gamma_1(t_\mathrm{M}-t_{20})}{1+\gamma_2(t_\mathrm{M}-t_{20})} \text{ ergibt.}$$

Dieser Ausdruck erlaubt die Berechnung der Abweichungen ΔV des Lösungsvolumens vom Justiervolumen des Kolbens

$$\Delta V = V(\mathrm{K})_{20} - V(\mathrm{L})_{20},$$

wenn bei einer von der Justiertemperatur 20 °C abweichenden Temperatur t_M aufgefüllt wird. In Tab. 2-11 sind die Abweichungen ΔV in Abhängigkeit von t_M für einen Meßkolben aus Duran von 1 l Inhalt aufgeführt; sie wurden unter Berücksichtigung der Temperaturabhängigkeit von γ_2 berechnet.

Beispiel: Es wird die zur Herstellung von 1 l Kaliumbromatlösung der Äquivalentkonzentration $c(\frac{1}{6}\mathrm{KBrO_3})$ erforderliche Portion mit der Masse $m(\mathrm{KBrO_3}) = 167{,}001/6 = 27{,}834$ g abgewogen und bei 25 °C in einem auf 20 °C justierten Kolben von 1 l Inhalt gelöst und aufgefüllt. Bei der Temperatur 20 °C würde die Lösung das Volumen $V(\mathrm{L})_{20} = 1000 - 1{,}11\ \mathrm{ml} = 998{,}89$ ml einnehmen. Sie ist somit zu konzentriert, sie enthält in 998,89 ml so viel Kaliumbromat, wie sie in 1000 ml enthalten sollte. Ihre tatsächliche Konzentration ist $c(\frac{1}{6}\mathrm{KBrO_3}) = \frac{1\ \mathrm{mol}}{0{,}99889\ \mathrm{l}} = 1{,}0011$ mol/l.

Der Quotient, der die tatsächliche Konzentration $c(\mathrm{X})_\mathrm{Ist}$ im Zähler und die theoretische Konzentration $c(\mathrm{X})_\mathrm{Soll}$ im Nenner enthält, ist der **Titer** t der Lösung (früher *Normalfaktor*):

$$t = \frac{c(\mathrm{X})_\mathrm{Ist}}{c(\mathrm{X})_\mathrm{Soll}}.$$

Mit dem Titer t muß das bei einer Titration verbrauchte Volumen einer Maßlösung multipliziert werden, um den Verbrauch einer Lösung korrekter Konzentration zu erhalten.

Will man eine Maßlösung mit $t = 1{,}000$ herstellen, muß das aus Tab. 2-11 zu entnehmende Volumen, im gewählten Beispiel 1,11 ml, der Lösung zugefügt werden.

Die direkte Herstellung exakter Maßlösungen durch einfaches Abwägen ist nur möglich, wenn die abzuwägende Substanz folgende Bedingungen erfüllt:

- Sie muß analysenrein sein, d. h. eine ihrer Formel genau entsprechende Zusammensetzung haben, oder sie muß durch einfache Operationen (Umkristallisieren, Trocknen) leicht und sicher auf den verlangten hohen Reinheitsgrad gebracht werden können.
- Sie muß sich ohne Schwierigkeiten genau abwägen lassen; sie darf also nicht sauerstoffempfindlich sein oder Kohlenstoffdioxid und Feuchtigkeit aus der Luft anziehen.
- Die Konzentration einer aus ihr frisch bereiteten Maßlösung darf sich bei längerem Aufbewahren nicht mehr ändern.

Tab. 2-11 Temperaturkorrektur für Maßlösungen: Abweichungen ΔV des Lösungsvolumens $V(L)_{20}$ vom Sollvolumen (1 l)

t_M in °C	ΔV in ml	t_M in °C	ΔV in ml
10	+1,40	21	−0,20
11	+1,31	22	−0,41
12	+1,22	23	−0,64
13	+1,11	24	−0,87
14	+0,98	25	−1,11
15	+0,85	26	−1,36
16	+0,70	27	−1,60
17	+0,54	28	−1,89
18	+0,37	29	−2,17
19	+0,19	30	−2,46

Durch direktes Abwägen lassen sich exakte Maßlösungen z. B. folgender Substanzen herstellen: Natriumcarbonat, Natriumoxalat, Natriumchlorid, Kaliumbromat, Kaliumiodat, Kaliumdichromat, Kaliumhydrogenphthalat, Calciumcarbonat u. a. Man bezeichnet sie als **Urtitersubstanzen** *(primäre Standards).*

Für sehr hohe Genauigkeitsanforderungen muß bei der Einwaage der Luftauftrieb berücksichtigt werden (die molaren Massen sind stets für eine Wägung im Vakuum berechnet); vgl. dazu S. 39.

In allen Fällen, in denen sich die an Urtitersubstanzen zu stellenden Forderungen nicht erfüllen lassen, muß man die Maßlösungen auf indirektem Wege bereiten. Das gilt für alle Säuren (nicht genau bekannter Wassergehalt der konzentrierten Lösungen) und Laugen (schwankender Carbonatgehalt der Alkalimetallhydroxide) sowie für Substanzen, die sich in Lösungen zersetzen können (Kaliumpermanganat, Natriumthiosulfat). Man stellt sich dann zunächst durch eine grobe Einwaage bzw. bei Flüssigkeiten durch Abmessen mit einem Meßzylinder eine Lösung her, deren Konzentration etwas größer als die gewünschte ist, und ermittelt anschließend die tatsächliche Konzentration durch mehrere Titrationen abgewogener Portionen einer geeigneten Urtitersubstanz *(Einstellen der Maßlösung).* Sind die für einen Verbrauch von 10 bis 20 ml der Maßlösung einzuwägenden Stoffportionen zu klein, so daß der Wägefehler zu groß wird, nimmt man die Einstellung mit aliquoten Volumenteilen einer Maßlösung der Urtitersubstanz vor, die man sich durch Einwägen einer größeren Stoffportion hergestellt hat. Hierbei ist auf besondere Sorgfalt zu achten, da die Volumenmessung stets mit einer größeren Meßunsicherheit behaftet ist als die Wägung (vgl. S. 36). Nach Berechnung der tatsächlichen Konzentration kann man schließlich soviel Wasser der Maßlösung zufügen, daß man eine Lösung der gewünschten Konzentration erhält. Dabei benutzt man einen Meßkolben mit zwei Ringmarken.

In der Maßanalyse ist es aber gar nicht erforderlich, sich so große Mühe zu geben und so viel Zeit aufzuwenden, um eine Maßlösung mit dem Titer $t = 1{,}000$

herzustellen. Man arbeitet genau so gut mit Lösungen, deren Äquivalentkonzentration ungefähr $c(\text{eq}) = 1{,}0$ oder 0,1 oder 0,01 mol/l ist, wenn man durch sorgfältige Titrationen den Titer ermittelt hat und ihn später stets in Rechnung setzt.

Nimmt man die Titerstellung nicht mit Hilfe einer Urtitersubstanz, sondern mit einer anderen Maßlösung bekannter Konzentration vor (z. B. Salzsäure mit Natronlauge oder umgekehrt), so muß der Titer der zum Einstellen verwendeten Maßlösung sehr zuverlässig bekannt sein, weil sich der Fehler auf den Titer der einzustellenden Lösung überträgt (Fehlerfortpflanzung).

Es muß nachdrücklich darauf hingewiesen werden, daß die Bestimmung des Titers einer Maßlösung mit ganz besonderer Sorgfalt erfolgen muß. Jeder Fehler, der dabei gemacht wird, wirkt sich als systematischer Fehler auf alle Bestimmungen aus, die mit der Maßlösung durchgeführt werden. Mit einer fehlerhaft eingestellten Maßlösung lassen sich keine richtigen Analysenergebnisse erzielen. Eine ausführliche Behandlung weiterer systematischer Fehler, die über die auf S. 47 gegebene Aufzählung hinausgeht, findet man z. B. in [15].

Die bei Titrationen in Erscheinung tretenden zufälligen Fehler erkennt man an der Streuung der Meßwerte, wenn mehrere gleiche Proben mit der gleichen Maßlösung unter Verwendung der gleichen Bürette nach der gleichen Arbeitsvorschrift nacheinander titriert werden. Sie sind im wesentlichen durch Tropfenfehler, Ablesefehler und Verfahrensfehler (unscharfe Endpunkterkennung) bedingt. Sie gestatten eine Aussage über die Reproduzierbarkeit der Analysenergebnisse. Zu ihrer Abschätzung titriert man je nach Anforderungen an die Präzision mehrere Proben und berechnet die Standardabweichung.

Um beim praktischen Arbeiten Zeit zu sparen, werden im Handel Ampullen aus Glas oder Kunststoff angeboten, die *Konzentrate* zur Herstellung aller gebräuchlichen Maßlösungen enthalten (Handelsnamen: Titrisol[1)], Fixanal[2)]). Die Ampulle wird auf den Meßkolben aufgesetzt, mit einem Glasstab durchstoßen und ihr Inhalt quantitativ in den Kolben überspült, der anschließend nur noch mit Wasser bis zur Marke aufgefüllt zu werden braucht. Die Titerabweichung von $t = 1{,}000$ wird vom Hersteller mit maximal $\pm 0{,}2\%$ angegeben. Daneben werden auch gebrauchsfertige *volumetrische Lösungen* in Ampullenform (Handelsname: Titrifix[1]; Titerabweichung maximal $\pm 0{,}1\%$) sowie in Flaschen angeboten.

Bei der Benutzung im Laboratorium sollte in bestimmten Zeitabständen der Titer überprüft werden.

Bei *Maßlösungen für Wägetitrationen* wird die Stoffmenge zweckmäßigerweise nicht auf das Volumen, sondern auf die Masse der Lösung bezogen. An die Stelle der Äquivalentkonzentration $c(\text{eq}) = \dfrac{n(\text{eq})}{V}$ tritt die auf Äquivalente bezogene *spezifische Partialstoffmenge* $a(\text{eq}) = \dfrac{n(\text{eq})}{m}$. Die Abmessung der Maßlösung erfolgt mit Hilfe der Waage und ist temperaturunabhängig. Zu ihrer Herstellung wird die trockene Substanz oder der Inhalt einer Konzentrat-Ampulle in ein trockenes,

[1] Eingetragenes Warenzeichen der Firma Merck
[2] Eingetragenes Warenzeichen der Firma Riedel-de Haën

austariertes Gefäß, das keine Graduierung zu haben braucht, z. B. eine Vorratsflasche, gegeben, in Wasser gelöst bzw. verdünnt und mit Wasser bis zum Erreichen einer gewünschten Masse (z. B. 1 kg) versetzt [64].

2.3 Berechnung des Analysenergebnisses

Die Maßlösungen werden in der Titrimetrie nach der Äquivalentkonzentration angesetzt. Dazu ist die Kenntnis der Äquivalentzahl z^* erforderlich, die sich aus der Reaktionsgleichung ergibt (vgl. Beispiele S. 57). Aus ihrer Konzentration $c(\text{eq}) = \frac{n(\text{eq})}{V}$ und dem bei der Titration verbrauchten Volumen V_M der Maßlösung in ml als Meßwert läßt sich das Analysenergebnis berechnen.

Die für die Titration benötigte Stoffmenge der Äquivalente ist

$$n(\text{eq})_\text{M} = c(\text{eq})_\text{M} \cdot V_\text{M}.$$

(Der Index M steht für Maßlösung, der Index P bezeichnet die Probe.) Sie ist gleich der in der vorgelegten Probe enthaltenen Stoffmenge der Äquivalente des zu bestimmenden Bestandteiles:

$$n(\text{eq})_\text{M} = n(\text{eq})_\text{P}.$$

Damit ist $n(\text{eq})_\text{P} = c(\text{eq})_\text{M} \cdot V_\text{M}$.

Will man das Ergebnis in die Masse m_P des gesuchten Stoffes umrechnen, $n = \frac{m}{M}$, ist mit der molaren Masse seiner Äquivalente zu multiplizieren:

$$m_\text{P} = M(\text{eq})_\text{P} \cdot c(\text{eq})_\text{M} \cdot V_\text{M}.$$

Das Produkt $M(\text{eq})_\text{P} \cdot c(\text{eq})_\text{M}$ in mg/ml ist der in Tabellenwerken (z. B. [5]) aufgeführte Faktor zur Maßanalyse (das maßanalytische Äquivalent) F. Er gibt die Masse des gesuchten Stoffes in mg an, die 1 ml Maßlösung entspricht:

$$m_\text{P} = F \cdot V_\text{M}.$$

Soll der Massenanteil des gesuchten Stoffes in einer festen Probe w_P als Ergebnis angegeben werden, ist auf die Einwaage m_E zu beziehen.

$$w_\text{P} = \frac{m_\text{P}}{m_\text{E}}$$

$$w_\text{P} = \frac{F \cdot V_\text{M}}{m_\text{E}}.$$

Wird schließlich die Massenkonzentration des zu bestimmenden Stoffes β_P in der vorgelegten Probelösung (Volumen V_P) als Ergebnis gewünscht, gilt

$$\beta_\text{P} = \frac{m_\text{P}}{V_\text{P}}$$

$$\beta_\text{P} = \frac{F \cdot V_\text{M}}{V_\text{P}}.$$

Beispiel: 20 ml Natronlauge der ungefähren Konzentration $c(\mathrm{NaOH}) = 0{,}1$ mol/l werden vorgelegt, mit Wasser auf etwa 100 ml verdünnt und mit Schwefelsäure, $c(\tfrac{1}{2}\mathrm{H_2SO_4}) = 0{,}1$ mol/l unter Verwendung von Methylrot als Indikator titriert. Der Verbrauch betrage 20,84 ml. Daraus ergibt sich die vorgelegte Stoffmenge zu

$$n(\mathrm{NaOH}) = 0{,}1\ \mathrm{mmol/ml} \cdot 20{,}84\ \mathrm{ml} = 2{,}084\ \mathrm{mmol}$$

und die Konzentration der Natronlauge zu

$$c(\mathrm{NaOH}) = \frac{2{,}084\ \mathrm{mmol}}{20\ \mathrm{ml}} = 0{,}1042\ \mathrm{mmol/ml\ oder\ mol/l}.$$

Will man die Titration zur Einstellung der Natronlauge benutzen, gibt dieser Wert die Konzentration $c(\mathrm{NaOH})_{\mathrm{Ist}}$ an. Die angestrebte Konzentration wäre $c(\mathrm{NaOH})_{\mathrm{Soll}} = 0{,}1$ mol/l und der Titer

$$t = \frac{c(\mathrm{NaOH})_{\mathrm{Ist}}}{c(\mathrm{NaOH})_{\mathrm{Soll}}} = \frac{0{,}1042\ \mathrm{mol/l}}{0{,}1000\ \mathrm{mol/l}} = 1{,}042.$$

Beispiel: Die Masse des in einer vorgelegten Sodalösung enthaltenen Natriumcarbonats, für deren Titration 42,6 ml Salzsäure, $c(\mathrm{HCl}) = 0{,}1$ mol/l, verbraucht wurden, errechnet sich folgendermaßen:

$$m_{\mathrm{P}}(\mathrm{Na_2CO_3}) = M(\tfrac{1}{2}\mathrm{Na_2CO_3}) \cdot c(\mathrm{HCl})_{\mathrm{M}} \cdot V(\mathrm{HCl})_{\mathrm{M}}$$
$$m_{\mathrm{P}}(\mathrm{Na_2CO_3}) = 52{,}994\ \mathrm{mg/mmol} \cdot 0{,}1\ \mathrm{mmol/ml} \cdot 42{,}6\ \mathrm{ml}$$
$$m_{\mathrm{P}}(\mathrm{Na_2CO_3}) = 225{,}75\ \mathrm{mg}.$$

Der Faktor $F = M(\tfrac{1}{2}\mathrm{Na_2CO_3}) \cdot c(\mathrm{HCl})$ beträgt 5,2994 mg/ml. War diese Soda in einer festen Probe von 834,3 mg (Einwaage) enthalten, ist der Sodaanteil in der Probe:

$$w(\mathrm{Na_2CO_3}) = \frac{F \cdot V(\mathrm{HCl})_{\mathrm{M}}}{m_{\mathrm{E}}} = \frac{5{,}2994\ \mathrm{mg/ml} \cdot 42{,}6\ \mathrm{ml}}{834{,}3\ \mathrm{mg}}$$
$$w(\mathrm{Na_2CO_3}) = 0{,}2706 = 27{,}06\%.$$

Beispiel: Die Massenkonzentration einer Salpetersäurelösung soll durch Titration mit der im ersten Beispiel eingestellten Natronlauge ermittelt werden. Von der Probelösung werden 2 ml vorgelegt, auf 100 ml verdünnt und titriert; Natronlaugeverbrauch 32,51 ml.

$$\beta(\mathrm{HNO_3}) = \frac{M(\mathrm{HNO_3}) \cdot c(\mathrm{NaOH})_{\mathrm{M}} \cdot t \cdot V(\mathrm{NaOH})_{\mathrm{M}}}{V(\mathrm{HNO_3})_{\mathrm{P}}}$$
$$\beta(\mathrm{HNO_3}) = \frac{63{,}3013\ \mathrm{mg/mmol} \cdot 0{,}1\ \mathrm{mmol/ml} \cdot 1{,}042 \cdot 32{,}51\ \mathrm{ml}}{2\ \mathrm{ml}}$$
$$\beta(\mathrm{HNO_3}) = 3{,}298\ \mathrm{mg/ml\ oder\ g/l}.$$

3 Maßanalysen mit chemischer Endpunktbestimmung

3.1 Säure-Base-Titrationen

Bei den Säure-Base-Titrationen finden Protonenübertragungen zwischen den Reaktionspartnern statt. Sie dienen zur Bestimmung von Säuren oder Basen. Man setzt dabei entweder eine saure Probelösung mit einer äquivalenten Stoffmenge an Base um, indem man mit einer die Base enthaltenden Maßlösung titriert **(Alkalimetrie)**, oder man ermittelt umgekehrt die unbekannte Stoffmenge einer Base durch Titration mit einer Säuremaßlösung **(Acidimetrie)**.

3.1.1 Theoretische Grundlagen

Säuren und Basen

Die Vorstellungen über das Wesen von Säuren und Basen haben in der Entwicklungsgeschichte der Chemie manche Änderung erfahren. Die ersten Schritte zur Klärung chemischer Begriffe wurden im Zeitalter der Chemiatrie unternommen, in jener Periode, die die mittelalterliche Alchemie ablöste. Schon damals wurde die Einteilung der Stoffe in Säuren, Basen und Salze eingeführt. Man erkannte in der 2. Hälfte des 17. Jahrhunderts, daß sich *Salze* aus zwei Bestandteilen zusammensetzen, einem alkalischen und einem sauren [159]. Boyle (1627–1691) kennzeichnete die *Säuren* aufgrund ihrer Eigenschaften: Sie besitzen eine auflösende Kraft für viele Stoffe, sie verwandeln die blaue Farbe von Pflanzensäften (Veilchen-, Kornblumen-, Lackmussaft) in Rot, sie verlieren ihre Eigenschaften bei der Vereinigung mit *Alkalien*[1)]. Letztere waren noch nicht klar definiert; eine Unterscheidung der Alkalien in Oxide bzw. Hydroxide einerseits und Carbonate andererseits traf 1755 Black. Schon damals bezeichnete man diese Stoffgruppen als *Basen*[2)]. Eine exakte Definition der Basen erfolgte erst im 19. Jahrhundert. Weil verschiedene Nichtmetalloxide mit Wasser saure Lösungen bilden, sah Lavoisier (1743–1794) den Sauerstoff als den Träger der sauren Eigenschaften eines Stoffes an und gab diesem den entsprechenden Namen (Oxygenium = Säurebildner). Davy erkannte dann 1816, daß der Wasserstoff den sauren Charakter eines Stoffes bedingt, da es auch Säuren gibt, die keinen Sauerstoff enthalten (z. B. Halo-

[1] al kali (arab.) = Pflanzenasche
[2] basis (griech.) = Grundlage (für die Entstehung eines nichtflüchtigen Salzes)

genwasserstoffsäuren). Liebig schließlich fand 1838, daß nur solche Wasserstoffverbindungen als Säuren zu betrachten sind, in denen sich der Wasserstoff durch Metalle ersetzen läßt. Die unter Salzbildung ablaufende Reaktion einer Säure mit einer Base nannte Liebig *Neutralisation.* Verbindungen, die nur ein Metall und einen Säurerest enthalten, bezeichnete er als *Neutralsalze* (z. B. NaCl, Na_2SO_4), solche, die außerdem noch weiteren, durch Metall ersetzbaren Wasserstoff enthalten, als *saure Salze* (z. B. $NaHSO_4$, NaH_2PO_4).

In den Jahren 1884 bis 1887 stellte Arrhenius die *Theorie der elektrolytischen Dissoziation* auf. Nach dieser Theorie sind in Elektrolytlösungen (Lösungen von Säuren, Basen und Salzen, die den elektrischen Strom leiten) frei bewegliche Ionen[1)] vorhanden. Die Ionen entstehen nicht erst durch Aufspaltung gelöster Moleküle unter der Wirkung eines elektrischen Feldes - wie man früher angenommen hatte -, sondern beim Lösen der Verbindungen in Wasser. Der durch das Lösemittel Wasser bewirkte Zerfall in einzelne Ionen wird **elektrolytische Dissoziation** genannt. Durch die Arbeiten von Ostwald über Ionengleichgewichte in wäßrigen Lösungen wurde die Theorie weiter ausgebaut.

Nach den Definitionen der klassischen Theorie von Arrhenius und Ostwald sind Säuren Verbindungen, die in wäßriger Lösung *Wasserstoffionen* (H^+) abspalten (z. B. $HCl \rightarrow H^+ + Cl^-$) und Basen Stoffe, die unter Freisetzung von *Hydroxidionen* (OH^-) dissoziieren (z. B. $NaOH \rightarrow Na^+ + OH^-$). Bei der stöchiometrischen Reaktion einer Säure und einer Base entsteht ein Salz und Wasser, z. B.

$$\underbrace{H^+ + Cl^-}_{\text{Säure}} + \underbrace{Na^+ + OH^-}_{\text{Base}} \rightarrow \underbrace{Na^+ + Cl^-}_{\text{Salz}} + \underset{\text{Wasser}}{H_2O}$$

An diesem Vorgang, der **Neutralisation,** sind die Kationen der Base und die Anionen der Säure nicht beteiligt, die Salzbildung ist daher von untergeordneter Bedeutung. Die Basekationen und Säureanionen verbleiben dissoziiert in der Lösung und bilden beim Eindampfen des Lösemittels das kristalline Salz (leicht lösliche Salze) oder letzteres entsteht bereits während der Neutralisation (schwer lösliche Salze). Das Wesentliche der Neutralisation im Sinne von Arrhenius ist die Vereinigung der Wasserstoffionen der Säure mit den Hydroxidionen der Base zu Wasser:

$$H^+ + OH^- \rightleftharpoons H_2O.$$

Die Umkehrung der Neutralisation, die Reaktion eines Salzes mit Wasser unter Bildung einer Base und einer Säure, wird **Hydrolyse** des Salzes genannt. Damit erklärte die klassische Theorie die saure bzw. basische Reaktion der Lösungen von Salzen, die entweder eine schwache Base oder eine schwache Säure (vgl. S. 80) enthalten. Zwei Beispiele seien genannt:

1 Die Bezeichnung Ionen für elektrisch geladene Teilchen geht auf Faraday zurück, der 1833 und 1834 die nach ihm benannten Gesetze der Elektrolyse entdeckte.

$$\begin{array}{lll} \underbrace{NH_4^+ + Cl^-}_{} + H_2O & \rightarrow \underbrace{NH_4OH}_{} & + \underbrace{H^+ + Cl^-}_{} \\ \underbrace{K^+ + CN^-}_{\text{Salz}} + \underset{\text{Wasser}}{H_2O} & \rightarrow \underbrace{K^+ + OH^-}_{\text{Base}} & + \underbrace{HCN}_{\text{Säure.}} \end{array}$$

Mit Hilfe der Arrhenius-Ostwald-Theorie ließen sich viele Reaktionen in wäßrigen Lösungen beschreiben. Durch die Dissoziationskonstanten der Säuren und Basen konnte erstmalig deren Stärke zahlenmäßig angegeben werden. Die elektrische Leitfähigkeit von Elektrolytlösungen sowie deren Anomalien des osmotischen Druckes und der Gefrierpunktserniedrigung ließen sich erklären. Die Theorie weist jedoch verschiedene Schwächen auf. Sie ist auf wäßrige Lösungen beschränkt, die Säure-Base-Reaktion ist auf elektrisch neutrale Molekülsäuren und -basen, wie HCl, H_2SO_4, KOH, $Ca(OH)_2$ usw., eingeengt. Sie berücksichtigt nicht, daß freie Protonen (H^+) in wäßrigen Lösungen nicht vorkommen können. Zur Deutung des basischen Verhaltens von Verbindungen, die keine OH^--Gruppen enthalten (NH_3, organische Basen), mußten Verbindungen angenommen werden (z. B. NH_4OH), die nicht existent sind.

1923 schlugen Brönsted und Lowry unabhängig voneinander eine umfassendere Definition für Säuren und Basen vor[1)], bei der nicht die Konstitution, sondern die Funktion im Vordergrund steht. Danach ist eine Säure eine Verbindung, die Protonen abgeben kann *(Protonendonor)*, eine Base dagegen vermag Protonen aufzunehmen *(Protonenakzeptor)*. Säuren und Basen werden mit dem Sammelbegriff **Protolyte** bezeichnet. Die Definition wird durch die schematische Reaktionsgleichung

$$\begin{array}{lll} S & \rightleftharpoons B & + H^+ \\ \text{Säure} & \rightleftharpoons \text{Base} & + \text{Proton} \end{array}$$

wiedergegeben. Bei der Abgabe eines Protons geht die Säure in eine Base *(korrespondierende* oder *konjugierte Base)* über und umgekehrt die Base bei der Aufnahme eines Protons in eine Säure *(korrespondierende* oder *konjugierte Säure)*. Säure und konjugierte Base sind in einem Protolytsystem einander zugeordnet, sie bilden ein *korrespondierendes Säure-Base-Paar.* Beispiele für solche Säure-Base-Paare sind:

$$\begin{array}{rlr} CH_3COOH & \rightleftharpoons CH_3COO^- & + H^+ \\ NH_4^+ & \rightleftharpoons NH_3 & + H^+ \\ HSO_4^- & \rightleftharpoons SO_4^{2-} & + H^+ \\ N_2H_6^{2+} & \rightleftharpoons N_2H_5^+ & + H^+ \\ [Fe(H_2O)_6]^{3+} & \rightleftharpoons [Fe(OH)(H_2O)_5]^{2+} & + H^+. \end{array}$$

Wie man sieht, können Säuren neutrale Moleküle, positiv geladene Kationen oder negativ geladene Anionen sein; analoges gilt für Basen. Dementsprechend

1 Der Anteil von Brönsted an der Erweiterung des Säure-Base-Begriffes ist erheblich größer, daher spricht man im allgemeinen nur von der Brönsted-Theorie.

unterscheidet man *Neutralsäuren* (z. B. HCl, H_2SO_4, CH_3COOH) und *Neutralbasen* (z. B. NH_3, NH_2OH, PH_3), *Kationensäuren* (z. B. NH_4^+, $N_2H_6^{2+}$, $[Fe(H_2O)_6]^{3+}$) und *Kationenbasen* (z. B. $N_2H_5^+$, $[Fe(OH)(H_2O)_5]^{2+}$) sowie *Anionensäuren* (z. B. HSO_4^-, $H_2PO_4^-$, HS^-) und *Anionenbasen* (z. B. CH_3COO^-, SO_4^{2-}, OH^-).

Die Alkalimetallhydroxide bilden in wäßriger Lösung die Base OH^-, eine spezielle Anionenbase unter vielen.

Eine Brönsted-Säure hat stets eine positive Ladungseinheit mehr als ihre korrespondierende Base; für die Säure- bzw. Basewirkung spielt die Ladung allerdings keine Rolle.

Die aufgeführten Reaktionsgleichungen haben nur formalen Charakter; denn freie Protonen können wegen ihrer großen Reaktionsfähigkeit, die auf den kleinen Radius des Teilchens (ca. 10^{-3} pm) und die dadurch bedingte außerordentlich große positive Ladungsdichte zurückzuführen ist, in Lösungen nicht auftreten. Daraus folgt, daß eine Säure nur dann ihr Proton abgeben kann, wenn eine Base zur Aufnahme vorhanden ist. Man benötigt daher für eine **Säure-Base-Reaktion** zwei korrespondierende Säure-Base-Paare:

$$\begin{array}{rcl} S_1 & \rightleftharpoons & B_1 + H^+ \\ H^+ + B_2 & \rightleftharpoons & S_2 \\ \hline S_1 + B_2 & \rightleftharpoons & B_1 + S_2. \end{array}$$

Die Säure-Base-Reaktion ist nach Brönsted eine **Protonenübertragung** *(Protolyse)*. Der Begriff der Dissoziation von Säuren und Basen wird durch den der Protolyse ersetzt.

Eine Säure kann nur in einem Lösemittel protolysieren, das Protonen aufzunehmen vermag, und eine Base nur in einem Lösemittel, das Protonen abgeben kann. Löst man z. B. Ammoniak in Wasser, so reagiert das Wasser als Säure und die Protolyse läßt sich durch die Reaktionsgleichung

$$NH_3 + H_2O \rightleftharpoons NH_4^+ + OH^-$$

beschreiben. Das H_2O-Molekül gibt ein Proton ab und geht in die korrespondierende Base OH^- über. Beim Lösen von gasförmigem HCl in Wasser dagegen verhält sich Wasser als Base und nimmt von der Säure HCl ein Proton auf:

$$HCl + H_2O \rightleftharpoons H_3O^+ + Cl^-.$$

Die entstandene Säure H_3O^+ ist das *Oxonium-Ion*. Das einzelne H_3O^+-Ion hat in wäßriger Lösung nur eine extrem kurze Lebensdauer. Bereits nach etwa 10^{-13} s überträgt es eines seiner drei Protonen auf ein benachbartes H_2O-Molekül. Die positive Ladung ist nicht fixiert, sie verteilt sich symmetrisch auf die drei Protonen, die daher drei stabile Wasserstoffbrückenbindungen zu benachbarten H_2O-Molekülen bilden können. Das hydratisierte Oxonium-Ion wird auch als *Hydronium-Ion*, $H_9O_4^+$ ($H_3O^+ \cdot 3H_2O$), bezeichnet; es ist gegenüber anderen möglichen Hydraten, wie $H_5O_2^+$ oder $H_7O_3^+$, besonders stabil. Auch das Hydroxidion liegt hydratisiert vor, bevorzugt als $H_7O_4^-$. Die sekundäre Hydratation ist jedoch für die folgenden Betrachtungen nicht von Bedeutung. Es wird daher die vereinfachte Schreibweise H_3O^+ verwendet.[1)]

Wie die Reaktionen des Wassers mit NH_3 und HCl zeigen, verhält sich das H_2O-Molekül je nach Reaktionspartner entweder als Säure oder als Base. Man nennt Protolyte, die sowohl Protonen aufnehmen als auch abgeben können, **Ampholyte.** Weitere Beispiele für Ampholyte sind die Ionen HSO_4^-, $H_2PO_4^-$ und HPO_4^{2-}:

$$\begin{aligned} HSO_4^- + H^+ &\rightleftharpoons H_2SO_4 \\ HSO_4^- &\rightleftharpoons SO_4^{2-} + H^+ \\ H_2PO_4^- + H^+ &\rightleftharpoons H_3PO_4 \\ H_2PO_4^- &\rightleftharpoons HPO_4^{2-} + H^+ \\ HPO_4^{2-} &\rightleftharpoons PO_4^{3-} + H^+. \end{aligned}$$

Nach Brönsted werden die Elektrolyte in Protolyte (Säuren und Basen) und Salze unterschieden. Salze sind alle Verbindungen, die aus Ionen aufgebaut sind, z.B. NaCl, aber auch Metallhydroxide wie NaOH und Metalloxide wie Na_2O. Die beim Auflösen der Salze in Wasser entstehenden Ionen können sich als Protolyte verhalten (wie OH^- in NaOH-Lösungen), müssen es aber nicht (wie Na^+ und Cl^- in NaCl-Lösungen). Salze sind keine Protolyte, sie können aber Säuren und Basen liefern.

Fügt man zu der Lösung einer praktisch vollständig protolysierten Säure (z.B. HCl) die Lösung einer ebenso protolysierten Base (z.B. NaOH), so erfolgt die Protonenübertragung von den H_3O^+-Ionen zu den OH^--Ionen; es entsteht Wasser nach der Reaktionsgleichung

$$H_3O^+ + Cl^- + Na^+ + OH^- \rightleftharpoons 2\,H_2O + Na^+ + Cl^-.$$

Die Säure-Base-Reaktion

$$H_3O^+ + OH^- \rightleftharpoons 2\,H_2O$$

entspricht der Neutralisation in der Bezeichnungsweise von Arrhenius. Sie verläuft mit großer Geschwindigkeit und positiver Wärmetönung (exotherme Reaktion). Setzt man Säure und Base in äquivalenten Mengen ein, liegen nach der Umsetzung weder H_3O^+- noch OH^--Ionen im Überschuß vor; es tritt vollständige Neutralisation ein. Aus der Geschwindigkeitskonstanten der obigen Reaktion ($k = 1{,}3 \cdot 10^{11}\ l \cdot mol^{-1} \cdot s^{-1}$ bei 25 °C) läßt sich berechnen, daß sich in Lösungen der Konzentration 0,1 mol/l die Reaktionspartner bereits nach $7{,}7 \cdot 10^{-8}$ s zu 99,9% umgesetzt haben. Unabhängig von der Art der eingesetzten Säure und Base - sofern sie einer nahezu vollständigen Protolyse unterliegen - wird stets die gleiche Wärmemenge $\Delta H^0 = -57\ kJ \cdot mol^{-1}$ (Neutralisationswärme) frei, ein Beweis dafür, daß allen Neutralisationen die gleiche Reaktion zugrunde liegt.

[1] In Fällen, in denen keine Protonenübertragungen im Vordergrund der Betrachtung stehen, genügt zur Bezeichnung des Wasserstoffions auch - dem bei anderen hydratisierten Ionen praktizierten Brauch folgend - die noch einfachere Schreibweise H^+. Man muß aber stets bedenken, daß damit nicht das freie Proton gemeint ist.

Der Begriff Hydrolyse ist in der Brönsted-Theorie nicht mehr erforderlich.[1] Da definitionsgemäß auch Ionen Säuren und Basen sein können, ist die Hydrolyse nichts anderes als die Säure- bzw. Basewirkung von Ionensäuren bzw. -basen. So erklärt sich die saure Reaktion einer NH_4Cl-Lösung durch das Protolysegleichgewicht

$$NH_4^+ + H_2O \rightleftharpoons NH_3 + H_3O^+$$

und die basische Reaktion einer Na-Acetat-, Na_2CO_3- und KCN-Lösung durch die Protolysereaktionen

$$\begin{aligned} CH_3COO^- + H_2O &\rightleftharpoons CH_3COOH + OH^- \\ CO_3^{2-} + H_2O &\rightleftharpoons HCO_3^- + OH^- \\ CN^- + H_2O &\rightleftharpoons HCN + OH^-. \end{aligned}$$

Metallkationen, wie Fe^{3+}, liegen in wäßriger Lösung hydratisiert vor. Die Protolysereaktion

$$[Fe(H_2O)_6]^{3+} + H_2O \rightleftharpoons [Fe(OH)(H_2O)_5]^{2+} + H_3O^+$$

erklärt, warum die Lösung eines Metallsalzes sauer reagiert. Durch die Koordination des H_2O-Moleküls an das Fe^{3+}-Ion wird die Elektronendichte am Sauerstoff verringert und damit die Ablösung eines Protons erleichtert. Wie stark sauer die Metallsalzlösung reagiert, hängt vom Metallion ab. So ist das hydratisierte Fe^{3+}-Ion stärker sauer als das hydratisierte Al^{3+}-Ion; beim hydratisierten Na^+-Ion macht sich der saure Charakter praktisch überhaupt nicht bemerkbar.

Aus den Ausführungen zur Brönsted-Theorie geht hervor, daß die nach der klassischen Theorie von Arrhenius und Ostwald mit verschiedenen Bezeichnungen versehenen Vorgänge Dissoziation von Säuren und Basen, Neutralisation, Hydrolyse, unter dem Aspekt der Protonenübertragung als gleichartig zu betrachten sind. Die zentrale Stellung nimmt bei Brönsted das Proton ein, die Theorie gilt daher nicht nur für Wasser, sondern auch für alle Lösemittel, in denen Protonen übertragen werden können *(prototrope Lösemittel)*, z. B. für flüssiges Ammoniak ($2\,NH_3 \rightleftharpoons NH_4^+ + NH_2^-$), wasserfreie Essigsäure ($2\,CH_3COOH \rightleftharpoons CH_3COOH_2^+ + CH_3COO^-$), wasserfreie Schwefelsäure ($2\,H_2SO_4 \rightleftharpoons H_3SO_4^+ + HSO_4^-$) usw. Sie ist auch nicht auf den flüssigen Zustand beschränkt. Eine Säure-Base-Reaktion in der Gasphase ist z. B. die Umsetzung von gasförmigem HCl und gasförmigem NH_3 zu NH_4Cl.

Eine Erweiterung auf andere ionisierende (ionotrope) Lösemittel, die keine Protonen enthalten, liefert die *Solvens-Theorie* von Cady (1928). Auf diese und auf andere Säure-Base-Theorien von Lewis (1923), Bjerrum (1951), Ussanović (1939) und Pearson (1963), die jeweils unter anderen Gesichtspunkten bestimmte Reaktionsarten beschreiben und Ordnungsprinzipien schaffen, soll hier nicht näher eingegangen werden. (Näheres und weiterführende Literaturangaben in [74]).

[1] Gerechtfertigt ist der Ausdruck Hydrolyse allerdings bei der Spaltung kovalenter Bindungen durch Wasser.

Autoprotolyse des Wassers

Auch in reinstem Wasser sind Ionen vorhanden, wie die - wenn auch sehr geringe - elektrische Leitfähigkeit des Wassers beweist (spezifische elektrische Leitfähigkeit $\kappa = 4{,}3 \cdot 10^{-6}\ S \cdot m^{-1}$ bei 18 °C). Die Ionen entstehen durch Autoprotolyse des Wassers *(Eigendissoziation des Wassers)* nach

$$2\,H_2O \rightleftharpoons H_3O^+ + OH^-.$$

Die Autoprotolyse ist als Protonenübertragung von einem Wassermolekül auf ein anderes zu betrachten. Das Gleichgewicht der Reaktion liegt fast ganz auf der linken Seite, d. h. es sind in reinem Wasser nur sehr wenige Ionen vorhanden (10^7 l Wasser enthalten bei 24 °C je 1 mol H_3O^+- und OH^--Ionen).

Wendet man das *Massenwirkungsgesetz*[1] auf die Autoprotolyse des Wassers an, so ergibt sich für den Gleichgewichtszustand die Beziehung

$$\frac{c(H_3O^+) \cdot c(OH^-)}{c^2(H_2O)} = K_c$$

bzw.

$$c(H_3O^+) \cdot c(OH^-) = K_c \cdot c^2(H_2O)$$

Da die Ionenkonzentrationen $c(H_3O^+)$ und $c(OH^-)$ in reinem Wasser sehr klein sind, können sie gegenüber der Gleichgewichtskonzentration des Wassers $c(H_2O)$ vernachlässigt werden:

$$c(H_2O)_{gesamt} = c(H_2O) + c(H_3O^+) + c(OH^-).$$

Damit wird $c(H_2O)$ praktisch gleich der Gesamtkonzentration des Wassers $c(H_2O)_{gesamt}$:

$$c(H_2O)_{gesamt} \approx c\,(H_2O).$$

In verdünnten Lösungen weicht die Gesamtkonzentration des Wassers nur wenig von der in reinem Wasser ab. Daher kann $c\,(H_2O)$ mit guter Näherung als konstant angesehen und in die Konstante K_c einbezogen werden. Bei 25 °C ist

$$c(H_2O) = \frac{\rho_{25}(H_2O) \cdot 1000}{M(H_2O)},$$

mit $\rho_{25}\,(H_2O) = 0{,}997\,043$ g/ml,
$M(H_2O) = 18{,}0152$ g/mol
und dem Umrechnungsfaktor 1000 ml/l ergibt sich

$$c(H_2O) = 55{,}34 \text{ mol/l}.$$

[1] erstmals 1867 von Guldberg und Waage entdeckt.

Man erhält

$$c(H_3O^+) \cdot c(OH^-) = K_W.$$

K_W nennt man das **Ionenprodukt des Wassers.**

Sein experimentell bestimmter Wert beträgt $K_W = 10^{-14}\,mol^2 \cdot l^{-2}$ bei 24 °C. Das Produkt der Stoffmengenkonzentrationen von Wasserstoff- und Hydroxidionen ist nicht nur in reinem Wasser konstant, die Gleichung gilt auch für verdünnte wäßrige Lösungen. In Wasser und in Lösungen, in denen die aus dem gelösten Stoff entstandenen Ionen keiner Protolyse unterliegen, gilt

$$c(H_3O^+) = c(OH^-) = \sqrt{K_W} = 10^{-7}\,mol/l.$$

Die Autoprotolyse des Wassers ist ein endothermer Prozeß, sie nimmt daher mit steigender Temperatur zu. Damit ist das Ionenprodukt temperaturabhängig. Diese Abhängigkeit ist für Temperaturen zwischen 0 °C und 60 °C in Tab. 3-1 wiedergegeben. Aus praktischen Gründen verwendet man häufig anstelle von K_W den negativen dekadischen Logarithmus des Zahlenwertes, den man als pK_W-Wert bezeichnet. Die pK_W-Werte sind ebenfalls in Tab. 3-1 enthalten.

Bei der Anwendung des Massenwirkungsgesetzes auf eine chemische Gleichgewichtsreaktion in der von Guldberg und Waage vorgeschlagenen klassischen Weise unter Benutzung von Konzentrationen erhält man die *stöchiometrische Gleichgewichtskonstante* K_c. Diese Größe sollte nur von der Temperatur, nicht aber von den Konzentrationen der Reaktionsteilnehmer oder anderer in der Lösung vorhandener Ionen abhängen. Infolge elektrostatischer Wechselwirkungen zwischen Anionen und Kationen, die umso größer sind, je mehr Ionen sich in der Lösung befinden, stellt man jedoch eine Konzentrationsabhängigkeit von K_c fest. Die Anziehungskräfte zwischen den Ionen haben zur Folge, daß deren Konzentrationen geringer zu sein scheinen, als sie tatsächlich sind. Eine konzentrationsunabhängige Größe, die für ein gegebenes chemisches Gleichgewicht nur von der

Tab. 3-1 Temperaturabhängigkeit des Ionenproduktes K_W, der pK_W- und pH-Werte [4]

t in °C	$K_W \cdot 10^{14}$	pK_W	pH[1)]
0	0,1139	14,9435	7,4718
10	0,2920	14,5346	7,2673
15	0,4505	14,3463	7,1732
20	0,6809	14,1669	7,0835
25	1,008	13,9965	6,9983
30	1,469	13,8330	6,9165
40	2,919	13,5348	6,7674
50	5,474	13,2617	6,6309
60	9,610	13,0171	6,5086

[1] berechnet nach $pH = -\lg \sqrt{K_W}$

Temperatur abhängt, ist die *thermodynamische Gleichgewichtskonstante* K_a. Man erhält sie, wenn man anstelle der Ionenkonzentrationen c deren **Aktivitäten** a im Gleichgewichtszustand in den Ausdruck für das Massenwirkungsgesetz einsetzt; für die Autoprotolyse des Wassers als Beispiel ergibt sich:

$$\frac{a(H_3O^+) \cdot a(OH^-)}{a^2(H_2O)} = K_a.$$

Die Aktivität eines Stoffes (Ions) ist eine thermodynamische Größe, der formal die Bedeutung einer korrigierten Konzentration zukommt. Sie ist so definiert, daß bei ihrer Verwendung das Massenwirkungsgesetz stets strenge Gültigkeit besitzt.[1] Konzentration c und Aktivität a sind durch einen Korrekturfaktor, den **Aktivitätskoeffizienten** f, miteinander verknüpft[2]:

$$a = f \cdot c.$$

Er erfaßt die Abweichungen der realen Lösungen vom idealen Verhalten, bei dem keine Wechselwirkungen zwischen den Ionen bestehen. Der Zahlenwert von f[3] hängt von der Ionenladungszahl und der Konzentration des betreffenden Ions sowie von den Ionenladungen und den Konzentrationen der anderen in der Lösung anwesenden Ionen ab. Mit zunehmender Verdünnung steigt der Wert von f an und erreicht den Wert 1, wenn die Summe der Konzentrationen aller in der Lösung vorhandenen Ionen Null wird, mathematisch ausgedrückt:

$$\lim_{\Sigma c \to 0} f = 1.$$

Dieser hypothetische Grenzfall wird im reinen Lösemittel erreicht. In realen Lösungen ist $f < 1$; aber auch in hinreichend verdünnten ($c < 10^{-3}$ mol/l) kann $f \approx 1$ gesetzt werden, so daß in guter Näherung mit Ionenkonzentrationen statt mit Aktivitäten gerechnet werden kann. Vernachlässigt man in konzentrierteren Lösungen die Abweichungen der f-Werte von 1, so sind nur Überschlagsrechnungen möglich. Bei genaueren Berechnungen muß die exakte Form des Massenwirkungsgesetzes mit den Aktivitäten angewendet werden. In solchen Fällen läßt

1 Aktivitäten sind relative Größen, die auf einen zweckmäßig gewählten Standardzustand bezogen werden. Reinen festen und flüssigen Phasen ordnet man die Aktivität 1 zu. In verdünnten Lösungen hat das Lösemittel näherungsweise ebenfalls die Aktivität 1. Die Aktivität a eines gelösten Stoffes bezieht man auf die Stoffmengenkonzentration c; a ist in einer unendlich verdünnten Lösung definitionsgemäß gleich der Konzentration c (ideale Lösung). Nähere Einzelheiten entnehme man Lehrbüchern der Physikalischen Chemie [36, 37, 38, 39].

2 Die Beziehung ist *nicht* die physikochemische Definition der Aktivität.

3 Mit dem Symbol f wird eigentlich nur der rationale Aktivitätskoeffizient bezeichnet, mit dem man rechnet, wenn der Gehalt des gelösten Stoffes in der Lösung durch den Stoffmengenanteil (Molenbruch) ausgedrückt wird. Zur Bezeichnung der praktischen Aktivitätskoeffizienten dienen die Symbole y, wenn die Angabe als Stoffmengenkonzentration (mol/l) erfolgt, und γ, wenn die Molalität (mol/kg Lösemittel) verwendet wird [7]. In verdünnten Lösungen ($c < 0{,}1$ mol/l) sind die Unterschiede so gering, daß angenähert gilt: $f \approx y \approx \gamma$ [39]. Im folgenden wird daher vereinfacht nur das Symbol f verwendet.

sich der Wert des Aktivitätskoeffizienten nach der von Debye und Hückel (1923) aufgestellten Theorie abschätzen. Danach besteht eine Beziehung zwischen f und der **Ionenstärke** I in verdünnten Elektrolytlösungen. Unter der Ionenstärke I versteht man die Größe

$$I = \tfrac{1}{2} \sum_i c_i \cdot z_i^2$$

mit der Konzentration c_i und der Ionenladungszahl z_i der Ionensorte i. In einer Lösung, die 0,01 mol/l Na_2SO_4 und gleichzeitig 0,05 mol/l KCl enthält, beträgt beispielsweise die Ionenstärke $I = \tfrac{1}{2}(2 \cdot 0{,}01 \cdot 1^2 + 0{,}01 \cdot 2^2 + 0{,}05 \cdot 1^2 + 0{,}05 \cdot 1^2) = 0{,}08$.

Aus der Ionenstärke läßt sich mit Hilfe von Näherungsformeln, die aus der vollständigen Debye-Hückel-Beziehung zwischen f und I [39] abgeleitet wurden, der Aktivitätskoeffizient f_i einer Ionenart abschätzen, und zwar in wäßrigen Lösungen bei 25 °C für $I \leqslant 0{,}001$ nach

$$\lg f_i = -0{,}509 \cdot z_i^2 \cdot \sqrt{I}$$

und für $I < 0{,}1$ nach

$$\lg f_i = -0{,}509 \cdot \frac{z_i^2 \cdot \sqrt{I}}{1 + \sqrt{I}}.$$

In Tab. 3-2 sind einige nach diesen Formeln berechnete Näherungswerte für drei verschiedene Ionenladungszahlen in Abhängigkeit von der Ionenstärke I zusammengestellt.[1)]

Die Formeln ermöglichen zwar die Berechnung des individuellen Aktivitätskoeffizienten einer einzelnen Ionenart, experimentell bestimmbar sind aber nur mittlere Aktivitäten $a_{\pm}$ und mittlere Aktivitätskoeffizienten $f_{\pm}$ von Ionenpaaren

Tab. 3-2 Berechnete Aktivitätskoeffizienten f für verschiedene Ionenstärken I

I	f		
	$z=1$	$z=2$	$z=3$
0	1,00	1,00	1,00
0,001	0,96	0,86	0,72
0,002	0,95	0,82	0,64
0,005	0,93	0,73	0,50
0,01	0,90	0,65	0,38
0,02	0,86	0,56	0,27
0,05	0,81	0,42	0,15
0,1	0,75	0,32	0,08

[1] Genauere f-Werte für zahlreiche Ionen hat Kielland [75] berechnet, indem er die effektiven Radien für die hydratisierten Ionen in die Rechnung einbezogen hat; Zahlenwerte in [12].

aus Kation und Anion, da sich nur Lösungen herstellen lassen, die sowohl Kationen als auch Anionen enthalten. In erster Näherung gilt

$$\lg f_{\pm} = -0{,}509 \cdot z_{+} \cdot z_{-} \cdot \sqrt{I}\,.$$

Für Ionenstärken $I > 0{,}1$ sind die f-Werte von den Ionen, die zur Ionenstärke beitragen, individuell abhängig. Sie können nicht mehr abgeschätzt, sondern müssen experimentell bestimmt werden.

Für die maßanalytische Praxis genügt es meistens, Konzentrationen anstelle von Aktivitäten zu verwenden. Deshalb werden bei den folgenden Betrachtungen in der Regel Konzentration und Aktivität gleichgesetzt. Mit hinreichender Näherung gilt das natürlich nur für entsprechend verdünnte wäßrige Lösungen.

Wasserstoffionenkonzentration und pH-Wert

Der Ausdruck Wasserstoffionenkonzentration geht auf die Bezeichnungsweise von Arrhenius zurück. Er wird aber auch heute noch anstelle des Begriffes Oxoniumionenkonzentration für die Größe $c(H_3O^+)$ verwendet; in gleicher Weise spricht man vom Wasserstoffion, wenn das H_3O^+-Ion gemeint ist.

Wir hatten gesehen, daß in reinem Wasser und in wäßrigen Lösungen, in denen keine Protolysereaktion mit dem Wasser eintritt, die Konzentrationen der H_3O^+- und OH^--Ionen gleich sind. Ihr Zahlenwert ist durch das Ionenprodukt des Wassers bestimmt und beträgt bei 24 °C 10^{-7} mol/l. In sauren Lösungen ist die Konzentration der Wasserstoffionen größer als die der Hydroxidionen,

$$c(H_3O^+) > 10^{-7} > c(OH^-),$$

in basischen (alkalischen) Lösungen liegen mehr OH^--Ionen als H_3O^+-Ionen vor,

$$c(OH^-) > 10^{-7} > c(H_3O^+).$$

Das Ionenprodukt K_W ist bei gegebener Temperatur konstant, aber die beiden Konzentrationen $c(H_3O^+)$ und $c(OH^-)$ in der Gleichung

$$c(H_3O^+) \cdot c(OH^-) = K_W$$

lassen sich durch Zugabe von Säuren oder Basen zum Wasser innerhalb sehr weiter Grenzen variieren. Mit Hilfe der Definitionsgleichung für das Ionenprodukt kann für jede beliebige H_3O^+-Konzentration die in der Lösung vorhandene OH^--Konzentration und für jede OH^--Konzentration die zugehörige H_3O^+-Konzentration berechnet werden. So ist in einer Natronlauge der Konzentration $c(NaOH) = 0{,}01$ mol/l $c(OH^-) = 10^{-2}$ mol/l und $c(H_3O^+) = 10^{-14}/10^{-2} = 10^{-12}$ mol/l.

Zur Kennzeichnung des sauren Charakters (der Acidität) einer Lösung gibt man üblicherweise nicht die H_3O^+-Konzentration, deren Zahlenwert sich über viele Zehnerpotenzen erstrecken kann, sondern der bequemeren Handhabung wegen den negativen dekadischen Logarithmus ihres Zahlenwertes an. Diese vereinfachte Schreibweise wurde 1909 von Sörensen [76] eingeführt, der den Wert *Wasserstoffexponent* nannte und das Symbol **pH**[1] dafür verwendete. Er definierte:

$$\mathrm{pH} = -\lg c(\mathrm{H}^+).$$

Nach Einführung des Aktivitätsbegriffes und unter Berücksichtigung der von Brönsted aufgestellten Begriffsbestimmung für Säuren lautet die heutige Definition: Der pH-Wert ist der mit (−1) multiplizierte Logarithmus des Zahlenwertes der H_3O^+-Aktivität,

$$\mathrm{pH} = -\lg a(\mathrm{H_3O^+}) \approx -\lg c(\mathrm{H_3O^+}).$$

Wie bereits erwähnt, wird bei maßanalytischen Betrachtungen meistens von der Verwendung der Aktivitäten abgesehen. In stark sauren und stark alkalischen Lösungen weichen daher gemessene und berechnete pH-Werte voneinander ab.

Der pH-Wert ist dimensionslos, denn nicht die Konzentration als physikalische Größe, das Produkt aus Zahlenwert und Einheit, kann logarithmiert werden, sondern nur ihr Zahlenwert. Ist in einer Lösung $c(\mathrm{H_3O^+}) = 10^{-2}$ mol/l, so beträgt ihr pH-Wert 2. Hat die H_3O^+-Konzentration den Wert $3{,}7 \cdot 10^{-8}$ mol/l, so gilt: $\mathrm{pH} = -\lg(3{,}7 \cdot 10^{-8}) = -(\lg 3{,}7 + \lg 10^{-8}) = -(0{,}57 - 8) = 7{,}43$. Andererseits bedeutet pH = 5,8, daß $c(\mathrm{H_3O^+}) = 10^{-5{,}8} = 10^{0{,}2} \cdot 10^{-6} = 1{,}58 \cdot 10^{-6}$ mol/l ist.

In neutralen Lösungen ist pH = 7, in sauren Lösungen gilt pH < 7, in alkalischen Lösungen pH > 7. Je größer der pH-Wert ist, desto stärker alkalisch ist die Lösung, je kleiner das pH[1] ist, desto stärker sauer ist sie.

In analoger Weise hat man zur Kennzeichnung des basischen Charakters einer Lösung (der Basizität oder Alkalinität) den negativen dekadischen Logarithmus des Zahlenwertes der Hydroxidionenkonzentration als pOH-Wert definiert:

$$\mathrm{pOH} = -\lg a(\mathrm{OH^-}) \approx -\lg c(\mathrm{OH^-}).$$

Aus der Gleichung für das Ionenprodukt des Wassers ergibt sich durch Logarithmieren und Multiplizieren mit (−1) die Beziehung

$$\mathrm{pH} + \mathrm{pOH} = \mathrm{p}K_\mathrm{W} = 14.$$

In wäßrigen Lösungen reicht die normale pH-Skala von 0 bis 14, das bedeutet, daß sich die H_3O^+-Konzentration in allen Lösungen, die zwischen maximal 1 mol/l H_3O^+-Ionen und maximal 1 mol/l OH^--Ionen enthalten, durch positive Zahlen zwischen 0 und 14 ausdrücken läßt. Für Lösungen mit pH-Werten < 0 (übersaure Lösungen) und solche mit pH-Werten > 14 (überalkalische Lösungen) kann aus dem pH-Wert nicht mehr auf die H_3O^+-Konzentration geschlossen werden.

Das folgende Schema veranschaulicht die Beziehungen zwischen den Ionenkonzentrationen $c(\mathrm{H_3O^+})$ und $c(\mathrm{OH^-})$ sowie dem pH- und pOH-Wert:

[1] pH von pondus hydrogenii (lat.) = Gewicht des Wasserstoffs oder potentia hydrogenii (lat.) = Stärke des Wasserstoffs.

[1] als Symbol ist pH sächlich: der pH-Wert, aber das pH.

$c(H_3O^+)$:	10^0	10^{-1}	10^{-2}	10^{-3}	10^{-4}	10^{-5}	10^{-6}	10^{-7}	10^{-8}	10^{-9}	10^{-10}	10^{-11}	10^{-12}	10^{-13}	10^{-14}
$c(OH^-)$:	10^{-14}	10^{-13}	10^{-12}	10^{-11}	10^{-10}	10^{-9}	10^{-8}	10^{-7}	10^{-6}	10^{-5}	10^{-4}	10^{-3}	10^{-2}	10^{-1}	10^0
pH:	0	1	2	3	4	5	6	7	8	9	10	11	12	13	14
pOH:	14	13	12	11	10	9	8	7	6	5	4	3	2	1	0

← sauer → ← basisch →

↑
neutral

Stärke von Säuren und Basen

Die Stärke einer Säure läßt sich durch ihre Neigung zur Protonenabgabe, die einer Base durch ihre Tendenz zur Protonenaufnahme kennzeichnen. Ein absolutes Maß für die Stärke wäre die Gleichgewichtskonstante der Reaktion

$$HA \rightleftharpoons A^- + H^+,$$

die aber nicht ablaufen kann, wenn nicht ein Reaktionspartner die Protonen aufnimmt bzw. liefert (vgl. S. 70). Die Stärke von Säuren und Basen läßt sich daher nur relativ bestimmen, bezogen auf eine andere Base bzw. Säure. Als übliche Bezugssubstanz hat man Wasser gewählt, das sich als Ampholyt dazu besonders eignet.

Aufgrund des Protolysegleichgewichts einer Säure HA bzw. einer Base B in Wasser

$$HA + H_2O \rightleftharpoons H_3O^+ + A^- \qquad B + H_2O \rightleftharpoons BH^+ + OH^-$$

unterscheidet man starke Säuren bzw. Basen, bei denen das Gleichgewicht weitgehend auf der Seite der Protolyseprodukte (rechts) liegt, und schwache Säuren bzw. Basen, bei denen es mehr oder weniger weit auf der Seite der Ausgangsstoffe (links) liegt. Zu einem quantitativen Maß für die Stärke der Protolyte gelangt man durch Anwendung des Massenwirkungsgesetzes auf die Gleichgewichte:

$$\frac{c(H_3O^+)\cdot c(A^-)}{c(HA)\cdot c(H_2O)} = K_c \qquad \frac{c(BH^+)\cdot c(OH^-)}{c(B)\cdot c(H_2O)} = K_c'$$

Bezieht man die in verdünnten Lösungen konstante Konzentration des Wassers $c\,(H_2O) = 55{,}34$ mol/l in die Gleichgewichtskonstanten mit ein, so erhält man die Ausdrücke

$$\frac{c(H_3O^+)\cdot c(A^-)}{c(HA)} = K_S \qquad \frac{c(BH^+)\cdot c(OH^-)}{c(B)} = K_B.$$

K_S[1] ist die **Säurekonstante,** K_B[1] die **Basekonstante;** nach der Arrhenius-Theorie wurden die Größen als *Dissoziationskonstanten der Säure* bzw. *der Base* bezeichnet. Die mit (−1) multiplizierten dekadischen Logarithmen ihrer Zahlenwerte heißen **Säureexponent** bzw. **Baseexponent:**

$$pK_S = -\lg K_S \qquad pK_B = -\lg K_B.$$

Eine Säure (Base) ist umso stärker, je größer ihre Säurekonstante K_S (Basekonstante K_B) bzw. je kleiner ihr Säureexponent pK_S (Baseexponent pK_B) ist.

Betrachtet man ein korrespondierendes Säure-Base-Paar in Wasser:

$$HA + H_2O \rightleftharpoons H_3O^+ + A^- \text{ und } A^- + H_2O \rightleftharpoons HA + OH^-,$$

so ist

$$K_S = \frac{c(H_3O^+)\cdot c(A^-)}{c(HA)} \text{ und } K_B = \frac{c(HA)\cdot c(OH^-)}{c(A^-)}.$$

Das Produkt der Protolysekonstanten

$$K_S \cdot K_B = \frac{c(H_3O^+)\cdot c(A^-)\cdot c(HA)\cdot c(OH^-)}{c(HA)\cdot c(A^-)}$$
$$K_S \cdot K_B = c(H_3O^+)\cdot c(OH^-)$$
$$K_S \cdot K_B = K_W$$

ist das Ionenprodukt des Wassers. Mit den entsprechenden Exponenten lautet die Beziehung:

$$pK_S + pK_B = pK_W.$$

Man erkennt: Je stärker eine Säure ist, desto schwächer ist ihre korrespondierende Base, und je schwächer eine Säure ist, desto stärker ist diese Base. Kennt man die Säurekonstante, läßt sich die entsprechende Basekonstante leicht berechnen (und umgekehrt).

In Tab. 3-3 sind einige wichtige Säure-Base-Paare in der Reihenfolge abnehmender Säurestärke aufgeführt. Die Werte gelten für verdünnte wäßrige Lösungen (ca. 0,1 bis 0,01 mol/l) bei 25 °C.

Entsprechend ihrer Stärke hat man die Säuren und Basen folgendermaßen eingeteilt:

Sehr starke Säure (Base)	pK_S (pK_B) $\leq -1{,}74$
starke Säure (Base)	pK_S (pK_B) $= -1{,}74$ bis 4,5
schwache Säure (Base)	pK_S (pK_B) $= 4{,}5$ bis 9,5
sehr schwache Säure (Base)	pK_S (pK_B) $= 9{,}5$ bis 15,74
extrem schwache Säure (Base)	pK_S (pK_B) $\geq 15{,}74$.

[1] Auch hier sind die thermodynamischen Konstanten mit Hilfe der Aktivitäten zu definieren. Für Überschlagsrechnungen genügt aber die oben gewählte Formulierung der stöchiometrischen Konstanten.

Tab. 3-3 Säure- und Baseexponenten korrespondierender Säure-Base-Paare [4]

pK_S	Säure	Base	pK_B
ca. −10[1]	$HClO_4$	ClO_4^-	ca. 24
ca. −10[1]	HI	I^-	ca. 24
ca. −9[1]	HBr	Br^-	ca. 23
ca. −6[1]	HCl	Cl^-	ca. 20
ca. −3[1]	H_2SO_4	HSO_4^-	ca. 17
−1,74	H_3O^+	H_2O	15,74
−1,32[1]	HNO_3	NO_3^-	15,32
1,81[5]	$H_2SO_3\ (SO_2 + H_2O)$	HSO_3^-	12,19
1,92	HSO_4^-	SO_4^{2-}	12,08
2,12	H_3PO_4	$H_2PO_4^-$	11,88
3,1[2]	$[Fe(H_2O)_6]^{3+}$	$[Fe(H_2O)_5(OH)]^{2+}$	10,9
3,37[4]	HNO_2	NO_2^-	10,63
3,45	HF	F^-	10,55
3,75	$HCOOH$	$HCOO^-$	10,25
4,75	CH_3COOH	CH_3COO^-	9,25
4,9[3]	$[Al(H_2O)_6]^{3+}$	$[Al(H_2O)_5(OH)]^{2+}$	9,1
6,37	$H_2CO_3(CO_2 + H_2O)$	HCO_3^-	7,63
6,91[5]	HSO_3^-	SO_3^{2-}	7,09
7,04[5]	H_2S	HS^-	6,96
7,21	$H_2PO_4^-$	HPO_4^{2-}	6,79
9,14[6]	H_3BO_3	$H_2BO_3^-$	4,86
9,25	NH_4^+	NH_3	4,75
9,31	HCN	CN^-	4,69
9,8[3]	$[Zn(H_2O)_6]^{2+}$	$[Zn(H_2O)_5(OH)]^+$	4,2
10,25	HCO_3^-	CO_3^{2-}	3,75
11,62	H_2O_2	HO_2^-	2,38
11,96[5]	HS^-	S^{2-}	2,04
12,67	HPO_4^{2-}	PO_4^{3-}	1,33
12,74[6]	$H_2BO_3^-$	HBO_3^{2-}	1,26
13,80[6]	HBO_3^{2-}	BO_3^{3-}	0,20
15,74	H_2O	OH^-	−1,74
ca. 23[2]	NH_3	NH_2^-	ca. −9
ca. 24[2]	OH^-	O^{2-}	ca. −10

1 nach [74] 4 bei 12,5 °C
2 nach [2] 5 bei 18 °C
3 nach [8] 6 bei 20 °C

Die Säurekonstante des Oxoniumions ergibt sich nach

$$H_3O^+ + H_2O \rightleftharpoons H_2O + H_3O^+,$$

wobei das links stehende H_2O ein Molekül des Lösemittels Wasser ist, dem das Proton übertragen wird, und das auf der rechten Seite stehende H_2O die zu H_3O^+ korrespondierende Base darstellt, zu

$$K_S = \frac{c(H_2O) \cdot c(H_3O^+)}{c(H_3O^+)} = c(H_2O)$$

$$K_S = 55{,}34\ \text{mol/l}$$

$$pK_S = -1{,}74.$$

In analoger Weise erhält man die Säurekonstante des Wassers nach

$$H_2O + H_2O \rightleftharpoons OH^- + H_3O^+$$

zu

$$K_S = \frac{c(OH^-) \cdot c(H_3O^+)}{c(H_2O)} = \frac{K_W}{c(H_2O)}$$

$$K_S = \frac{10^{-14}}{55{,}34} = 1{,}80 \cdot 10^{-16}\,\text{mol/l}$$

$$pK_S = 15{,}74.$$

Diese beiden pK_S-Werte begrenzen den Bereich, in dem Säuren und Basen in wäßrigen Lösungen vorkommen können. Stärkere Säuren protolysieren in Wasser vollständig. Ihre Lösungen enthalten nur das H_3O^+-Ion als Säure und das Anion als korrespondierende Base. Daher ist H_3O^+ die stärkste Säure in verdünnten wäßrigen Lösungen. Analog ist OH^- die stärkste Base, die in wäßrigen Lösungen auftreten kann. Stärkere Basen werden protoniert, sie enthalten neben der Base OH^- die korrespondierende extrem schwache Säure. Diese Tatsache hat zur Folge, daß alle Säuren und Basen mit pK_S- bzw. pK_B-Werten $\leqslant -1{,}74$ in verdünnten wäßrigen Lösungen gleich stark sind, d. h. ihre Lösungen gleicher Konzentration haben stets den jeweils gleichen pH-Wert (*nivellierender Effekt* des Wassers).

Will man die relative Stärke solcher Säuren oder Basen bestimmen, muß man die Messungen in einem anderen Lösemittel vornehmen, das stärker sauer (z. B. wasserfreie Essigsäure) oder stärker basisch (z. B. wasserfreies Ammoniak) als Wasser ist. So hat man die in Tab. 3-3 aufgeführten pK_S-Werte für die sehr starken Säuren und Basen durch Messung der lösemittelabhängigen Gleichgewichtskonstanten ermittelt und dann auf das System Wasser bezogen. Sie sind als Näherungswerte aufzufassen, denen nur orientierende Bedeutung zukommt.

Nach der Zahl der Protonen, die eine Säure abgeben kann, unterscheidet man *einwertige (einbasige)* und *mehrwertige (mehrbasige) Säuren.* Analog spricht man von einer *mehrwertigen (mehrsäurigen) Base,* wenn sie mehrere Protonen aufnehmen oder OH^--Ionen liefern kann. Die Protolyse mehrwertiger Säuren und Basen erfolgt stufenweise. Das Massenwirkungsgesetz läßt sich auf jede *Protolysestufe* (Arrhenius-Bezeichnung: Dissoziationsstufe) anwenden, wodurch mehrere Säure- bzw. Basekonstanten erhalten werden. Sie werden von Stufe zu Stufe kleiner (ihre pK-Werte größer), wie das Beispiel der dreiwertigen Phosphorsäure zeigt (vgl. Tabelle 3-3):

$$H_3PO_4 + H_2O \rightleftharpoons H_3O^+ + H_2PO_4^- \quad K_{S1} = 7{,}59 \cdot 10^{-3},\ pK_{S1} = 2{,}12$$

$$H_2PO_4^- + H_2O \rightleftharpoons H_3O^+ + HPO_4^{2-} \quad K_{S2} = 6{,}17 \cdot 10^{-8},\ pK_{S2} = 7{,}21$$

$$HPO_4^{2-} + H_2O \rightleftharpoons H_3O^+ + PO_4^{3-} \quad K_{S3} = 2{,}14 \cdot 10^{-13},\ pK_{S3} = 12{,}67.$$

Als Ursache für die Abnahme der K_S- bzw. K_B-Werte ist die Zunahme der negativen Ladung nach jeder Protonenabgabe bzw. die Zunahme der positiven Ladung nach jeder Protonenaufnahme (bei Basen) anzusehen. Die elektrostatische Anziehung bzw. Abstoßung erschwert die Abgabe bzw. Aufnahme des nächsten

Protons. Wie die Reaktionsgleichungen zeigen, kann jedes Ion, das in den Protolysegleichgewichten als Zwischenprodukt auftritt, als Säure und als Base reagieren, ist also ein Ampholyt.

Berechnung von pH-Werten

Für die folgenden Berechnungen werden Formeln benutzt, die sich aus allgemein zulässigen Vereinfachungen ergeben. Mit ihrer Hilfe lassen sich die Rechnungen schnell durchführen: Die Ergebnisse sind zwar als Näherungswerte zu betrachten, genügen aber in den meisten Fällen den Anforderungen der quantitativen Analyse vollständig[1]. Abweichungen der Lösungen vom idealen Verhalten bleiben unberücksichtigt.

Sehr starke Säuren und Basen. Da Wasser einen nivellierenden Effekt ausübt, haben Lösungen sehr starker Säuren gleicher Konzentration auch gleiche pH-Werte. Entsprechendes gilt für sehr starke Basen. Protolyte mit K_S- bzw. K_B-Werten > 10 ($pK < 1$) sind für Konzentrationen < 1 mol/l als vollständig protolysiert anzusehen. Die Wasserstoffionenkonzentration ist gleich der Gesamtkonzentration c_0 der Säure (S) oder Base (B):

$$c(H_3O^+) = c_0(S) \qquad \text{bzw. } c(OH^-) = c_0(B)$$
$$pH = -\lg c_0(S) \qquad pH = pK_W + \lg c_0(B).$$

Beispiel: Eine Salzsäure der Konzentration 0,01 mol/l hat den pH-Wert 2, eine Natronlauge der Konzentration 0,02 mol/l den pH-Wert 12,30.

Wird die Lösung einer sehr starken Säure oder Base so weit verdünnt, daß $c(H_3O^+)$ bzw. $c(OH^-) \leqslant 10^{-6}$ mol/l ist, muß bei der pH-Berechnung die Autoprotolyse des Wassers berücksichtigt werden (vgl. S. 88).

Sind beide Protolysekonstanten einer zweiwertigen Säure oder Base sehr groß, gilt näherungsweise:

$$c(H_3O^+) = 2 \cdot c_0(S) \qquad \text{bzw. } c(OH^-) = 2 \cdot c_0(B)$$
$$pH = -\lg 2 \cdot c_0(S) \qquad pH = pK_W + \lg 2 \cdot c_0(B).$$

Beispiel: Der pH-Wert einer $Ba(OH)_2$-Lösung der Konzentration 0,04 mol/l beträgt

$$c(OH^-) = 2 \cdot c(Ba(OH)_2)$$
$$c(OH^-) = 0{,}08 \text{ mol/l}$$
$$pH = 14 - 1{,}10$$
$$pH = 12{,}90.$$

In Lösungen, die mehrere sehr starke Säuren oder Basen enthalten, erfolgt die Protolyse unabhängig voneinander, so daß sich die Wasserstoff- bzw. Hydroxidionenkonzentration als Summe der Gesamtkonzentrationen der einzelnen Protolyte ergibt:

1 Nähere Einzelheiten und Wege zur exakten Berechnung von pH-Werten in [74].

$$c(H_3O^+) = \sum_i c_{0i}(S_i) \quad \text{bzw.} \quad c(OH^-) = \sum_i c_{0i}(B_i)$$
$$pH = -\lg \sum_i c_{0i}(S_i) \qquad pH = pK_W + \lg \sum_i c_{0i}(B_i).$$

Beispiel: Der pH-Wert eines Säuregemisches mit 0,01 mol/l HBr und 0,02 mol/l HCl ist

$$c(H_3O^+) = c_0(HBr) + c_0(HCl)$$
$$c(H_3O^+) = 0{,}01 + 0{,}02 = 0{,}03 \text{ mol/l}$$
$$pH = 1{,}52.$$

Starke Säuren und Basen. In Lösungen von Säuren und Basen mit pK-Werten > 1 ist die Protolysereaktion unvollständig; neben den Protolyseprodukten sind noch die Teilchen des unveränderten Ausgangsstoffes vorhanden. Zur pH-Berechnung muß daher außer der Ausgangskonzentration c_0 die Protolysekonstante K_S bzw. K_B bekannt sein.

Für eine Säure kann man in der Beziehung

$$\frac{c(H_3O^+) \cdot c(A^-)}{c(HA)} = K_S$$

$c(H_3O^+) = c(A^-)$ setzen, da bei der Protolyse gleich viele H_3O^+- und A^--Ionen entstehen. Dabei wird die geringe H_3O^+-Konzentration, die aus der Autoprotolyse des Wassers stammt, vernachlässigt.[1] Man erhält:

$$c^2(H_3O^+) = K_S \cdot c(HA)$$
bzw. $$c^2(H_3O^+) = K_S \cdot (c_0(S) - c(H_3O^+)),$$

da für die Gleichgewichtskonzentration $c(HA)$ gilt:

$$c(HA) = c_0(S) - c(H_3O^+).$$

Daraus ergibt sich die quadratische Gleichung

$$c^2(H_3O^+) + K_S \cdot c(H_3O^+) - K_S \cdot c_0(S) = 0.$$

Nur eine ihrer beiden Lösungen liefert positive $c(H_3O^+)$-Werte und ist damit physikalisch sinnvoll:

$$c(H_3O^+) = -\frac{K_S}{2} + \sqrt{\frac{K_S^2}{4} + K_S \cdot c_0(S)}.$$

Eine analoge Betrachtung führt für eine Base zu der Formel:

$$c(OH^-) = -\frac{K_B}{2} + \sqrt{\frac{K_B^2}{4} + K_B \cdot c_0(B)}.$$

[1] Nimmt man diese Vereinfachung nicht vor, erhält man eine Gleichung dritten Grades in $c(H_3O^+)$; über die Lösungen dafür vgl. [74].

Beispiel: Welchen pH-Wert hat eine $KHSO_4$-Lösung der Konzentration 0,01 mol/l? Beim Auflösen des Salzes entstehen K^+-Ionen, die nicht protolysieren, und Ionen der starken Säure HSO_4^- mit $K_S = 1{,}20 \cdot 10^{-2}$ mol/l ($pK_S = 1{,}92$), die mit Wasser nach

$$HSO_4^- + H_2O \rightleftharpoons H_3O^+ + SO_4^{2-}$$

reagieren. Man erhält durch Einsetzen von K_S und $c_0(S)$:

$$c(H_3O^+) = -0{,}60 \cdot 10^{-2} + \sqrt{(0{,}36 + 1{,}2) \cdot 10^{-4}}\ \text{mol/l}$$
$$c(H_3O^+) = 6{,}49 \cdot 10^{-3}\ \text{mol/l}$$
$$\text{pH} = 2{,}19.$$

Bei mehrwertigen Elektrolyten ist die zweite (und gegebenenfalls dritte) Protolysekonstante im allgemeinen um mehrere Größenordnungen kleiner als die erste. Solange es sich nicht um sehr starke Protolyte handelt, braucht die zweite Protolysestufe nicht berücksichtigt zu werden. Die pH-Berechnung erfolgt mit recht guter Näherung so, als ob eine einwertige Säure vorliegt.

Beispiel: Welchen pH-Wert hat eine H_3PO_4-Lösung, $c = 0{,}1$ mol/l? Mit $K_{S1} = 7{,}59 \cdot 10^{-3}$ mol/l und $c_0(S) = 0{,}1$ mol/l findet man:

$$c(H_3O^+) = -3{,}80 \cdot 10^{-3} + \sqrt{(14{,}44 + 759) \cdot 10^{-6}}\ \text{mol/l}$$
$$c(H_3O^+) = 2{,}40 \cdot 10^{-2}\ \text{mol/l}$$
$$\text{pH} = 1{,}62.$$

Schwache Säuren und Basen. Bei schwachen Protolyten ($4{,}5 < pK < 9{,}5$) liegt das Protolysegleichgewicht weit auf der linken Seite, so daß die Gleichgewichtskonzentration der Protolyseprodukte einer Säure $c(H_3O^+) = c(A^-)$ sehr klein gegenüber $c(HA)$ ist. In nicht zu verdünnten Lösungen kann daher vereinfachend die Gleichgewichtskonzentration $c(HA)$ gleich der Gesamtkonzentration $c_0(S)$ gesetzt werden.

Aus $$\frac{c(H_3O^+) \cdot c(A^-)}{c(HA)} = K_S$$

erhält man $c^2(H_3O^+) = K_S \cdot c_0(S)$

und

$$c(H_3O^+) = \sqrt{K_S \cdot c_0(S)}$$
$$\text{pH} = \tfrac{1}{2}\, pK_S - \tfrac{1}{2} \lg c_0(S).$$

Analog gilt für Basen:

$$c(OH^-) = \sqrt{K_B \cdot c_0(B)}$$
$$c(H_3O^+) = \frac{K_W}{\sqrt{K_B \cdot c_0(B)}}$$
$$\text{pH} = 14 - \tfrac{1}{2}\, pK_B + \tfrac{1}{2} \lg c_0(B).$$

Ob die vorgenommene Vereinfachung zulässig ist, hängt nicht nur von der Konstanten K_S bzw. K_B ab, sondern auch von c_0. Die Rechnung zeigt, daß für pK=4 und c_0=0,001 mol/l der pH-Wert nur um −0,07 Einheiten von dem nach der komplizierteren Formel berechneten abweicht. Für größere pK-Werte und größere Konzentrationen wird der Fehler kleiner.

Beispiel: Welchen pH-Wert hat eine Essigsäure der Konzentration 0,1 mol/l? Mit $K_S = 1{,}78 \cdot 10^{-5}$ mol/l (pK_S=4,75) ergibt sich:

$$\mathrm{pH} = 0{,}5 \cdot 4{,}75 - 0{,}5 \cdot \lg 0{,}1$$
$$\mathrm{pH} = 2{,}88.$$

Beispiel: Welchen pH-Wert hat eine Natriumacetatlösung der Konzentration 0,01 mol/l? Das Na^+-Ion ist kein Protolyt, das Acetation ist eine schwache Base mit pK_B=9,25. Man erhält:

$$\mathrm{pH} = 14 - 0{,}5 \cdot 9{,}25 + 0{,}5 \cdot \lg 0{,}01$$
$$\mathrm{pH} = 8{,}38.$$

Beispiel: Welchen pH-Wert hat eine NH_4Cl-Lösung der Konzentration 0,1 mol/l? NH_4^+ ist eine schwache Säure mit pK_S=9,25, Cl^- protolysiert nicht. Folglich ist:

$$\mathrm{pH} = 0{,}5 \cdot 9{,}25 - 0{,}5 \cdot \lg 0{,}1$$
$$\mathrm{pH} = 5{,}13.$$

Beispiel: Welchen pH-Wert hat eine KCN-Lösung, c(KCN)=0,02 mol/l? Nur das Cyanidion unterliegt der Protolyse, es ist eine schwache Base mit pK_B=4,69. Es gilt:

$$\mathrm{pH} = 14 - 0{,}5 \cdot 4{,}69 + 0{,}5 \cdot \lg 0{,}02$$
$$\mathrm{pH} = 10{,}81.$$

Für zweiwertige Protolyte gilt wiederum, daß die zweite Protolysestufe sich umso weniger bemerkbar macht, je mehr sich die K_{S1}- und K_{S2}-Werte unterscheiden.

Beispiel: Welchen pH-Wert hat eine gesättigte Schwefelwasserstofflösung, wenn sich in 1 l Wasser bei 22 °C 2,46 l H_2S lösen? Aus dem molaren Volumen V_m = 22,4 l/mol ergibt sich die Stoffmenge $n(H_2S)$ = 2,46/22,4 = 0,11 mol; die Konzentration der gesättigten Lösung ist daher $c(H_2S)$ = 0,11 mol/l. Die beiden Säurekonstanten des H_2S unterscheiden sich um fünf Größenordnungen; es braucht somit nur die erste verwendet zu werden:

$$\mathrm{pH} = 0{,}5 \cdot 7{,}04 - 0{,}5 \cdot \lg 0{,}11$$
$$\mathrm{pH} = 4{,}00.$$

Sehr schwache Säuren und Basen. Wenn die bei der Protolyse entstehenden H_3O^+- oder OH^--Ionen nur in sehr geringer Konzentration vorliegen, können die bei der Autoprotolyse des Wassers entstehenden Ionen nicht mehr unberücksichtigt bleiben. Zur Berechnung des pH-Wertes muß das Ionenprodukt des Wassers mit herangezogen werden. Mit

$$\frac{c(H_3O^+)\cdot c(A^-)}{c_0(S)} = K_S$$

und

$$c(H_3O^+)\cdot c(OH^-) = K_W$$

sowie der Elektroneutralitätsbedingung (in einer Elektrolytlösung ist die Summe aller positiven gleich der Summe aller negativen Ladungen) als dritter Bestimmungsgleichung

$$c(H_3O^+) = c(A^-) + c(OH^-)$$

erhält man durch zweimalige Substitution und Umformung

$$\boxed{c(H_3O^+) = \sqrt{K_S\cdot c_0(S) + K_W}.}$$

Ist $K_S\cdot c_0(S) \gg K_W$, ergibt sich $c(H_3O^+) = \sqrt{K_S\cdot c_0(S)}$, die Gleichung für schwache Säuren, mit der man auch noch rechnen kann, wenn $K_S\cdot c_0(S) \geqslant 10^{-13}\,\text{mol}^2/\text{l}^2$ ist. Für eine Säure mit $\mathrm{p}K_S = 10$ und $c_0(S) = 0{,}001$ mol/l beträgt der Unterschied 0,02 pH-Einheiten.

Für Basen gilt entsprechend:

$$\boxed{c(OH^-) = \sqrt{K_B\cdot c_0(B) + K_W}.}$$

Gemische von Säuren oder Basen. In einer Lösung, die eine schwache Säure (S_1) und eine sehr starke Säure (S_2) enthält, ist S_1 als teilweise, S_2 als vollständig protolysiert zu betrachten. Für S_1 gilt die Beziehung:

$$c(H_3O^+) = \frac{K_{S1}\cdot c(HA_1)}{c(A_1^-)},$$

in der für $c(HA_1)$ die Ausgangskonzentration der schwachen Säure $c_0(S_1)$ eingesetzt werden kann (das Protolysegleichgewicht ist durch das Vorhandensein von S_2 noch weiter nach links verschoben). In der Elektroneutralitätsgleichung

$$c(H_3O^+) = c(A_1^-) + c(OH^-) + c(A_2^-)$$

ist $c(OH^-)$ vernachlässigbar klein (saure Lösung) und $c(A_2^-)$ gleich der Gesamtkonzentration der sehr starken Säure $c_0(S_2)$. Aus diesen Überlegungen folgt:

$$c(H_3O^+) = \frac{K_{S1}\cdot c_0(S_1)}{c(H_3O^+) - c_0(S_2)}$$

und

$$\boxed{c(H_3O^+) = \frac{c_0(S_2)}{2} + \sqrt{\frac{c_0^2(S_2)}{4} + K_{S1}\cdot c_0(S_1)}.}$$

Analoge Betrachtungen für ein Gemisch aus einer schwachen Base (B_1) und einer sehr starken Base (B_2), z. B. aus NH_3 und NaOH, führen zu der Gleichung:

$$c(OH^-) = \frac{c_0(B_2)}{2} + \sqrt{\frac{c_0^2(B_2)}{4} + K_{B1} \cdot c_0(B_1)}.$$

Wie die Formeln zeigen, bestimmt der starke Protolyt im wesentlichen den pH-Wert. Nur wenn die Konzentration des schwachen groß gegen die des starken wird, ist ein merklicher Einfluß zu erwarten.

Beispiel: Eine Lösung enthalte 10^{-2} mol/l Essigsäure ($K_S = 1{,}78 \cdot 10^{-5}$ mol/l) und 10^{-4} mol/l Salzsäure. Wie groß ist der pH-Wert?

$$c(H_3O^+) = \frac{10^{-4}}{2} + \sqrt{\frac{10^{-8}}{4} + 1{,}78 \cdot 10^{-7}} \text{ mol/l}$$

$$c(H_3O^+) = 4{,}75 \cdot 10^{-4} \text{ mol/l}$$

$$\text{pH} = 3{,}32.$$

Beispiel: Welchen pH-Wert hat eine Salzsäure der Konzentration 10^{-8} mol/l? Der pH-Wert kann nicht wie bei einer sehr starken Säure berechnet werden (er würde sonst im alkalischen Gebiet liegen), es muß die H_3O^+-Konzentration aus der Autoprotolyse des Wassers berücksichtigt werden (vgl. S. 83). Die Lösung ist ein Gemisch aus der sehr starken Säure HCl und der sehr schwachen Säure H_2O. Mit $c_0(HCl) = 10^{-8}$ mol/l, $c_0(H_2O) = 55{,}34$ mol/l und $K_S(H_2O) = 1{,}81 \cdot 10^{-16}$ mol/l erhält man:

$$c(H_3O^+) = \frac{10^{-8}}{2} + \sqrt{\frac{10^{-16}}{4} + 1{,}81 \cdot 55{,}34 \cdot 10^{-16}} \text{ mol/l}$$

$$c(H_3O^+) = 1{,}05 \cdot 10^{-7} \text{ mol/l}$$

$$\text{pH} = 6{,}98.$$

Befinden sich zwei schwache Säuren mit den Konzentrationen $c_0(S_1)$ und $c_0(S_2)$ in einer Lösung, müssen bei der pH-Berechnung die K_S-Werte beider Säuren berücksichtigt werden. Geht man wieder von der vereinfachenden Annahme aus, daß die Gleichgewichtskonzentrationen $c(HA_1) = c_0(S_1)$ und $c(HA_2) = c_0(S_2)$ sind, so folgt aus

$$\frac{c(H_3O^+) \cdot c(A_1^-)}{c_0(S_1)} = K_{S1} \text{ und } \frac{c(H_3O^+) \cdot c(A_2^-)}{c_0(S_2)} = K_{S2}$$

durch Einsetzen von

$$c(A_1^-) = \frac{K_{S1} \cdot c_0(S_1)}{c(H_3O^+)} \text{ und } c(A_2^-) = \frac{K_{S2} \cdot c_0(S_2)}{c(H_3O^+)}$$

in die Neutralitätsgleichung unter Vernachlässigung der Autoprotolyse des Wassers

$$c(H_3O^+) = c(A_1^-) + c(A_2^-)$$

$$c(H_3O^+) = \frac{K_{S1} \cdot c_0(S_1)}{c(H_3O^+)} + \frac{K_{S2} \cdot c_0(S_2)}{c(H_3O^+)}$$

$$c(H_3O^+) = \sqrt{K_{S1} \cdot c_0(S_1) + K_{S2} \cdot c_0(S_2)}$$

Für zwei Basen gilt analog:

$$c(OH^-) = \sqrt{K_{B1} \cdot c_0(B_1) + K_{B2} \cdot c_0(B_2)}$$

und

$$\boxed{c(H_3O^+) = \frac{K_W}{\sqrt{K_{B1} \cdot c_0(B_1) + K_{B2} \cdot c_0(B_2)}}.}$$

Beispiel: Welchen pH-Wert hat eine Lösung von Essigsäure ($pK_S = 4{,}75$), $c = 0{,}05$ mol/l, und Phenylessigsäure ($pK_S = 4{,}31$), $c = 0{,}2$ mol/l? Aus den pK_S-Werten ergeben sich die Säurekonstanten zu $1{,}78 \cdot 10^{-5}$ bzw. $4{,}90 \cdot 10^{-5}$ mol/l.

$$c(H_3O^+) = \sqrt{1{,}78 \cdot 10^{-5} \cdot 5 \cdot 10^{-2} + 4{,}90 \cdot 10^{-5} \cdot 2 \cdot 10^{-1}} \text{ mol/l}$$
$$c(H_3O^+) = 3{,}27 \cdot 10^{-3} \text{ mol/l}$$
$$\text{pH} = 2{,}49.$$

Gemische schwacher Säuren und schwacher Basen. Bisher haben wir bei den Berechnungen der pH-Werte von Lösungen außer den Säuren und Basen im klassischen Sinn auch Salze betrachtet, deren Kationen *oder* Anionen mit Wasser Protolysereaktionen beim Auflösen der Salze eingehen, weil die entstehenden Ionen Säuren bzw. Basen in der Betrachtungsweise von Brönsted sind. Nach der klassischen Theorie handelt es sich um Salze starker Säuren (Basen) und schwacher Basen (Säuren), wie z. B. NH_4Cl bzw. CH_3COONa oder KCN. Der pH-Wert der Lösung wurde aus dem K_S- bzw. K_B-Wert der entstehenden Ionensäure oder Ionenbase und der Konzentration des eingesetzten Salzes berechnet (vgl. S. 86).

Vermag nun beim Auflösen eines Salzes sowohl das entstehende Kation als auch das entstehende Anion zu protolysieren (z. B. CH_3COONH_4 oder NH_4CN), so liegt ein Gemisch aus einer schwachen Säure S_1 *und* einer schwachen Base B_2 vor. Bei der pH-Wertberechnung müssen die Säurekonstante K_{S1} und die Basekonstante K_{B2} berücksichtigt werden. Für ein solches Salz bestehen folgende Protolysegleichgewichte:

$$S_1 + H_2O \rightleftharpoons B_1 + H_3O^+ \qquad (1)$$
$$B_2 + H_2O \rightleftharpoons S_2 + OH^- \qquad (2)$$
und
$$S_1 + B_2 \rightleftharpoons B_1 + S_2 \qquad (3)$$

(die Ionenladungen der korrespondierenden Säure-Base-Paare werden in der allgemeinen Schreibweise weggelassen). Die Anwendung des Massenwirkungsgesetzes liefert die Ausdrücke:

$$K_{S1} = \frac{c(B_1) \cdot c(H_3O^+)}{c(S_1)} \text{ und } K_{B2} = \frac{c(S_2) \cdot c(OH^-)}{c(B_2)}.$$

Bildet man den Quotienten K_{S1}/K_{B2}, so erhält man

$$\frac{K_{S1}}{K_{B2}} = \frac{c(B_1) \cdot c(B_2) \cdot c(H_3O^+)}{c(S_1) \cdot c(S_2) \cdot c(OH^-)}$$

und mit $c(OH^-) = K_W / c(H_3O^+)$

$$c(H_3O^+) = \sqrt{\frac{K_{S1} \cdot K_W}{K_{B2}} \cdot \frac{c(S_1) \cdot c(S_2)}{c(B_1) \cdot c(B_2)}}.$$

Da die korrespondierenden Säure-Base-Paare aus einem Salz stammen, ist die Gesamtkonzentration der beiden Protolysesysteme gleich:

$$c(S_1) + c(B_1) = c(S_2) + c(B_2).$$

S_1 ist eine schwache Säure und B_2 eine schwache Base, d.h. die Gleichgewichte (1) und (2) liegen weitgehend auf der linken Seite und die aus ihnen resultierenden Beiträge zu $c(B_1)$ bzw. $c(S_2)$ sind vernachlässigbar klein gegenüber den aus dem Gleichgewicht (3) stammenden Konzentrationen von B_1 und S_2. Damit ist letzteres bestimmend für die Protolyse und es gilt

$$c(B_1) = c(S_2).$$

Aus der Gleichung für die Gesamtkonzentration folgt dann

$$c(S_1) = c(B_2)$$

und für

$$c(H_3O^+) = \sqrt{\frac{K_{S1} \cdot K_W}{K_{B2}}}$$

$$\mathrm{pH} = \tfrac{1}{2}(14 + \mathrm{p}K_{S1} - \mathrm{p}K_{B2})$$

Der pH-Wert der Lösung hängt danach nur von K_{S1} und K_{B2}, nicht aber von der Konzentration des Salzes ab. Ist $K_{S1} > K_{B2}$ ($\mathrm{p}K_{S1} < \mathrm{p}K_{B2}$), so ist $\mathrm{pH} < \tfrac{1}{2}\,\mathrm{p}K_W = 7$ und die Lösung reagiert sauer. Ist dagegen $K_{S1} < K_{B2}$ ($\mathrm{p}K_{S1} > \mathrm{p}K_{B2}$), gilt $\mathrm{pH} > \tfrac{1}{2}\,\mathrm{p}K_W = 7$ und die Lösung reagiert alkalisch.

Beispiel: Wie groß ist der pH-Wert einer Ammoniumformiatlösung? Mit $\mathrm{p}K_{S1} = 9{,}25$ für die schwache Säure NH_4^+ und $\mathrm{p}K_{B2} = 10{,}25$ für die schwache Base $HCOO^-$ ergibt sich

$$\mathrm{pH} = \tfrac{1}{2}(14 + 9{,}25 - 10{,}25)$$
$$\mathrm{pH} = 6{,}50.$$

Beispiel: Wie groß ist der pH-Wert einer Ammoniumacetatlösung? Mit $\mathrm{p}K_{S1} = 9{,}25$ und $\mathrm{p}K_{B2} = 9{,}25$ erhält man

$$\mathrm{pH} = \tfrac{1}{2}(14 + 9{,}25 - 9{,}25)$$
$$\mathrm{pH} = 7{,}00.$$

Beispiel: Wie groß ist der pH-Wert einer Ammoniumcyanidlösung? Es ist $\mathrm{p}K_{S1} = 9{,}25$, $\mathrm{p}K_{B2} = 4{,}69$ und

$$\mathrm{pH} = \tfrac{1}{2}(14 + 9{,}25 - 4{,}69)$$
$$\mathrm{pH} = 9{,}28.$$

Wenn die Konzentration des Salzes sehr klein wird, ist die Annahme nicht mehr gültig, daß die aus den Protolysegleichgewichten (1) und (2) resultierenden Konzentrationen von B_1, S_2, H_3O^+ und OH^- vernachlässigbar sind. Der pH-Wert der Lösung ist dann nicht mehr als unabhängig von der Konzentration des Salzes zu betrachten. Die Näherungsformel gilt um so besser, je mehr die Zahlenwerte der Säure- und Basekonstante sich nähern, je weniger der pH-Wert der Lösung von 7 abweicht, vorausgesetzt, man betrachtet nicht zu verdünnte Lösungen.

Mit Hilfe der Formel läßt sich der pH-Wert des Äquivalenzpunktes bei der Titration einer schwachen Säure (Base) mit einer schwachen Base (Säure) berechnen. Zwar nimmt man in der Praxis solche Titrationen nicht direkt vor, doch ergeben sich ähnliche Bedingungen bei der Titration mehrwertiger Protolyte.

Ampholyte. Als Ampholyte haben wir Verbindungen kennengelernt, die sowohl als Säure wie auch als Base reagieren können (vgl. S. 71). So sind auch alle Ionenarten, die bei der Protolyse einer mehrwertigen Säure auftreten, Ampholyte (z. B. HSO_4^-, HCO_3^-, $H_2PO_4^-$, HPO_4^{2-}). Für sie gelten prinzipiell die gleichen Protolysegleichgewichte, die für Gemische schwacher Säuren und schwacher Basen formuliert wurden, jedoch sind hier die Teilchen von S_1 und B_2 artgleich, so daß die Indizes zur Unterscheidung nicht benötigt werden. Ähnliche Überlegungen wie dort führen zu der Beziehung

$$c(H_3O^+) = \sqrt{\frac{K_S \cdot K_W}{K_B} \cdot \frac{c(S)}{c(B)}}$$

mit der Säurekonstanten K_S und der Basekonstanten K_B des Ampholyten. Können die Protolysegleichgewichte mit dem Lösemittel Wasser wiederum gegenüber dem Autoprotolysegleichgewicht des Ampholyten vernachlässigt werden, wird $c(S) = c(B)$ und man erhält

$$c(H_3O^+) = \sqrt{\frac{K_S \cdot K_W}{K_B}}.$$

Es ist üblich, die Protolyse einer mehrwertigen Säure durch die Säurekonstanten K_{Si} der einzelnen Protolysestufen zu beschreiben. Wenden wir die Formel auf die Protolyse einer zweiwertigen Säure an, so ergibt sich mit $K_S = K_{S2}$ und $K_B = K_W / K_{S1}$

$$c(H_3O^+) = \sqrt{K_{S1} \cdot K_{S2}}$$

und $$\mathrm{pH} = \tfrac{1}{2}(\mathrm{p}K_{S1} + \mathrm{p}K_{S2}).$$

Beispiel: Wie groß ist der pH-Wert einer $NaHCO_3$-Lösung der Konzentration 0,1 mol/l? Na^+ protolysiert nicht, HCO_3^- ist ein Ampholyt mit $\mathrm{p}K_S = 10{,}25$ ($\mathrm{p}K_{S2}$ der Kohlensäure) und $\mathrm{p}K_B = 7{,}63$ (entsprechend $\mathrm{p}K_{S1} = 6{,}37$ der Kohlensäure). Man erhält

$$\mathrm{pH} = \tfrac{1}{2}(6{,}37 + 10{,}25)$$
$$\mathrm{pH} = 8{,}31.$$

Beispiel: Welchen pH-Wert hat eine KH_2PO_4-Lösung, $c = 0{,}1$ mol/l, welchen eine Na_2HPO_4-Lösung, $c = 1$ mol/l? Die Alkalimetallionen sind keine Protolyte; für die beiden Ampholyte $H_2PO_4^-$ und HPO_4^{2-} ergeben sich aus den drei Säureexponenten der Phosphorsäure $pK_{S1} = 2{,}12$, $pK_{S2} = 7{,}21$ und $pK_{S3} = 12{,}67$ die pH-Werte

$$pH = \tfrac{1}{2}(2{,}12 + 7{,}21)$$
$$pH = 4{,}67$$

für die KH_2PO_4-Lösung und

$$pH = \tfrac{1}{2}(7{,}21 + 12{,}67)$$
$$pH = 9{,}94$$

für die Na_2HPO_4-Lösung.

Selbstverständlich gelten für die Anwendung dieser Näherungsformel dieselben Einschränkungen wie bei der pH-Berechnung von Gemischen schwacher Protolyte. So ist sie nicht anwendbar auf den Ampholyten HSO_4^-, da das Gleichgewicht

$$HSO_4^- + H_2O \rightleftharpoons H_2SO_4 + OH^-$$

mit $pK_B = 17$ praktisch vollständig auf der linken Seite liegt, das Gleichgewicht

$$HSO_4^- + H_2O \rightleftharpoons SO_4^{2-} + H_3O^+$$

mit $pK_S = 1{,}92$ dagegen praktisch ganz auf der rechten Seite. Die Konzentration an H_2SO_4 ist daher so klein und die an SO_4^{2-} so groß, daß die Bedingung $c(H_2SO_4) = c(SO_4^{2-})$ überhaupt nicht erfüllt ist.

Die Abweichungen der näherungsweise berechneten pH-Werte von exakt berechneten werden um so größer, je verdünnter die Lösungen sind. So erhält man für $H_2PO_4^-$-Lösungen abnehmender Konzentration pH = 4,68 für $c = 10^{-1}$ mol/l, pH = 4,79 für $c = 10^{-2}$ mol/l, pH = 5,13 für $c = 10^{-3}$ mol/l und pH = 5,61 für $c = 10^{-4}$ mol/l, wenn man die pH-Berechnung nach einer Gleichung 4. Grades in $c(H_3O^+)$ vornimmt [74].

Pufferlösungen

Eine wäßrige Lösung, deren pH-Wert sich bei Zusatz gewisser Mengen sehr starker Säuren oder sehr starker Basen oder beim Verdünnen nur wenig ändert, bezeichnet man als Pufferlösung. Die pH-stabilisierende Wirkung solcher Pufferlösungen beruht darauf, daß sie imstande sind, zugefügte H_3O^+- bzw. OH^--Ionen abzufangen. Zu diesem Zweck muß eine Pufferlösung eine Base und eine Säure enthalten. Man stellt sie daher durch Vermischen einer schwachen Säure mit ihrer korrespondierenden Base bzw. aus einer schwachen Base und ihrer korrespondierenden Säure her. Je nach der gewählten Säure bzw. Base vermag die Lösung in einem bestimmten pH-Bereich zu puffern. Der pH-Wert gebräuchlicher Pufferlösungen liegt zwischen 2 und 12. Eine Übersicht über Puffergemische und deren Herstellung findet sich in [5, 77, 79].

Mischt man eine schwache Säure HA und ihr Salz, das die korrespondierende Base A^- enthält, im stöchiometrischen Verhältnis 1:1, so werden die Konzentrationen der HA-Moleküle und der A^--Ionen einander praktisch gleich, da durch Zusatz des Salzes das Gleichgewicht

$$HA + H_2O \rightleftharpoons H_3O^+ + A^-$$

nach links verschoben wird und kaum A^--Ionen aus der Säure HA entstehen. Der pH-Wert einer solchen Lösung wird gleich dem pK_S-Wert der schwachen Säure, da in der Beziehung *(Pufferformel, Henderson-Hasselbalch-Gleichung)*

$$pH = pK_S + \lg \frac{c(A^-)}{c(HA)}$$

$c(A^-) = c(HA)$ wird.

Durch Zusatz einer Säure oder Base werden zwar die Konzentrationen von HA und A^- verändert, ihr Verhältnis ändert sich jedoch nicht wesentlich.

Beispiel: Zu 500 ml einer Pufferlösung, die je 1 mol Essigsäure und 1 mol Natriumacetat enthält, gibt man 100 ml Salzsäure, $c(HCl) = 1$ mol/l. Die H_3O^+-Ionen der Salzsäure reagieren praktisch vollständig mit den Acetationen zu Essigsäuremolekülen. Die Menge der Acetationen wird damit (1-0,1) mol, die der Essigsäure (1 + 0,1) mol. Der pH-Wert beträgt jetzt

$$pH = pK_S + \lg \frac{0{,}9}{1{,}1}$$

$$pH = 4{,}66.$$

Durch den Zusatz der Salzsäure hat er sich von 4,75 auf 4,66 verringert, also nur um $\Delta pH = 0{,}09$. Würde man dieselbe Menge HCl-Lösung einer ungepufferten Lösung vom $pH = 4{,}75$ zufügen, wäre der pH-Wert etwa 1, da die zugefügten H_3O^+-Ionen von keiner Base gebunden werden.

Bei Zusatz von Natronlauge, $n(NaOH) = 0{,}1$ mol, zu der Pufferlösung setzen sich die OH^--Ionen mit der Essigsäure zu Wasser und Acetationen um. Der pH-Wert der Lösung wird - wie sich in analoger Weise zeigen läßt - nur geringfügig auf $pH = 4{,}84$ erhöht.

Die gemessenen pH-Werte in einem Puffersystem weichen in der Regel etwas von den nach der Pufferformel berechneten Werten ab, da Konzentrationen statt Aktivitäten bei den Rechnungen benutzt werden.

Als Größe, die die Belastbarkeit eines Puffers bei Säure- oder Basezusatz charakterisiert, hat van Slyke die Pufferkapazität β eingeführt und wie folgt definiert:

$$\beta = \frac{dc(B)}{dpH}.$$

Darin ist $dc(B)$ die differentielle Zunahme der Basenkonzentration in der Lösung bei Zugabe einer starken Base und dpH die dadurch bedingte differentielle Änderung des pH-Wertes im Puffersystem. Der Differentialquotient ist der Kehrwert der Steigung in den einzelnen Punkten der Titrationskurve (s. Abschn. 3.1.2).

β hat die Einheit mol/l, ist immer positiv und erreicht seinen größten Wert, wenn $pH = pK_S$ *(Pufferschwerpunkt)*. Der pH-Bereich, in dem eine brauchbare Pufferwirkung zu erwarten ist, beträgt $\Delta pH = pK_S \pm 1$. Der Wert von β hängt von der Konzentration der Pufferlösung ab. Nähere Einzelheiten zur Berechnung von β findet man in [8, 9, 74].

Nach [78] wird empfohlen, anstelle des Begriffes Pufferkapazität den Namen Pufferwert β zu verwenden, den auf das Volumen V_0 der Ausgangslösung bezogenen Quotienten dn/dpH, in dem dn eine differentielle Stoffmenge einer zugesetzten starken Säure oder starken Base und dpH die dadurch verursachte Änderung des pH-Wertes ist:

$$\beta = \frac{1}{V_0} \cdot \frac{dn}{dpH}.$$

Unter Verwendung mehrbasiger Säuren können Pufferlösungen hergestellt werden, die innerhalb mehrerer pH-Bereiche oder - bei genügend nahe beieinanderliegenden pK_S-Werten - innerhalb eines größeren pH-Bereiches wirksam sind. Beispiele bekannter Puffersysteme sind neben dem bereits erwähnten Acetat/Essigsäure-Puffer Citrat/Salzsäure, Citrat/Natronlauge, Phthalat/Salzsäure für den sauren Bereich, Dihydrogenphosphat/Hydrogenphosphat im neutralen Bereich und Borat/Salzsäure, Borat/Natronlauge, Carbonat/Hydrogencarbonat, Ammoniak/Ammoniumchlorid für den alkalischen Bereich.

Praktisch bereitet man sich Pufferlösungen oft in der Weise, daß man die Lösung einer schwachen Säure oder Base mit der Hälfte der äquivalenten Stoffmenge an starker Base bzw. Säure versetzt und so die korrespondierenden Protolyte in der Lösung entstehen läßt.

Pufferlösungen können nach Literaturvorschriften (vgl. [5, 77]) aus handelsüblichen Puffersubstanzen hergestellt werden. Für Pufferlösungen mit ganzzahligen pH-Abstufungen zwischen pH = 1,00 und pH = 13,00 sowie für Standardpufferlösungen [79] sind Ampullen mit Konzentraten sowie auch gebrauchsfertige Lösungen im Handel.

Puffer werden in der analytischen Praxis oft benötigt, z. B. wenn Ionen durch Fällungen bei bestimmten pH-Werten getrennt werden sollen oder wenn Reaktionen, in deren Verlauf H_3O^+-Ionen freigesetzt oder verbraucht werden, bei konstantem pH-Wert ablaufen sollen, wie bei den Komplexbildungstitrationen mit Aminopolycarbonsäuren.

3.1.2 Titrationskurven

Die Bedeutung des Ionenproduktes für Säure-Base-Titrationen ergibt sich aus folgenden Überlegungen: Die H_3O^+-Konzentration einer Salzsäure sei $c(H_3O^+) = 0{,}01$ mol/l. Setzt man zu einem abgemessenen Volumen dieser Lösung einen Tropfen Natronlauge hinzu, so erhöht sich die OH^--Konzentration und damit der Wert des Ionenproduktes $K_W = c(H_3O^+) \cdot c(OH^-)$. Dieses größere Ionenprodukt entspricht aber nicht mehr dem Gleichgewichtszustand in der Lösung. Daher treten solange H_3O^+-Ionen und OH^--Ionen zu nicht dissoziiertem Wasser zusammen, bis der ursprüngliche Gleichgewichtswert des Ionenproduktes von ca. 10^{-14} mol²/l² wieder erreicht ist. Die H_3O^+-Ionenkonzentration sinkt dabei. Fügt man mehr Lauge hinzu, so nimmt die Anzahl der H_3O^+-Ionen ständig ab, die der OH^--Ionen zu. Der anfänglich bei jedem Zusatz überschrittene Wert von K_W geht dabei jedesmal auf den Gleichgewichtswert von 10^{-14} mol²/l² zurück. Das beschriebene Verfahren entspricht dem Vorgang bei einer Titration. Im Laufe der Titration erreicht man schließlich den Punkt, an dem die H_3O^+- und die OH^--Konzentration gleich geworden sind. Das ist der **Neutralpunkt:** $c(H_3O^+) = c(OH^-) = 10^{-7}$ mol/l. Setzt man weiter Lauge zu, so überwiegen mehr und mehr die OH^--Ionen und die Lösung reagiert immer stärker alkalisch.

Titration starker Säuren und starker Basen

Am Beispiel der Titration von Salzsäure der Konzentration $c(HCl) = 0{,}01$ mol/l mit Natronlauge soll berechnet werden, wie sich die H_3O^+-Konzentration und damit der pH-Wert der Lösung nach jedem Reagenszusatz ändert. Dabei soll die vereinfachende Annahme gemacht werden, daß sich das Volumen der Ausgangslösung während der Titration nicht ändert. Dieser Forderung kommt man sehr nahe, wenn man zur Titration Natronlauge der Konzentration $c(NaOH) = 1$ mol/l verwendet, die man einer Mikrobürette entnimmt. Tab. 3-4 gibt an, wieviel ml der Natronlauge zu 100 ml der Salzsäure jeweils zugegeben wurden, wieviel Prozent der Salzsäure dadurch umgesetzt wurden, wie groß die H_3O^+-Konzentration, der pH-Wert und der Titrationsgrad τ nach jedem Reagenszusatz sind. Der **Titrationsgrad** ist das Verhältnis der Äquivalentstoffmenge $n_R(\text{eq})$ an Reagens, die der Probelösung zugefügt wurde, zu der Ausgangs-Äquivalentstoffmenge $n_0(\text{eq})$ des zu bestimmenden Stoffes in der Probelösung:

$$\tau = \frac{n_R(\text{eq})}{n_0(\text{eq})}$$

Tab. 3-4 Titration von 100 ml Salzsäure, 0,01 mol/l, mit Natronlauge, 1 mol/l

Natronlauge-zusatz in ml	Prozent Umsatz	Titrationsgrad τ	$c(H_3O^+)$ in mol/l	pH
0,000	0	0,000	10^{-2}	2
0,900	90	0,900	10^{-3}	3
0,990	99	0,990	10^{-4}	4
0,999	99,9	0,999	10^{-5}	5
1,000	100	1,000	10^{-7}	7
1,001		1,001	10^{-9}	9
1,010		1,010	10^{-10}	10
1,100		1,100	10^{-11}	11
2,000		2,000	10^{-12}	12

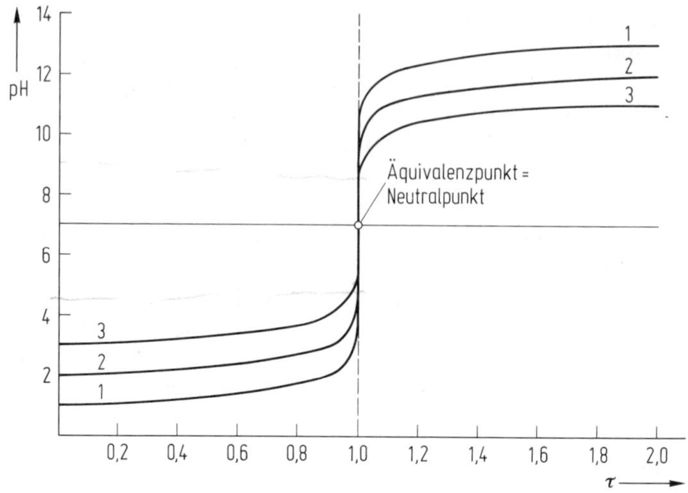

Abb. 3-1 Titration von Salzsäure mit Natronlauge, 1 mol/l;
(1) $c(HCl) = 0{,}1$ mol/l (2) $c(HCl) = 0{,}01$ mol/l (3) $c(HCl) = 0{,}001$ mol/l (τ Titrationsgrad)

Zu Beginn einer Titration ist $\tau = 0$, da $n_R(\text{eq}) = 0$.

Trägt man den pH-Wert in der Vorlage gegen den Titrationsgrad graphisch auf, so erhält man die **Titrationskurve** (Abb. 3-1).

Ihr charakteristischer Verlauf läßt erkennen, daß der pH-Wert bei steigendem Titrationsgrad, d. h. mit steigendem OH^--Ionenzusatz, zunächst langsam, dann schneller und schließlich sprunghaft zunimmt. Danach steigt er nur noch langsam und immer langsamer. Die Kurve weist einen Wendepunkt auf. Dieser Punkt, an dem der pH-Wert am stärksten zunimmt, ein bestimmter kleiner Zusatz an OH^--Ionen also die größte relative Änderung in der H_3O^+-Ionenkonzentration hervorruft, ist der **Äquivalenzpunkt** des Systems. An diesem Punkt ist gerade soviel Lauge hinzugegeben worden, wie zum vollständigen Umsatz der vorgelegten Salzsäure erforderlich waren, was dem Titrationsgrad $\tau = 1$ entspricht. Abb. 3-1 zeigt die Titrationskurven für die Titration von Salzsäure mit Natronlauge bei drei verschiedenen HCl-Konzentrationen. Die Kurvenform ist in allen drei Fällen gleich, jedoch ist der pH-Sprung am Äquivalenzpunkt umso größer, je konzentrierter die vorgelegte Säure ist. Am Äquivalenzpunkt gehen alle drei Kurven ineinander über. Es ist das Ziel jeder Titration, den Äquivalenzpunkt des jeweils vorliegenden Titrationssystems möglich genau zu erfassen.

Legt man eine starke Base vor und titriert man mit einer starken Säure, so durchläuft man die Titrationskurve (Abb. 3-1) in umgekehrter Richtung. Von einem hohen pH-Wert ausgehend wird nach sprunghafter Abnahme schließlich ein niedriger pH-Wert im sauren Gebiet erreicht. Die Überlegungen für die Titration einer Säure lassen sich sinngemäß auf die einer Base übertragen.

Titration schwacher Säuren und Basen

Wird eine starke oder sehr starke Säure mit einer ebensolchen Base (oder umgekehrt) titriert, so fallen der Äquivalenzpunkt und der **Neutralpunkt** (pH = 7) zusammen. Bei der Titration einer schwachen Säure mit einer starken Base liegt jedoch der Äquivalenzpunkt oberhalb des Neutralpunktes im alkalischen Bereich und bei der Titration einer schwachen Base mit einer starken Säure unterhalb des Neutralpunktes im sauren Bereich. Zur Erläuterung dieses Sachverhaltes soll als Beispiel die Titration von 100 ml einer Essigsäure der Konzentration $c(CH_3COOH) = 0,1$ mol/l mit Natronlauge der Konzentration $c(NaOH) = 10$ mol/l behandelt werden.

Über den Verlauf der Titration gibt Tab. 3-5 Auskunft, die Titrationskurve ist in Abb. 3-2 wiedergegeben.

Der Äquivalenzpunkt liegt in diesem Fall nicht im Neutralpunkt (pH = 7), sondern bei pH = 8,88, im alkalischen Gebiet. Obwohl am Äquivalenzpunkt Essigsäure und Natronlauge im äquivalenten Verhältnis zueinander vorliegen, ist die Anzahl der OH^--Ionen in der Lösung größer als die der H_3O^+-Ionen. Der Grund dafür liegt in der Tatsache, daß das Acetation eine schwache Base ist und protolysiert.

Abb. 3-3 zeigt, welchen Einfluß die Säurekonstanten verschieden starker Säuren auf den Verlauf der Titrationskurven haben, wenn man die Titration mit einer starken Base vornimmt. Es handelt sich um Titrationen von Säurelösungen der Konzentration 0,1 mol/l mit Natronlauge der Konzentration 0,1 mol/l und 1 mol/l. Man erkennt

- die sprunghafte Abnahme der Wasserstoffionenkonzentration (Zunahme des pH-Wertes) in der Nähe des Äquivalenzpunktes ist umso größer, je stärker die titrierte Säure ist.
- die Lage des Äquivalenzpunktes ($\tau = 1$) weicht umso mehr vom Neutralpunkt (pH = 7) ab und verschiebt sich umso weiter in den alkalischen Bereich, je

Tab. 3-5 Titration von 100 ml Essigsäure, 0,1 mol/l, mit Natronlauge, 10 mol/l

Natronlauge-zusatz in ml	Prozent Umsatz	Titrationsgrad τ	$c(H_3O^+)$ in mol/l	pH
0,000	0	0,000	$1,32 \cdot 10^{-3}$	2,88
0,100	10	0,100	$1,60 \cdot 10^{-4}$	3,80
0,500	50	0,500	$1,78 \cdot 10^{-5}$	4,75
0,900	90	0,900	$1,98 \cdot 10^{-6}$	5,70
0,990	99	0,990	$1,80 \cdot 10^{-7}$	6,75
0,998	99,8	0,998	$3,56 \cdot 10^{-8}$	7,45
0,999	99,9	0,999	$1,78 \cdot 10^{-8}$	7,75
1,000	100	1,000	$1,35 \cdot 10^{-9}$	8,88
1,001		1,001	$1,01 \cdot 10^{-10}$	10,0
1,002		1,002	$5,01 \cdot 10^{-11}$	10,3
1,010		1,010	$1,01 \cdot 10^{-11}$	11,0

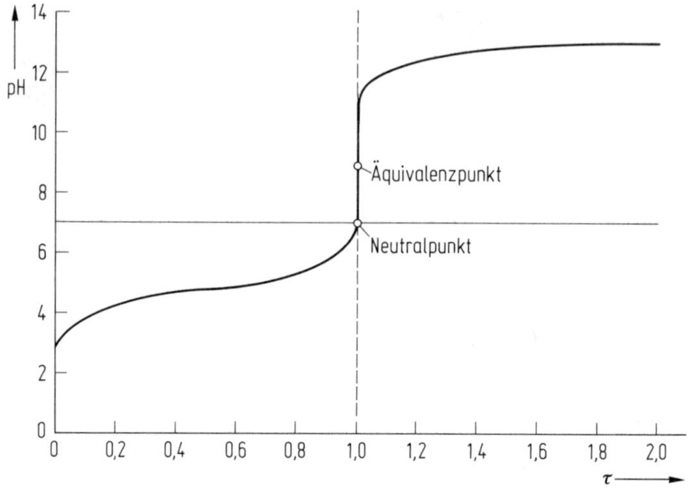

Abb. 3-2 Titration von Essigsäure, 0,1 mol/l, mit Natronlauge, 10 mol/l (τ Titrationsgrad)

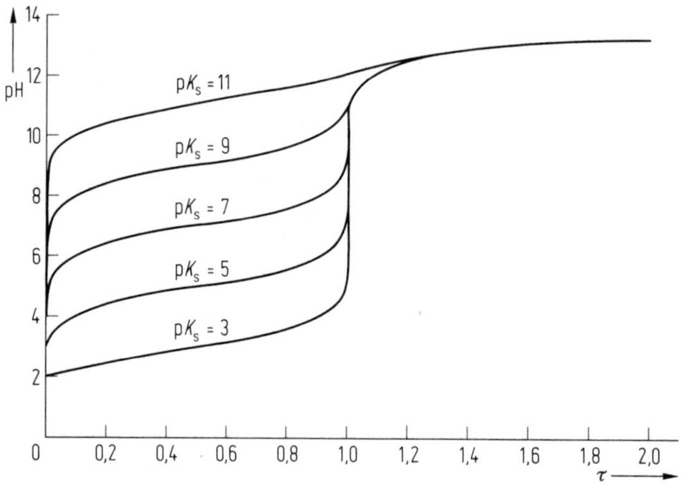

Abb. 3-3 Titration von Säuren verschiedener Stärke, $c(\mathrm{eq}) = 0{,}1$ mol/l), mit Natronlauge (τ Titrationsgrad)

schwächer die titrierte Säure ist; das Übergangsgebiet zwischen der eindeutig sauren und der eindeutig alkalischen Reaktion der Lösung wird umso breiter, je kleiner die Säurekonstante, je größer also der pK_S-Wert der titrierten Säure ist.

Noch verschwommener wird das Übergangsgebiet bei der Titration einer schwachen Säure mit einer schwachen Base, d. h. die Änderung der Wasserstoff-

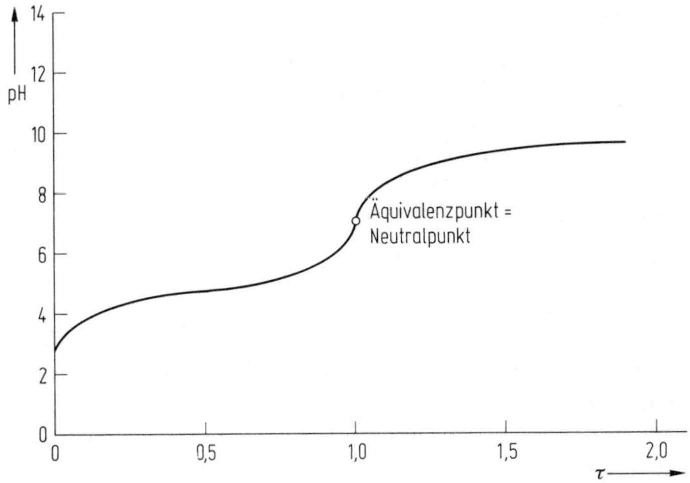

Abb. 3-4 Titration von Essigsäure mit Ammoniaklösung (τ Titrationsgrad)

ionenkonzentration in der Nähe des Äquivalenzpunktes ist noch geringer. Abb. 3-4 zeigt als Beispiel die Titration einer Essigsäure der Konzentration 0,1 mol/l mit Ammoniaklösung gleicher Konzentration. Hier liegt der Äquivalenzpunkt beim Neutralpunkt, was darauf zurückzuführen ist, daß die Zahlenwerte der Säurekonstante der Essigsäure und der Basenkonstante von Ammoniak gleich groß sind ($K_S\,(CH_3COOH) = K_B(NH_3) = 1{,}78 \cdot 10^{-5}$ mol/l).

3.1.3 Säure-Base-Indikatoren

Bei allen Säure-Base-Titrationen tritt am Äquivalenzpunkt ein mehr oder weniger großer pH-Sprung auf, der aber visuell nicht ohne weiteres verfolgt werden kann, da die eingesetzten Maßlösungen, die zu bestimmenden Stoffe und die bei der Titration entstehenden Salze in der Regel farblos sind. Man setzt der Probelösung deshalb Hilfsstoffe, sogenannte *Säure-Base-Indikatoren* oder *Neutralisationsindikatoren,* zu. Säure-Base-Indikatoren sind organische Farbstoffe (Azofarbstoffe, Nitrophenole, Phthaleine, Sulfophthaleine und Triphenylmethanfarbstoffe u. a.), die selbst schwache Säuren oder Basen sind und bei ihrer Protonierung oder Deprotonierung eine Farbänderung zeigen. Bei richtiger Auswahl des Indikators erfolgt diese Farbänderung im Bereich des pH-Sprunges am Äquivalenzpunkt, wodurch das Ende der Titration angezeigt wird.

Indikatorumschlag

Wie eingangs erwähnt, sind Säure-Base-Indikatoren schwache Säuren oder Basen; auf sie können deshalb die in Abschn. 3.1.1 abgeleiteten Beziehungen angewendet werden. Ist der Indikator eine schwache Säure, dann liegt in Lösung stets ein Gleichgewicht zwischen der Indikatorsäure HInd und der korrespondierenden Base Ind^- vor, die unterschiedliche Farben aufweisen, z. B. könnte HInd gelb und Ind^- blau sein:

$$\underset{\text{blau}}{H_2O + HInd} \rightleftharpoons \underset{\text{gelb}}{H_3O^+ + Ind^-}$$

Versetzt man die Lösung einer starken Säure mit einigen Tropfen dieser Indikatorlösung, so wird das obige Gleichgewicht sehr weit nach links verschoben, es liegt fast nur HInd vor, dessen blaue Farbe die *Grenzfarbe* des Indikators im sauren Bereich ist. Während der Titration mit einer Base vermindert sich die H_3O^+-Konzentration und das Gleichgewicht verschiebt sich nach rechts, bis schließlich fast nur noch die Base Ind^- vorliegt, deren gelbe Farbe die Grenzfarbe des Indikators im basischen Bereich ist.

Bei einem ganz bestimmten pH-Wert, dem **Umschlagspunkt,** $pH_{1/2}$, des Indikators, ist $c(HInd) = c(Ind^-)$, die Lösung weist eine Mischfarbe aus den beiden Grenzformen auf, im betrachteten Fall also Grün. Der Umschlagspunkt ergibt sich bei Anwendung des Massenwirkungsgesetzes auf das obige Gleichgewicht aus dem pK_S-Wert der Indikatorsäure:

$$pH = pK_S(HInd) - \lg \frac{c(HInd)}{c(Ind^-)}$$

Da bei $pH_{1/2}$ definitionsgemäß $c(HInd) = c(Ind^-)$, folgt mit $\lg 1 = 0$:

$$\boxed{pH_{1/2} = pK_S(HInd)}$$

Als **Umschlagsbereich** bezeichnet man den pH-Bereich, in dem visuell erkennbar der Farbumschlag eines Indikators zwischen den beiden Grenzformen erfolgt. Er erstreckt sich ungefähr über ein Intervall von $\Delta pH = 2$: bei $pH = pH_{1/2} - 1$ liegt der Indikator etwa zu 90% als HInd und zu 10% als Ind^- vor, bei $pH_{1/2} + 1$ zu 90% als Ind^- und zu 10% als HInd. Trägt man den prozentualen Anteil einer Form gegen den pH-Wert auf, so erhält man die S-förmige **Umschlagskurve** des Indikators.

Die Größe des Umschlagsbereiches ist bei den einzelnen Indikatoren verschieden. Dies ist durch die unterschiedliche Empfindlichkeit des menschlichen Auges für die Grenzfarben und durch deren unterschiedliche Farbstärke bedingt.

Die Umschlagsbereiche der heute bekannten Indikatoren decken lückenlos den gesamten pH-Bereich von stark sauer bis stark alkalisch ab, so daß für fast jede alkali- oder acidimetrische Bestimmung ein geeigneter Indikator zur Verfügung steht.

In Tabelle 3-6 sind einige wichtige Indikatoren zusammengestellt.

Tab. 3-6 Säure-Base-Indikatoren

Indikator	Grenzfarben sauer - alkalisch	Umschlagsbereich pH	Gebrauchslösung
Thymolblau	rot - gelb	1,2... 2,8	0,04% in 20% Ethanol
Methylorange	rot - gelborange	3,1... 4,4	0,04% in Wasser
Bromkresolgrün	gelb - blau	3,8... 5,4	0,1% in 20% Ethanol
Methylrot	rot - gelb	4,4... 6,2	0,1% in Ethanol
Lackmus	rot - blau	5,0... 8,0	0,2% in Ethanol
Bromkresolpurpur	gelb - purpur	5,2... 6,8	0,1% in 20% Ethanol
Bromthymolblau	gelb - blau	6,0... 7,6	0,1% in 20% Ethanol
Neutralrot	rot - gelb	6,8... 8,0	0,1% in 70% Ethanol
Phenolphthalein	farblos - rot	8,2... 9,8	0,1% in Ethanol
Thymolphthalein	farblos - blau	9,3...10,5	0,04...0,1% in 50% Ethanol
Epsilonblau	orange - violett	12,0...13,0	0,1% in Wasser

In der Literatur wird eine große Anzahl weiterer Indikatoren beschrieben; zusammenfassende Darstellungen findet man in einschlägigen Tabellenwerken [5, 80, 81, 82, 83, 84].

Man unterscheidet *einfarbige Indikatoren,* bei denen nur eine Grenzform farbig ist, und *zweifarbige Indikatoren,* bei denen beide Grenzformen farbig sind.

An den beiden Indikatoren Methylorange und Phenolphthalein als Beispiele soll das dem Farbumschlag zugrunde liegende Reaktionsschema formelmäßig erläutert werden:

Methylorange ist das gut in Wasser lösliche Natriumsalz der 4-Dimethylaminoazobenzol-4′-sulfonsäure.

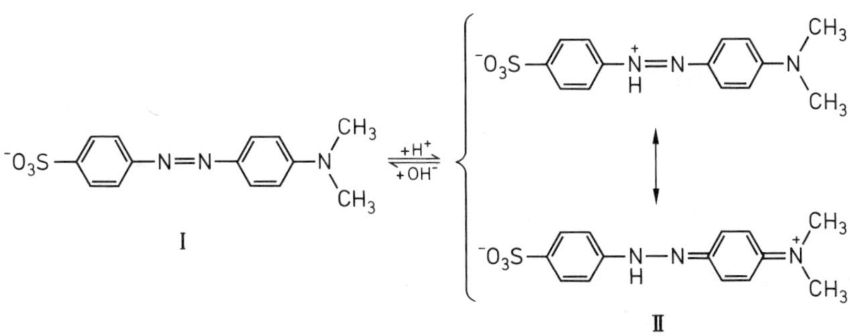

In neutraler oder alkalischer Lösung liegt das Anion I vor, das gelborangefarben ist. Nimmt während einer Titration die H_3O^+-Konzentration in der Lösung zu, geht I in die rote Form II über, indem die Aminogruppe die Struktur eines Ammoniumderivates annimmt (NR_4^+), der Benzolring in einen Chinonring übergeht und ein Proton an die Azogruppe gebunden wird (untere Formel). Die Formel beschreibt jedoch nur eine der angebbaren Grenzverteilungen der Elektronen im Molekül; sie ist eine der *Grenzstrukturen.* Die in konjugierten Doppelbindungen (mehrere durch Einfachbindungen getrennte Doppelbindungen) auftretenden π-Elektronen sind nicht lokalisierbar. Die zweite darstellbare Grenzverteilung der Elektronen wird durch die obere Formel II wiedergegeben. Diese Bindungsverhältnisse in konjugierten π-Elektronensystemen bezeichnet man als *Mesomerie*. Die tatsächliche Struktur des Farbstoffs läßt sich nicht angeben, sie liegt zwischen den Grenzstrukturen der mesomeren Verbindung (Zwischenzustand). Durch die Mesomerie tritt eine energetische Stabilisierung des Moleküls auf.

Methylrot ist die 4-Dimethylaminoazobenzol-2′-carbonsäure:

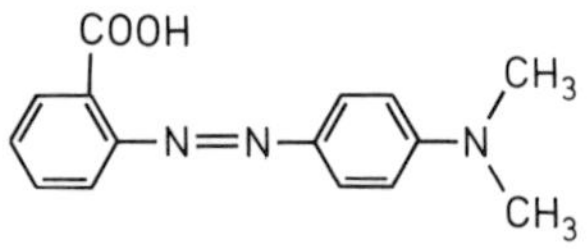

Der Farbwechsel von der alkalischen Grenzfarbe Gelb in die saure Grenzfarbe Rot läßt sich für diesen Azofarbstoff in analoger Weise erklären.

Phenolphthalein, 4′,4″-Dihydroxydiphenylphthalid, ist ein farbloses Lacton (I), das in schwach alkalischer Lösung tiefrot wird. Der Farbwechsel kann wie folgt formuliert werden:

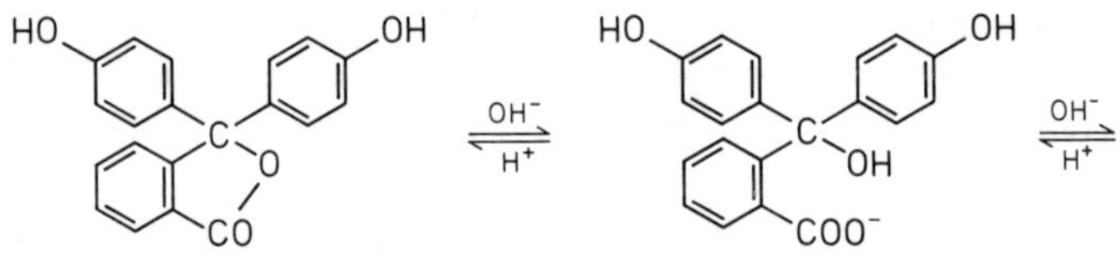

I II

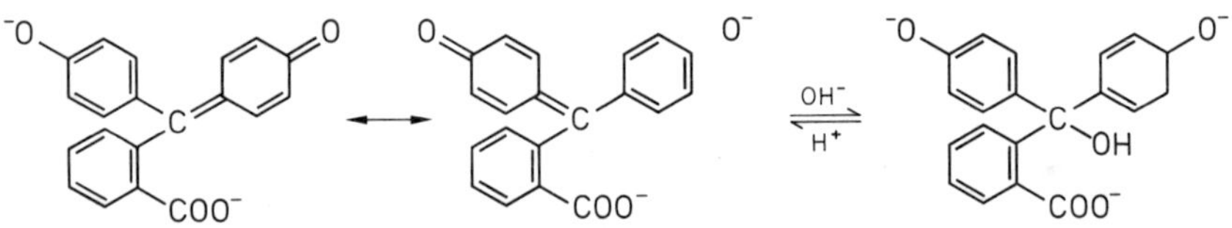

III IV

Zunächst wird bei Zugabe von Laugen der Lactonring geöffnet (II) und dadurch die Abspaltung von einem Molekül Wasser ermöglicht. Es bildet sich ein chinoider Ring aus und über das ganze Molekül entsteht ein System konjugierter Doppelbindungen, für das nur Grenzstrukturen einer mesomeren Verbindung angegeben werden können (III), die eine rote Farbe aufweist. Bei weiterem Zusatz von OH^--Ionen wird das Molekül in sehr stark alkalischen Lösungen in ein farbloses dreifach negativ geladenes Anion (IV) umgewandelt.

Der Farbwechsel eines Indikators ist auf die unterschiedlichen Lichtabsorptionseigenschaften der am chemischen Gleichgewicht beteiligten Indikatorformen zurückzuführen. Bei der Absorption von Lichtquanten erfolgt eine Elektronenanregung, und zwar ein Übergang eines Elektrons vom höchsten besetzten zum niedrigsten unbesetzten Molekülorbital, wobei den $\pi \rightarrow \pi^*$-Übergängen die wesentliche Bedeutung zukommt. Durch Protolyse bzw. Deprotolyse wird das π-Elektronensystem des Indikatormoleküls verändert. Die Differenz der Anregungsenergie E ($E = h \cdot \nu$ mit der Planck-Konstanten h und der Frequenz ν des absorbierten Lichtes) zwischen den beiden Molekülorbitalen ist bei einem durch Mesomerie stabilisierten benzoiden System größer als bei einem in gleicher Weise stabilisierten chinoiden System:

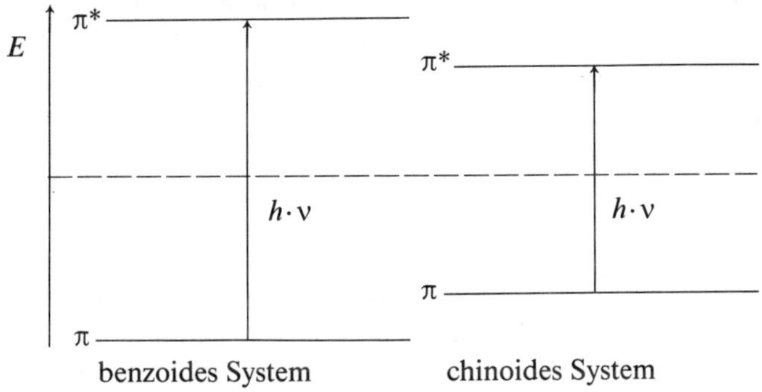

Demzufolge absorbiert ein benzoides System bei größeren Frequenzen ν bzw. bei kleineren Wellenlängen λ ($\nu = c/\lambda$, c = Lichtgeschwindigkeit) als ein chinoides System *(bathochromer Effekt)*. Nähere Einzelheiten entnehme man Lehrbüchern der Spektroskopie [85, 86, 87] oder der organischen Chemie [88].

Die Indikatoren Methylorange und Phenolphthalein stammen aus den Anfängen der Maßanalyse; sie werden auch heute noch häufig verwendet. Es ist darauf hinzuweisen, daß Methylorange in heißen Lösungen nicht verwendet werden kann. Für Phenolphthalein gilt diese Einschränkung nicht. In stark alkalischen Lösungen wird Phenolphthalein wie alle Phthaleine umgelagert und dadurch entfärbt.

Bei manchen Indikatoren, so auch bei Methylorange, ist der Farbwechsel nicht leicht zu erkennen. In solchen Fällen empfiehlt es sich, mit Vergleichslösungen zu arbeiten.

Bewährt haben sich auch *Indikatorgemische,* die eine stärkere Kontrastwirkung der Grenzfarben aufweisen und auch die Übergangsfarbe leichter erkennen lassen. Man unterscheidet *Mischindikatoren* und *Kontrastindikatoren.* Erstere enthalten zwei Indikatorfarbstoffe mit ungefähr gleichem Umschlagsbereich, aber unterschiedlicher Farbe, während Kontrastindikatoren aus einem Indikatorfarbstoff und einem pH-indifferenten Farbstoff bestehen.

Methylorange-Indigocarmin-Kontrastindikator: 25 ml 0,1%iger Methylorangelösung werden mit 25 ml einer 0,25%igen Indigocarminlösung gemischt und in einer dunklen Flasche aufbewahrt. Saure Lösungen sind violett, neutrale grau und schwach alkalische grün gefärbt. Titriert wird auf einen grauen Farbton (pH = 4,1).

Neutralrot-Methylenblau-Kontrastindikator: 25 ml einer 0,1%igen Neutralrotlösung in Ethanol werden mit 25 ml einer 0,1%igen ethanolischen Methylenblaulösung vermischt und in einer dunklen Flasche aufbewahrt. Zur Titration werden nur wenige Tropfen benötigt. Saure Lösungen sind violettblau, alkalische grün gefärbt. Der Farbwechsel erfolgt bei pH = 7,0. Dieser Indikator eignet sich nach Kolthoff [89] zur direkten Titration von Essigsäure mit Ammoniaklösung ohne Vergleichslösung.

Phenolphthalein-α-Naphtholphthalein-Mischindikator: 50 ml einer 0,1%igen Phenolphthaleinlösung in 50%igem Ethanol werden mit 25 ml einer 0,1%igen Lösung von α-Naphtholphthalein in 50%igem Ethanol vermischt. Wenige Tropfen dieses Gemisches färben saure Lösungen schwach rosa, alkalische violett. Bei pH = 9,6 ist die Farbe grün, so daß sich der Indikator nach Kolthoff zur Titration der Phosphorsäure bis zur zweiten Stufe, HPO_4^{2-}, eignet.

Bromkresolgrün-Methylrot-Mischindikator: Man mischt 75 ml einer 0,1%igen Bromkresolgrünlösung und 25 ml einer 0,2%igen Methylrotlösung, beide in 96%igem Ethanol. Der Mischindikator schlägt im pH-Gebiet 4 bis 6 von Orangerot (Mischfarbe von Gelb und Rot, den beiden Grenzfarben der Indikatoren im sauren Bereich) über Grau (Mischfarbe aus Grün und Orangerot) nach Grün (Mischfarbe aus Blau und Gelb, den beiden Grenzfarben der Indikatoren im alkalischen Bereich) um. Der Farbumschlag erfolgt sehr scharf, er ist für das Auge gut wahrnehmbar.

In jedem Fall ist darauf zu achten, daß nur wenige Tropfen der Indikatorlösung der zu titrierenden Probe zugesetzt werden. Da der Indikator selbst ein korrespondierendes Säure-Base-Paar ist, verbraucht er Maßlösung.

Weitere Indikatorgemische s. [5, 80–83].

Das Umschlagsintervall eines Indikators wird von der Ionenstärke in der Lösung beeinflußt, und zwar dann, wenn die Aktivitätskoeffizienten der beiden Grenzformen des Indikators unterschiedlich stark beeinflußt werden. Das ist der Fall, wenn z. B. die eine Form ein neutrales Molekül, die andere ein Ion ist. Diese Erscheinung bezeichnet man als *Salzeffekt;* er beruht auf dem Unterschied zwischen der thermodynamischen und stöchiometrischen Säurekonstante des Indikatorsystems.

Indikatorauswahl

Für die praktische Durchführung alkalimetrischer und acidimetrischer Bestimmungen steht eine große Anzahl von Indikatoren zur Verfügung, wobei die verschiedensten Umschlagsbereiche auftreten. Zur Frage, welcher Indikator für ein anstehendes Problem am zweckmäßigsten ausgewählt wird, gelten folgende Überlegungen:

Die Aufgabe jeder maßanalytischen Bestimmung besteht darin, den Äquivalenzpunkt aufzufinden. Dieser fällt – wie gezeigt wurde – nicht immer mit dem Neutralpunkt zusammen, sondern kann infolge von Protolysereaktionen mehr im sauren oder mehr im alkalischen Gebiet liegen. Man wird den Indikator nun so auswählen, daß sein Umschlagspunkt möglichst nahe am Äquivalenzpunkt des zu titrierenden Systems liegt.

Die Titrationskurve einer starken Säure mit einer starken Base zeichnet sich durch einen steilen Sprung und damit durch ein relativ schmales Übergangsgebiet in der Nähe des Äquivalenzpunktes aus. Außerdem fällt der Äquivalenzpunkt mit dem Neutralpunkt zusammen. Brauchbar sind in diesem Falle alle Indikatoren, die nahe bei pH = 7 umschlagen. Da aber der Fehler einer Bestimmung normalerweise 0,1% nicht zu unterschreiten braucht, so können auch alle diejenigen Indikatoren verwendet werden, deren Umschlagspunkte in dem Bereich liegen, der von 0,1% mehr oder weniger an Laugenzusatz überstrichen wird. Diese gerade noch zulässigen Grenzen sind pH = 4 und pH = 10, wenn es sich um Titrationen im Konzentrationsbereich von 0,1 mol/l handelt. Es sind also von Methylorange bis Phenolphthalein alle Indikatoren brauchbar. Bei der Titration im Konzentrationsbereich von 0,01 mol/l dürfen die Umschlagspunkte die pH-Grenzwerte 5 und 9 nicht unter- bzw. überschreiten. Methylorange darf dann nicht mehr verwendet werden, Methylrot ist gerade noch zulässig (s. Abb. 3-5).

Titriert man eine schwache Säure mit einer starken Lauge, so liegt der Äquivalenzpunkt im alkalischen Bereich - im Beispiel einer Essigsäure der Konzentration 0,1 mol/l mit Natronlauge bei pH = 8,88. Die eben noch zulässigen Indikatorumschlagspunkte liegen bei pH = 7,75 und pH = 10 (s. Tab. 3-5). Ein Indikator, der im sauren Gebiet umschlägt, ist nicht mehr verwendbar. Als geeigneter Indikator kann Phenolphthalein gewählt werden (s. Abb. 3-5).

Umgekehrt liegt der Äquivalenzpunkt bei der Titration einer schwachen Base mit einer starken Säure im sauren Gebiet. Die noch zulässigen Indikatorum-

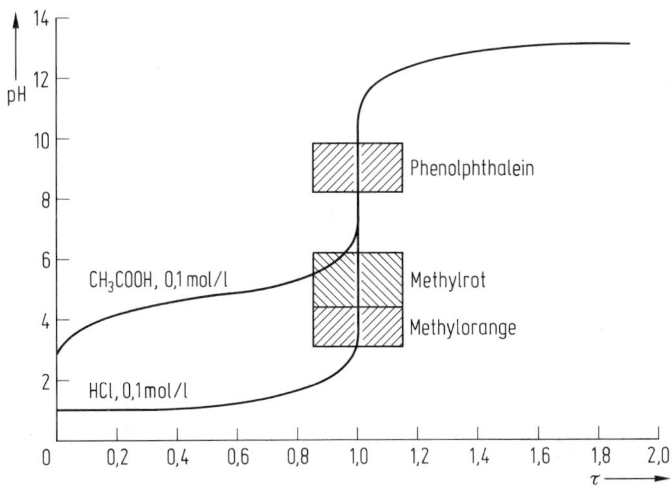

Abb. 3-5 Titrationskurven von Essigsäure und Salzsäure und Umschlagsbereiche der drei Indikatoren Phenolphthalein, Methylrot und Methylorange

schlagspunkte liegen z. B. für die Titration einer Ammoniaklösung der Konzentration 0,1 mol/l mit Salzsäure bei den pH-Werten 4,0 und 6,25, während der Äquivalenzpunkt bei pH = 5,13 liegt. Es lassen sich also alle Indikatoren verwenden, deren Umschlagspunkte zwischen denen von Methylorange und Bromkresolpurpur liegen. Auf keinen Fall darf man Phenolphthalein verwenden.

Die Titrationskurven schwacher Säuren mit schwachen Basen schließlich lassen nur eine geringe Änderung der H_3O^+-Ionenkonzentration am Äquivalenzpunkt erkennen. Wollte man hier mit einem Fehler von 0,1% titrieren, so dürfte der zu benutzende Indikator seinen Umschlagspunkt nur zwischen pH = 6,96 und pH = 7,04 haben. Es käme fast nur Neutralrot in Frage. Aber auch mit diesem Indikator ist infolge der schleppenden Änderung der H_3O^+-Ionenkonzentration am Äquivalenzpunkt kein scharfer Farbumschlag zu erreichen. Man müßte unter Zuhilfenahme neutraler Vergleichslösungen arbeiten, die den Indikator in der gleichen Konzentration enthalten wie die zu titrierenden Lösungen. Trotzdem wäre nur ein angenähertes Ergebnis zu erwarten. Auch ein Mischindikator läßt sich verwenden.

Wie wichtig die richtige Auswahl des Indikators ist, ergibt sich aus der Betrachtung des Verlaufs der Titrationskurve einer mehrbasigen Säure. Titriert man z. B. Phosphorsäure mit Natronlauge, so herrscht in der Lösung am ersten Äquivalenzpunkt, bei dem Natriumdihydrogenphosphat entstanden ist, der pH-Wert 4,7. Titriert man aber bis zum Dinatriumhydrogenphosphat, so beträgt der pH-Wert 9,9. Will man eine dieser Neutralisationsstufen titrimetrisch korrekt erfassen, muß der Indikator in geeigneter Weise ausgewählt werden.

Somit ergeben sich folgende vier *Grundregeln* für die Praxis der Säure-Base-Titrationen:

- Starke Säuren und starke Basen können unter Verwendung aller Indikatoren miteinander titriert werden, die zwischen Methylorange und Phenolphthalein umschlagen.
- Schwache Säuren lassen sich mit starken Laugen nur unter Verwendung solcher Indikatoren titrieren, die im schwach alkalischen Gebiet umschlagen (z. B. Phenolphthalein).
- Schwache Basen lassen sich mit starken Säuren nur mit solchen Indikatoren titrieren, die im schwach sauren Gebiet umschlagen (z. B. Methylorange oder besser Methylrot).
- Titrationen schwacher Basen mit schwachen Säuren und umgekehrt ergeben nur ungenaue Resultate. Lassen sie sich aber nicht umgehen, so kommen nur ganz wenige, für jeden Fall besonders zu ermittelnde Indikatoren in Frage. Auch kann mit dem Indikator nur unter Zuhilfenahme einer Vergleichslösung titriert werden, die vorher auf den pH-Wert des gewünschten Äquivalenzpunktes gebracht wurde und die die gleiche Indikatorkonzentration aufweist wie die zu titrierende Lösung.

Ein sogenannter *Titrierfehler,* worunter man die nicht genaue Übereinstimmung von Umschlagspunkt des Indikators und Äquivalenzpunkt der Titration versteht, kann einmal durch die Wahl eines ungeeigneten Indikators, aber auch durch die Vernachlässigung der Abhängigkeit des Indikatorumschlages von einer Reihe von Faktoren, nämlich der Temperatur, der Verdünnung der Lösungen, dem Neutralsalzgehalt, der Indikatorkonzentration u.a. entstehen. Auf die Zunahme des Fehlers mit steigender Verdünnung sei besonders hingewiesen. Nähere Einzelheiten und die Methoden zur Berechnung des Titrierfehlers lese man in ausführlicheren Darstellungen nach [8, 9, 15, 80, 89].

3.1.4 Praktische Anwendungen

Einstellung von Säuren

Die wichtigsten bei acidimetrischen Titration als Maßlösungen verwendeten Säuren sind Salzsäure und Schwefelsäure, in zweiter Linie Salpetersäure und Perchlorsäure. Für manche Zwecke ist Oxalsäure geeignet. Üblicherweise werden diese Säuren als Lösungen der Konzentration 0,5, 0,2 oder 0,1 mol/l, bezogen auf Äquivalente, verwendet. Die Bestimmung sehr schwacher Basen wird mit Säuren der Konzentration 1 mol/l durchgeführt.

Zur Herstellung der Maßlösung einer starken Säure kann man von den reinen konzentrierten Lösungen des Handels ausgehen, mit einem Aräometer die Dichte messen und die der Dichte entsprechende Stoffmengenkonzentration bzw. den Massenanteil in % einer Tabelle entnehmen [5]. Kennt man den Gehalt der konzentrierten Säure, berechnet man das Volumen in ml, das in einen Meßkolben zu bringen und durch Auffüllen mit Wasser bis zur Marke zu verdünnen ist, um eine Lösung der gewünschten Konzentration zu erhalten.

Beispiel: Konzentrierte Salzsäure habe die Dichte $\rho_1 = 1{,}190$ g/ml (20 °C), ihre Konzentration beträgt $c_1 = 12{,}50$ mol/l. Um daraus $V_2 = 1$ Liter Salzsäure mit etwa $c_2 = 0{,}1$ mol/l zu bereiten, läßt man

$$V_1 = \frac{V_2 \cdot c_2}{c_1} = \frac{1000 \text{ ml} \cdot 0{,}1 \text{ mol/l}}{12{,}50 \text{ mol/l}} = 8{,}00 \text{ ml}$$

aus einer Bürette in einen 1-l-Meßkolben fließen und füllt zur Marke auf (gut umschütteln!). Da man bei diesem Verfahren Fehler bis zu 1% machen kann, ist noch eine genaue *Titerstellung* erforderlich.

Aus dem Ergebnis der Einstellung, die nach einer der im folgenden besprochenen Methoden erfolgen soll, berechnet man den *Titer t* der Lösung.

Oxalsäurelösungen genau definierter Konzentration lassen sich direkt durch Auflösen einer berechneten Menge von reinstem, lufttrockenem Oxalsäuredihydrat und Auffüllen der Lösung herstellen. Ein solches Präparat erhält man, wenn man über das fein gepulverte Oxalsäuredihydrat einen Luftstrom leitet, der vorher ein Gemisch aus wasserfreier (bei 100 °C getrockneter) und hydratisierter Oxalsäure passiert hat. Der Wassergehalt des Luftstromes entspricht dann genau dem Wasserdampfpartialdruck des Dihydrates.

Zur genauen Einstellung der Säuremaßlösungen stehen verschiedene Urtitersubstanzen zur Verfügung. Es sind dies Natriumcarbonat, Natriumoxalat, Kaliumhydrogencarbonat und Quecksilberoxid.

Einstellung mit Natriumcarbonat: Das wasserfreie Salz muß genau der Formel Na_2CO_3 entsprechen, es darf kein Natriumhydroxid und kein Natriumhydrogencarbonat enthalten. Außerdem muß es chlorid-, sulfat- und wasserfrei sein. Ein solches Präparat läßt sich folgendermaßen herstellen: Man bereitet sich eine bei Zimmertemperatur gesättigte Lösung von 250 g kristallisiertem Natriumcarbonat und filtriert sie durch ein Faltenfilter in einen größeren Glaskolben. Dann leitet man einen langsamen Strom reinen, mit $NaHCO_3$-Lösung gewaschenen Kohlenstoffdioxids durch die Sodalösung und bringt dadurch Natriumhydrogencarbonat zur Abscheidung. Kühlen der Lösung und gelegentliches Umschütteln beschleunigen die Kristallisation. Nach etwa 2 Stunden wird das ausgeschiedene Salz auf einer Glasfilternutsche abgesaugt und mit eiskaltem, CO_2-haltigem Wasser so lange ausgewaschen, bis im Waschwasser keine Cl^-- und SO_4^{2-}-Ionen mehr nachzuweisen sind. Das Salz wird anschließend bei 105 °C getrocknet, in einen geräumigen Platintiegel überführt, der Tiegel mit Inhalt gewogen und dann auf 260 bis 270 °C erhitzt. Von Zeit zu Zeit ist der Tiegelinhalt mit einem Platindraht umzurühren. Nach etwa einer Stunde läßt man den Tiegel im Exsikkator abkühlen, der mit Calciumchlorid frisch gefüllt sein soll, und wägt. Erhitzen und Wägen wird bis zur Gewichtskonstanz fortgeführt. Die so gewonnene reine Soda muß in einem gut verschlossenen Behälter aufbewahrt werden.

Zur Titerstellung werden aus einem verschließbaren Wägegläschen drei Proben von je ca. 0,2 g des reinsten, wasserfreien Natriumcarbonats in drei Erlenmeyerkolben aus Borosilicatglas von 300–400 ml Inhalt genau eingewogen. Beim Abwägen ist äußerste Vorsicht geboten, denn das wasserfreie Salz stäubt leicht und zieht auch begierig Wasser an. Jede Probe wird in etwa 100 ml Wasser gelöst, mit 2–3 Tropfen Methylorangelösung versetzt (nicht zuviel Indikatorlösung verwenden!) und unter dauerndem Umschwenken des Kolbens so lange mit der einzustellenden Säure titriert, bis der Indikator gerade umschlägt, d. h. eben einen etwas kräftigeren Orangeton aufweist als eine danebenstehende Vergleichslösung, die aus 125 ml Wasser und der gleichen Anzahl Tropfen der Methylorangelösung bereitet wurde. Da die Lösung mit CO_2 gesättigt und somit etwas saurer ist, ist der Äquivalenzpunkt noch nicht erreicht. Man erhitzt daher die Lösung 2 bis 3 Minuten zum Sieden, um das CO_2 zu vertreiben, kühlt ab und titriert die erkaltete und nun wieder gelbe Lösung bis zum eben beginnenden Farbumschlag (Goldton). Wegen der besseren Erkennbarkeit des Endpunktes wird auch die Verwendung des Kontrastindikators Methylorange-Indigocarmin (vgl. S. 103) empfohlen [24]. Aus dem Volumen der verbrauchten Säure berechnet man den Titer in der üblichen Weise (vgl. S. 62). Es ist der *Gebrauchstiter* der Säure bei Verwendung von Methylorange als Indikator.

Der Gebrauchstiter enthält den Titrierfehler (vgl. S. 106). Man erhält daraus den *korrigierten Titer* auf folgende Weise: In dem gleichen Volumen destillierten Wassers, das die titrierte Lösung beim beginnenden Indikatorumschlag einnimmt, löst man eine etwa äquivalente Menge Kochsalz auf, gibt das gleiche Volumen Indikatorlösung hinzu und titriert mit der einzustellenden Säure auf Farbgleichheit mit der titrierten Lösung. Bei Zimmertemperatur beträgt die Korrektur auf 100 ml etwa 0,1 ml Säure (c(eq) = 0,1 mol/l). Dieses Volumen zieht man von dem Volumen der für die erste Titration verbrauchten Säurelösung ab und berechnet aus dem erhaltenen Wert den korrigierten Titer. Wesentlich empfindlicher ist der Farbumschlag, wenn Methylrot als Indikator verwendet wird. Das hängt mit den unterschiedlichen Umschlagsgebieten der beiden Indikatoren zusammen. Bei einem Endvolumen von 100 ml sind für eine pH-Änderung von 4,4 auf 3,1 (Umschlagsgebiet von Methylorange) theoretisch 0,75 ml Säure (c(eq) = 0,1 mol/l) erforderlich, während für die Änderung des pH-Wertes von 6,2 auf 4,4 (Umschlagsgebiet von Methylrot) nur 0,04 ml der Säure benötigt werden. Kolthoff [89] empfiehlt die Einstellung der Säure gegen Rosolsäure (Umschlagsgebiet 6,9–8,0) oder Phenolrot (6,4–8,2) in der Hitze. Ein Titrierfehler tritt hierbei nicht auf, so daß keine Vergleichslösung benötigt wird.

Will man den Titer für die Verwendung von Phenolphthalein als Indikator ermitteln, so gibt man zu der Na_2CO_3-Lösung 1–2 Tropfen Phenolphthaleinlösung, titriert bei Zimmertemperatur bis gerade zur Entfärbung, erhitzt die Lösung 5 min lang zum Sieden und titriert die wieder rot gefärbte Lösung nochmals bis zum Verschwinden der Rotfärbung. Diese Operationen werden so lange vorsichtig wiederholt, bis auch bei 10 min langem Sieden keine Rosafärbung mehr auftritt. Bei Verwendung von Phenolphthalein als Indikator ist das vollständige Verkochen des CO_2 unerläßlich. Versäumt man es, so fällt der Säureverbrauch zu gering aus, da Phenolphthalein bereits im schwach alkalischen Bereich umschlägt.

Alle Farbänderungen während der Titration soll man gegen einen weißen Untergrund (Kachel, Porzellanplatte, Papier) betrachten und beurteilen.

1 ml Säure, c(eq) = 0,1 mol/l (0,1 N), entspricht 5,2994 mg Na_2CO_3.

Einstellung mit Natriumoxalat: Reinstes wasserfreies Natriumoxalat (vgl. S. 156) wird auf 330 bis 350 °C erhitzt. Es zersetzt sich dabei nach

$$(COONa)_2 \longrightarrow Na_2CO_3 + CO\uparrow$$

Das entstehende Natriumcarbonat wird in der beschriebenen Weise mit der einzustellenden Säure titriert. Die Zersetzung der genau abgewogenen Probe (ca. 0,3 g) wird in einem Platintiegel vorgenommen. Nach etwa einer halben Stunde ist die Umwandlung quantitativ vollzogen. Diese von Sörensen [91] angegebene Methode macht die Eigenschaften der Urtitersubstanz Natriumoxalat auch für die Säure-Base-Titration nutzbar.

1 ml Säure, c(eq) = 0,1 mol/l (0,1 N), entspricht 6,7000 mg $Na_2C_2O_4$.

Einstellung mit Quecksilberoxid: Die von Incze [92] angegebene Methode beruht auf der Komplexbildung des Hg^{2+} mit Iodidionen. HgO bildet mit I^- im Überschuß und Wasser nach

$$HgO + 4I^- + H_2O \rightleftharpoons [HgI_4]^{2-} + 2OH^-$$

das stabile, nur schwach gelbe Tetraiodomercurat(II) und setzt gleichzeitig zwei Äquivalente OH^- in Freiheit, die mit der einzustellenden Säure titriert werden können. Zur Einstellung verwendet man reinstes Quecksilber(II)-oxid. Incze schreibt das gelbe Oxid vor, doch ist auch das rote verwendbar. Es wird im Vakuumexsikkator über Schwefelsäure bis zur Gewichtskonstanz getrocknet (nicht durch Erhitzen!). Es darf kein Chlorid enthalten. Ein Sodaauszug aus 1 g HgO darf nach dem Ansäuern mit Salpetersäure auf Zusatz von $AgNO_3$ keine Opaleszenz zeigen. Auch darf das Präparat kein metallisches Quecksilber enthalten. Eine Lösung von 3 g HgO in 10 ml HCl, $c = 4$ mol/l, soll vollkommen klar sein. Vom Herstellungsprozeß her darf das HgO auch kein Alkalimetallhydroxid enthalten. Man prüft darauf, indem man eine Probe verflüchtigt. Es darf kein Rückstand bleiben. HgO soll im Dunkeln aufbewahrt werden, da es sich durch Licht zersetzt.

Etwa 0,4 bis 0,5 g HgO werden genau abgewogen und in einem Erlenmeyerkolben mit etwa 6 g reinstem neutralem Kaliumiodid zusammen in zunächst höchstens (!) 20 ml Wasser unter Umschwenken und gelindem Erwärmen gelöst. Damit aus der Luft kein Kohlenstoffdioxid hinzutreten kann, wird auf den Kolben ein Natronkalkrohr aufgesetzt. Wenn alles in Lösung gegangen ist, wird die Lösung mit ausgekochtem und wieder erkaltetem Wasser auf etwa 100 ml verdünnt und unter Verwendung von Methylorange oder Phenolphthalein als Indikator mit der einzustellenden Säure titriert. Die Methode ist sehr bequem und wegen der guten Titereigenschaften des HgO - hohe molare Masse, nicht hygroskopisch, exakte Zusammensetzung - sehr genau.

1 ml Säure, $c(\text{eq}) = 0{,}1$ mol/l (0,1 N), entspricht 10,8295 mg HgO.

Einstellung von Laugen

Die für alkalimetrische Bestimmungen verwendeten Maßlösungen, meistens Natron- oder Kalilauge der Konzentration 0,2 oder 0,1 mol/l, sollen möglichst carbonatfrei sein, da die Anwesenheit von Carbonat den Farbumschlag von Methylorange und besonders von Phenolphthalein, das im schwach alkalischen Gebiet umschlägt, deutlich beeinflußt. Im letzten Falle verbraucht eine carbonathaltige Lauge weniger Säure als eine carbonatfreie. Daraus ergeben sich zwei Forderungen für die Bereitung und Benutzung eingestellter Laugen:

- Die Lauge soll von Anfang an möglichst carbonatarm oder besser carbonatfrei sein,
- die Lauge muß so aufbewahrt werden, daß sie kein Kohlenstoffdioxid aus der umgebenden Luft anziehen kann.

Die zweite Forderung läßt sich dadurch erfüllen, daß man die Maßlösung in einer geräumigen Vorratsflasche aus Borosilicatglas oder Kunststoff aufbewahrt, die mit einem Titrierapparat (vgl. Abschn. 2.2., Abb. 2-16) verbunden ist. Das Gummihandgebläse wird unter Zwischenschalten eines Natronkalkröhrchens angeschlossen. Damit beim Stehen kein Wasser aus dem Vorratsgefäß in das Natronkalkröhrchen überdestillieren kann, schließt man es durch einen Quetschhahn auf dem Gummischlauch des Gebläses gegenüber dem Vorratsgefäß ab.

Eine für die meisten praktischen Zwecke genügend carbonatarme Natronlauge der Konzentration 0,2 mol/l erhält man auf folgende Weise: Man wägt 9–10 g reinsten Natriumhydroxids (e natrio) in Plätzchenform roh auf einer Oberschalenwaage ab, spült sie in einer Porzellanschale schnell dreimal hintereinander mit deionisiertem Wasser ab, um die anhaftende Kruste von Natriumcarbonat abzulösen, bringt das Natriumhydroxid sofort in die saubere Vorratsflasche (Borosilicatglas oder Kunststoff), durch die man zuvor etwa 2 Stunden lang einen kohlenstoffdioxidfreien Luftstrom geleitet hat, und füllt mit frisch ausgekochtem, erkaltetem deionisiertem Wasser zu dem gewünschten Volumen auf. Schließlich wird die saubere und trockene Bürette auf die Flasche aufgesetzt. Wenn sich alles Natriumhydroxid gelöst hat, schüttelt man die Flasche gut um, wartet den Temperaturausgleich ab, füllt die Bürette mit Hilfe des Gummihandgebläses und ermittelt die genaue Konzentration durch Titerstellung. Durch eine konduktometrische Titration (vgl. Abschn. 4.3) läßt sich der Nachweis liefern, daß eine solche Lauge praktisch carbonatfrei ist.

Eine völlig carbonatfreie Lauge läßt sich aus metallischem Natrium herstellen, das in absolutem Ethylalkohol gelöst wird. Das entstandene Natriumalkoholat wird mit portionsweise zugesetztem, vorher ausgekochtem deionisiertem Wasser hydrolysiert, der Alkohol völlig verkocht und die Lösung mit ausgekochtem deionisiertem Wasser in geeigneter Weise verdünnt. Alle Operationen müssen unter Durchleiten von CO_2-freier Luft durchgeführt werden (vgl. [93]).

Die erstmals von Sörensen [94] empfohlene Methode zur Herstellung carbonatfreier Natronlauge durch Abhebern und Verdünnen hochkonzentrierter sog. *Öllauge,* hergestellt aus festem Natriumhydroxid und Wasser in gleichen Anteilen, in der Natriumcarbonat praktisch nicht löslich ist, läßt sich nur anwenden, wenn die Zubereitung in Kunststoffgefäßen vorgenommen wird. Die konzentrierte Natronlauge greift auch chemisch resistente Gläser unter Herauslösen von Silicium- und Aluminiumoxid merklich an; die Lauge kann daher leicht durch Natriumsilicat und -aluminat verunreinigt werden. Kalilauge läßt sich auf diese Weise nicht herstellen, da Kaliumcarbonat in der konzentrierten Kaliumhydroxidlösung zu gut löslich ist.

Gewähr für die Abwesenheit von Carbonaten bietet die Benutzung von Barytlauge unter den genannten Vorsichtsmaßregeln. Eine Barytlauge der ungefähren Konzentration 0,1 mol/l (bezogen auf Äquivalente) erhält man folgendermaßen: Etwa 20 g kristallisiertes Bariumhydroxid werden unter kräftigem Schütteln in Lösung gebracht. Wenn sich die durch Bariumcarbonat getrübte Lösung nach längerem Stehen geklärt hat, wird die Lösung vorsichtig in eine mit CO_2-freier Luft (s. o.) gefüllte Flasche abgehebert und diese sofort durch Aufsetzen der sauberen und trockenen Bürette verschlossen.

Die Einstellung der Laugen erfolgt am besten durch Titration mit einer Säure entsprechender Äquivalentkonzentration, deren Titer nach einer der im vorigen Abschnitt aufgeführten Vorschriften ermittelt wurde. Als Indikatoren können Methylorange, Methylrot, Methylorange-Indigocarmin, Phenolphthalein u. a. dienen. Die bei Verwendung von Methylorange und Phenolphthalein gefundenen Gebrauchstiter dürfen um nicht mehr als 0,1% voneinander abweichen. Außerdem muß die Lauge bei Verwendung von Phenolphthalein das gleiche Volumen Säuremaßlösung verbrauchen, wenn sie einmal bei Raumtemperatur direkt titriert wird, zum anderen, wenn sie kurz vor Erreichen des Endpunktes aufgekocht, wieder abgekühlt und dann zu Ende titriert wird. Ist das nicht der Fall, enthält sie zuviel Carbonat. Die Einstellung einer Bariumhydroxidlösung erfolgt nur mit Phenolphthalein als Indikator.

Man kann die Einstellung der Laugen auch direkt mit einer geeigneten Urtitersubstanz, wie Oxalsäuredihydrat, Benzoesäure, Kaliumhydrogenphthalat oder Amidosulfonsäure, vornehmen.

Beispiel: Zur Einstellung mit kristallisierter Oxalsäure werden 0,3-0,4 g reinstes Oxalsäuredihydrat (vgl. S. 107) genau abgewogen, in etwa 200 ml ausgekochtem deionisiertem Wasser gelöst und unter Verwendung von Phenolphthalein mit der einzustellenden Lauge der angenäherten Äquivalentkonzentration $c(\text{eq}) = 0{,}2$ mol/l bis zum Auftreten einer Rosafärbung titriert.

1 ml Lauge, $c(\text{eq}) = 0{,}2$ mol/l (0,2 N), entspricht 12,607 mg $(COOH)_2 \cdot 2\,H_2O$.

Bei allen Einstellungen der Maßlösungen in der Acidimetrie und Alkalimetrie ist stets ausgekochtes Wasser zum Verdünnen der Lösungen zu benutzen.

Bestimmung starker und schwacher Basen

Starke und schwache Basen werden stets mit starken Säuren titriert. Die Wahl des Indikators erfolgt nach den im Abschn. 3.1.3 angegebenen Gesichtspunkten. Die Stoffmengenkonzentration der zu titrierenden Lauge soll der zur Titration verwendeten Säure ungefähr entsprechen. Soll der Gehalt fester Hydroxide bestimmt werden, so muß beim Einwägen die Aufnahme von Wasserdampf und Kohlenstoffdioxid aus der Umgebungsluft möglichst vermieden werden. Das Abwägen wird daher in einem Wägegläschen vorgenommen. Auch konzentrierte Ammoniaklösung wird stets im verschlossenen Wägegläschen eingewogen. Das Gläschen wird anschließend unter Wasser geöffnet, um NH_3-Verluste während des Verdünnens zu vermeiden. Verdünnte Ammoniaklösung wird mit der Pipette abgemessen. Es ist zweckmäßig, die Lösung in die Pipette hineinzudrücken, nicht hineinzusaugen. Die Bestimmung kann entweder durch direkte Titration oder durch Rücktitration vorgenommen werden.

Bestimmung des Gesamtalkaligehaltes von technischem Natriumhydroxid

Arbeitsvorschrift: Etwa 5 g der Substanz werden in einem verschlossenem Wägeglas abgewogen, in Wasser gelöst und in einem Meßkolben zu einem Liter aufgefüllt.

a) *Direkte Titration:* 50 ml der Lösung werden in der Kälte mit Schwefelsäure ($c(H_2SO_4) = 0{,}1$ mol/l; 0,2 N) gegen Methylorange als Indikator titriert. Hierbei wird auch derjenige Anteil am Alkaligehalt ermittelt, der als Carbonat vorliegt.

b) *Rücktitration:* 50 ml der Lösung werden mit $V_1 = 30$ ml Schwefelsäure ($c(H_2SO_4) = 0{,}1$ mol/l; 0,2 N) versetzt. Das durch die überschüssige Schwefelsäure verdrängte Kohlenstoffdioxid wird durch gelindes Sieden der Lösung völlig vertrieben. Dann setzt man Phenolphthalein als Indikator zu und titriert die noch heiße Lösung mit Natriumhydroxidlösung (c(NaOH) = 0,2 mol/l; 0,2 N) bis zur beginnenden Rosafärbung zurück (Verbrauch V_2 in ml). Die Differenz $V_1 - V_2$ ergibt das Volumen der zur Neutralisation des gesuchten Gesamtalkaligehaltes (Carbonat + Hydroxid) erforderlichen Schwefelsäure.

1 ml Schwefelsäure, $c(H_2SO_4) = 0{,}1$ mol/l (0,2 N), entspricht 6,198 mg Na_2O. Man gibt das Analysenergebnis als Massenanteil in Prozent an.

Bestimmung von Carbonaten sowie von Hydroxiden und Carbonaten nebeneinander

Alle Carbonate reagieren mit Säuren im Sinne der Gleichung

$$Na_2CO_3 + H_2SO_4 \rightarrow Na_2SO_4 + H_2O + CO_2\uparrow.$$

In Lösung reagiert die Base CO_3^{2-} mit der Säure nach $CO_3^{2-} + 2H_3O^+ \rightarrow 3H_2O + CO_2\uparrow$. Carbonate lassen sich daher wie Hydroxide direkt mit Säuren titrieren. Die Bestimmung erfolgt mit Hilfe von Methylorange als Indikator in der Kälte. Arbeitet man mit verdünnteren Säurelösungen z. B. der Äquivalentkonzentration $c = 0{,}1$ mol/l, so ist es günstiger, die Carbonatlösung zunächst in der Kälte bis zum Farbumschlag des Indikators mit der Säure zu titrieren, dann die Lösung kurz aufzukochen, um das Kohlenstoffdioxid zu vertreiben, und die wieder abgekühlte und von neuem mit 2 Tropfen Methylorangelösung versetzte Lösung zu Ende zu titrieren. Dieses Vorgehen wurde bereits bei der Titerstellung von Säuren mit Natriumcarbonat besprochen (vgl. S. 108).

Man kann auch die Carbonate unter Verwendung von Phenolphthalein als Indikator in der Siedehitze titrieren. Hierbei verfährt man so, wie im vorangegangenen Beispiel bei der Titration von Alkalimetallhydroxiden beschrieben wurde. Die Carbonate können also durch direkte und durch Rücktitration bestimmt werden. Die Rücktitration findet dann Anwendung, wenn es sich um die Bestimmung nicht wasserlöslicher Carbonate handelt. Sollen in einer carbonathaltigen Natronlauge, die z. B. durch längeres Stehen CO_2 aufgenommen hat, der Hydroxid- und der Carbonatgehalt nebeneinander bestimmt werden, arbeitet man nach der Methode von Winkler [95]. Danach wird zunächst der Gesamtalkaligehalt (Carbonat + Hydroxid) der Lauge durch acidimetrische Titration in der Kälte mit Hilfe von Methylorange als Indikator ermittelt. In einer zweiten Probe werden die Carbonationen durch Zugabe eines Überschusses von neutraler Bariumchloridlösung als schwerlösliches Bariumcarbonat nach

$$Na_2CO_3 + BaCl_2 \rightarrow 2\ NaCl + BaCO_3\downarrow$$

gefällt. Das in der Lösung verbleibende Hydroxid wird anschließend unter Verwendung von Phenolphthalein als Indikator mit Oxalsäuremaßlösung ($c(C_2H_2O_4) = 0{,}05$ mol/l; 0,1 N) titriert.

Aus dem Verbrauch an Oxalsäurelösung ergibt sich die Masse des vorhandenen Alkalimetallhydroxids, aus der Differenz von Gesamtalkali- und Hydroxidgehalt die Masse an Alkalimetallcarbonat.

Arbeitsvorschrift: Es werden 25 ml der zu untersuchenden Natronlauge ($c \approx$ 2 mol/l) mit ausgekochtem Wasser in einem Meßkolben auf 500 ml verdünnt. 25 ml dieser Lösung werden nach Zusatz von Methylorange bei Raumtemperatur mit Salzsäure ($c(HCl) = 0{,}1$ mol/l; 0,1 N) titriert (V_1 in ml). Eine zweite Probe von 25 ml der Lösung fügt man zu 50 ml Bariumchloridlösung ($c(BaCl_2) = 0{,}05$ mol/l; 0,1 N), die vorher mit einigen Tropfen Phenolphthaleinlösung versetzt und mit Natronlauge neutralisiert worden waren. Nach einer Wartezeit von etwa 10 Minuten wird die durch ausgefälltes Bariumcarbonat getrübte Lösung langsam und unter ständigem Umschwenken mit der Oxalsäurelösung bis zur Entfärbung des Indikators titriert (V_2 in ml). Oxalsäure wird verwendet, weil Salz- oder Schwefelsäure auch bei sehr vorsichtigem Zusatz das Bariumcarbonat teilweise umsetzen würden.

25 ml der verdünnten Lauge enthalten $4{,}000 \cdot V_2$ mg NaOH und $5{,}299 \cdot (V_1 - V_2)$ mg Na_2CO_3.

Bestimmung von Carbonat und Hydrogencarbonat nebeneinander

Nach Winkler [95] wird durch Titration mit einer Säure bekannten Gehaltes der Gesamtalkaligehalt der zu untersuchenden Lösung ermittelt (s. S. 112). Dann wird bestimmt, welches Volumen einer carbonatfreien (!) Natronlauge bekannten Gehaltes erforderlich ist, um das Hydrogencarbonat nach

$$HCO_3^- + OH^- \rightleftharpoons CO_3^{2-} + H_2O$$

quantitativ in das Carbonat umzuwandeln.

Aus dem Volumen der Natronlauge erhält man direkt die Masse des Hydrogencarbonats.

Arbeitsvorschrift: In einem aliquoten Teil der Probelösung bestimmt man den Gesamtalkaligehalt (Carbonat + Hydrogencarbonat) durch Titration mit Salzsäure ($c(HCl) = 0{,}1$ mol/l) bei Raumtemperatur unter Verwendung von Methylorange (Verbrauch: V_1 in ml). Einen zweiten aliquoten Teil der Probelösung versetzt man mit einem abgemessenen Überschuß von Natronlauge ($c(NaOH) =$ 0,1 mol/l) (Volumen: V_2 in ml) und führt so das Hydrogencarbonat in Carbonat über. Anschließend titriert man die nicht verbrauchte Natronlauge neben dem Carbonat in der Weise, wie es in der vorstehenden Arbeitsvorschrift beschrieben wurde, nach Zusatz von neutraler Bariumchloridlösung mit Oxalsäure-Maßlösung und Phenolphthalein als Indikator (Verbrauch: V_3 in ml). Die Differenz $V_2 - V_3$ ist das zur Umwandlung des Hydrogencarbonats benötigte Volumen der NaOH-Lösung, aus dem sich die Masse des Hydrogencarbonats ergibt.

1 ml Natronlauge, $c(NaOH) = 0{,}1$ mol/l (0,1 N), entspricht 6,1017 mg HCO_3^- bzw. 8,4007 mg $NaHCO_3$.

Die Differenz $V_1 - (V_2 - V_3)$ ist das zur Umsetzung des Carbonats erforderliche Volumen der Säure-Maßlösung.

1 ml Säurelösung, $c(eq) = 0{,}1$ mol/l (0,1 N), entspricht 3,0005 mg CO_3^{2-} bzw. 5,2994 mg Na_2CO_3.

Wenn die zur Titration benutzte Natronlauge nicht carbonatfrei ist, muß ihr Carbonatgehalt in einer gesonderten Bestimmung ermittelt und ihr Titer entsprechend korrigiert werden.

Bestimmung von Borax

Wie die Carbonate der Alkalimetalle titriert werden können, so lassen sich auch die Alkalimetallsalze anderer schwacher Säuren, z. B. der arsenigen Säure, der Blausäure, der Tellursäure und der Borsäure, durch direkte Titration mit Mineralsäuren unter Verwendung von Methylorange oder besser von Methylrot bzw. Methylorange-Indigocarmin bestimmen. Diese Art von Titrationen wurde früher als *Verdrängungstitration* bezeichnet, weil die schwache Säure von der starken Mineralsäure aus ihren Salzen verdrängt wird. Nach der Theorie von Brönsted sind Verdrängungstitrationen jedoch ebenfalls Säure-Base-Titrationen: Das beim Lösen des Salzes entstehende Anion ist eine Base, die zwar schwächer als die Base OH^- ist, aber dennoch direkt mit einer Säure titriert werden kann. Als Beispiel soll die Bestimmung von Borax, $Na_2B_4O_7$, beschrieben werden. Die Titration verläuft nach

$$B_4O_7^{2-} + 2\,H_3O^+ + 3\,H_2O \longrightarrow 4\,H_3BO_3.$$

Aus dem Tetraborat entsteht die schwache Borsäure ($pK_{S1} = 9{,}14$); der pH-Wert ihrer Lösung beträgt bei der Konzentration $c(H_3BO_3) = 0{,}2$ mol/l 4,92 (vgl. S. 85). Die Titration ist daher beendet, wenn pH = 5 unterschritten wird, was der Umschlag von Methylrot von Gelb nach Rot anzeigt.

Arbeitsvorschrift: Etwa 6 bis 7 g Borax werden genau abgewogen, in einem Meßkolben in ausgekochtem Wasser gelöst und auf 250 ml aufgefüllt. 50 ml dieser Lösung werden mit einigen Tropfen Methylrot versetzt und bei Raumtemperatur mit Salzsäure ($c(HCl) = 0{,}2$ mol/l) titriert. Es empfiehlt sich, eine Vergleichslösung zu verwenden, die Natriumchlorid, Borsäure und Methylrot in etwa jeweils gleicher Konzentration wie die Probelösung in ausgekochtem Wasser enthält.

1 ml Salzsäure, $c(HCl) = 0{,}2$ mol/l (0,2 N), entspricht 38,137 mg $Na_2B_4O_7 \cdot 10\,H_2O$ oder 20,122 mg $Na_2B_4O_7$ oder 6,198 mg Na_2O oder 4,598 mg Na.

Bestimmung von Stickstoff nach Kjeldahl

Die Bestimmung des Ammoniaks in Ammoniumsalzen, der Salpetersäure in Nitraten und des Stickstoffgehaltes organischer Verbindungen beruht darauf, daß das Ammoniumion durch Zugabe überschüssiger Natronlauge als gasförmiges Ammoniak ausgetrieben wird:

$$NH_4^+ + OH^- \rightleftharpoons NH_3\uparrow + H_2O.$$

Nach Absorption in einem abgemessenen Volumen einer Säurelösung bekannter Konzentration, die im Überschuß vorgelegt wird, bestimmt man das Ammoniak durch Rücktitration der nicht umgesetzten Säure.

Liegt der zu bestimmende Stoff nicht in Form eines Ammoniumsalzes vor, so muß er durch geeignete Operationen in ein solches übergeführt werden. Organische stickstoffhaltige Verbindungen, insbesondere Aminoverbindungen, werden nach Kjeldahl [96] durch Erhitzen mit konzentrierter Schwefelsäure zerstört. Der Kohlenstoff wird dabei zu Kohlenstoffdioxid oxidiert, während der zuvor organisch gebundene Stickstoff quantitativ in Ammoniumsulfat übergeführt wird.

Die Reduktion der Nitrate kann sowohl in saurer wie in alkalischer Lösung vorgenommen werden. Nach Ulsch (1891) wird das Nitrat in siedender schwefelsaurer Lösung durch Reduktion mit ferrum reductum ohne Bildung von Zwischenprodukten quantitativ in Ammonium umgewandelt. In alkalischer Lösung führt man die Reduktion am zweckmäßigsten mit der von Devarda (1894) angegebenen Legierung durch. Sie besteht zu 50% aus Kupfer, zu 45% aus Aluminium und zu 5% aus Zink. Da sie sehr spröde ist, läßt sie sich leicht pulverisieren.

Die Zerstörung der organischen stickstoffhaltigen Verbindungen nach Kjeldahl wird durch Zugabe wasserentziehender Mittel, wie Phosphor(V)-oxid oder Kaliumsulfat, sehr erleichtert. Eine beschleunigende Wirkung hat ferner die Gegenwart eines Katalysators, wie Quecksilber(II)-oxid, metallisches Quecksilber, wasserfreies Kupfer(II)-sulfat oder Platin(IV)-chlorid.

Die Umwandlung des gebundenen Stickstoffs organischer Nitro- und Cyanoverbindungen in Ammoniumsulfat gelingt quantitativ nur, wenn die Zerstörung

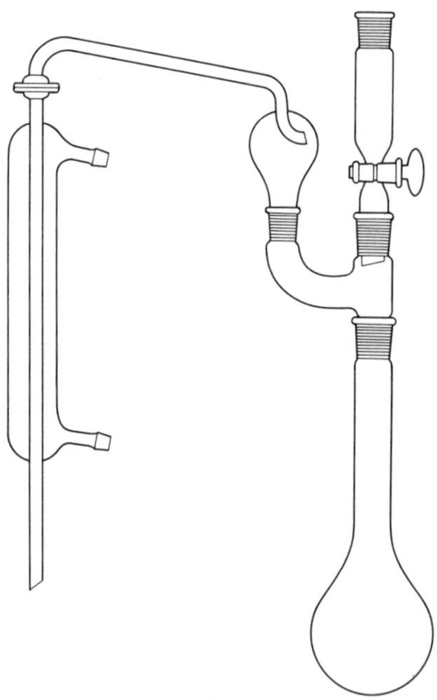

Abb. 3-6 Destillationsapparatur nach Kjeldahl

der organischen Substanz in Gegenwart von Phenolschwefelsäure vorgenommen wird. Andernfalls entweicht der Stickstoff, zumindest teilweise, in Form nichtbasischer flüchtiger Verbindungen. Pyridin- und Chinolinverbindungen lassen sich nach der Methode von Kjeldahl nicht bestimmen.

Zu allen Bestimmungen verwendet man die in Abb. 3-6 dargestellte Apparatur. Der meist birnenförmige Langhalskolben (Kjeldahlkolben) mit einem Fassungsvermögen von etwa 500 ml trägt einen Tropftrichter und einen Tropfenfänger, der ein Überspritzen von Flüssigkeitströpfchen aus dem Kolben in die anschließenden Apparateteile wirksam verhindert. Der Tropfenfänger ist mit einem Liebigkühler verbunden. Das Destillat wird in einem Absorptionsgefäß aufgefangen.

Die folgenden Beispiele sind für die Ammoniakdestillationsmethode geeignet und lassen ihre Bedeutung erkennen.

Bestimmung des Stickstoffgehaltes von Salpeter

Arbeitsvorschrift: 10 g der zu analysierenden Substanz werden in Wasser zu einem Liter aufgelöst. Von dieser Lösung, die nicht filtriert wird, werden für jede der folgenden Bestimmungen je 50 bzw. 25 ml verwendet.

Bestimmung des Ammoniumgehaltes

Man gibt 50 ml der Ausgangslösung in den Kjeldahlkolben, verdünnt sie mit etwa 200 ml Wasser und verbindet den Kolben sorgfältig mit der übrigen Apparatur, nachdem man zur Gewährleistung eines gleichmäßigen Siedevorganges einige Glasperlen mit angerauhter Oberfläche hineingeworfen hat. Das Absorptionsgefäß wird mit 50 ml Schwefelsäure der Konzentration $c(\frac{1}{2}\ H_2SO_4) = 0{,}2$ mol/l und etwa 150 ml Wasser beschickt. Dann werden ungefähr 30 ml Natronlauge, $c(NaOH) = 0{,}2$ mol/l, durch den Tropftrichter in den Kolben gebracht. Der Tropfrichter wird verschlossen und der Kolbeninhalt etwa 30 Minuten lang zu lebhaftem Sieden erhitzt. Nach Beendigung der Destillation wird die überschüssige, durch das übergetriebene Ammoniak nicht umgesetzte Schwefelsäure durch Titration des erkalteten Destillats mit Natronlauge, $c(NaOH) = 0{,}2$ mol/l, unter Verwendung von Methylrot oder Methylorange als Indikator zurückgemessen.

1 ml H_2SO_4, $c(\frac{1}{2}H_2SO_4) = 0{,}2$ mol/l (0,2 N), entspricht 3,406 mg NH_3 oder 3,608 mg NH_4^+ oder 2,801 mg N.

Bestimmung des Nitratgehaltes

1.) Nach Reduktion in saurer Lösung: 25 ml der Ausgangslösung werden im Kjeldahlkolben mit 5 g ferrum reductum und 10 ml einer Schwefelsäure versetzt, die durch Mischen von einem Volumenteil konzentrierter Säure und 2 Volumenteilen Wasser bereitet wurde. Durch Einhängen eines unten zugeschmolzenen, mit Wasser gefüllten Trichters in den Kolbenhals wird für Kühlung gesorgt. Der Kolben wird nun mit kleiner Flamme langsam angeheizt. Erst nach etwa 5 Minuten soll die Flüssigkeit zu sieden beginnen; sie wird noch 20 Minuten lang gekocht. Schließlich läßt man den Kolbeninhalt abkühlen, spült den Kühltrichter sorgfältig ab und verdünnt die Lösung mit etwa 100 ml Wasser. Der Kolben wird dann mit den übrigen Teilen der Destillationsapparatur verbunden. Etwa 30 ml einer Natronlauge der Konzentration etwa 2 mol/l werden durch den Tropftrichter hinzugegeben. Schließlich wird wie oben beschrieben weiter verfahren.

2.) Nach Reduktion in alkalischer Lösung: 25 ml der Ausgangslösung werden im Kjeldahlkolben mit etwa 2 g fein gepulverter Devardascher Legierung versetzt und mit Wasser auf etwa 100 ml verdünnt. Der Kolben wird dann an die Destillationsapparatur angeschlossen. Durch den Tropftrichter werden nun 50-60 ml einer etwa 2 mol/l enthaltenden Natronlauge hinzugegeben. Durch schwaches Erwärmen wird die Reduktion begünstigt. Erst nach einstündigem schwachem Heizen wird mit der eigentlichen Destillation begonnen.

In beiden Fällen enthält das Absorptionsgefäß jeweils 50 ml Schwefelsäure, $c(\frac{1}{2}\ H_2SO_4) = 0{,}2$ mol/l. Der Versuch ergibt hier die Summe des Nitrat- und Ammoniakstickstoffs. Es ist in beiden Fällen notwendig, durch einen Blindversuch festzustellen, wieviel Ammoniak das verwendete Reduktionsmittel von sich aus bildet.

1 ml Schwefelsäure, $c(\frac{1}{2}\ H_2SO_4) = 0{,}2$ mol/l (0,2 N), entspricht 12,401 mg NO_3.

Bestimmung des Stickstoffgehaltes von Steinkohle

Arbeitsvorschrift: Etwa 0,75 g der fein gepulverten Kohle werden in den Kjeldahlkolben genau eingewogen und 10 g wasserfreies Kaliumsulfat sowie 1-2 g entwässertes Kupfer(II)-sulfat hinzugegeben. Nach Zufügen von 10-12 ml konzentrierter Schwefelsäure wird der Kolben mit einem in seine Öffnung eingehängten Trichter, der als Kühler wirkt, lose verschlossen und über einem Drahtnetz langsam und vorsichtig bis nahe zum Sieden der Schwefelsäure solange erhitzt, bis sein anfangs braunschwarzer Inhalt vollständig klar und farblos geworden ist. Diese Operation erfordert in den meisten Fällen 2-3 Stunden. Nach dem Abkühlen wird der Kolben mit der Destillationsapparatur verbunden. Nach Zugabe von zunächst 100 ml Wasser, darauf 80 ml einer etwa 6 mol/l enthaltenden Natronlauge durch den Tropftrichter kann man mit der Destillation beginnen. Die Vorlage enthält 10 ml Schwefelsäure, $c(\frac{1}{2}\ H_2SO_4) = 0{,}2$ mol/l, deren Rücktitration mit Natronlauge der Konzentration 0,2 mol/l erfolgt. Sie wird einer Mikrobürette von 5 ml Nenninhalt entnommen.

Anstelle von Kupfer(II)-sulfat kann man 0,1 g Quecksilber(II)-oxid verwenden. Doch müssen dann nach der Zersetzung außer der Natronlauge noch einige Milliliter einer konzentrierten Natriumsulfidlösung hinzugesetzt werden, um das Quecksilber als Sulfid auszufällen und so die Bildung von Quecksilber-Ammoniak-Verbindungen zu verhindern. Danach kann man mit der Destillation beginnen.

Bestimmung des Gesamtstickstoffgehaltes eines Gartendüngers

Der Dünger enthält Harnstoff, Kaliumnitrat und Ammoniumphosphat.

Arbeitsvorschrift: 1 g der Substanz wird in den Kjeldahlkolben eingewogen und in 15 ml Phenolschwefelsäure aufgelöst. Die Phenolschwefelsäure wird hergestellt, indem man eine kalte Lösung von 20 g Phosphor(V)-oxid in konzentrierter Schwefelsäure und eine ebenfalls kalte Lösung von 4 g Phenol in wenig konzentrierter Schwefelsäure miteinander mischt und das Gemisch mit konzentrierter Schwefelsäure auf 100 ml auffüllt. Nach dem Auflösen werden 1-2 g Natriumthiosulfat und nach dessen Zersetzung noch 10 ml konzentrierte Schwefelsäure und ein Tropfen Quecksilber hinzugegeben. Dann wird vorsichtig angeheizt und wie beschrieben weiter verfahren.

Der Zusatz von Phenolschwefelsäure führt zur Entstehung von Nitrophenol, das durch die Zersetzungsprodukte des Natriumthiosulfats zu Aminophenol reduziert wird.

Bestimmung starker und schwacher Säuren

Starke und schwache Säuren werden mit Lösungen starker Basen - NaOH, KOH, $Ba(OH)_2$ - titriert. Auch hier gilt: Die Stoffmengenkonzentration der zu titrierenden Säure soll ungefähr der Konzentration der zur Titration verwendeten Lauge entsprechen. Auf die richtige Auswahl des Indikators ist zu achten (Gesichtspunkte dafür s. S. 106). Als erstes Beispiel wird die Titration einer starken Säure beschrieben.

Bestimmung von Schwefelsäure

Die Reaktion läuft ab nach der Stoffgleichung

$$H_2SO_4 + 2\ NaOH \rightarrow Na_2SO_4 + 2\ H_2O.$$

Schwefelsäure ist auch in der zweiten Stufe stark protolysiert. Die Säurekonstante des Hydrogensulfations beträgt $K_{S2} = 1{,}20 \cdot 10^{-2}$ bei 25 °C ($pK_{S2} = 1{,}92$).

Arbeitsvorschrift: Die Analysenlösung wird mit frisch ausgekochtem, CO_2-freiem Wasser auf etwa 100 ml verdünnt, mit einigen Tropfen Indikatorlösung versetzt und mit Natronlauge, 0,1 mol/l, bei Raumtemperatur unter ständigem Umschwenken des Titrierbechers bis zum Umschlag des Indikators (Beobachtung gegen eine Vergleichslösung) titriert. Zur Indikation des Endpunktes eignen sich z. B. Methylorange, Methylrot, Bromthymolblau oder Bromkresolgrün-Methylrot-Mischindikator.

1 ml NaOH-Lösung, $c(NaOH) = 0{,}1$ mol/l (0,1 N), entspricht 4,9037 mg H_2SO_4.

In gleicher Weise lassen sich andere starke Säuren, wie HCl, HBr, HI, $HClO_4$, HNO_3, titrieren.

Konzentrierte und rauchende Säuren werden abgewogen, nicht pipettiert, um Verdampfungsverluste zu vermeiden. Am Beispiel der Gehaltsbestimmung **rauchender Schwefelsäure** (Oleum) sei die Vorgehensweise geschildert. Zum Abwägen kann man sich einer Wägebürette (vgl. S. 35) bedienen oder man verwendet eine einfache dünnwandige Glaskugel, die in eine lange Kapillare ausläuft. Eine Kugel soll höchstens 2 g Säure aufnehmen können. Sie wird sorgfältig getrocknet und gewogen. Dann erwärmt man sie vorsichtig und taucht die Spitze der Kapillare in die rauchende Säure. Beim Abkühlen der Kugel steigt die Säure durch die Kapillare auf. Die Spitze wird gesäubert und zugeschmolzen, die Kugel erneut gewogen. Anschließend wird sie in einer dickwandigen Stöpselflasche, die etwas Wasser enthält, durch kräftiges Schütteln zertrümmert, wobei darauf zu achten ist, daß auch die Kapillare völlig zertrümmert wird. Man verdünnt mit CO_2-freiem Wasser, führt die Säurelösung in einen Meßkolben von 250 ml Inhalt über, spült Flasche und Trichter mit Wasser nach und läßt zum Temperaturausgleich 1 bis 2 Stunden stehen, bevor man mit CO_2-freiem Wasser zur Marke auffüllt. Bei Verwendung einer Wägepipette legt man in dem 250-ml-Meßkolben etwa 100 ml ausgekochtes Wasser vor, wägt mit der Wägepipette einige Gramm der Säure aus, gibt etwa 1 bis 2 g davon über einen Trichter in den Kolben und wägt die Pipette zurück. Der Kolben wird wie beschrieben aufgefüllt. Man entnimmt nun mit einer Pipette 20- oder 25-ml-Proben und titriert nach der oben angegebenen Arbeitsvorschrift.

Schwächere Säuren, wie Oxalsäure oder Essigsäure, werden unter Verwendung von Phenolphthalein als Indikator titriert. Auf die Abwesenheit von Carbonat muß hier besonders geachtet werden. Man titriert daher mit Alkalilaugen in der Hitze oder mit Barytlauge in der Kälte. Vielfach ist es zweckmäßig, die Lösung der schwachen Säure mit überschüssiger, carbonatfreier Lauge zu versetzen und den Laugenüberschuß mit eingestellter Mineralsäure zurückzutitrieren. Als Beispiel für die Bestimmung einer schwachen Säure sei die Titration von Essigsäure beschrieben.

Bestimmung von Essigsäure

Die Umsetzung erfolgt nach der Gleichung:

$$CH_3COOH + NaOH \rightarrow CH_3COONa + H_2O.$$

Wegen der geringen Säurestärke von Essigsäure ($K_S = 1{,}78 \cdot 10^{-5}$ bei 25 °C, $pK_S = 4{,}75$) ist der Äquivalenzpunkt durch den pH-Wert der Natriumacetatlösung gegeben. Er liegt bei der Titration von 100 ml Essigsäure der Konzentration 0,1 mol/l mit Natronlauge gleicher Konzentration bei 8,72.

Arbeitsvorschrift: Die Analysenlösung wird mit frisch ausgekochtem, CO_2-freiem Wasser auf ca. 100 ml verdünnt, mit einigen Tropfen Phenolphthaleinlösung versetzt und mit Natronlauge, 0,1 mol/l, bei Raumtemperatur unter ständigem Umschwenken des Titrierbechers bis zum Auftreten einer Rosafärbung titriert, die mindestens 60 s lang bestehen bleiben muß.

1 ml NaOH-Lösung, $c(NaOH) = 0{,}1$ mol/l (0,1 N), entspricht 6,0053 mg CH_3COOH.

Nach der gleichen Vorschrift lassen sich Säuren mit $K_S \geqslant 10^{-5}$ titrieren, wie Flußsäure ($K_S = 3{,}53 \cdot 10^{-4}$) in Kunststoffbechern, Ameisensäure ($K_S = 1{,}77 \cdot 10^{-4}$), Propionsäure ($K_S = 1{,}34 \cdot 10^{-5}$), Oxalsäure ($K_{S2} = 6{,}40 \cdot 10^{-5}$), Weinsäure ($K_{S2} = 4{,}55 \cdot 10^{-5}$).

Zur Bestimmung des Gehaltes von **Eisessig** werden etwa 2 g in einen trockenen konischen Kolben von 50 ml Inhalt mit Schliffstopfen genau eingewogen, mit etwa 20 ml Wasser versetzt und in einen 250-ml-Meßkolben überführt. Der Wägekolben wird mehrmals nachgespült. Nachdem man mit CO_2-freiem Wasser zur Marke aufgefüllt hat, werden aliquote Teile von 20 oder 25 ml entnommen und wie beschrieben titriert.

Weinessig enthält üblicherweise 4 bis 5% Essigsäure. Zur Bestimmung **der Essigsäure in Weinessig** wägt man etwa 20 g Weinessig wie beschrieben ein, verdünnt im Meßkolben auf 100 ml und titriert eine Probe von 25 ml, die man mit dem gleichen Volumen Wasser verdünnt hat, nach Zusatz von Phenolphthalein mit Natronlauge, 0,1 mol/l, wie beschrieben. Der Essigsäuregehalt wird in g Essigsäure je 100 g Weinessig berechnet (Massenanteil in Prozent).

Bestimmung von Borsäure

Borsäure, H_3BO_3, hat mit $K_{S1} = 7{,}2 \cdot 10^{-10}$ eine so kleine Säurekonstante, daß sie die Farbe von Methylorange nicht verändert. Auch in Gegenwart von Phenolphthalein läßt sich Borsäure mit Alkalilaugen nicht titrieren, da der Indikator lange vor Erreichen des Äquivalenzpunktes umschlägt. Der Zusatz mehrwertiger Alkohole, wie Mannit oder Glycerin, bzw. von Glucose oder Fructose, steigert die Säurekonstante der Borsäure durch Komplexbildung auf $K_{S1} = 3{,}6 \cdot 10^{-7}$ (Mannit), so daß sie sich wie eine einbasige mittelstarke Säure titrieren läßt (gegen Phenolphthalein).

Bei Überschuß eines Polyalkohols, der zwei benachbarte Hydroxylgruppen enthalten muß, erfolgt eine Veresterung der OH-Gruppen der Borsäure mit zwei Molekülen des Alkohols. Da Bor die Koordinationszahl 4 anstrebt, tritt eine weitere Bindung zu dem Sauerstoffatom einer benachbarten alkoholischen Hydroxylgruppe auf. Dadurch wird die Bindung zum Wasserstoff gelockert und dessen Abspaltung als H^+ erleichtert. Eine Grenzstruktur des Borsäure-Komplexes läßt sich wie folgt wiedergeben:

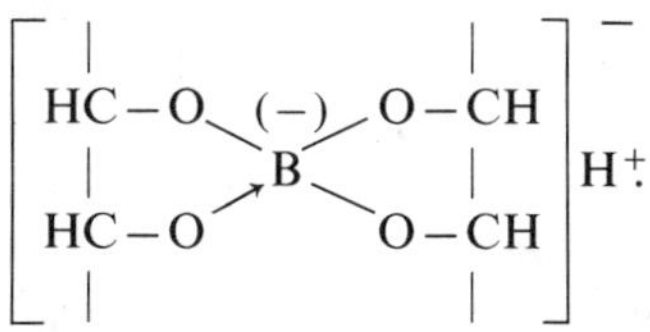

Ist der Alkohol im Unterschuß vorhanden, entsteht eine Verbindung mit dem Stoffmengenverhältnis Borsäure : Polyalkohol = 1 : 1, die sich ebenfalls wie eine einbasige Säure verhält, deren saurer Charakter aber nicht so stark ausgeprägt ist wie der der (1 : 2)-Verbindung. Bemerkenswert ist, daß die Reaktion mit einer für eine Veresterung erstaunlich großen Geschwindigkeit abläuft. Die Titration der Borsäure wird überwiegend in Gegenwart eines Überschusses von Glycerin gegen Phenolphthalein durchgeführt ($pH \approx 8$). Die komplexen Verbindungen mit Fructose, Mannit, Dulcit oder Sorbit sind jedoch wesentlich stärkere Säuren. Bei genügend großer Konzentration eines dieser Polyalkohole wird der saure Charakter der Komplexverbindung soweit verstärkt, daß auf pH $\approx$ 6 titriert werden kann (Methylrot oder Bromkresolpurpur als Indikator). Dieses Verhalten hat Bedeutung für die Bestimmung der Borsäure neben protolysierenden Salzen oder schwachen Säuren, die bei einer Titration gegen Phenolphthalein mit erfaßt werden. Eisen und Aluminium müssen aber in jedem Fall abgetrennt werden [97].

Das Gelingen der Borsäuretitration ist an folgende Voraussetzungen geknüpft: 1. Der verwendete Alkohol muß neutral reagieren. Da Glycerin üblicherweise sauer reagiert, muß es vorher gegen Phenolphthalein sorgfältig neutralisiert werden. 2. Der Polyalkohol muß in ausreichendem Überschuß zugesetzt werden, damit die Borsäure quantitativ in die Komplexverbindung übergeführt wird. 3. Die Titration muß unter sorgfältigem Ausschluß von CO_2 durchgeführt werden.

Arbeitsvorschrift: 20 ml Glycerin werden nach Zusatz von 2–3 Tropfen Phenolphthaleinlösung und 5 ml Wasser mit Natronlauge, 0,1 mol/l, genau neutralisiert (schwache Rosafärbung). Nach Hinzufügen von 20 ml Analysenlösung wird ohne weitere Verdünnung mit der Maßlösung bei Raumtemperatur unter dauerndem Umschwenken des Titrierbechers titriert, bis die Rosafärbung mindestens 60 s lang bestehen bleibt.

Bei Verwendung von Mannit werden 20 ml der Analysenlösung mit CO_2-freiem Wasser auf 100 ml verdünnt, mit 3,6 g Mannit und 2–3 Tropfen Indikatorlösung versetzt und wie beschrieben titriert.

1 ml NaOH-Lösung, c(NaOH) = 0,1 mol/l (0,1 N), entspricht 6,1832 mg H_3BO_3 oder 3,4809 mg B_2O_3.

Als weiteres Beispiel sei die Bestimmung des Borsäuregehaltes eines Alkalimetallborates beschrieben.

Arbeitsvorschrift: Etwa 1,5 g des carbonatfreien Borats werden genau abgewogen und in ausgekochtem Wasser gelöst, die Lösung wird auf 100 ml aufgefüllt. Ein aliquoter Teil von 25 ml wird mit Salzsäure, c(HCl) = 0,2 mol/l, nach der auf S. 115 angegebenen Arbeitsvorschrift titriert, um den Alkaligehalt des Borats zu bestimmen. Dann wird eine zweite Probe der Boratlösung von ebenfalls 25 ml durch Zusatz des bei der ersten Titration ermittelten Volumens Salzsäure genau neutralisiert, mit einigen Tropfen Phenolphthalein sowie mit 50 ml Glycerin, das gegen Phenolphthalein neutralisiert wurde (s. o.), versetzt und mit carbonatfreier Natronlauge, c(NaOH) = 0,2 mol/l, bis zur bleibenden Rosafärbung titriert. Man fügt dann nochmals 10 ml Glycerin hinzu und titriert, falls die Lösung sich entfärbt, wieder auf Rosafärbung. Wenn auf erneuten Glycerinzusatz die Farbe bestehen bleibt, ist der Endpunkt erreicht.

Enthält die Boratprobe Carbonat, so wird die Lösung wie beschrieben mit Salzsäure gegen Methylrot neutralisiert und das CO_2 durch kurzes Sieden unter Rückfluß (damit die wasserdampfflüchtige Borsäure nicht entweicht) und durch langsames Durchleiten eines CO_2-freien Luftstromes vertrieben. Nach dem Abkühlen der Lösung wird der Rückflußkühler ausgespült und die Borsäure titriert.

1 ml Natronlauge, c(NaOH) = 0,2 mol/l (0,2 N), entspricht 6,9618 mg B_2O_3.

Bestimmung von Magnesium

Wie durch acidimetrische Titrationen Salze schwacher Säuren bestimmt werden können, so lassen sich auch alkalimetrisch Salze schwacher Basen titrieren. Durch Zugabe starker Basen zu den Lösungen der mineralsauren Salze von Metallen, die schwerlösliche Hydroxide bilden, werden diese ausgefällt, wie die folgende Stoffgleichung wiedergibt:

$$CuSO_4 + 2\,NaOH \rightarrow Na_2SO_4 + Cu(OH)_2.$$

In gleicher Weise reagieren z. B. die Nitrate, Chloride und Sulfate von Cobalt, Nickel, Mangan und Magnesium. Man neutralisiert zunächst die Lösungen gegen Dimethylgelb, Methylorange oder Methylorange-Indigocarmin, fügt einen abgemessenen Überschuß von NaOH-Maßlösung hinzu, filtriert den Hydroxidniederschlag ab und titriert in einem aliquoten Teil des Filtrats den Natronlaugeüberschuß mit Salzsäure zurück. Das Verfahren sei am Beispiel der Bestimmung des Magnesiumgehaltes einer Magnesiumchloridlösung erläutert.

Arbeitsvorschrift: Die schwach saure Probelösung, deren Magnesiumkonzentration etwa 0,5 mol/l betragen soll, darf keine Ammoniumsalze enthalten. 25 ml der Lösung werden in einem 250-ml-Meßkolben durch tropfenweise Zugabe von Natronlauge, $c(NaOH) = 0{,}2$ mol/l, unter Verwendung von Dimethylgelb oder Methylorange genau neutralisiert. Dann wird der Kolben bis zur Marke mit ausgekochtem Wasser aufgefüllt. 100 ml der Lösung werden in einem zweiten Meßkolben mit 100 ml der NaOH-Maßlösung versetzt, wieder auf 250 ml aufgefüllt und gut durchgeschüttelt. Die Lösung wird durch ein trockenes Filter filtriert und der Niederschlag nicht ausgewaschen. Die ersten 50 ml des Filtrats werden verworfen. Dann titriert man in 100 ml des Filtrats den NaOH-Überschuß mit Salzsäure, $c(HCl) = 0{,}2$ mol/l, unter Verwendung von Dimethylgelb oder Methylorange zurück.

1 ml Natronlauge, $c(NaOH) = 0{,}2$ mol/l (0,2 N), entspricht 2,431 mg Mg oder 9,521 mg $MgCl_2$.

Bestimmung von Ammoniumsalzen

Ammoniumsalze starker Säuren, wie NH_4Cl und $(NH_4)_2SO_4$, lassen sich selbst im Konzentrationsbereich 1 mol/l nicht mit Natronlauge titrieren, da der Endpunkt nicht genügend scharf zu erkennen ist. NH_4^+ ist eine zu schwache Säure ($pK_S = 9{,}25$), die korrespondierende Base NH_3 daher eine zu starke Base ($pK_B = 4{,}75$), so daß Phenolphthalein nicht als Indikator verwendet werden kann. In Gegenwart von überschüssigem Formaldehyd ist jedoch die Titration mit Natronlauge möglich. Das bei Zusatz von Natronlauge frei werdende NH_3 kondensiert in einer schnell ablaufenden Reaktion mit Formaldehyd unter Bildung der sehr schwachen Base Hexamethylentetraamin (Urotropin, $pK_B = 9{,}1$) nach

$$4\,NH_4^+ + 6\,CH_2O \rightleftharpoons (CH_2)_6N_4 + 6\,H_2O + 4\,H^+,$$

die nicht mehr auf Phenolphthalein einwirkt.

Arbeitsvorschrift: Die Probelösung, die etwa 0,1 bis 0,2 g Ammoniumsalz enthalten und neutral reagieren soll, wird mit 10 ml einer zuvor gegen Phenolphthalein neutralisierten, etwa 35%igen Formaldehydlösung versetzt und nach Verdünnen auf 100 ml mit ausgekochtem Wasser und Zugabe einiger Tropfen Phenolphthaleinlösung mit carbonatfreier Natronlauge, $c(NaOH) = 0{,}1$ mol/l, bei Raumtemperatur bis zum Auftreten einer beständigen Rosafärbung titriert.

1 ml Natronlauge, $c(NaOH) = 1$ mol/l (0,1 N), entspricht 1,7031 mg NH_3 oder 1,8039 mg NH_4^+.

Bestimmung von Phosphorsäure

Als Beispiel für die Bestimmung mehrbasiger Säuren sei die Titration der Phosphorsäure behandelt.

Die Protolyse mehrbasiger Säuren erfolgt stufenweise. Titriert man z. B. die dreibasige Orthophosphorsäure (H_3PO_4) mit Lauge, so entstehen nacheinander Dihydrogenphosphat, Hydrogenphosphat und Phosphat:

$$H_3PO_4 + OH^- \rightleftharpoons H_2PO_4^- + H_2O$$
$$H_2PO_4^- + OH^- \rightleftharpoons HPO_4^{2-} + H_2O$$
$$HPO_4^{2-} + OH^- \rightleftharpoons PO_4^{3-} + H_2O.$$

Jede dieser Stufen hat ihre charakteristische Säurekonstante, sie betragen $K_{S1} = 7{,}59 \cdot 10^{-3}$ ($pK_{S1} = 2{,}12$), $K_{S2} = 6{,}17 \cdot 10^{-8}$ ($pK_{S2} = 7{,}21$) und $K_{S3} = 2{,}14 \cdot 10^{-13}$ ($pK_{S3} = 12{,}67$). Die Wasserstoffionenkonzentration in der Lösung eines der Phosphate erhält man als geometrisches Mittel der jeweiligen Säurekonstanten bzw. den pH-Wert als arithmetisches Mittel der jeweiligen pK_S-Werte (vgl. S. 91). Die Lösung des Dihydrogenphosphats weist eine H_3O^+-Ionenkonzentration von $2{,}16 \cdot 10^{-5}$ mol/l auf, die des Hydrogenphosphats von $1{,}15 \cdot 10^{-10}$ mol/l, die des Phosphats von etwa $10^{-13{,}5}$ mol/l. Daher ist es möglich, Orthophosphorsäure sowie auch andere mehrbasige Säuren stufenweise zu titrieren, wenn die Säurekonstanten der einzelnen Stufen weit genug auseinanderliegen (ca. 4 Zehnerpotenzen). Die Indikatoren müssen so ausgewählt werden, daß ihr Umschlagspunkt möglichst dicht mit dem pH-Wert in der Lösung des gewünschten Salzes zusammenfällt.

Arbeitsvorschrift:

a) Titration der 1. Stufe: Man titriert die auf etwa 100 ml mit Wasser verdünnte Probelösung unter Umschwenken des Titrierbechers bei Raumtemperatur mit Natronlauge, 0,1 mol/l, gegen Methylorange bis zur kräftigen Orangefärbung oder besser gegen Dimethylgelb auf eine rein gelbe Farbe oder noch exakter gegen Bromphenolblau (Umschlagsintervall 3,0–4,6) auf pH = 4,5. Es wird stets auf die Farbgleichheit mit einer Vergleichslösung titriert, die NaH_2PO_4 in der Konzentration 0,05 mol/l und dieselbe Indikatorkonzentration enthält.

b) Titration der 2. Stufe: Um pH = 9,7 zu erreichen, verwendet man als Indikator Thymolphthalein (Umschlagsintervall 9,3–10,5) und titriert bis zur schwachen Blaufärbung. Will man Phenolphthalein verwenden, muß die Reaktion des Hydrogenphosphats mit Wasser durch Sättigung der Titrationslösung mit Natriumchlorid zurückgedrängt werden. Der Fehler beträgt in beiden Fällen etwa 1%.

c) Titration der 3. Stufe: Eine direkte Titration ist wegen der kleinen Säurekonstante nicht möglich. Doch läßt sich durch Zugabe von Calciumchlorid in geeigneter Konzentration erreichen, daß Calciumphosphat ausfällt und die nach

$$2\,H_2PO_4^- + 3\,Ca^{2+} + 4\,H_2O \rightarrow Ca_3(PO_4)_2 + 4\,H_3O^+$$

entstehenden H_3O^+-Ionen gegen Phenolphthalein titriert werden können.

Arbeitsvorschrift nach Kolthoff [90]: Die auf Dimethylgelb neutralisierte Lösung wird mit 30 ml einer neutralen (!) 40%igen Calciumchloridlösung versetzt, zum Sieden erhitzt und auf 14 °C abgekühlt. Nach Zusatz von Phenolphthalein wird mit carbonatfreier Lauge unter kräftigem Umschwenken bis zur Rosafärbung titriert. Der Kolben wird dann verschlossen und die Lösung, deren Farbe langsam verschwindet, nach zweistündigem Stehen bei 14 °C zu Ende titriert. Der Fehler beträgt 1-2%.

1 ml NaOH-Lösung, $c(NaOH) = 0{,}1$ mol/l (0,1 N), entspricht 9,7995 mg H_3PO_4 (Titration der 1. Stufe) oder 4,8998 mg H_3PO_4 (gemeinsame Titration der ersten beiden Stufen).

Bestimmung nach Ionenaustausch

Eine Reihe von Bestimmungen, die analytisch umständlich und schwierig sind, z. B. die Ermittlung von Alkalimetallionen oder von Nitrat-, Perchlorat-, Acetat- und anderen Anionen in Salzlösungen, kann leicht und ausreichend genau mit Hilfe von Ionenaustauschern durchgeführt werden [98]. Die für analytische Zwekke verwendeten Ionenaustauscher sind Kunstharze, die durch Polymerisation erzeugt werden und Gruppen mit austauschfähigen Ionen enthalten. Man unterscheidet Kationenaustauscher (Symbol: RH), die H^+ gegen Metallkationen oder umgekehrt, und Anionenaustauscher (Symbol: ROH), die OH^- gegen Anionen in stöchiometrischer Weise austauschen. Der Vorgang läßt sich schematisch durch folgende Gleichungen wiedergeben:

$$RH + Me^+ \rightleftharpoons RMe + H^+$$
$$ROH + A^- \rightleftharpoons RA + OH^-.$$

Die Bestimmung eines Salzes läuft dabei auf eine alkalimetrische bzw. acidimetrische Titration hinaus.

Ein Kationenaustauscher besteht aus einem polymeren Harzgerüst mit anionischen Gruppen und ionogen gebundenen Kationen, während ein Anionenaustauscher ein polymeres Kation mit aktiven Anionen darstellt.

Der schematische Aufbau eines Kationenaustauschers geht aus dem Formelbild der Abb. 3-7 hervor, das einen vielfach benutzten Austauscher zeigt. Er wird durch Copolymerisation von Styrol mit einem kleineren Anteil Divinylbenzol und nachfolgende Sulfonierung hergestellt.

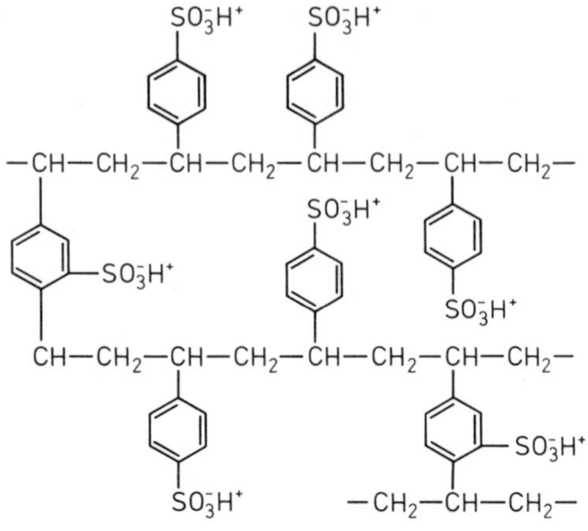

Abb. 3-7 Kationenaustauscher (H^+-Form)

Neben diesen stark sauren Kationionenaustauschern mit $-SO_3H$-Gruppen sind auch schwach saure mit $-COOH$-Gruppen im Handel, z. B. Copolymerisate von Methacrylsäure, $CH_2{=}C(CH_3)-COOH$ und Glycol-bis-methacrylat, $CH_2{=}C(CH_3)-COOCH_2-CH_2OOC-C(CH_3){=}CH_2$.

Anionenaustauscher sind ebenfalls quervernetzte, hochpolymere Substanzen, deren basischer Charakter durch den Einbau von Amino-, substituierten Amino- oder quaternären Ammoniumgruppen gegeben ist. Die Polymere mit den letztgenannten Gruppen stellen stark basische Anionenaustauscher dar. Ein häufig benutzter Austauscher dieser Art ist das Copolymerisat von Styrol mit etwas Divinylbenzol, in das anschließend durch Chlormethylierung die Gruppe $-CH_2Cl$ eingeführt und mit einer Base wie Trimethylamin umgesetzt wird. Ein Formelbild zeigt Abb. 3-8.

Für maßanalytische Zwecke sind nur die stark sauren bzw. stark basischen Ionenaustauscher zu verwenden. Der Kationenaustausch erfolgt an den Sulfonsäuregruppen

$$R(SO_3^-)_n(H^+)_n + n\,Me^+ \rightarrow R(SO_3^-)_n(Me^+)_n + n\,H^+,$$

der Anionenaustausch an den quaternären Ammoniumgruppen

$$R(NR_3'^+)_n(OH^-)_n + n\,A^- \rightarrow R(NR_3'^+)_n(A^-)_n + n\,OH^-.$$

Handelsbezeichnungen für Ionenaustauscher sind: Amberlite (Rohm u. Haas, USA), Duolite (Diamont Alkali, USA), Dowex (Dow Chemical Co., USA), Lewatit (Merck, Bayer), Zeolit (Permutit Co., London) [5].

Der Austausch wird in Glassäulen vorgenommen, in die das Harz eingefüllt ist (Abb. 3-9). Die Abmessungen der Säule richten sich nach der Stoffmenge der auszutauschenden Ionen und der Anzahl der Analysen, die ohne Regeneration des Austauschers vorgenommen werden sollen. Für das Arbeiten mit Konzentratio-

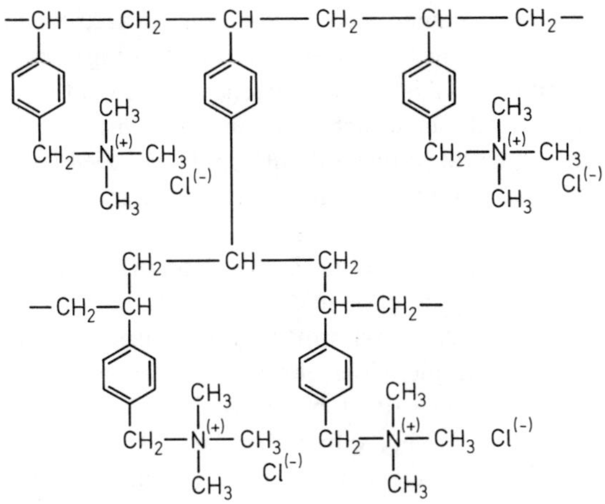

Abb. 3-8 Anionenaustauscher (Cl^--Form)

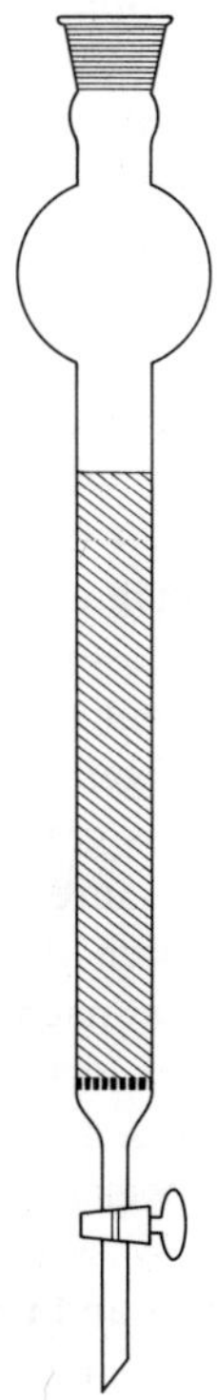

Abb. 3-9 Ionenaustauschersäule

nen im Bereich 0,1 mol/l eignen sich Säulen von etwa 20 cm Länge und 2 cm Durchmesser. Das Säulenrohr trägt oben eine kugelförmige Erweiterung und ist am unteren Ende mit einem Ablaßhahn versehen. Über dem Hahn befindet sich eine Frittenplatte (G 2) oder eine Siebplatte aus Glas mit einer Lage Glaswolle, die die Harzkörner trägt. Die Säule wird mit dem Harz zu ⅔ bis ¾ ihrer Länge gefüllt. Um den Einschluß von Luftblasen zu verhindern, trägt man das Harz in die mit Wasser gefüllte Säule ein.

Ionenaustauscher für maßanalytische Zwecke sind in der Na^+- bzw. Cl^--Form erhältlich. Es ist daher notwendig, sie in die saure bzw. basische Form umzuwandeln. Die Überführung in die H^+-Form wird mit Salzsäure der Konzentration 3 mol/l vorgenommen, für die Überführung des Anionenaustauschers in die OH^--Form dient Natronlauge ($c = 1$ bis 2 mol/l). Die Säure bzw. Lauge muß langsam durch das Harz laufen, damit der Austausch stattfinden kann. Die Durchlaufgeschwindigkeit regelt man mit dem Ablaufhahn ein. Eine eventuell anfangs zu beobachtende Braunfärbung der Lösung durch organische Harzbestandteile ist ohne Bedeutung. Das Ende der Regenerierung wird festgestellt, indem man auf das Ausbleiben einer für das zu ersetzende Ion charakteristischen Reaktion prüft. Letzte Spuren des Ions müssen nicht entfernt werden. Anschließend wird das „beladene“ Harz mit Wasser bis zur neutralen Reaktion des Ablaufs gewaschen. Die Austauscher werden ständig unter Wasser aufbewahrt, ein Trockenlaufen der Säule ist zu vermeiden. Vor der Benutzung der Austauschersäule ist die Reaktion des Wassers im Ablauf zu prüfen. Im Falle einer sauren bzw. basischen Reaktion muß das Harz wiederum bis zur Neutralität mit Wasser gewaschen werden.

Anionenaustauscher aus Polystyrolharzen haben eine Austauschkapazität von etwa 1 mmol/ml feuchtes Harz, bezogen auf Äquivalente. Die Kapazität von Kationenaustauschern ist etwa doppelt so groß. Eine Säule mit den oben angegebenen Dimensionen enthält etwa 50 ml Harz. Nimmt man an, daß für jede Analyse 20 ml einer neutralen Lösung der Konzentration $c = 0{,}1$ mol/l benutzt werden, so muß bei einer Ausnutzung der Kapazität von 70–80% ein Anionenaustauscher nach 18–20 Bestimmungen, ein Kationenaustauscher nach 35–40 Bestimmungen regeneriert werden. Das geschieht durch Aufgabe von 1 Liter Natronlauge ($c =$ 1 bis 2 mol/l) bzw. Salzsäure ($c = 3$ mol/l), die man mit einer Geschwindigkeit von 10–12 Tropfen/min durch die Säule laufen läßt. Dann wäscht man bis zur neutralen Reaktion mit Wasser nach.

Bestimmung von Phosphaten, Nitraten und Perchloraten der Alkalimetalle:
Die verdünnte Probelösung wird auf die Säule gegeben, aus der das Wasser bis zur Harzoberfläche abgelassen worden ist. An den Wandungen haftende Salzlösung wird mit wenig Wasser abgespült. Man wäscht mit 150–200 ml Wasser in kleinen Portionen nach und wartet jedesmal das Absinken bis auf die Harzoberfläche ab. Die Durchlaufgeschwindigkeit soll 5–10 ml/min betragen. Zum Schluß spült man noch mit etwa 50 ml Wasser nach. Die entstandene Lauge wird mit einer eingestellten Säuremaßlösung in üblicher Weise titriert. Der Zeitbedarf für eine Bestimmung beträgt etwa 30 Minuten.

3.2 Fällungstitrationen

Bei den maßanalytischen Fällungsanalysen wird der zu bestimmende Stoff während der Titration in eine schwerlösliche Verbindung definierter Zusammensetzung übergeführt. Der Endpunkt der Titration ist erreicht, wenn das in der Maßlösung enthaltene Fällungsmittel in äquivalenter Menge zugesetzt worden ist.

In der Gravimetrie wird eine außerordentlich große Anzahl von Fällungsreaktionen zur Durchführung quantitativer Bestimmungen verwendet. Von diesen Reaktionen eignen sich jedoch nur wenige als Grundlage für Fällungstitrationen. Daher steht auch nur eine verhältnismäßig geringe Anzahl brauchbarer maßanalytischer Fällungsverfahren zur Verfügung. Die Ursache ist vor allem in dem Mangel an allgemein anwendbaren und zuverlässigen Methoden zur Erkennung des Titrationsendpunktes zu suchen. Auch laufen manche Fällungsreaktionen - besonders in verdünnten Lösungen - nicht mit der für eine Titration erforderlichen Schnelligkeit ab. Außerdem können Mitfällungserscheinungen auftreten, die die Stöchiometrie der Reaktion beeinflussen.

Zu den brauchbaren und häufig angewendeten Fällungstitrationen gehören die Verfahren zur Bestimmung der Halogenide und Pseudohalogenide mit Silbernitratmaßlösung (argentometrische Titrationen) sowie des Silbers mit Natriumchloridmaßlösung.

3.2.1 Theoretische Grundlagen

Lösegleichgewicht

Nach erfolgter Fällung liegt ein Gleichgewicht zwischen dem Niederschlag (Bodenkörper) und der darüber befindlichen Flüssigkeit vor. Diese Flüssigkeit ist eine *gesättigte Lösung;* sie enthält den ausgefällten Stoff in der höchsten möglichen Konzentration, der *Sättigungskonzentration,* die von der Temperatur abhängt. Die schwerlöslichen Verbindungen, die bei Fällungstitrationen entstehen, sind in der Regel aus Ionen aufgebaute Salze. Die Bestandteile des Ionengitters, die Kationen und Anionen, gehen beim Lösevorgang direkt vom Bodenkörper in die Lösung über. Umgekehrt bilden sie beim Fällungsvorgang direkt das Ionengitter des Kristalls aus. Salze sind als starke Elektrolyte in der Lösung vollständig in ihre Ionen dissoziiert, d.h. neben den Ionen sind keine undissoziierten Moleküle in der Lösung vorhanden.

Versetzt man z.B. eine Silbernitratlösung mit einer Natriumchloridlösung, so fällt festes Silberchlorid aus:

$$Ag^+ + Cl^- \rightleftharpoons AgCl_{fest}.$$

Der Vorgang ist umkehrbar, wenn auch das Gleichgewicht weit auf der rechten Seite liegt. Das bedeutet, daß sich festes Silberchlorid in Wasser löst, aber nur in sehr geringem Maße. Dabei treten Silber- und Chloridionen in äquivalenter Anzahl aus der Oberfläche der Kristalle in das Lösemittel über. Wenn das Lösegleichgewicht erreicht ist, ist die Anzahl der in der Zeiteinheit aus dem Kristallgitter austretenden Ionenpaare gleich der Anzahl der aus der Lösung sich an der Oberfläche der Kristalle anlagernden Ionenpaare. Es liegt ein **dynamisches Gleichgewicht** vor. Bei gleichbleibender Temperatur ist die Anzahl der Ionenpaare konstant.

Löslichkeitsprodukt und Löslichkeit

Die Anwendung des Massenwirkungsgesetzes auf das Lösegleichgewicht von AgCl ergibt

$$c(\mathrm{Ag^+}) \cdot c(\mathrm{Cl^-}) = K_\mathrm{L}$$

Der Bodenkörper, AgCl, tritt in dieser Gleichung *nicht* auf, da er ein reiner fester Stoff ist. K_L nennt man das **Löslichkeitsprodukt** eines Salzes, in diesem Fall von AgCl. Erhöht man die Silber- oder die Chloridionenkonzentration in der Lösung, so ist diese *übersättigt*. Es fällt dann solange festes Silberchlorid aus, bis das Löslichkeitsprodukt wieder erreicht ist.

Das Löslichkeitsprodukt ist somit ein Maß für die Löslichkeit der betreffenden Verbindung.

In einer Lösung von reinem Silberchlorid sind die Stoffmengenkonzentrationen der Silber- und der Chloridionen einander gleich. Es gilt daher

$$c^2(\mathrm{Ag^+}) = c^2(\mathrm{Cl^-}) = K_\mathrm{L}.$$

Wenn wir mit der angenommenen Größe $c(\mathrm{AgCl})$ die Gesamtkonzentration an Silberchlorid in der Lösung bezeichnen, so gilt $c(\mathrm{AgCl}) = c(\mathrm{Ag^+}) = c(\mathrm{Cl^-})$ und es folgt

$$c(\mathrm{AgCl})^2 = K_\mathrm{L}$$

und

$$c(\mathrm{AgCl}) = \sqrt{K_\mathrm{L}}.$$

Die Sättigungskonzentration in reinem Wasser wird auch als **Löslichkeit** L bezeichnet. Sie ist für Silberchlorid gleich der Quadratwurzel aus dem Löslichkeitsprodukt. Da im vorliegenden Falle $K_\mathrm{L} = 10^{-10}\,\mathrm{mol^2/l^2}$ ist, beträgt die Konzentration der gesättigten Silberchloridlösung $c(\mathrm{AgCl}) = 10^{-5}\,\mathrm{mol/l}$. Sie enthält $10^{-5}\,\mathrm{mol/l}$ AgCl bzw. $10^{-5}\,\mathrm{mol/l}$ $\mathrm{Ag^+}$ und $10^{-5}\,\mathrm{mol/l}$ $\mathrm{Cl^-}$.

Durch Zusatz von überschüssigen Silber- oder Chloridionen zu der gesättigten Lösung läßt sich die Löslichkeit des Silberchlorids weiter herabdrücken. Sie läßt sich wie folgt berechnen:

In einer Silbernitratlösung, die $10^{-4}\,\mathrm{mol/l}$ Silberionen enthält, beträgt die Chloridionenkonzentration

$$c(Cl^-) = \frac{K_L}{c(Ag^+)} = \frac{10^{-10}\ mol^2/l^2}{10^{-4}\ mol/l} = 10^{-6}\ mol/l.$$

Da das gelöste Silberchlorid praktisch vollständig dissoziiert ist, muß man $c(AgCl_{gelöst}) = c(Cl^-)$ setzen, so daß die Löslichkeit 10^{-6} mol/l beträgt.

Diese Betrachtungen gelten für Elektrolyte der Zusammensetzung AB (Verhältnis Kation A: Anion B = 1 : 1). Prinzipiell gleichartige Betrachtungen lassen sich jedoch für alle anderen Fällungsvorgänge anstellen. Im allgemeinsten Fall, der Bildung einer Verbindung der Zusammensetzung A_mB_n gilt:

$$A_mB_n \rightleftharpoons mA^{n+} + nB^{m-}$$
$$c(A^{n+})^m \cdot c(B^{m-})^n = K_L$$

Da $c(A_mB_n) = \frac{1}{m} c(A^{n+}) = \frac{1}{n} c(B^{m-}) = L$ ist, folgt

$$K_L = (mL)^m \cdot (nL)^n$$
$$K_L = m^m L^m \cdot n^n L^n$$
$$K_L = m^m \cdot n^n \cdot L^{m+n}$$

und

$$\boxed{L = \sqrt[m+n]{\frac{K_L}{m^m \cdot n^n}}.}$$

Der spezielle Fall mit $m = n = 1$, den wir beim Silberchlorid kennengelernt haben, führt zu

$$L = \sqrt{K_L}$$

In allen Fällen gilt grundsätzlich:

- Die Abscheidung eines Niederschlages beginnt immer dann, wenn das Löslichkeitsprodukt der beteiligten Ionenarten überschritten wird.
- Die Löslichkeit einer schwerlöslichen Verbindung läßt sich durch einen Überschuß an Fällungsmittel weiter herabdrücken. Das Maximum der Löslichkeit liegt im Äquivalenzpunkt vor.

Ausnahmen von dieser Regel sind stets dann zu beobachten, wenn das überschüssige Reagens mit dem Niederschlag eine lösliche Komplexverbindung bilden kann. So ist z. B. Silberchlorid in überschüssiger Salzsäure beträchtlich löslich. Es entstehen Chlorokomplexe des Silbers, z. B. $H[AgCl_2]$.

Aus diesen Betrachtungen geht hervor, daß alle direkten Fällungstitrationen eine gemeinsame Fehlerquelle aufweisen. Sie besteht darin, daß es absolut unlösliche Verbindungen nicht gibt und daß gerade am Äquivalenzpunkt, dessen möglichst genaue Ermittlung das Ziel des maßanalytischen Arbeitens ist, die Löslichkeit des Niederschlags am größten ist.

3.2.2 Titrationskurven

Die bei der Fällung auftretende Änderung der Ionenkonzentration der zu bestimmenden Ionensorte wird durch die Titrationskurve wiedergegeben. Man trägt dazu den negativen dekadischen Logarithmus des Zahlenwertes der Ionenkonzentration, den *Ionenexponenten* (pIon in Analogie zum pH-Wert), gegen das Volumen an zugesetzter Maßlösung auf.

Betrachten wir den Fall der Titration von 100 ml einer verdünnten Silbernitratlösung mit einer relativ konzentrierten Natriumchloridlösung. Zur Vereinfachung läßt sich dann annehmen, daß sich während der Titration das Volumen der titrierten Lösung nicht ändert. Auch die Temperatur soll während des Titrationsvorganges konstant bleiben. Die anfängliche Konzentration an Silberionen sei $c(Ag^+) = 10^{-1}$ mol/l (0,1 M), die Maßlösung habe die Konzentration $c(Cl^-) = 10$ mol/l (10 M). Infolge der Ausfällung von Silberchlorid bei Zusatz der Maßlösung sinkt die Silberionenkonzentration. Hat man 0,9 ml NaCl-Lösung zugesetzt, sind 9 mmol Ag^+-Ionen als AgCl ausgefallen oder 90% der vorhandenen Silberionen. Die Ag^+-Konzentration beträgt jetzt 10^{-2} mol/l. Nach Zugabe von weiteren 0,09 ml NaCl-Lösung (insgesamt 0,99 ml) sind 9,9 mmol Silberionen ausgefallen. Bezogen auf die Anfangskonzentration befindet sich noch 1% der Silberionen in Lösung. Die Ag^+-Konzentration ist jetzt 10^{-3} mol/l. Hat man gerade die der Silberstoffmenge äquivalente Chloridstoffmenge zugegeben, herrscht in der Lösung eine sich aus dem Löslichkeitsprodukt ergebende Silberionenkonzentration von $c(Ag^+) = 10^{-5}$ mol/l. Nach Überschreiten des Äquivalenzpunktes fällt weiteres AgCl aus, wie die Betrachtungen im vorangegangenen Abschnitt gezeigt haben. Wenn nur 0,1% der äquivalenten Menge an NaCl im Überschuß zugefügt wird, beträgt die Ag^+-Konzentration noch

$$c(Ag^+) = \frac{K_L}{c(Cl^-)} = \frac{10^{-10}\ \text{mol}^2/\text{l}^2}{10^{-4}\ \text{mol/l}} = 10^{-6}\ \text{mol/l}.$$

Bei einem Überschuß von 1% beträgt die Cl^--Konzentration 10^{-3} mol/l und die Ag^+-Konzentration 10^{-7} mol/l. Ein 10%iger Überschuß an NaCl senkt die Silberionenkonzentration auf den Wert 10^{-8} mol/l, ein 100%iger Überschuß auf 10^{-9} mol/l.

Abb. 3-10 zeigt die Titrationskurve. Auf der Ordinate ist der pAg-Wert, auf der Abszisse der Titrationsgrad τ (s. S. 95) aufgetragen.

Man erkennt, daß der Äquivalenzpunkt, also der gesuchte Endpunkt der Titration, identisch ist mit dem Wendepunkt der Titrationskurve. Es ist der Punkt, an dem die relative Änderung der Silberionenkonzentration ihren größten Wert im Verlauf der Titration erreicht.

In Abb. 3-11 ist die Titrationskurve dargestellt, die sich für eine zehnfach verdünntere Silbernitratlösung mit der gleichen Natriumchloridlösung ergibt, $c(Ag^+) = 10^{-2}$ mol/l (0,01 M). Der Sprung in der Kurve ist wesentlich kleiner geworden.

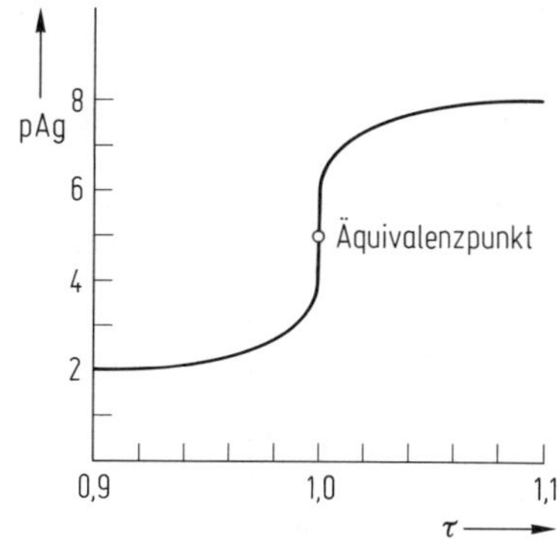

Abb. 3-10 Titration von $AgNO_3$-Lösung, 0,1 mol/l, mit NaCl-Lösung, 10 mol/l (pAg = $-\lg c(Ag^+)$, τ Titrationsgrad)

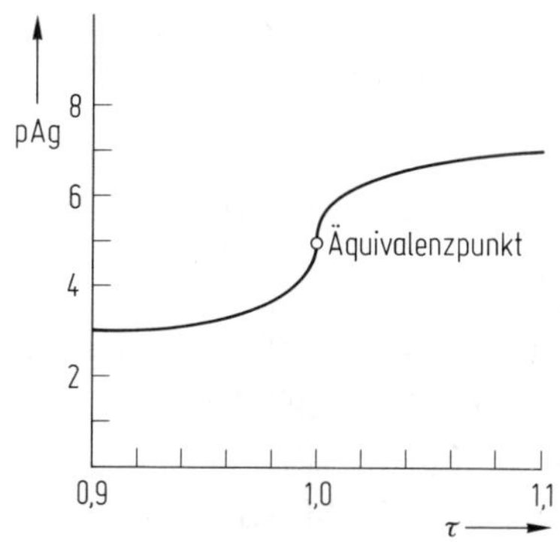

Abb. 3-11 Titration von $AgNO_3$-Lösung, 0,01 mol/l, mit NaCl-Lösung, 10 mol/l (pAg = $-\lg c(Ag^+)$, τ Titrationsgrad)

Titriert man dagegen eine Silbernitratlösung der Konzentration $c(Ag^+) = 10^{-2}$ mol/l (0,01 M) mit einer Natriumiodidlösung der Konzentration $c(NaI) = 10$ mol/l (10 M), so erhält man die in Abb. 3-12 wiedergegebene Titrationskurve. Der Sprung in der Kurve ist bedeutend größer. Diese Tatsache ist bedingt durch die erheblich kleinere Löslichkeit des Silberiodids gegenüber dem Silberchlorid. Das Löslichkeitsprodukt von AgI beträgt etwa 10^{-16} mol^2/l^2, so daß sich am Äquivalenzpunkt eine Gleichgewichtskonzentration der Silberionen von 10^{-8} mol/l einstellt.

Die Beispiele der Titrationskurven lassen erkennen, daß das Ergebnis einer titrimetrischen Fällungsanalyse um so genauer wird, je besser die folgenden Bedingungen erfüllt sind:

- Das Löslichkeitsprodukt der ausgefällten Verbindung soll möglichst klein sein.

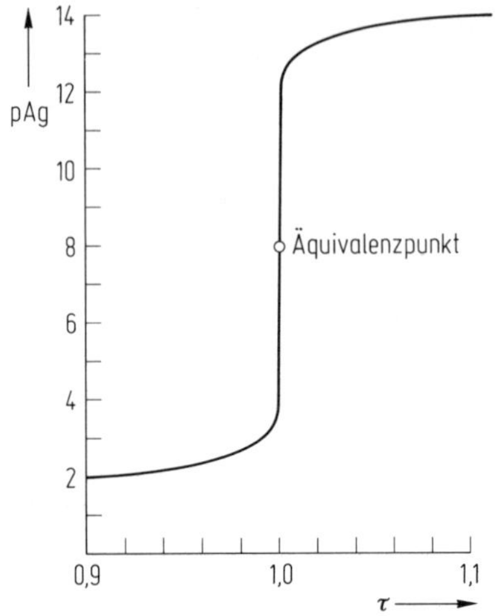

Abb. 3-12 Titration von $AgNO_3$-Lösung, 0,01 mol/l, mit NaI-Lösung, 10 mol/l ($pAg = -\lg c(Ag^+)$, τ Titrationsgrad)

- Die Anfangskonzentration der zu titrierenden Ionensorte muß groß genug sein.

Weiterhin gilt auch hier:

- Der praktisch erkennbare Endpunkt der Titration muß möglichst nahe beim Wendepunkt der Titrationskurve liegen.

Die Erfüllung der letzten Forderung bietet in den meisten Fällen besondere Schwierigkeiten. Daher ist gerade der Mangel an allgemein anwendbaren und zuverlässigen Methoden zur Endpunktbestimmung schuld daran, daß von den zahlreichen gravimetrisch ausnutzbaren Fällungsvorgängen nur so wenige auch zur Grundlage maßanalytischer Fällungsverfahren gemacht werden konnten.

3.2.3 Methoden der Endpunktbestimmung

Die älteste und einfachste Methode zur Erkennung des Titrationsendpunktes bedient sich keines Indikatorzusatzes. Die Titration wird solange durchgeführt, bis ein weiterer Zusatz an Maßlösung in der durch kräftiges Umschütteln und Sedimentieren des Niederschlages geklärten Lösung keine Trübung mehr hervorruft. Diese Art der Endpunktbestimmung ist aber recht umständlich und zeitraubend. Darüberhinaus kann sie in allen den Fällen zu falschen Ergebnissen führen, in denen sich der Niederschlag nicht rasch absetzt. Die Reaktionsprodukte bleiben nämlich häufig vor ihrer endgültigen Ausfällung in kolloider Verteilung oder in Form feinster Suspension in der Lösung. So hat sich z. B. die 1828 von Gay-Lussac angegebene Methode zur maßanalytischen Sulfatbestimmung mit Hilfe einer Bariumsalzlösung nicht durchsetzen können. Die ebenfalls von Gay-Lussac 1832 vorgeschlagene maßanalytische Silberbestimmung [99] mit eingestellter Natriumchloridlösung gehört dagegen zu den genauesten Methoden der Maßanalyse. Der Grund ist darin zu suchen, daß das während der Titration zunächst in kolloider Verteilung ausgeschiedene Silberchlorid im Äquivalenzpunkt, an dem alle das AgCl-Hydrosol stabilisierenden Ionen verbraucht sind, vollständig ausflockt. Man titriert in diesem Fall bis zum Erreichen des sog. Klarpunktes.

Als Umkehrung eines Fällungsverfahrens, das ohne Indikatorzusatz arbeitet, ist die von Liebig 1851 beschriebene Cyanidbestimmung anzusehen [100]. Die Cyanidlösung wird mit eingestellter Silbernitratlösung titriert. Solange sich in der Probelösung Cyanidionen im Überschuß befinden, entstehen mit den hinzukommenden Silberionen komplexe Dicyanoargentationen $[Ag(CN)_2]^-$, so daß der Endpunkt der Titration am Auftreten und nicht an der Beendigung einer Niederschlagsbildung erkannt wird (s. S. 146).

Eine weitere Methode zur Bestimmung des Endpunktes verwendet einen Indikator, der am Titrationsendpunkt die Farbe der Lösung verändert. Dabei kann der Indikator entweder mit den bei der Titration verschwindenden oder mit den durch die Maßlösung neu hinzukommenden Ionen eine farbige, lösliche Verbindung bilden, die beim Erreichen des Äquivalenzpunktes verschwindet bzw. entsteht. Möglichst im Äquivalenzpunkt soll daher die Konzentration der neu hinzukommenden Ionensorte schon so groß sein, daß der Indikator unter Bildung einer farbigen Verbindung reagieren kann. Oder es muß umgekehrt die Konzentration des verschwindenden Ions im Äquivalenzpunkt schon so gering geworden sein, daß der Indikator nicht mehr weiterhin die farbige Verbindung zu bilden vermag. In beiden Fällen tritt am Endpunkt der Titration eine Farbänderung der Lösung auf. Ein praktisches Beispiel ist die Verwendung von Eisen(III)-Ionen als Indikator bei der Titration von Silberionen mit eingestellter Kaliumthiocyanatlösung nach Volhard [101]. Die Konzentration des Thiocyanats in einer gesättigten Lösung des Silberthiocyanats reicht nicht aus, um mit den Eisen(III)-Ionen das dunkelrote Eisenthiocyanat entstehen zu lassen. Erst ein geringer Überschuß an SCN^--Ionen färbt die Lösung schwach rosa.

Eine dritte für Fällungsanalysen brauchbare Methode zur Endpunkterkennung benutzt Indikatoren, die mit der Maßlösung einen farbigen schwerlöslichen Niederschlag bilden, sobald mit dem Erreichen des Äquivalenzpunktes die reaktionsfähigen Ionen in der Probelösung als schwerlöslicher Niederschlag ausgefällt sind, d. h. sobald eine Möglichkeit zum Auftreten eines geringen Überschusses an Fällungsmittel gegeben ist. Als Beispiel sei die Verwendung von Chromationen als Indikator bei der Titration von Halogenidionen nach Mohr [102] zu nennen. Sobald im Verlauf der Titration einer Chloridlösung die Chloridionen als Silberchlorid ausgefällt sind, bildet schon ein geringer Überschuß an Silberionen rotbraunes schwerlösliches Silberchromat. Die wichtigste Voraussetzung für die Verwendbarkeit eines solchen Indikators besteht darin, daß in der gesättigten Lösung des während der Titration entstehenden Niederschlages (z. B. AgCl) die Konzentration derjenigen Ionen (hier Ag^+), die mit den Indikatorionen (CrO_4^{2-}) den zur Endpunkterkennung dienenden Niederschlag (Ag_2CrO_4) bilden, nicht ausreicht, um dessen Löslichkeitsprodukt zu überschreiten. Andernfalls würde der Endpunkt vor Erreichen des Äquivalenzpunktes angezeigt werden, der Umschlag also zu früh eintreten.

In solchen Fällen kann eine vierte Methode der Endpunkterkennung zum Ziele führen: die Tüpfelmethode. Dabei wird der Probelösung nach jedem Zusatz an Maßlösung ein Tropfen entnommen und auf einer geeigneten Unterlage, z. B. auf einer Porzellanplatte oder auf einem Stück Filtrierpapier, mit einem Tropfen der Indikatorlösung zusammengebracht. Die Endpunkterkennung vollzieht sich somit außerhalb der zu titrierenden Lösung (externer Indikator). Als Beispiel sei die Zinkbestimmung nach Schaffner (1858) angeführt. Die Zinksalzlösung wird mit einer Natriumsulfidlösung bekannter Konzentration titriert. Als Tüpfelindikator dient eine Cobaltsalzlösung, die auf der Tüpfelplatte unter Abscheidung von schwarzem Cobaltsulfid reagiert, sobald ein geringer Überschuß an Sulfidionen vorhanden ist. Der entnommene Tropfen darf aber kein Zinksulfid enthalten, sonst reagiert dieses mit dem Indikator und der Endpunkt erscheint zu früh. Mit Hilfe eines Tüpfelindikators läßt sich auch die Bestimmung von Eisen(II)-Ionen mit Kaliumdichromat durchführen (vgl. S. 174). Alle Tüpfelmethoden sind umständlich und weisen eine weniger gute Reproduzierbarkeit auf. Man zieht daher die Titrationsmethoden mit direkter Endpunkterkennung vor.

Eine fünfte Methode zur Bestimmung des Titrationsendpunktes wurde 1923 von Fajans angegeben [103, 104]. Er beschreibt die Verwendung von Adsorptionsindikatoren in der Argentometrie [105]. Diese Methode nutzt das Auftreten von Adsorptionseffekten aus, die sonst bei den Fällungsvorgängen häufig eine Fehlerquelle darstellen, indem fremde Bestandteile (unverbrauchtes Reagens der Maßlösung) mitgerissen werden (Okklusion im Innern der Niederschlagsteilchen oder Adsorption an ihrer Oberfläche). Die gebräuchlichsten Adsorptionsindikatoren sind Eosin und Fluorescein. Die Wirkungsweise der Indikatoren stellt man sich folgendermaßen vor: Titriert man eine Bromidlösung mit Silbernitratlösung in Gegenwart von Eosin, entstehen in der rosafarbenen Lösung kolloide Teilchen von Silberbromid, deren Oberfläche die noch in der Lösung befindlichen Bromidionen adsorbiert, wodurch sie sich negativ auflädt. Nach Überschreiten des Äquivalenzpunktes sind statt der Bromidionen Silberionen in geringem Überschuß vorhanden, die nun von den kolloiden Silberbromidteilchen adsorbiert werden. Die Teilchen laden sich nunmehr positiv auf und sind imstande, die Anionen des Farbstoffes anzulagern. Hierdurch werden die Elektronenhüllen der Farbstoffanionen deformiert, was als Farbänderung in Erscheinung tritt. Sobald der Äquivalenzpunkt überschritten ist, färben sich daher Niederschlag und kolloide Lösung rot. Die Färbung verschwindet, sobald die Lösung wieder Bromidionen im Überschuß enthält und kehrt wieder, wenn die Silberionen überwiegen; die Erscheinung ist solange reversibel, als noch kolloide Silberbromidteilchen in der Lösung vorhanden sind. Ein Adsorptionsindikator ist nur dann gut geeignet, wenn er erst in unmittelbarer Nähe des Äquivalenzpunktes stark adsorbiert wird und nicht schon lange vor Erreichen des Endpunktes den Niederschlag anfärbt. Letzteres ist der Fall, wenn man Eosin zur Titration von Chlorid verwendet. Hierfür ist Fluorescein besser geeignet. Die Gegenwart größerer Elektrolytkonzentrationen kann dadurch stören, daß sie die Ausflockung des Silberhalogenidsols begünstigt. Dem kann jedoch vielfach durch Verwendung eines Schutzkolloids entgegengetreten werden. Weitere Adsorptionsindikatoren s. [82, 83, 84].

3.2.4 Bestimmung des Silbers und argentometrische Bestimmungen

Herstellung der Maßlösungen

Die wichtigsten Methoden der Fällungsanalyse beruhen auf der Schwerlöslichkeit der Silberhalogenide und des Silberthiocyanats. Sie ermöglichen die Bestimmung des Silbers mit Halogenid- und Thiocyanatmaßlösung sowie die der löslichen Halogenide und Thiocyanate mit Silbernitratmaßlösung. Die letztgenannten Verfahren faßt man unter dem Begriff Argentometrie zusammen. Zur Durchführung der Titrationen sind Maßlösungen von Silbernitrat, Natriumchlorid und Ammonium- oder Kaliumthiocyanat der jeweiligen Konzentration $c(\mathrm{eq}) =$ 0,1 mol/l (0,1 N Lösungen) erforderlich.

Silbernitratlösung. Man geht entweder von reinstem metallischem Silber (Feinsilber), das in Form von Blech oder Draht im Handel ist, oder von chemisch reinem Silbernitrat aus. Nach Richards und Wells (1908) läßt sich metallisches Silber auch durch Reduktion von Silbernitrat mit Ammoniumformiat darstellen. Die Ammoniumformiatlösung wird durch Einleiten von Ammoniak in frisch destillierte Ameisensäure bereitet. Der Silberniederschlag wird ammoniakfrei gewaschen und im Wasserstoffstrom geschmolzen. 10,7868 g Feinsilber werden genau abgewogen und in 100 ml reinster chloridfreier Salpetersäure, $\rho = 1{,}20$ g/ml, gelöst. Die Lösung wird zur Zerstörung der salpetrigen Säure und Entfernung der Stickstoffoxide zum Sieden erhitzt, nach dem Abkühlen in einen Literkolben übergeführt und mit deionisiertem Wasser zur Marke aufgefüllt. Die Konzentration der Salpetersäure ist etwa 0,5 mol/l. Eine besondere Einstellung ist nicht erforderlich.

Wird für die Bestimmungen nach Mohr eine neutrale Silbernitratlösung benötigt, so wägt man 16,9873 g reines, bei 150 °C bis zur Massenkonstanz getrocknetes Silbernitrat genau ab, löst es in Wasser und verdünnt die Lösung auf 1 Liter. Das verwendete Silbernitrat darf kein metallisches Silber enthalten, seine Lösung muß neutral reagieren. Es kann durch Umkristallisieren aus schwach salpetersäurehaltigem Wasser rein erhalten werden. Auch hier ist eine besondere Titerstellung nicht notwendig. Es ist jedoch zweckmäßig, den Titer der Silbernitratlösung mit Hilfe von reinstem Natriumchlorid zu kontrollieren (vgl. S. 142). Die Silbernitratlösung wird zum Schutz gegen direkte Einwirkung von Sonnenlicht in einer braunen Flasche aufbewahrt.

Natriumchloridlösung. Zur Bereitung der Lösung dient reinstes Natriumchlorid, das man folgendermaßen darstellen kann: In eine gesättigte Lösung des reinsten käuflichen Salzes wird unter äußerer Kühlung mit Eiswasser gasförmiges Hydrogenchlorid eingeleitet. Das Natriumchlorid scheidet sich aus, wird mit Hilfe einer Glasfilternutsche abgesaugt und mehrmals mit wenig Eiswasser ausgewaschen. Das Salz wird dann bei 110 °C vorgetrocknet, fein gepulvert und schließlich im elektrischen Ofen bei etwa 500 °C bis zur Massenkonstanz erhitzt. Benutzt man eine Gasflamme zum Erhitzen des Tiegels, muß der Zutritt der Verbrennungsgase zum Tiegelinhalt verhindert werden. Das Salz muß bromid-, iodid- und sulfatfrei sein, es darf kein Kalium und keine Erdalkalimetalle enthalten.

Zur Herstellung der Maßlösung werden etwa 5,85 g reinstes Natriumchlorid zu 1 Liter gelöst und die Lösung mit der angenäherten Konzentration 0,1 mol/l mit einer Silbernitratmaßlösung der gleichen Konzentration oder mit Feinsilber eingestellt. Die Einstellung wird nach dem gleichen Verfahren vorgenommen, nach dem später mit der Lösung gearbeitet werden soll (nach Gay-Lussac oder nach Fajans), und möglichst unter gleichen Bedingungen. Dann ergibt sich ein empirischer Titer, der den durch das Verfahren bedingten Fehler (z. B. durch Berücksichtigung der Löslichkeit des Silberchlorids) in gewissem Maße ausschaltet.

Ammoniumthiocyanatlösung. Ammoniumthiocyanat ist hygroskopisch und zersetzt sich, wenn man es bei höheren Temperaturen zu trocknen versucht. Man stellt daher nur eine Lösung der ungefähren Konzentration 0,1 mol/l her, indem man 8 bis 9 g des möglichst trockenen Salzes in einem Liter Wasser auflöst. Das verwendete Salz muß unbedingt chloridfrei sein. Die Prüfung darauf wird nach Kolthoff [89] folgendermaßen durchgeführt: 200 mg Thiocyanat werden in 25 ml Wasser gelöst, mit 15 ml Schwefelsäure, $c(H_2SO_4) = 2$ mol/l, und dann mit soviel Kaliumpermanganatlösung versetzt, bis die rotbraune Farbe bestehen bleibt (braun vom abgeschiedenen Braunstein). Dann wird unter dem Abzug 10 bis 15 Minuten lang zum Sieden erhitzt, bis sich das Hydrogencyanid verflüchtigt hat und das Volumen etwa 10 bis 15 ml beträgt. Der Braunstein wird mit Perhydrol reduziert. Nach dem Abkühlen darf mit Silbernitrat nicht mehr als eine schwache Opaleszenz entstehen.

Die Thiocyanatlösung wird nach Volhard (vgl. S. 141) auf Silbernitratlösung der Konzentration 0,1 mol/l eingestellt, indem 25 ml der Silbernitratlösung mit 20 ml ausgekochter Salpetersäure, $c(HNO_3) = 2$ mol/l, und 2 bis 3 ml der salpetersauren Ammoniumeisen(II)-sulfat-Indikatorlösung versetzt, auf etwa 100 ml verdünnt und langsam unter ständigem Umschwenken mit der Thiocyanatlösung titriert werden, bis ein schwach roter Farbton eben gerade bestehen bleibt.

Bestimmung von Silber nach Gay-Lussac

Das Verfahren wird wegen seiner großen Genauigkeit hauptsächlich in den Münzlaboratorien verwendet, um den Silbergehalt von Legierungen zu ermitteln. Das Prinzip wurde bereits geschildert (vgl. S. 135). Man verwendet eine unter den Bedingungen der späteren Titrationen gegen Feinsilber oder eine Silbernitratlösung bekannter Konzentration eingestellte Natriumchloridlösung und vermeidet so den Verfahrensfehler von etwa 0,1%, der durch die Löslichkeit des Silberchlorids ($K_L = 1{,}12 \cdot 10^{-10}\,\text{mol}^2/\text{l}^2$, entsprechend $L = 1{,}43$ mg/l) und den zur Erreichung der vollständigeren Ausfällung eben notwendigen Überschuß an Chloridlösung bedingt ist.

Für die Analyse von Silberlegierungen muß der Störeinfluß anderer Metalle berücksichtigt werden. Solche Metalle, die leicht lösliche Nitrate und Chloride bilden, stören nicht. Quecksilber muß vor der Bestimmung durch Umschmelzen der Legierung im elektrischen Ofen entfernt werden. Blei darf nur in Spuren anwesend sein. Antimon und Bismut werden durch Zusatz von Weinsäure in Lösung gehalten. Enthält die Legierung mehr als ein Sechstel ihrer Masse an Gold, so ist sie in Salpetersäure nicht mehr vollständig löslich. In diesem Falle schmilzt man sie mit einer abgewogenen Portion reinsten Silbers zusammen.

Arbeitsvorschrift: Die Legierung wird in 10 ml chloridfreier Salpetersäure ($\rho = 1{,}2$ g/ml) gelöst und die Lösung zur Vertreibung der Stickstoffoxide kurz aufgekocht. Die abgekühlte Lösung wird – gegebenenfalls nach dem Abfiltrieren von schwerlöslicher Metazinnsäure – auf 100 ml aufgefüllt und wie folgt titriert:

25 ml der schwach sauren Silbernitratlösung werden in einer Glasflasche von etwa 200 ml Inhalt mit 50 ml Wasser verdünnt. Man gibt Natriumchloridlösung der Konzentration 0,1 mol/l in Anteilen von je 1 ml, später von je 0,5 ml zu, verschließt die Flasche nach jedem Zusatz und schüttelt kräftig. Sobald der Zusatz eines halben Milliliters in der über dem Niederschlag stehenden klaren Lösung keine Trübung mehr hervorruft, ist der erste, orientierende Versuch beendet. Man nimmt wieder 25 ml Lösung ab, verdünnt mit 50 ml Wasser und gibt jetzt einen Milliliter der Kochsalzlösung weniger als im Vorversuch auf einmal hinzu. Die Flüssigkeit wird wiederum so lange geschüttelt, bis sich der Niederschlag zusammengeballt hat. Nach dem Absitzen des Niederschlages gibt man aus einer Mikrobürette portionsweise jeweils 0,5 ml einer Natriumchloridlösung der Konzentration 0,01 mol/l, die man sich durch Verdünnen der 0,1 mol/l enthaltenden Lösung bereitet hat, in der Weise hinzu, daß die Lösung an der Glaswand herabfließt. Solange noch nicht alles Silberchlorid ausgefällt ist, beobachtet man an der Oberfläche der Flüssigkeit eine deutlich sichtbare Trübung, die besonders leicht erkennbar wird, wenn man die Schüttelflasche im reflektierten Licht betrachtet. Die Flüssigkeit wird wieder geschüttelt, und mit dem Zusatz der Natriumchloridlösung wird fortgefahren, bis weitere 0,5 ml keine Opaleszenz mehr hervorrufen. Der letzte Reagenszusatz wird bei der Ablesung der Bürette nicht berücksichtigt. Mindestens zwei Kontrollbestimmungen sind zur Sicherung des Ergebnisses notwendig. Mit diesem Verfahren ist eine Reproduzierbarkeit von 0,05% zu erreichen, wenn auf gleiche Temperatur beim Einstellen und beim Gebrauch der Maßlösungen geachtet wird.

1 ml Natriumchloridlösung, $c(\text{NaCl}) = 0{,}1$ mol/l (0,1 N), entspricht 10,787 mg Ag oder 16,987 mg $AgNO_3$. Bei Silberlegierungen ist das Ergebnis in mg/g anzugeben.

Noch präziser läßt sich die Silberbestimmung nach Gay-Lussac vornehmen, wenn man statt der Natriumchloridlösung eine Kaliumbromidlösung verwendet, da AgBr ($K_L = 4{,}8 \cdot 10^{-13}$ mol²/l²) schwerer löslich ist als AgCl ($K_L = 1{,}1 \cdot 10^{-10}$ mol²/l²). Chloridfreies Kaliumbromid erhält man durch vorsichtiges Schmelzen von analysenreinem Kaliumbromat in einer Platinschale. Das Bromat zersetzt sich unter Abgabe von Sauerstoff. Der Schmelzkuchen wird gepulvert und das Kaliumbromid im elektrischen Ofen auf 500 °C bis zur Massenkonstanz erhitzt.

Bestimmungen nach Volhard

Bestimmung von Silber

Weniger umständlich als das an sich äußerst genaue Verfahren von Gay-Lussac ist die von Volhard (1874) angegebene Vorschrift. Sie beruht auf der Ausfällung des schwerlöslichen Silberthiocyanats ($K_L = 6{,}84 \cdot 10^{-13}$ mol²/l²):

$$Ag^+ + SCN^- \rightarrow AgSCN\downarrow.$$

Ein Überschuß an Thiocyanationen wird mit Hilfe einer Eisen(III)-Salzlösung erkannt (vgl. S. 135):

$$Fe^{3+} + 3\,SCN^- \rightarrow Fe(SCN)_3$$

Als Indikatorlösung dient eine kalt gesättigte Lösung von Ammoniumeisen(III)-sulfat, die mit ausgekochter Salpetersäure bis zum Verschwinden der Braunfärbung versetzt wird. Von dieser Lösung werden 2 ml für je 100 ml der zu titrierenden Lösung verwendet.

Die Titration wird in kalter salpetersaurer Lösung vorgenommen. Die Säurekonzentration soll etwa 0,4 mol/l betragen. Geringe Schwankungen der Wasserstoffionenkonzentration sind ohne Einfluß. Die Salpetersäure darf aber keine salpetrige Säure enthalten, weil diese mit Thiocyanat rotes Nitrosylthiocyanat, NOSCN, bildet. Handelt es sich um die Analyse einer Silberlegierung, so muß deren salpetersaure Lösung (vgl. S. 139) ausgekocht werden. Die Gegenwart anderer Metallionen stört nicht, wenn sie leichtlösliche, dissoziierte Thiocyanate bilden und keine starke Eigenfarbe aufweisen. Quecksilber bildet ein schwerer lösliches, in Lösung nicht dissoziiertes Thiocyanat, muß also vor der Analyse entfernt werden. Liegt der Kupfergehalt einer Legierung unter 70%, ist die Störung vernachlässigbar gering.

Arbeitsvorschrift: Analog der auf S. 138 angegebenen Vorschrift zur Einstellung der NH_4SCN-Maßlösung wird die silberhaltige Probelösung mit 20 ml ausgekochter (HNO_2-freier) Salpetersäure, $c(HNO_3) = 2$ mol/l, versetzt, auf etwa 100 ml mit Wasser verdünnt und langsam unter ständigem Umschwenken mit Ammoniumthiocyanatlösung bis zum Auftreten einer bleibenden schwachen Rotfärbung titriert.

1 ml Ammoniumthiocyanatlösung, $c(NH_4SCN) = 0{,}1$ mol/l (0,1 N), entspricht 10,7868 mg Ag.

Die Einhaltung gleicher Arbeitsbedingungen wie bei der Titerstellung der Thiocyanatmaßlösung ist wichtig, da Silberionen an dem frisch gefällten Silberthiocyanat adsorbiert werden, wodurch ein unter gleichen Versuchsbedingungen gleichbleibender Überschuß an Thiocyanatlösung erforderlich ist, bevor die rote Farbe des Eisen(III)-thiocyanats erkennbar wird.

Bestimmung von Thiocyanat und von Kupfer

Die Thiocyanatlösung wird mit Silbernitratlösung im Überschuß versetzt und der Silberionenüberschuß wie beschrieben zurücktitriert. Die direkte Titration ist nicht möglich, weil das ausfallende Silberthiocyanat Eisen(III)-thiocyanat adsorbiert, so daß die Entfärbung, auf die titriert werden müßte, nicht exakt beobachtet werden kann.

1 ml Silbernitratlösung, $c(AgNO_3) = 0{,}1$ mol/l (0,1 N), entspricht 5,808 mg SCN^-.

Die argentometrische Thiocyanattitration läßt sich auch zur Bestimmung von Kupfer verwenden. Kupfer(II)-Ionen werden durch schweflige Säure zu Kupfer(I)-Ionen reduziert:

$$2\,Cu^{2+} + H_2O + SO_3^{2-} \rightleftharpoons 2\,Cu^+ + SO_4^{2-} + 2\,H^+.$$

Die Kupfer(I)-Ionen fallen nach Zusatz überschüssiger Thiocyanatlösung als schwerlösliches Kupfer(I)-thiocyanat aus:

$$Cu^+ + SCN^- \rightleftharpoons Cu\,SCN\downarrow.$$

Im Filtrat des weißen Niederschlages (mit einem Stich ins Violette) läßt sich aus dem genannten Grund das überschüssige Thiocyanat nicht direkt mit Silbernitrat zurücktitrieren. Man muß vielmehr Silbernitratlösung im Überschuß hinzufügen und den Silberüberschuß mit Ammoniumthiocyanatlösung zurücktitrieren.

Silber-, Quecksilber-, Chlorid-, Bromid-, Iodid- und Cyanidionen dürfen nicht anwesend sein. In silberhaltigen Kupfererzen bestimmt man zuerst nach der oben beschriebenen Methode die Summe des Kupfers und Silbers, anschließend das Silber allein nach Gay-Lussac.

Arbeitsvorschrift: 50 ml der neutralen oder ganz schwach schwefelsauren Kupfer(II)-sulfatlösung werden mit frisch bereiteter schwefliger Säure im Überschuß (etwa 30 ml) und mit 100 ml Ammoniumthiocyanatlösung, 0,1 mol/l, versetzt. Man erhitzt die Lösung zur Vertreibung des überschüssigen Schwefeldioxids zum Sieden, läßt erkalten, bringt Lösung und Niederschlag quantitativ in einen Meßkolben von 250 ml Inhalt und füllt mit Wasser bis zur Marke auf. Die Lösung wird gut durchgeschüttelt und durch ein trockenes Filter filtriert. Die ersten 25 ml der Lösung werden verworfen, der Rest wird in einem trockenen Becherglas aufgefangen. 50 ml der Lösung werden in ein Becherglas abpipettiert, mit 30 ml Silbernitratlösung, 0,1 mol/l, 20 ml Salpetersäure, 2 mol/l, und 2 ml Indikatorlösung versetzt. Der Silberionenüberschuß wird dann mit Ammoniumthiocyanatlösung, 0,1 mol/l, zurücktitriert.

V_1 sei das zur Kupferfällung zugesetzte Volumen der Thiocyanatlösung (genau 0,1 mol/l), V_2 das Volumen der Silbernitratlösung und V_3 das Volumen der Thiocyanatlösung für die Rücktitration; dann ist V_x das Volumen der zur Fällung des Kupfers verbrauchten Thiocyanatlösung:

$$V_x = V_1 - 5\,(V_2 - V_3).$$

1 ml Ammoniumthiocyanatlösung, $c(NH_4SCN) = 0{,}1$ mol/l (0,1 N), entspricht 6,3546 mg Cu.

Bestimmung von Halogeniden und Cyanid

Volhards Methode zur Silberbestimmung ist vor allem deshalb sehr brauchbar, weil sie als sog. Restmethode die Ermittlung des Halogenidgehaltes saurer Lösungen ermöglicht. Die Halogenidlösung wird mit überschüssiger Silbernitratlösung versetzt, der Überschuß an Silberionen wird mit Thiocyanatlösung zurücktitriert.

Chloride. Die Chloridbestimmung kann nicht nach der einfachen, für Bromide gültigen Vorschrift erfolgen. Man kann das überschüssige Silber erst dann mit Thiocyanat titrieren, wenn man das ausgefällte Silberchlorid abgetrennt hat. Der Umschlag des Indikators wäre sonst unscharf, weil das abgeschiedene Silberchlorid nach

$$3\,AgCl + Fe(SCN)_3 \rightleftharpoons 3\,AgSCN + FeCl_3$$

sich solange mit Eisenthiocyanat in das schwerer lösliche Silberthiocyanat umwandeln würde, bis sich der Gleichgewichtszustand in der Lösung zwischen Chlorid- und Thiocyanationen eingestellt hat (1 SCN^--Ion auf 164 Cl^--Ionen). Die zunächst erreichte Rotfärbung würde dauernd verblassen, ein zu hoher Verbrauch an Thiocyanatlösung und damit ein zu geringer Verbrauch an Silbernitrat für die Chloridfällung wären die Folgen. Die Löslichkeit von Silberbromid und Silberthiocyanat ist dagegen gleich.

Arbeitsvorschrift: 25 ml der Chlorid-Probelösung werden in einem Meßkolben von 100 ml Inhalt mit Silbernitratlösung, 0,1 mol/l, bis zur Marke aufgefüllt. Man schüttelt die Lösung einige Minuten lang gut durch, filtriert durch ein trockenes Filter, verwirft die ersten 20 ml und fängt das übrige Filtrat in einem trockenen Becherglas auf. 50 ml davon werden abpipettiert und darin der Silberüberschuß in der beschriebenen Weise bestimmt.

Da jedoch frisch gefälltes Silberchlorid Silberionen adsorbiert, verbraucht man stets etwas zu viel Silbernitrat. Es hat sich in der Praxis ergeben, daß man von dem gefundenen Wert 0,7% abziehen muß, um den richtigen Wert zu erhalten.

Nach Caldwell und Moyer [106] ist die Korrektur nicht erforderlich, wenn man zu der salpetersauren Probelösung Nitrobenzol (1 ml auf je 0,05 g Chlorid) und 1–4 ml Silbernitratlösung im Überschuß zufügt. Die Lösung wird dann 30–40 s lang geschüttelt, damit sich der Niederschlag zu großen Flocken zusammenballt. Das hydrophobe Nitrobenzol bedeckt den Niederschlag, so daß, ohne zu filtrieren, der Indikator zugesetzt und der Silberüberschuß mit Thiocyanatmaßlösung wie beschrieben zurücktitriert werden kann.

Bromide. 25 ml Probelösung werden mit 20 ml ausgekochter Salpetersäure, 2 mol/l, 2 ml Indikatorlösung und 50 ml Silbernitratlösung, 0,1 mol/l, versetzt. Anschließend wird das überschüssige Silber durch Titration mit Ammoniumthiocyanatlösung, 0,1 mol/l, ermittelt.

Iodide. Die Bestimmung wird wie für die Bromide beschrieben durchgeführt. Sie liefert ausgezeichnete Werte, wenn man die Indikatorlösung erst zusetzt, nachdem durch Silbernitratüberschuß die Iodidionen bereits ausgefällt sind und die Lösung 5 min lang kräftig durchgeschüttelt wurde. Andernfalls reduzieren die Iodidionen das Eisen(III):

$$2\,Fe^{3+} + 2\,I^- \rightleftharpoons I_2 + 2\,Fe^{2+}$$

Cyanide. Die Bestimmung erfolgt nach der für Chloride angegebenen Vorschrift. Auch Silbercyanid adsorbiert Silberionen, so daß hier ebenfalls eine Korrektur von −0,7% an der bestimmten Masse angebracht werden muß.

1 ml Silbernitratlösung, $c(AgNO_3) = 0{,}1$ mol/l (0,1 N), entspricht 3,5453 mg Cl bzw. 7,9904 mg Br bzw. 12,690 mg I bzw. 2,6018 mg CN.

Bestimmungen nach Mohr

Bei der Bestimmung nach Mohr werden die Halogenidionen direkt mit Silbernitratlösung titriert. Als Indikator dient Kaliumchromat. Der Endpunkt wird dadurch erkannt, daß ein geringer Überschuß an Silberionen zur Ausfällung von rotbraunem Silberchromat führt (s. S. 135):

$$2\,Ag^+ + CrO_4^{2-} \rightarrow Ag_2CrO_4\downarrow$$

Der pH-Wert bei der Titration muß zwischen 6,5 und 10,5 liegen. Die in sauren Lösungen nach

$$2\,CrO_4^{2-} + 2\,H^+ \rightleftharpoons Cr_2O_7^{2-} + H_2O$$

entstehenden Dichromationen bilden nämlich kein ausreichend schwerlösliches Silberdichromat ($K_L = 2 \cdot 10^{-7}$ mol³/l³). Saure Lösungen müssen daher mit Natriumhydrogencarbonat oder Borax abgestumpft werden. Bei zu hohen pH-Werten läßt sich die Bestimmung nicht durchführen, weil Silberhydroxid und eventuell auch Silbercarbonat ausfallen. Phosphat-, Arsenat-, Sulfit- und Fluoridionen stören bei der Titration.

Die günstigste Indikatorkonzentration von $c(K_2CrO_4) = 5 \cdot 10^{-3}$ mol/l erhält man durch Zusatz von 2 ml einer neutralen 5%igen Kaliumchromatlösung je 100 ml Probelösung. Da die Löslichkeit von Silberchromat mit steigender Temperatur stark zunimmt, darf man nur bei Raumtemperatur titrieren.

Alle Bestimmungen müssen möglichst unter den gleichen Bedingungen bezüglich der Halogenid- und Chromationenkonzentration erfolgen wie bei der Einstellung der Maßlösung, damit der für die erkennbare Rotbraunfärbung notwendige Überschuß an Silberionen immer gleich groß ist.

Dies gilt besonders für die Bestimmung von Iodiden. Wie die folgenden Überlegungen zeigen, ist wegen des großen Löslichkeitsunterschiedes zwischen Silberiodid ($K_L(AgI) = 10^{-16}\,mol^2/l^2$) und Silberchromat ($K_L(Ag_2CrO_4) = 2 \cdot 10^{-12}\,mol^3/l^3$) ein merklicher Überschuß an Silberionen erforderlich, um das Löslichkeitsprodukt von Silberchromat zu überschreiten. Die Anwendung des Massenwirkungsgesetzes auf die beiden Gleichgewichte

$$Ag^+ + I^- \rightleftharpoons AgI\downarrow \text{ und } 2\,Ag^+ + CrO_4^{2-} \rightleftharpoons Ag_2CrO_4\downarrow$$

ergibt, daß Silberchromat erst dann ausfällt, wenn die Iodidionenkonzentration kleiner wird als der durch die Beziehung

$$\frac{c(I^-)}{\sqrt{c(CrO_4^{2-})}} = \frac{K_L(AgI)}{\sqrt{K_L(Ag_2CrO_4)}}$$

gegebene Wert $c(I^-) = 7{,}1 \cdot 10^{-11} \cdot \sqrt{c(CrO_4^{2-})}$ mol/l. Bei der üblichen Indikatorkonzentration von $c(K_2CrO_4) = 5 \cdot 10^{-3}$ mol/l beginnt die Ausfällung also bei $c(I^-) = 7{,}1 \cdot 10^{-11} \cdot \sqrt{5 \cdot 10^{-3}} = 5 \cdot 10^{-12}$ mol/l. Dies entspricht einer Silberionenkonzentration von $c(Ag^+) = 2 \cdot 10^{-5}$ mol/l, die um drei Zehnerpotenzen größer ist als am Äquivalenzpunkt, an dem sie nur $c(Ag^+) = \sqrt{K_L(AgI)} = 10^{-8}$ mol/l beträgt. Der für die praktische Erkennbarkeit des Endpunktes notwendige Silberüberschuß ist natürlich noch größer. Man muß deshalb unbedingt eine Silbernitratlösung benutzen, die unter den Bedingungen der späteren Titration auf Kaliumiodid eingestellt wurde.

Hauptsächlich wird die Methode zur Bestimmung von Chloriden und Bromiden verwendet. Sie liefert auch bei relativ verdünnten Lösungen noch gute Resultate.

Bestimmung von Chlorid in Natriumchloridlösung

Arbeitsvorschrift: Zu 25 ml der neutralen Natriumchloridlösung, die ungefähr 0,1 mol/l NaCl enthalten soll, werden 2 ml neutrale 5%ige Kaliumchromatlösung zugesetzt. Die deutlich gelbe Lösung wird langsam unter ständigem Schütteln mit Silbernitratlösung, 0,1 mol/l, titriert, bis die nach jedem neuen Reagenszusatz entstehende Rotbraunfärbung nicht mehr verschwindet, sondern auch noch nach einigen Minuten besteht.

1 ml Silbernitratlösung, $c(AgNO_3) = 0{,}1$ mol/l (0,1 N), entspricht 3,5453 mg Cl.

Bestimmung von Chlorid in Trinkwasser und in Abwasser

Der pH-Wert des Wassers muß entsprechend den Bedingungen der Titration nach Mohr zwischen 6,5 und 10,5 liegen. Wenn das Wasser stark gefärbt ist oder Hydrogensulfid enthält, kocht man 1 l davon 5 min lang mit etwas Kaliumpermanganatlösung. Die noch rote Flüssigkeit wird mit 30%iger Wasserstoffperoxidlösung entfärbt, nach dem Abkühlen wieder auf 1 l aufgefüllt und filtriert (die ersten Anteile des Filtrats werden verworfen).

Arbeitsvorschrift: Jede von zwei 100-ml-Proben des Wassers wird mit 2 ml 5%iger Kaliumchromatlösung versetzt und mit Silbernitratlösung, 0,01 mol/l, aus einer Mikrobürette bis zur ersten schwachen Rotbraunfärbung titriert. Dann wird mit Wasser auf 150 ml verdünnt. Dabei entfärben sich die Lösungen wieder. Man benutzt nun eine Probe als Vergleichslösung und titriert die andere bis zum eben erkennbaren bleibenden Umschlag zu Ende. Auf diese Weise hat man immer das gleiche Endvolumen, kann also immer dieselbe Korrektur für den notwendigen Überschuß an Maßlösung, nämlich 0,6 ml, vom Verbrauch abziehen.

Bestimmungen nach Fajans

Die Endpunkterkennung mit Adsorptionsindikatoren wurde bereits auf S. 136 behandelt. Eosin ist für die Bestimmung von Bromid, Iodid und Thiocyanat gut geeignet, nicht jedoch für die von Chlorid, da es von Silberchlorid schon bei Beginn der Titration adsorbiert wird. Brauchbar ist dagegen in diesem Fall Fluorescein. Die Silberbestimmung gelingt mit dem basischen Farbstoff Rhodamin 6G.

Da die photochemische Zersetzung der Silberhalogenide durch die erwähnten Farbstoffe stark beschleunigt wird, sollen die im folgenden beschriebenen Titrationen zügig und nicht im direkten Sonnenlicht durchgeführt werden.

Bestimmung von Bromid, Iodid und Thiocyanat

Die Titration erfolgt in schwach essigsaurer Lösung mit Eosin als Indikator (1%ige wäßrige Lösung des Natriumsalzes; Zugabe von 2 Tropfen auf jeweils 10 ml Halogenidlösung, $c(\text{Hal}) \approx 0{,}1$ mol/l). Man titriert solange unter kräftigem Schütteln, bis der Niederschlag plötzlich eine deutlich rote ($c(\text{Hal}) \approx 0{,}1$ mol/l) bzw. rosarote ($c(\text{Hal}) \approx 0{,}01$ mol/l) Farbe annimmt. Beträgt die Halogenidionenkonzentration nur 0,001 mol/l, flockt das Silberhalogenid nicht mehr aus, aber die Farbe der Lösung ändert sich am Äquivalenzpunkt scharf von Rosa nach Purpurrot.

Bestimmung von Chlorid

Die neutrale Lösung, die ungefähr 0,1 mol/l Chlorid enthalten soll, wird mit Fluorescein als Indikator versetzt (0,2%ige wäßrige Lösung des Natriumsalzes; Zugabe von 2 Tropfen auf jeweils 10 ml Probelösung) und bis zur plötzlichen Hellrotfärbung des Niederschlags titriert. Nach Kolthoff [89] kann man das Silberchlorid kolloid in Lösung halten, wenn man zu jeweils 10 ml Probelösung 5 ml 2%ige chlorfreie Dextrinlösung zufügt; die Farbe der Flüssigkeit schlägt dann am Äquivalenzpunkt scharf nach Rosa um. Mehrwertige Ionen können wegen ihrer koagulierenden Wirkung die Erkennung des Endpunkts erschweren.

Bestimmung von Silber

Die Titration von Silber erfolgt in essigsaurer Lösung mit Kaliumbromidlösung und Rhodamin 6G als Indikator bis zur plötzlichen Blauviolettfärbung des Silberbromids. Der Fehler der Bestimmung beträgt ungefähr 0,1%.

Bestimmung von Cyanid nach Liebig

Im Gegensatz zu den bisher besprochenen fällungsanalytischen Verfahren erfolgt bei der Cyanidbestimmung nach Liebig (1851) die Bildung des Niederschlages erst am Ende der Titration, wenn der Äquivalenzpunkt eben überschritten worden ist. Sie ist zugleich ein einfaches Beispiel für die Anwendung einer Komplexbildungsreaktion in der Maßanalyse (vgl. Abschn. 3.4).

Versetzt man eine schwach alkalische Alkalimetallcyanidlösung tropfenweise mit Silbernitratlösung, so beobachtet man an der Eintropfstelle das Auftreten eines weißen Niederschlages von Silbercyanid, der aber beim Umschütteln sofort wieder verschwindet, da das im Überschuß vorhandene Cyanid mit dem Silbercyanid den löslichen Dicyanoargentat(I)-Komplex bildet:

$$AgCN + CN^- \rightleftharpoons [Ag(CN)_2]^-.$$

Sind aber im Verlaufe der Titration praktisch sämtliche Cyanidionen in dieser Weise gebunden worden, so erzeugt der erste überschüssige Tropfen der Silbernitratlösung eine bleibende Trübung von Silbercyanid

$$[Ag(CN)_2]^+ + Ag^+ \rightleftharpoons 2\,AgCN\downarrow,$$

die das Ende der Titration anzeigt. Für die Berechnung ist maßgebend, daß 1 mol Ag^+ 2 mol CN^- entspricht.

Die Titration soll, besonders gegen Ende, langsam und unter ständigem Schütteln durchgeführt werden, da das an der Eintropfstelle primär ausgeschiedene Silbercyanid bei nur noch geringem Cyanidüberschuß nur langsam in Lösung geht. Die Lösung soll schwach alkalisch sein ($pH < 13$) und darf keine Ammoniumsalze enthalten, weil das Vorhandensein von Ammoniak die Ausfällung des Silbercyanids verhindert. Die Gegenwart von Chlorid-, Bromid-, Iodid- und Thiocyanationen hat keinen störenden Einfluß. Als Beispiel sei die Analyse von technischem Kaliumcyanid beschrieben.

Arbeitsvorschrift: Mehrere Proben von etwa 0,3 g Kaliumcyanid werden genau abgewogen, in je 100 ml Wasser gelöst und nach Zusatz von jeweils 2 ml Kalilauge, $c = 2$ mol/l, mit Silbernitratlösung, $c(AgNO_3) = 0{,}1$ mol/l, langsam und unter Umschütteln bis zum Eintreten einer eben erkennbaren bleibenden Trübung titriert. Zur Erleichterung der Erkennung des Endpunktes stellt man das Titriergefäß auf eine dunkle Unterlage (z. B. schwarzes Papier).

1 ml Silbernitratlösung, $c(AgNO_3) = 0{,}1$ mol/l (0,1 N), entspricht 5,2036 mg CN oder 5,4052 mg HCN oder 13,024 mg KCN. Man rechnet das Analysenergebnis in Massenanteil KCN in Prozent um. Enthält das technische Produkt Natriumcyanid, so kann der Zahlenwert über 100% liegen.

3.3 Oxidations- und Reduktionstitrationen

3.3.1 Theoretische Grundlagen

Oxidation und Reduktion

In der geschichtlichen Entwicklung der Chemie haben die Begriffe Oxidation und Reduktion des öfteren einen wesentlichen Bedeutungswandel erfahren. Anfangs verstand man unter Oxidation die chemische Umsetzung eines Stoffes mit Sauerstoff (lat. oxygenium) und unter Reduktion das Zurückführen (lat. reducere) des oxidierten Stoffes in den ursprünglichen Zustand, also den Entzug von Sauerstoff (Lavoisier, 1777). So ist jeder Verbrennungsprozeß eine Oxidation, z. B.

$$2\,H_2 + O_2 \rightarrow 2\,H_2O$$
$$2\,CO + O_2 \rightarrow 2\,CO_2$$

und der Vorgang

$$PbO + H_2 \rightarrow Pb + H_2$$

eine Reduktion.

In der ersten Hälfte des vorigen Jahrhunderts erfuhren beide Begriffe Erweiterungen. Einmal bezeichnete man auch den Prozeß des Wasserstoffentzugs als Oxidation, z. B.

$$2\,NH_3 + \tfrac{3}{2}O_2 \rightarrow N_2 + 3\,H_2O,$$

und den der Vereinigung mit Wasserstoff als Reduktion, z. B.

$$N_2 + 3\,H_2 \rightarrow 2\,NH_3.$$

Zum anderen wurden die Begriffe auch auf solche chemischen Reaktionen ausgedehnt, bei denen Sauerstoff oder Wasserstoff gar nicht in elementarer Form aufgenommen bzw. abgegeben, sondern von anderen Verbindungen übertragen werden, z. B.

$$2\,HBr + Cl_2 \rightarrow Br_2 + 2\,HCl$$

(Oxidation von HBr, Reduktion von Cl_2),

$$CO + PbO \rightarrow CO_2 + Pb$$

(Oxidation von CO, Reduktion von PbO).

Im Jahre 1860 wurde der Begriff Oxidation nochmals erweitert. Unter einer Oxidation sollte eine chemische Reaktion verstanden werden, die zu einer Wertigkeitserhöhung (vgl. S. 49) des betreffenden Elementes führt, z. B.

$$2\,Na + Cl_2 \rightarrow 2\,NaCl$$

(„Verbrennung“ des Natriums in einer Chloratmosphäre, Oxidation des „nullwertigen“ zum „einwertigen“ Natrium; in heutiger Ausdrucksweise: Erhöhung der Ionenwertigkeit des Natriums von 0 auf 1+) oder

$$4\,FeO + O_2 \rightarrow 2\,Fe_2O_3$$

(Oxidation des „zweiwertigen“ Eisens zum „dreiwertigen“; Erhöhung der Ionenwertigkeit des Eisens von 2+ auf 3+).

Auf der erstmals von Kossel und Lewis 1916 formulierten Elektronentheorie der chemischen Bindung beruht die heute geltende Definition der Begriffe Oxidation und Reduktion.

Danach beruhen alle Oxidations- und Reduktionsreaktionen auf der Übertragung von Elektronen. Es besteht eine formale Übereinstimmung mit der Theorie der Säure-Base-Reaktionen von Brönsted (vgl. Abschn. 3.1.1), nach der Protonen übertragen werden.

Unter *Oxidation* ist die *Abgabe von Elektronen,* unter *Reduktion* die *Aufnahme von Elektronen* zu verstehen. So sind folgende Reaktionen Oxidationsvorgänge:

$$Fe^{2+} \rightarrow Fe^{3+} + e^-$$
$$2\,I^- \rightarrow I_2 + 2\,e^-$$
$$Na \rightarrow Na^+ + e^-.$$

Als Beispiele für Reduktionsprozesse seien genannt:

$$Fe^{3+} + e^- \rightarrow Fe^{2+}$$
$$Sn^{4+} + 2\,e^- \rightarrow Sn^{2+}$$
$$Cl_2 + 2\,e^- \rightarrow 2\,Cl^-.$$

Kommt ein Stoff - wie in den aufgeführten Beispielen - in zwei Formen vor, die sich lediglich durch die Anzahl ihrer Elektronen unterscheiden, so bilden diese beiden Formen ein **korrespondierendes Redoxpaar** (Redoxsystem). Die oxidierte Form A_{ox} ist durch Aufnahme von Elektronen (Reduktion) in die reduzierte Form A_{red} überführbar und diese kann durch Entzug von Elektronen (Oxidation) in die oxidierte Form übergehen

$$A_{ox} + z\,e^- \rightleftharpoons A_{red},$$

wobei z die Anzahl der am Redoxvorgang beteiligten Elektronen ist.

Wenn ein Stoff unter Abgabe von Elektronen oxidiert wird, so muß zwangsläufig ein anderer Stoff gleichzeitig unter Aufnahme von Elektronen reduziert werden, denn freie Elektronen treten unter normalen chemischen Reaktionsbedingungen nicht auf. Jede Oxidation eines Stoffes bedeutet somit zugleich die Reduktion eines anderen. Man drückt diese Kopplung durch die Bezeichnung **Redoxreaktion** aus.

An jeder Redoxreaktion müssen stets zwei korrespondierende Redoxpaare teilnehmen:

$$A_{red} + B_{ox} \rightleftharpoons A_{ox} + B_{red}.$$

Die Teilchen A_{red} wirken reduzierend, indem sie an die Teilchen B_{ox} Elektronen abgeben. A_{red} heißt daher **Reduktionsmittel**. Reduktionsmittel sind Elektronendonatoren, sie werden durch die Elektronenabgabe oxidiert. Die Teilchen B_{ox} oxidieren A_{red}, indem sie Elektronen aufnehmen. B_{ox} ist somit ein **Oxidationsmittel,** ein Elektronenakzeptor. Bei der Reaktion geht es in die reduzierte Form über.

Eine Redoxreaktion stellt eine Elektronenübertragung von einem Reduktionsmittel auf ein Oxidationsmittel dar.

Beispiel:

$$2\,Fe^{3+} + Sn^{2+} \rightarrow 2\,Fe^{2+} + Sn^{4+}.$$

In saurer Lösung werden Fe^{3+}-Ionen von Sn^{2+}-Ionen reduziert bzw. - in anderer Formulierung - werden Sn^{2+}-Ionen von Fe^{3+}-Ionen oxidiert. Die beteiligten korrespondierenden Redoxpaare sind Fe^{3+}/Fe^{2+} und Sn^{4+}/Sn^{2+}.

Beispiel:

$$Fe + Cu^{2+} \rightarrow Fe^{2+} + Cu.$$

Dieser Vorgang spielt sich beim Eintauchen eines Eisennagels in eine Kupfersalzlösung ab. Eisen reduziert die Kupferionen. Die beteiligten Redoxpaare sind Fe^{2+}/Fe und Cu^{2+}/Cu.

Stoffe wie Eisen(II)-Ionen, die unter Elektronenaufnahme als Oxidationsmittel wirken können ($Fe^{2+} + 2\,e^- \rightarrow Fe$), aber auch Elektronen abgeben können ($Fe^{2+} \rightarrow Fe^{3+} + e^-$), bezeichnet man als *redoxamphotere Stoffe.*

Oxidationszahl

Zur quantitativen Beschreibung von Redoxreaktionen ist es sinnvoll, den Oxidationszustand der beteiligten Elementatome durch Zahlen zu bezeichnen. Bei Reaktionen zwischen Ionen läßt sich die Ionenladungszahl mit positivem oder negativem Vorzeichen, die *Ionenwertigkeit,* verwenden. Die Ionenbindung ist aber nur ein Grenzfall der chemischen Bindung, und bei weitem nicht alle Verbindungen sind aus Ionen aufgebaut. Der Übergang von Elektronen ist daher bei vielen Redoxvorgängen nicht so einfach zu erkennen.

Werden beispielsweise bei der Oxidation des Wasserstoffs durch Sauerstoff kovalente, nichtpolare Bindungen in den Elementmolekülen gebrochen und stark polare O-H-Bindungen im Wassermolekül gebildet:

$$2\,H-H + \overline{\underline{O}}=\overline{\underline{O}} \rightarrow 2\ {}^{\delta+}H_2O^{2\delta-},$$

so ist auch dieser Vorgang als - partieller - Elektronenübergang aufzufassen. In den neu gebildeten Bindungen sind die bindenden Elektronen stärker zum elektronegativeren Bindungspartner hingezogen. In solchen Fällen müssen die Polaritäten der betreffenden kovalenten Bindungen betrachtet werden. Ein weiteres Beispiel ist die Bildung von gasförmigem Hydrogenchlorid aus den Elementen:

$$H-H + |\overline{\underline{Cl}}-\overline{\underline{Cl}}| \rightarrow 2\ {}^{\delta+}H-\overline{\underline{Cl}}|^{\delta-}.$$

Anstelle der Ionenwertigkeit ist deshalb der Begriff *Oxidationszahl* für ein Elementatom eingeführt worden. Unter der Oxidationszahl eines Elementatoms in einem Atomverband versteht man die Ladung, die das Atom haben würde, wenn die Elektronen aller Bindungen an diesem Atom dem jeweils elektronegativeren Bindungspartner zugeordnet werden.

Man denkt sich dabei eine Verbindung formal in positiv und negativ geladene Bestandteile zerlegt und gibt die Oxidationszahl des jeweiligen Atoms durch eine römische Ziffer an, die rechts oben neben oder auch über das Elementsymbol geschrieben wird. Ziffern ohne Vorzeichen bedeuten positive Oxidationszahlen; negative Oxidationszahlen werden durch ein Minuszeichen *vor* der Ziffer bezeichnet.

Beispiele:

$$C^{IV}O_2^{-II} \qquad N^{-III}H_3^{I} \qquad H_2^{\pm 0}$$

Die algebraische Summe der Oxidationszahlen aller vorhandenen Atome ist in einem ungeladenen Molekül gleich null, in einem Molekülion gleich der Ionenladung, z. B.

CO_2	C:	IV	SO_4^{2-}	S:	VI
	O:	$2\cdot(-II)$		O:	$4\cdot(-II)$
Summe:		0	Summe:		-2.

Für die Ermittlung der Oxidationszahlen können folgende Regeln angewendet werden:

1. Atome in Molekülen von Elementen und in elementaren Metallen haben die Oxidationszahl Null. Sie tragen keinen Ladungsüberschuß und unterscheiden sich nicht in ihrer Elektronegativität:

$$|\overset{\pm 0}{N}\equiv\overset{\pm 0}{N}| \qquad \overset{\pm 0}{Cu}.$$

2. Bei Atomionen ist die Oxidationszahl gleich der Ionenladung:

$$Na^+,\ Mg^{2+},\ Fe^{3+},\ O^{2-}.$$

3. In Molekülen und Molekülionen, die aus mehreren Elementen bestehen, ist die Oxidationszahl eines Atoms gleich der formalen Ladung, die diesem Atom zukäme, wenn das Molekül, in dem es eingebaut ist, vollständig aus Atomionen bestünde.

Zur Ermittlung der Oxidationszahlen geht man folgendermaßen vor: Man schreibt die Strichformel (Lewis-Formel) der Verbindung mit sämtlichen (bindenden und nichtbindenden) Valenzelektronen auf. Dann trennt man formal alle kovalenten Bindungen, wobei die Bindungselektronen dem jeweils elektronegativeren Partner zugeordnet werden. Ein Kriterium für die relative Elektronegativität bilden die Koeffizienten von Pauling [107]. Bei kovalenten Bindungen zwischen gleichartigen Atomen werden die Bindungselektronen hälftig zugeordnet. Die Differenz zwischen der Anzahl der Valenzelektronen des jeweils betrachteten Atoms im ungeladenen Zustand und der Anzahl der Valenzelektronen, die das Atom nach der formal durchgeführten Bindungstrennung erhält, ist seine Oxidationszahl. Zur Kontrolle stellt man die Elektronenbilanz auf.

Beispiel: Phosphorsäure, H_3PO_4

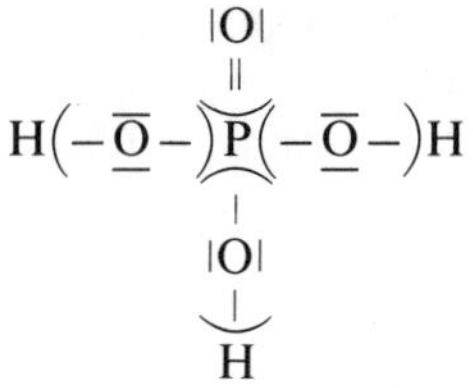

Oxidationszahlen: Wasserstoff I, Sauerstoff – II, Phosphor V
Bilanz: $3 \cdot I + 4 \cdot (-II) + V = 0$.

Beispiel: Oxalsäure, $H_2\,C_2\,O_4$

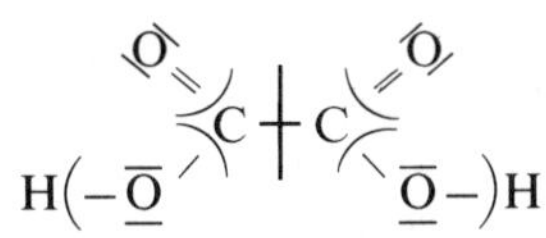

Oxidationszahlen: Wasserstoff I, Sauerstoff – II, Kohlenstoff III
Bilanz: $2 \cdot I + 4 \cdot (-II) + 2 \cdot III = 0$.

Beispiel: Kaliumpermanganat, $KMnO_4$

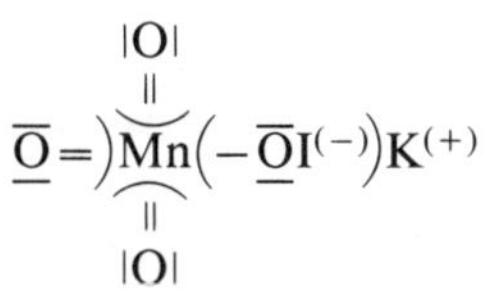

Oxidationszahlen: Kalium I, Sauerstoff – II, Mangan VII
Bilanz: $I + 4 \cdot (-II) + VII = 0$.

Beispiel: Hydrogenperoxid, H_2O_2

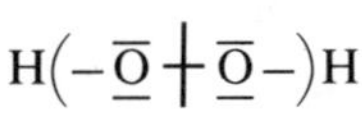

Oxidationszahlen: Wasserstoff I, Sauerstoff – I
Bilanz: $2 \cdot I + 2 \cdot (-I) = 0$.

Wie die Regeln und Beispiele erkennen lassen, haben die Oxidationszahlen - abgesehen von den Atomionen - keine konkrete physikalische Bedeutung, sondern nur einen formalen Sinn. Sie stellen ein Hilfsmittel zum Erkennen von Redoxvorgängen und den mit ihnen verbundenen vollständigen oder partiellen Elektronenübergängen dar. Mit Hilfe der Oxidationszahlen läßt sich die Definition einer Redoxreaktion neu und umfassender formulieren:

- Jede chemische Reaktion, bei der irgendeine Änderung der Oxidationszahlen der beteiligten Elemente stattfindet, ist eine Redoxreaktion.
- Oxidation bedeutet die Erhöhung der Oxidationszahl eines Elementes, Reduktion die Erniedrigung der Oxidationszahl.

Redoxpotential

Die Fähigkeit eines Stoffes, als Oxidations- bzw. Reduktionsmittel zu wirken, hängt im wesentlichen von seiner Elektronenaffinität ab.

Taucht man einen Zinkstab in eine Kupfer(II)-sulfatlösung, so überzieht er sich mit metallischem Kupfer:

$$Zn + Cu^{2+} \rightarrow Cu + Zn^{2+}.$$

Bei dem Vorgang wird Zink oxidiert und Kupfer reduziert. Er läßt sich in zwei Teilprozesse auflösen:

$$\begin{aligned} Zn &\rightleftharpoons Zn^{2+} + 2\,e^- \\ Cu^{2+} + 2\,e^- &\rightleftharpoons Cu. \end{aligned}$$

Ein Zinkstab, der in eine Zinksalzlösung eintaucht, reagiert prinzipiell nach der ersten Gleichung. Der Vorgang kommt aber sehr bald mit seinem - durch den unteren Pfeil der Gleichung bezeichneten - Gegenprozeß ins Gleichgewicht. Dadurch, daß metallisches Zink - wenn auch nur in geringem Maße - als Zn^{2+}-Ionen in Lösung geht, lädt sich der Zinkstab negativ auf. Taucht dagegen ein Kupferstab in eine Kupfersalzlösung, so scheidet sich nach der zweiten Gleichung eine geringe Menge metallischen Kupfers ab. Dadurch erhält der Kupferstab gegenüber der Lösung eine geringe positive Aufladung. Die Kombinationen Zn (Metall)/Zn^{2+} (gelöst) und Cu (Metall)/Cu^{2+} (gelöst) bezeichnet man als *Halbelemente* (im Sinne galvanischer Elemente), ihre durch die Aufladung gegebenen elektrischen Potentiale als *Einzelpotentiale.* Durch Kombination der Halbelemente entstehen die bekannten galvanischen Elemente, im Falle der Kombination der obigen Halbelemente Zn/Zn^{2+} und Cu/Cu^{2+} das *Daniellelement.*

Auch der elementare Wasserstoff nimmt gegenüber der Lösung seiner Ionen ein bestimmtes Einzelpotential an. Taucht man z. B. ein platiniertes Platinblech (s. S. 234) in eine Säure ein und bespült es mit Wasserstoffgas, so löst sich etwas von dem Gas im Platin. Dieser an der Oberfläche mit Wasserstoffgas gesättigte Platinstab verhält sich dann wie ein *Wasserstoffstab.*

Die relative Größe der Einzelpotentiale hängt von der Natur des betreffenden Elementes sowie von der Konzentration seiner Ionen in der Lösung ab (vgl. Abschn. 4.4.1). Sie läßt sich experimentell bestimmen, indem man die verschiedenen Halbelemente nacheinander mit ein und demselben Halbelement als Bezugselement kombiniert und die verschiedenen Spannungen am Voltmeter abliest. In Tab. 3-7 ist eine Reihe von *Standardpotentialen* $E°$ zusammengestellt[1)], die bei 20 °C gemessen wurden. Als Bezugselektrode dient dabei die *Standardwasserstoffelektrode,* der man willkürlich das Potential Null zugeordnet hat.

Die Reihenfolge der metallischen Elemente nach steigenden (positiven) Einzelpotentialen geordnet nennt man die *elektrochemische Spannungsreihe.* Sie gibt uns einen brauchbaren Maßstab für die Beurteilung der Bindungsfestigkeit der Elek-

[1] gemessen unter *Standardbedingungen:* Aktivität der gelösten Ionen $a = 1$, feste Stoffe liegen rein vor, Gase haben den Druck $p = 1{,}013$ bar.

Tab. 3-7 Elektrochemische Spannungsreihe einiger Metalle

Redoxsystem	$E°$ in V	Redoxsystem	$E°$ in V
$Li^+ + e^- \rightleftharpoons Li$	−3,05	$Co^{2+} + 2e^- \rightleftharpoons Co$	−0,28
$Ca^{2+} + 2e^- \rightleftharpoons Ca$	−2,87	$Pb^{2+} + 2e^- \rightleftharpoons Pb$	−0,13
$Mg^{2+} + 2e^- \rightleftharpoons Mg$	−2,36	$2H^+ + 2e^- \rightleftharpoons H_2$	±0,00
$Al^{3+} + 3e^- \rightleftharpoons Al$	−1,66	$Cu^{2+} + 2e^- \rightleftharpoons Cu$	+0,34
$Mn^{2+} + 2e^- \rightleftharpoons Mn$	−1,18	$Ag^+ + e^- \rightleftharpoons Ag$	+0,80
$Zn^{2+} + 2e^- \rightleftharpoons Zn$	−0,76	$Hg^+ + e^- \rightleftharpoons Hg$	+0,85
$Fe^{2+} + 2e^- \rightleftharpoons Fe$	−0,40	$Au^{3+} + 3e^- \rightleftharpoons Au$	+1,50

tronen in den äußersten Elektronenschalen. Von den in Tab. 3-7 aufgeführten Elementen gibt z. B. Lithium am leichtesten, Gold dagegen am schwersten Valenzelektronen ab.

Ebenso wie man das Bestreben der Elemente, Elektronen abzugeben bzw. aufzunehmen, also ihr Oxidations- bzw. Reduktionsvermögen, durch Aufstellung einer Spannungsreihe miteinander vergleichen kann, lassen sich auch alle anderen Oxidations- und Reduktionsmittel dadurch kennzeichnen, daß man ihre Einzelpotentiale, ihre *Redoxpotentiale* bestimmt.

Eine Elektrode aus blankem Platin, die in die Lösung eines Oxidations- oder Reduktionsmittels eintaucht, nimmt ein bestimmtes Potential an. Je größer das Oxidationsvermögen der Lösung ist, um so positiver oder edler, je stärker reduzierend die Lösung wirkt, umso negativer oder unedler wird das Potential der Elektrode. Stellt man die am Voltmeter abgelesenen Werte für die Lösungen verschiedener Oxidations- und Reduktionsmittel, gemessen gegen die Standardwasserstoffelektrode als Bezugssystem, zusammen, so erhält man Tab. 3-8. Die Potentiale, die durch die jeweiligen Oxidations- und Reduktionsvorgänge geliefert werden, hängen auch hier wieder von der Konzentration der beteiligten Stoffe ab. Die in Tab. 3-8 enthaltenen Standardpotentiale $E°$ beziehen sich auf Lösungen von 25 °C.

Im Sinne der oberen Pfeile gelesen beschreiben die in Tab. 3-8 aufgeführten Reaktionsgleichungen Reduktionsvorgänge, im Sinne der unteren Pfeile Oxidationsprozesse. Das Reduktionsvermögen des Titan(III)-Ions ist danach größer als z. B. das des Zinn(II)-Ions, und dieses wieder ist stärker reduzierend als das $[Fe(CN)_6]^{4-}$-Ion. Andererseits ist das Permanganation in saurer Lösung ein stärkeres Oxidationsmittel als etwa das Bromation oder das Hypochlorition. Ebenfalls kommt in der Reihe $Cl_2/Br_2/I_2$ das abnehmende Oxidationsvermögen der Halogene in den Potentialwerten zum Ausdruck.

- Zusammenfassend läßt sich sagen: Das Oxidations- oder Reduktionsvermögen jedes Oxidations- bzw. Reduktionsmittels läßt sich zahlenmäßig kennzeichnen durch die Größe des elektrischen Potentials, das eine in seine Lösung eintauchende unangreifbare Elektrode gegenüber der Standardwasserstoffelektrode annimmt.

Tab. 3-8 Elektrochemische Spannungsreihe für Ionen

Redoxsystem	$E°$ in V
S (fest) + H_2O + 2 e^- ⇌ HS^- + OH^-	−0,48
Cr^{3+} + e^- ⇌ Cr^{2+}	−0,41
TiO^{2+} + 2 H^+ + e^- ⇌ Ti^{3+} + H_2O	+0,1
Sn^{4+} + 2 e^- ⇌ Sn^{2+}	+0,15
$[Fe(CN)_6]^{3-}$ + e^- ⇌ $[Fe(CN)_6]^{4-}$	+0,36
I_3^- + 2 e^- ⇌ 3 I^-	+0,54
Fe^{3+} + e^- ⇌ Fe^{2+}	+0,77
ClO^- + H_2O + 2 e^- ⇌ Cl^- + 2 OH^-	+0,89
Br_2 (gelöst) + 2 e^- ⇌ 2 Br^-	+1,07
IO_3^- + 6 H^+ + 6 e^- ⇌ I^- + 3 H_2O	+1,09
Ce^{4+} + e^- ⇌ Ce^{3+}	+1,28
$Cr_2O_7^{2-}$ + 14 H^+ + 6 e^- ⇌ 2 Cr^{3+} + 7 H_2O	+1,33
Cl_2 (gelöst) + 2 e^- ⇌ 2 Cl^-	+1,36
BrO_3^- + 6 H^+ + 6 e^- ⇌ Br^- + 3 H_2O	+1,44
MnO_4^- + 8 H^+ + 5 e^- ⇌ Mn^{2+} + 4 H_2O	+1,51
MnO_4^- + 4 H^+ + 3 e^- ⇌ MnO_2 (fest) + 2 H_2O	+1,70

Die reduzierte Form eines Redoxpaares kann nicht an jede beliebige oxidierte Form eines anderen Redoxpaares Elektronen abgeben bzw. die oxidierte Form eines bestimmten Paares nicht von jeder beliebigen reduzierten Form anderer Paare Elektronen aufnehmen. Ob die oxidierte Form eines Redoxpaares als Oxidationsmittel bzw. ob die reduzierte Form als Reduktionsmittel wirken kann, hängt von den Versuchsbedingungen ab. Ein Stoff ist nicht von vornherein ein Oxidationsmittel oder ein Reduktionsmittel. Es kommt dabei auf den Reaktionspartner an. Weiterhin ist das Verhalten abhängig von der Temperatur und den Konzentrationen. In vielen Fällen stellen sich Redoxgleichgewichte ein.

3.3.2 Permanganometrische Bestimmungen

In der Permanganometrie, in der Kaliumpermanganatlösung als Maßlösung verwendet wird, nutzt man das große Oxidationsvermögen des MnO_4^--Ions aus. Der Verlauf der Redoxreaktionen ist jedoch ganz unterschiedlich, je nachdem ob das Reaktionsmedium sauer, neutral oder alkalisch ist.

Die überwiegende Anzahl der in der Permanganometrie für Titrationszwecke ausgenutzten Umsetzungen spielen sich in saurer Lösung ab, und zwar nach der Gleichung

$$MnO_4^- + 8\,H^+ + 5\,e^- \rightarrow Mn^{2+} + 4\,H_2O.$$

Das Permanganation, in dem Mangan die Oxidationszahl VII aufweist, wird unter Mitwirkung von 8 Wasserstoffionen unter Aufnahme von 5 Elektronen, die das jeweilige Reduktionsmittel liefert, zum Mangan(II)-Ion reduziert. Dabei entstehen aus 8 Wasserstoffionen 4 Moleküle Wasser.

In einigen Fällen wird die Titration mit Kaliumpermanganat in neutraler Lösung vorgenommen. Das gilt hauptsächlich für solche Stoffe, die wie z. B. Hydrazin nur in Lösungen geringer Wasserstoffionenkonzentration von Permanganat eindeutig oxidiert werden.

In schwach sauren, neutralen oder alkalischen Lösungen reagiert das Permanganat nach

$$MnO_4^- + 4\,H^+ + 3\,e^- \rightarrow MnO_2\downarrow + 2\,H_2O.$$

Hier wird das Mangan von der Oxidationszahl VII unter Mitwirkung von $4\,H^+$-Ionen unter Aufnahme von nur 3 Elektronen, die das Reduktionsmittel abgibt, zum Mangandioxid reduziert, in dem Mangan die Oxidationszahl IV hat.

Der wirkliche Verlauf jedoch, der Mechanismus der Reaktionen, die sich in den Lösungen abspielen, in denen Permanganat als Oxidationsmittel verwendet wird, ist bedeutend verwickelter als die Formulierungen erkennen lassen. Beispiele werden das später zeigen.

Eine weitere Möglichkeit besteht darin, in alkalischen Lösungen zu arbeiten. Hier findet die Reduktion des Permanganats zum Manganat(VI) statt:

$$MnO_4^- + e^- \rightarrow MnO_4^{2-}.$$

Auch diese Reaktion läßt sich maßanalytisch verwenden. Sie dient z. B. zur Bestimmung von Methanol, Formaldehyd und phosphoriger Säure.

Herstellung der Kaliumpermanganatlösung

Aus den Ausführungen über Maßlösungen und über die Oxidationswirkung des Permanganats folgt, daß eine für Titrationen im sauren Bereich zu verwendende Kaliumpermanganatlösung der Konzentration $c(\frac{1}{5}KMnO_4) = 1$ mol/l (früher 1 normale $KMnO_4$-Lösung, 1 N) 158,034 : 5 = 31,607 g $KMnO_4$ je Liter enthalten muß. In der Praxis arbeitet man meist mit 10fach verdünnten Lösungen, $c(\frac{1}{5}KMnO_4) = 0{,}1$ mol/l (0,1 N Lösung).

Trotz der Reinheit des im Handel erhältlichen Kaliumpermanganats kann man sich keine präzise Maßlösung durch Abwägen von genau 3,1607 g $KMnO_4$, Auflösen in Wasser und Auffüllen auf ein Liter bereiten, weil eine solche Lösung keine Titerkonstanz aufweist. Man wiegt vielmehr auf einer Laborwaage ungefähr die berechnete Portion des Salzes ab, etwa 3,2 g, löst sie in einer sauberen Flasche zu einem Liter mit deionisiertem Wasser auf und läßt die Lösung etwa ein bis zwei Wochen stehen. Auch bei noch so sorgfältiger Arbeit nimmt der Titer in den ersten Tagen langsam ab, weil Spuren von Ammoniumsalzen, Staubteilchen und andere organische Verunreinigungen allmählich unter Verbrauch von Permanganat oxidiert werden. Statt des längeren Stehenlassens kann man die Lösung auch eine Stunde lang auf dem siedenden Wasserbad erwärmen. Dadurch werden die Oxidationsvorgänge beschleunigt. Anschließend wird die Lösung durch einen sorgfältig gereinigten Glasfiltertiegel (kein Papierfilter!) in eine ebenfalls sorgfältig gesäuberte Vorratsflasche filtriert. Versäumt man das Filtrieren, so nimmt der Titer der Lösung auch weiterhin ab, da der bei der Oxidation der Staubteilchen entstandene Braunstein die Selbstzersetzung des gelösten Permanganats katalysiert, etwa nach folgendem Schema:

$$4\,KMnO_4 + 2\,H_2O \rightarrow 4\,MnO_2\downarrow + 4\,KOH + 3\,O_2\uparrow.$$

Die Vorratsflasche bewahre man lichtgeschützt auf.

Der chemische Wirkungswert der gebrauchsfertigen Kaliumpermanganatlösung muß noch genau festgestellt werden. Das geschieht mit Hilfe geeigneter Urtitersubstanzen. In Betracht kommen vor allem Natriumoxalat, $Na_2(COO)_2$, und chemisch reines Eisen.

Einstellung mit Natriumoxalat

Die Titerstellung mit Natriumoxalat beruht auf den klassischen Untersuchungen von Sörensen (1897-1906). Ihr ist bei weitem der Vorzug zu geben. Im folgenden wird die Arbeitsweise in allen Einzelheiten beschrieben, weil sich dabei die Gesichtspunkte erkennen lassen, die sowohl für die Titerstellung von Permanganatlösungen als auch für Titerstellungen allgemein von Bedeutung sind.

Die Titerstellung beruht auf folgender Redoxgleichung:

$$2\,MnO_4^- + 5\,C_2O_4^{2-} + 16\,H^+ \rightarrow 2\,Mn^{2+} + 10\,CO_2 + 8\,H_2O.$$

Die Oxidation des Oxalations zu Kohlenstoffdioxid verläuft in warmer schwefelsaurer Lösung innerhalb relativ weiter Grenzen der Wasserstoffionenkonzentration ohne störende Nebenreaktionen nach der angegebenen Reaktionsgleichung.

Die Vorzüge des Natriumoxalats als Titersubstanz sind: Es läßt sich durch Umkristallisieren leicht sehr rein entsprechend seiner formelmäßigen Zusammensetzung erhalten. Es enthält kein Kristallwasser. Es läßt sich gut trocknen. Es ist ein neutrales Salz, das weder Wasser noch Kohlenstoffdioxid noch Ammoniak aufzunehmen bestrebt ist. Es läßt sich daher bequem abwägen.

Von der präparativen Darstellung aus Soda und Oxalsäure her kommen als Verunreinigungen in Betracht: Feuchtigkeit, Natriumcarbonat, Natriumhydrogenoxalat, Natriumsulfat oder Natriumchlorid. Die Feuchtigkeit ist durch Trocknen des Salzes im Trockenschrank bei 230 bis 250 °C leicht zu entfernen. Erst oberhalb 330 °C beginnt das Natriumoxalat sich zu zersetzen ($Na_2C_2O_4 \rightarrow Na_2CO_3 + CO\uparrow$). Eine Beimengung von Natriumcarbonat oder von Natriumhydrogenoxalat läßt sich durch Titration mit HCl bzw. NaOH unter Verwendung von Phenolphthalein als Indikator ermitteln und durch Umkristallisation entfernen. Sulfate und Chloride lassen sich durch geeignete Fällungsreaktionen in einer angesäuerten Lösung von etwa 10 g des Salzes erkennen. Zur Feststellung der Abwesenheit organischer Verunreinigungen wird 1 g des Salzes mit 10 ml reiner konzentrierter Schwefelsäure erhitzt. Die Schwefelsäure darf sich nicht braun oder gar schwarz färben.

Arbeitsvorschrift: Man wägt drei oder vier Proben von ungefähr 0,15 bis 0,2 g getrocknetes Natriumoxalat auf $\pm 0,1$ mg ab. Dazu benutzt man ein längliches Wägeröhrchen mit aufgesetzter Glaskappe, das eine beliebige Masse der abzuwägenden Substanz enthält. Nach genauem Wägen öffnet man das Röhrchen, führt den Hals vorsichtig tief in die Öffnung eines Titrierbechers von 400 ml Inhalt und läßt durch vorsichtiges Klopfen auf das schräg gehaltene Röhrchen die gewünschte Substanzportion in den Becher gleiten. Das Wägeröhrchen wird darauf verschlossen und erneut gewogen. Aus der Differenz beider Wägungen ergibt sich die Masse der im Becher befindlichen Substanzprobe. Beim Einschütten ist peinlich darauf zu achten, daß die Substanz nicht verstäubt. Jede Probe wird in etwa 200 ml Wasser gelöst, die Lösung mit je 10 ml Schwefelsäure (konzentrierte Schwefelsäure 1 : 4 verdünnt) angesäuert und auf 75 bis 85 °C erwärmt.

Die Titration erfolgt, indem man die auf die Nullmarke eingestellte Kaliumpermanganatlösung (bei undurchsichtigen Lösungen nimmt man die Ablesung am oberen Rand des Meniskus vor!) unter ständigem kreisenden Umschwenken des Titrierbechers aus der Bürette in die heiße Natriumoxalatlösung eintropfen läßt. Man wartet vor jeder neuen Permanganatzugabe so lange, bis die Lösung sich entfärbt hat. Anfänglich findet nämlich die Oxidation des Oxalations nur langsam statt. Die Reaktionsgleichung gibt nur das Anfangs- und Endstadium wieder. Die Reaktion verläuft in Wirklichkeit viel komplizierter, wobei das Mangan(II)-Ion eine Rolle als Katalysator spielt (Skrabal, 1904). Es ist anfänglich nur spurenweise vorhanden, entsteht aber im Verlaufe der Titration in zunehmendem Maße. Nach Zugabe einiger Milliliter kann man die Permanganatlösung etwas schneller einfließen lassen. Um den Endpunkt nicht zu überschreiten, muß man sie gegen Ende der Titration wieder sehr langsam und vorsichtig eintropfen lassen.

Der Endpunkt gibt sich dadurch zu erkennen, daß die Permanganatlösung nicht mehr entfärbt wird, sondern der Lösung eine schwach rotviolette Färbung erteilt. Die Farbstärke der Permanganationen erkennt man daraus, daß - nach einer Angabe von Kolthoff [89] - noch eine Lösung der Konzentration 1 bis $2 \cdot 10^{-5}$ mol/l (bezogen auf Äquivalente) noch äußerst schwach rosa gefärbt ist. Diesem Umstand und der Tatsache, daß das Mangan(II)-Ion schon in mäßig verdünnten Lösungen völlig farblos erscheint, verdanken wir es, daß die Permanganometrie ohne fremde Indikatorzusätze auskommt. Zur Erkennung des Endpunktes der Titration ist also der überschüssige Zusatz eines gewissen kleinen Volumens der Permanganatlösung erforderlich. Ein Tropfen, das sind etwa 0,03 ml, vermag 300 ml farblose Lösung noch schwach rosa anzufärben. Bei einem Verbrauch von 20 bis 30 ml Permanganatlösung wäre das ein Zuviel von etwa 0,1%. Denselben zusätzlichen Verbrauch an Permanganatlösung hat man aber auch bei den späteren Titrationen, so daß er bei gewöhnlichen Bestimmungen nicht berücksichtigt zu werden braucht. Bei ganz exakten Titrationen jedoch muß dieses Zuviel unter Berücksichtigung des Volumens der vorgelegten Lösung ebenso beachtet werden wie bei der zugehörigen Titerstellung.

Die Beobachtung, daß die schwache Rosafärbung einer austitrierten Lösung nach einiger Zeit allmählich verschwindet, erklärt sich nicht nur aus dem Zutritt von oxidierbaren Staubteilchen aus der Luft, sondern auch dadurch, daß die im Verlauf der Titration entstandenen Mangan(II)-Ionen ihrerseits die Permanganationen langsam reduzieren.

Die **Berechnung des Titers** der Kaliumpermanganatlösung aufgrund der Titrationsergebnisse geschieht in folgender Weise:

Angenommen, wir hätten drei Proben von 0,2718 g, 0,1854 g und 0,1922 g $Na_2C_2O_4$ mit der $KMnO_4$-Lösung titriert und dabei 40,15 ml, 27,40 ml bzw. 28,47 ml bis zum Äquivalenzpunkt verbraucht. 1 ml einer genau 0,1 mol/l Äquivalente ($\frac{1}{5}$ $KMnO_4$) enthaltenden Permanganatlösung zeigt genau 0,1 mmol Äquivalente Natriumoxalat ($\frac{1}{2}$ $Na_2C_2O_4$) an, das sind 67,000 mg/mmol · 0,1 mmol/ml = 6,700 mg/ml $Na_2C_2O_4$. Die Brüche 271,8 mg : 6,7 mg/ml = 40,55 ml, 185,4 mg : 6,7 mg/ml = 27,69 ml und 192,2 mg : 6,7 mg/ml = 28,69 ml geben also an, welchem Volumen in ml einer genau 0,1 mol/l $KMnO_4$-Lösung unseren drei Proben entsprechen. In Wirklichkeit haben wir nicht 40,55 ml, sondern nur 40,15 ml bzw. statt 27,69 ml nur 27,40 ml und statt 28,69 ml nur 28,47 ml von der Maßlösung verbraucht. Sie ist also etwas stärker als 0,1 mol/l. Die Brüche 40,55/40,15 = 1,011, 27,69/27,40 = 1,010 und 28,69/28,47 = 1,010, im Mittel also 1,010, geben den Titer an. 1 ml der verwendeten Kaliumpermanganatlösung entspricht 1,01 ml einer Lösung der genauen Konzentration 0,1 mol/l (Die Lösung hat die Konzentration $c(\frac{1}{5}KMnO_4) =$ 0,101 mol/l).

Die Oxalsäure selbst, $H_2C_2O_4 \cdot 2\,H_2O$, ist zur Einstellung der Permanganatlösungen weniger gut geeignet, weil es schwieriger ist, ein genau dem Wassergehalt entsprechendes Präparat zu erhalten, und weil sie leicht in der Laboratoriumsluft enthaltenes Ammoniak anzieht und dabei spurenweise in Ammoniumoxalat übergeht. Doch wird die Verwendung von Oxalsäuremaßlösung häufig deswegen empfohlen, weil sie auch zur Bestimmung von Laugen benutzt werden kann. Die Einstellung mit Oxalsäure erfolgt analog der Titerstellung mit Natriumoxalat. Die Substanz wird in lufttrockenem Zustand verwendet.

1 ml $KMnO_4$-Lösung, $c(\frac{1}{5}KMnO_4) = 0{,}1$ mol/l (0,1 N), entspricht 1 ml Oxalsäurelösung, $c\,(\frac{1}{2}H_2C_2O_4 \cdot 2\,H_2O) =$ 0,1 mol/l, oder 6,303 mg $H_2C_2O_4 \cdot 2\,H_2O$.

Einstellung mit chemisch reinem Eisen

Das Verfahren ist sehr exakt, wenn reines Eisen zur Verfügung steht, das nach Mittasch (1928) durch thermische Zersetzung von Eisenpentacarbonyl, $Fe(CO)_5$, dargestellt werden kann und auch im Handel erhältlich ist. Das metallische Eisen wird unter Luftabschluß in verdünnter Schwefelsäure zu Eisen(II)-sulfat gelöst, die Lösung dann - wie nachstehend beschrieben - mit Kaliumpermanganat titriert.

Unter keinen Umständen darf man zur Einstellung sogenannten Blumendraht verwenden, wie in älteren Lehrbüchern empfohlen wird. Blumendraht kann nämlich bis über 0,3% Fremdbestandteile, wie Kohlenstoff, Silicium, Phosphor und Schwefel, enthalten, die sich in Schwefelsäure zum Teil zu oxidierbaren Verbindungen lösen. Dadurch wird mehr Permanganatlösung verbraucht als dem tatsächlichen Eisengehalt des Drahtes entspricht, so daß der Verbrauch scheinbar über 100% der Theorie betragen kann. Hinzu kommt, daß der Carbidgehalt des Drahtes erheblichen Schwankungen unterworfen ist.

Die Auflösung der abgewogenen Eisenproben in verdünnter Schwefelsäure muß zur Vermeidung der Oxidation des Eisens zu Eisen(III)-Ionen unter Luftabschluß vorgenommen werden. Man nimmt sie am besten in einem Rundkolben mit Bunsenventil (vgl. Abb. 3-13) vor. Die Titration erfolgt so wie im folgenden Abschnitt beschrieben.

1 ml Kaliumpermanganatlösung, $c(\frac{1}{5}KMnO_4) = 0{,}1$ mol/l (0,1 N), zeigt 0,1 mmol Eisen an, das entspricht 5,5847 mg Eisen.

Bestimmung von Eisen in schwefelsaurer Lösung

Die Titration des Eisen(II) in schwefelsaurer Lösung erfolgt nach der Reaktionsgleichung

$$MnO_4^- + 5\,Fe^{2+} + 8\,H^+ \rightarrow Mn^{2+} + 5\,Fe^{3+} + 4\,H_2O.$$

Mit dieser Titration, die sehr genaue Ergebnisse liefert, begründete Margueritte im Jahre 1846 die Permanganometrie.

Titration einer Eisen(II)-sulfatlösung: Man legt soviel der Lösung vor, daß der Verbrauch an Permanganatlösung 25 bis 40 ml beträgt, gibt 10 ml verdünnte Schwefelsäure (1 : 4) hinzu und verdünnt mit luftfreiem Wasser auf etwa 200 ml. Die Titration kann bei Raumtemperatur oder auch nach Erhitzen der Lösung vorgenommen werden. Der Endpunkt ist erreicht, wenn die Lösung noch eine Minute nach dem letzten Permanganatzusatz schwach orangefarben bleibt. Die Farbe resultiert aus der schwach gelblichen Farbe der entstandenen Eisen(III)-Salzlösung und dem Rotviolett des überschüssigen Permanganats. Durch Zusatz von etwas Phosphorsäure lassen sich die Eisen(III)-Ionen in farblose Komplexverbindungen überführen, so daß dann die Rosafärbung der Permanganationen am Ende der Titration erhalten bleibt. Doch auch ohne Phosphorsäurezusatz ist der Endpunkt der Titration unschwer festzustellen.

1 ml einer Kaliumpermanganatlösung, $c(\frac{1}{5}KMnO_4) =$ 0,1 mol/l (0,1 N), entspricht 5,5847 mg Eisen.

Titration einer Eisen(III)-sulfatlösung: Wenn das Eisen nicht von vornherein mit der Oxidationszahl II vorliegt, muß es vor der Titration mit Kaliumpermanganat quantitativ zu Eisen(II) reduziert werden. Dazu sind nur solche Reduktionsmittel geeignet, deren Überschuß nach der Reduktion ohne Schwierigkeiten aus der Lösung entfernt werden kann. Man verwendet u. a. schweflige Säure, naszierenden Wasserstoff oder Zinn(II)-chlorid.

Die *Reduktion mit schwefliger Säure* nach

$$2\,Fe^{3+} + SO_3^{2-} + H_2O \rightleftharpoons 2\,Fe^{2+} + SO_4^{2-} + 2\,H^+$$

verläuft in stärker sauren Lösungen entsprechend dem Massenwirkungsgesetz unvollständig. Die Eisen(III)-Salzlösung wird daher – falls sie sauer ist – mit Sodalösung fast neutralisiert, mit frisch bereiteter Lösung von schwefliger Säure im Überschuß versetzt und unter langsamem Durchleiten von luftfreiem Kohlenstoffdioxid ¼ bis ½ Stunde lang zum Sieden erhitzt. Nachdem etwa 30 bis 40 ml Wasser aus dem Kolben abdestilliert sind, wird geprüft, ob der durchgeleitete CO_2-Strom noch SO_2 enthält. Zu diesem Zweck wird das Ablaufrohr des Kühlers in ein Kölbchen mit schwach schwefelsaurem, durch einen Tropfen der Kaliumpermanganatmaßlösung rosa gefärbtem Wasser getaucht. Tritt keine Entfärbung mehr ein, wird die Lösung direkt im Kolben nach Zusatz von 10 ml verdünnter Schwefelsäure mit Permanganatlösung titriert.

Die *Reduktion mit naszierendem Wasserstoff* nach

$$Fe^{3+} + H \rightarrow Fe^{2+} + H^+$$

wird in schwefelsaurer Lösung durch Zugabe von reinem metallischen Zink oder Aluminium vorgenommen. Der naszierende Wasserstoff entsteht beim Auflösen des Metalles, z. B.

$$Zn + 2\,H^+ \rightarrow Zn^{2+} + 2\,H.$$

Daneben findet auch folgende Reaktion statt:

$$2\,Fe^{3+} + Zn \rightarrow 2\,Fe^{2+} + Zn^{2+}.$$

Man benutzt einen *Reduktionskolben mit Bunsenventil* (vgl. Abb. 3-13). Das Zink wird in das Glaskörbchen gebracht, das sich an einem Glasstab befindet, der gasdicht, aber verschiebbar oben durch die Schliffkappe hindurchragt. Während der Reduktion wird das Glaskörbchen, das aus einem spiralförmig aufgewickelten Glasstab besteht, bis fast auf den Grund des Reduktionskolbens gesenkt; die Lösung wird auf etwa 70 bis 80 °C erhitzt. Ihr Volumen darf nicht unnötig groß sein, da die Reduktion sonst zu lange dauert. Der sich lebhaft entwickelnde Wasserstoff kann den Kolben durch das Bunsenventil verlassen, das aus einem in der Mitte zu einer kleinen Kugel erweiterten Glasrohr besteht und mit dem unteren Ende durch die Schliffkappe in das Reduktionskölbchen ragt. Oben sitzt ein seitlich aufgeschlitztes Stückchen Gummischlauch auf, das seinerseits wieder mit einem Glasstab verschlossen ist. Durch den seitlichen Schlitz kann der Wasserstoff den Kolben bei Überdruck verlassen. Herrscht jedoch Unterdruck im Kolben, so wird der Schlauch fest zusammengedrückt und der Schlitz verschlossen, so daß keine Luft eindringen kann. Die kugelförmige Erweiterung des Bunsenventils hat den Zweck, etwa mitgerissene Flüssigkeitströpfchen absitzen und wieder in den Reduktionskolben zurückfließen zu lassen. Das dem Schlitz entweichende Wasserstoffgas soll bei richtig konstruiertem Bunsenventil und vorschriftsmäßig geleiteter Reduktion keine saure Reaktion auf feuchtem Indikatorpapier hervorrufen. Das ist ein Beweis dafür, daß keine saure Lösung aus dem Kolben mitgerissen wird. Nach ein bis zwei Stunden ist die Reduktion beendet. Das Körbchen mit dem überschüssigen Zink oder Aluminium wird hochgezogen, die Schliffkappe abgenommen und die Teile werden sorgfältig mit ausgekochtem Wasser abgespült. Dann wird die noch warme Lösung titriert. Die verwendeten Metalle müs-

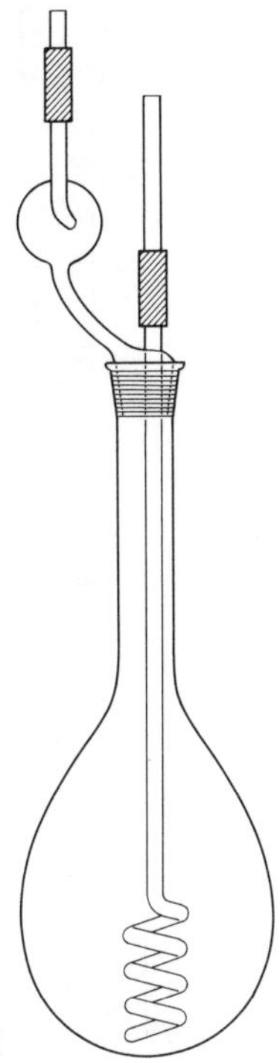

Abb. 3-13 Reduktionskolben mit Bunsenventil

sen natürlich eisenfrei sein. Gegebenenfalls muß man den Permanganatverbrauch einer abgewogenen und aufgelösten Probe ermitteln und als Korrektur berücksichtigen.

Die Reduktion der Eisen(III)-Ionen kann auch mit amalgamiertem Zink im *Jones-Reduktor* (C. Jones [108]) vorgenommen werden (vgl. Abb. 3-14). Ein Glasrohr von etwa 20 mm Durchmesser und 35 bis 40 cm Länge enthält oberhalb eines Ablaufhahnes eine Glasfritte (G 2) oder eine Porzellanfilterplatte mit feinen Löchern und darüber ein Polster aus Glaswolle. Die Säule ist mit fein granuliertem, amalgamiertem, eisenfreien Zink gefüllt, das man durch Schütteln des Zinkgranulats mit einer Lösung, die 2% der Zinkmasse Quecksilber(II)-chlorid oder -nitrat enthält, herstellt. Durch den Reduktor werden 50 bis 100 ml 2 bis 3%iger warmer Schwefelsäure gesaugt. Ein Tropfen der Permanganatlösung darf von der Schwefelsäure nach Passieren des Reduktors nicht mehr entfärbt werden. Andernfalls ist die Behandlung mit der verdünnten Schwefelsäure zu wiederholen. Die verdünnte Eisen(III)-sulfatlösung (etwa 100 ml) wird in einer Minute durch den Reduktor gesaugt und im Titriergefäß unter Schutzgasatmosphäre (N_2, CO_2) aufgefangen. Dann wird mit 25 bis 50 ml 2 bis 3%iger Schwefelsäure und anschließend mit 100 bis 150 ml luftfreiem Wasser nachgewaschen. Das Filtrat wird dann sofort titriert. Durch nochmaliges Auswaschen mit Wasser werden etwa im Reduktor

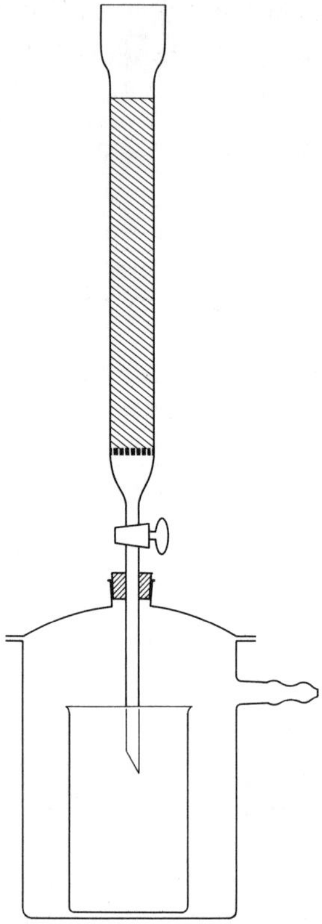

Abb. 3-14 Jones-Reduktor

verbliebene Eisen(II)-sulfatreste herausgespült. Das Waschwasser wird zu der Probelösung gegeben und mittitriert. Der Reduktor wird mit Wasser gefüllt aufbewahrt und vor jeder Benutzung in der oben angegebenen Weise mit verdünnter Schwefelsäure behandelt. Anstelle von amalgamiertem Zink können auch mit Cadmium oder feinkörnigem Silber gefüllte Reduktoren verwendet werden (vgl. [109]).

Bestimmung von Eisen(II) neben Eisen(III): Es werden zwei Titrationen durchgeführt. Eine Probe der schwefelsauren Lösung wird direkt titriert; sie liefert den Gehalt an Eisen(II)-Ionen. Die zweite Probe der Lösung wird vor der Titration reduziert; aus ihr erhält man den Gesamtgehalt an Eisen. Die Differenz beider Werte gibt den Gehalt an Eisen(III)-Ionen an.

Bestimmung von Eisen in salzsaurer Lösung

Die Oxidation der Eisen(II)-Ionen in schwefelsaurer Lösung verläuft genau nach der angegebenen Reaktionsgleichung, so daß dieses Bestimmungsverfahren sehr zuverlässige Werte liefert. Versucht man aber analog Eisen(II)-Salze in Gegenwart von Salzsäure zu titrieren, so beobachtet man, daß 1. sich der Endpunkt der Titration sehr viel schlechter erkennen läßt, 2. die Lösung während der Titration deutlich nach Chlor riecht und 3. für die gleiche Menge Eisen(II)-Salzlösung nicht unerheblich mehr Permanganatlösung verbraucht wird als in schwefelsaurer Lösung. Gegenwart von Salzsäure bedingt also einen anderen, vom angegebenen Schema abweichenden Reaktionsverlauf, da ein Teil der Salzsäure vom Permanganat zum Chlor oxidiert wird. Eine quantitative Bestimmung salzsaurer Eisen(II)-Salzlösungen durch Titration mit Kaliumpermanganatlösung ist ohne weitere Vorsichtsmaßregeln nicht durchführbar.

Zur Klärung des Reaktionsablaufs tragen folgende Beobachtungen bei:

1. Verdünnte Salzsäure allein wird von Permanganatlösungen nicht oxidiert (Schäfer, 1954). Obwohl eine Oxidation nach der Lage der Redoxpotentiale der Redoxpaare möglich sein müßte, ist der Ablauf offenbar gehemmt (vgl. die Oxidation von $C_2O_4^{2-}$ durch MnO_4^-, S. 157).

2. Die Anwesenheit von Eisenionen muß für die Chlorentwicklung und den dadurch bedingten Mehrverbrauch an Permanganat verantwortlich gemacht werden. Da aber auch Eisen(III)-Salze auf die Reaktion von Permanganat und Salzsäure keinen Einfluß haben, muß der Fehler durch die Eisen(II)-Ionen verursacht werden.

3. Zimmermann [110] hat die Beobachtung gemacht, daß die durch Salzsäure verursachte Reaktionsstörung auf ein Minimum reduziert werden kann, wenn der Eisen(II)-Salzlösung vor Beginn der Titration ein genügender Überschuß an Mangan(II)-sulfat hinzugesetzt wird.

Die Oxidation des Chlorids wird durch Eisen(II)-Ionen gefördert, während die Gegenwart von Mangan(II)-Ionen in genügend hoher Konzentration offenbar die Reaktion zwischen Permanganat und Chlorid weitgehend verhindert. Man muß hieraus schließen, daß der Reaktionsablauf bei der Oxidation von Eisen(II)-Ionen durch Permanganat wesentlich komplizierter ist als das Reaktionsschema erkennen läßt.

Die Induzierung der Oxidation von Chloridionen zu elementarem Chlor in Gegenwart von Eisen(II)-Ionen haben zuerst Zimmermann (1882) und Manchot (1902) zu klären versucht. Sie nahmen die intermediäre Bildung einer labilen höheren Oxidationsstufe des Eisens an. Manchot stellte fest, daß bei der Oxidation von Fe^{2+} zu Fe^{3+} in Gegenwart eines Akzeptors, d. h. eines Stoffes, dessen Oxidation durch MnO_4^- von Fe^{2+} induziert wird, wie Salzsäure oder Weinsäure, soviel Permanganat verbraucht wird wie der Bildung einer Eisenverbindung der Oxidationszahl V entspricht. Manchot nahm daraufhin an, daß ganz allgemein bei der Titration von Eisen(II)-Salzlösungen mit Permanganat als Zwischenprodukt Eisen dieser Oxidationszahl in einer bisher nicht bekannten kurzlebigen Verbindung auftritt.

Wenn auch bei anderen Reaktionen, wie z. B. der katalytischen Zersetzung von Wasserstoffperoxid, die Bildung von Eisen mit höheren Oxidationszahlen (VI, IV) wahrscheinlich gemacht werden konnte (Bohnson und Robertson 1923, Bray und Gorin 1932) und die Darstellung von Verbindungen des Eisens mit den Oxidationszahlen IV bis VI möglich ist (Scholder 1952, Klemm und Wahl 1954), so fehlt doch jeder entscheidende Beweis dafür, daß bei der Titration von Eisensalzlösungen höhere Oxidationszahlen des Eisens auftreten.

Eine andere Möglichkeit ist die intermediäre Bildung von Mangan mit niedrigeren Oxidationszahlen, wie VI, V, IV und III, bei der Reduktion des Permanganats. Birch hat bereits 1909 vermutet, daß in Abwesenheit von Mangan(II)-Ionen Mangan(III)-chlorid entsteht. Da in saurer Lösung Mangan(III)-Salze leicht zu Mangan(II)-Salzen reduziert werden, oxidiert das entstandene Mangan(III) die Chloridionen zu Chlor. Obgleich über den Reaktionsablauf zu Beginn der Titration und über die Beteiligung der verschiedenen Oxidationsstufen des Mangans noch wenig bekannt ist, wird heute allgemein angenommen, daß für den Ablauf der Redoxreaktion das Gleichgewicht

$$Mn^{3+} + e^- \rightleftharpoons Mn^{2+}$$

mit $E° = 1{,}51$ V von entscheidender Bedeutung ist (Kessler 1863, Skrabal 1904, Birch 1909, Schleicher 1951, 1952, 1955).

Das Mangan(III) wird entweder zu Anfang der Reaktion durch Reduktion des MnO_4^- gebildet oder es entsteht später durch die Umsetzung von MnO_4^- mit Mn^{2+} (vgl. die Beschleunigung der Redoxreaktion durch die zunehmende Mn(II)-Konzentration bei der Titration von Oxalat (S. 157).

Im Gegensatz zu den Reaktionen mit MnO_4^- laufen die Reaktionen mit Mn^{3+} sehr schnell ab (Schleicher 1951). Das Redoxpotential des Systems Mn^{2+}/Mn^{3+} liegt so hoch, daß außer Fe^{2+} (Fe^{2+}/Fe^{3+}, $E° = +0{,}77$ V) auch in der Lösung vorhandenes Chlorid ($2\,Cl^-/Cl_2$, $E° = +1{,}36$ V) oxidiert werden kann. Die Oxidation der Chloridionen bei der Eisentitration in salzsaurer Lösung wird jedoch weitgehend unterbunden, wenn man der Lösung eine Mischung aus Mangansulfatlösung, Phosphorsäure und Schwefelsäure *(Reinhardt-Zimmermann-Lösung)* zusetzt. Wie zahlreiche Untersuchungen gezeigt haben, kann die Oxidation der Chloridionen aber auch in Gegenwart von anderen Salzen, wie Sulfaten, Acetaten, Phosphaten, Fluoriden und Oxalaten mehr oder weniger wirkungsvoll unterbunden werden (Skrabal 1904, Barneby 1914, Ishibashi, Shigematsu und Shibata 1956, Somasundaram und Suryanarayana 1956). Hieraus kann auch eine gewisse Bestätigung für das Auftreten von Mangan(III) bei der Titration mit Permanganat abgeleitet werden. Das zur Komplexbildung neigende Mn^{3+} geht mit den genannten Anionen komplexe Verbindungen ein, wodurch die Mn^{3+}-Konzentration gesenkt und das Oxidationspotential soweit erniedrigt wird (vgl. Nernstsche Gleichung, S. 249), daß die Oxidation von Chloridionen nicht mehr möglich ist (vgl. Taube 1948).

Die Titration läuft in Gegenwart von Reinhardt-Zimmermann-Lösung etwa in folgender Weise ab: Die hohe Mn^{2+}-Konzentration sorgt durch Bildung von Mn(III) für die Beseitigung der Reaktionshemmung und dadurch für den schnellen Ablauf der Reaktion

$$Fe^{2+} + Mn^{3+} \rightarrow Fe^{3+} + Mn^{2+}.$$

Gleichzeitig wird durch die hohe Mn^{2+}-Konzentration das Oxidationspotential des Systems Mn^{2+}/Mn^{3+} soweit erniedrigt - wozu auch noch die Phosphorsäure durch Komplexbildung beiträgt - daß die Oxidation von Chlorid nicht mehr stattfinden kann. Die Phosphorsäure erleichtert außerdem durch Bildung eines farblosen Eisen(III)-Komplexes nicht nur die Erkennung des Endpunktes der Titration, die durch tiefgelbe Chlorosäuren des Eisens, z. B. $H_3[FeCl_6]$, in salzsaurer Lösung erschwert ist, sondern bewirkt gleichzeitig durch Herabsetzung der Fe^{3+}-Konzentration die Abnahme des Redoxpotentials von Fe^{2+}/Fe^{3+}, was wiederum die Oxidation des Fe^{2+} fördert.

Ausführlich sind die hier kurz behandelten Vorgänge bei Laitinen [111] dargestellt. Zum Thema Induktion und Katalyse bei Redoxtitrationen vgl. auch [9], [112] und Schleicher (1951-1958).

Titration einer Eisen(II)-chloridlösung: Die auf 100 ml verdünnte salzsaure Probelösung wird mit 10 ml Reinhardt-Zimmermann-Lösung versetzt und unter kräftigem kreisenden Umschwenken titriert.

Nach Kolthoff und Smit (1924) kann der Fehler bei der Bestimmung unter 0,2% gehalten werden, wenn die Eisenkonzentration bei 0,1 mol/l liegt und die Salzsäurekonzentration 1 mol/l nicht übersteigt. Reinhardt-Zimmermann-Lösung soll reichlich zugegeben und die Titration nicht zu schnell vorgenommen werden.

Die Reinhardt-Zimmermann-Lösung ist folgendermaßen zusammengesetzt: Ein aus 1 l Phosphorsäure ($\rho = 1{,}3$ g/ml), 600 ml Wasser und 400 ml Schwefelsäure ($\rho = 1{,}84$ g/ml) bereitetes Gemisch wird zu einer Lösung von 200 g kristallisiertem Mangan(II)-sulfat in 1 l Wasser hinzugegeben.

Titration einer Eisen(III)-chloridlösung: Das auf Reinhardt [113] und Zimmermann zurückgehende Verfahren wurde in metallurgischen und Hüttenlaboratorien viel angewandt. Es gestattet, salzsaure Lösungen der Eisenerze und Eisenlegierungen direkt zu titrieren. Beimengungen von Cobalt, Kupfer, Blei, Chrom und Titan sowie Arsen stören nicht; nur Antimon darf nicht zugegen sein.

Die Reduktion der Eisen(III)-Ionen wird durch Zugabe von Zinn(II)-chlorid erreicht:

$$Sn^{2+} + 2\,Fe^{3+} \rightarrow Sn^{4+} + 2\,Fe^{2+},$$

das nur in geringem Überschuß verwendet wird. Der Überschuß wird durch Zugabe von wenig Quecksilber(II)-chlorid beseitigt:

$$Sn^{2+} + 2\,Hg^{2+} \rightarrow Sn^{4+} + Hg_2^{2+}.$$

Das ausfallende Quecksilber(I)-chlorid

$$Hg_2^{2+} + 2\,Cl^- \rightarrow Hg_2Cl_2\downarrow$$

wird von Permanganat praktisch nicht oxidiert. Trotzdem darf aber nur wenig Quecksilber(I)-chlorid entstehen, da es unter Umständen das im Verlauf der Titration entstehende Eisen(III)-chlorid wieder reduzieren kann.

Arbeitsvorschrift: Zu der siedenden, stark salzsauren Eisen(III)-Salzlösung wird vorsichtig tropfenweise soviel Zinn(II)-chloridlösung zugesetzt, daß die Flüssigkeit gerade völlig farblos geworden ist. Nach Erkalten der Lösung werden 10 ml einer klaren, kalt gesättigten Sublimatlösung in einem Guß zugefügt, wonach rein weißes, kristallines Quecksilber(I)-chlorid ausfallen muß. Entsteht ein durch metallisches Quecksilber grau gefärbter Niederschlag (besonders bei zu hohen Sn^{2+}-Konzentrationen kann das Hg^{2+} bis zum metallischen Hg reduziert werden), so darf nicht weiter gearbeitet werden. Nach zwei Minuten wird auf 600 bis 700 ml verdünnt, mit 10 ml Reinhardt-Zimmermann-Lösung versetzt und mit Kaliumpermanganatlösung titriert.

Die Zinn(II)-chloridlösung wird wie folgt hergestellt: Durch Auflösen von 120 g reinem Zinn in 500 ml Salzsäure ($\rho = 1{,}124$ g/ml) wird eine Lösung erhalten, die in eine 4-l-Flasche gegossen wird, die bereits 1 l Salzsäure gleicher Konzentration enthält und außerdem 2 l Wasser. Die Vorratsflasche soll nach Kolthoff [89] metallisches Zinn enthalten.

Bestimmung von Eisen(II) neben Eisen(III): Auch in salzsauren Lösungen läßt sich die Bestimmung unter Verwendung von Reinhardt-Zimmermann-Lösung ohne weiteres durchführen. Ein Beispiel ist die Titration von Auflösungen der Magneteisensteinsorten.

Bestimmung von Uran und von Phosphat

Uranylsalze, die Uran mit der Oxidationszahl VI enthalten, lassen sich in schwefelsaurer Lösung durch Aluminiumblech quantitativ zu Uran(IV) reduzieren, ohne daß eine weitere Reduktion zu Uran(III) zu befürchten ist:

$$UO_2^{2+} + 2\,H + 2\,H^+ \rightarrow U^{4+} + 2\,H_2O.$$

Bei Verwendung von Zink, amalgamiertem Zink oder Cadmium als Reduktionsmittel tritt dagegen stets teilweise Reduktion bis zum Uran(III) auf. Die im Kölbchen mit Bunsenventil (s. Abb. 3-13) reduzierte Lösung wird mit Kaliumpermanganat titriert.

Die Methode ermöglicht auch die permanganometrische Bestimmung von Phosphat, was bei der Analyse künstlicher Düngemittel von Bedeutung ist. Das Verfahren beruht darauf, daß Phosphationen aus einer schwach essigsauren, NH_4^+-Salze enthaltenden Alkaliphosphatlösung bei Zusatz überschüssiger Uranyl(VI)-acetatlösung als schwerlösliches Uranylammoniumphosphat quantitativ gefällt werden:

$$HPO_4^{2-} + NH_4^+ + UO_2^{2+} \rightarrow NH_4UO_2PO_4\downarrow + H^+$$

Das gefällte $NH_4UO_2PO_4$ wird abfiltriert, ausgewaschen und in Schwefelsäure gelöst. Die Lösung wird - wie oben angegeben - reduziert und mit Kaliumpermanganatlösung titriert.

Bestimmung von Oxalat

Die Titration von Oxalsäure und von Oxalaten wurde bereits bei den Methoden zur Einstellung von Kaliumpermanganatlösungen beschrieben (vgl. S. 156).

1 ml $KMnO_4$-Lösung, $c(\frac{1}{5}KMnO_4) = 0{,}1$ mol/l (0,1 N), entspricht 4,5018 mg wasserfreier Oxalsäure.

Bestimmung von Calcium

Calciumionen lassen sich aus schwach ammoniakalischer, NH_4Cl enthaltender Lösung in der Siedehitze mit Ammoniumoxalatlösung quantitativ ausfällen:

$$Ca^{2+} + C_2O_4^{2-} \rightarrow CaC_2O_4\downarrow.$$

Löst man das CaC_2O_4 nach Abfiltrieren und Auswaschen in Schwefelsäure oder Salzsäure, so kann die freigesetzte Oxalsäure mit Kaliumpermanganatlösung titriert werden. Das Verfahren wurde häufig in der Mörtel- und Zementindustrie sowie zur Härtebestimmung von Trink- und Brauchwasser verwendet (vgl. S. 216).

Arbeitsvorschrift: Es soll ein Kalkspat analysiert werden, der aus $CaCO_3$ und Beimengungen von silicatischer Gangart, fester Tonerde (Al_2O_3) und Eisen(III)-oxid, Fe_2O_3, besteht. Man wägt eine Portion des staubfein gemahlenen Materials ein, bringt sie über einen Trichter in einen Erlenmeyerkolben und löst in Salzsäure bei Siedetemperatur. Die nicht lösliche Gangart wird abfiltriert. Die erkaltete Lösung wird in einem Meßkolben bis zur Marke aufgefüllt und durchmischt. Zur weiteren Analyse wird ein aliquoter Teil entnommen.

Nach Oxidation des Eisens entfernt man dieses sowie das Aluminium durch Fällung als Hydroxide, indem man in der Siedehitze ammoniumcarbonatfreie Ammoniaklösung zusetzt. Der Niederschlag wird abfiltriert und gut ausgewaschen. Im Filtrat wird Calcium bestimmt, indem man die schwach ammoniakalische Lösung mit etwas NH_4Cl-Lösung versetzt, aufkocht und mit einem kleinen Überschuß an heißer Ammoniumoxalatlösung versetzt. Die Lösung bleibt einige Stunden lang stehen und wird dann - am besten durch ein Membranfilter - filtriert. Der Niederschlag wird zuerst mit ammoniumoxalathaltigem Wasser, dann mit reinem Wasser gewaschen und anschließend in einen Erlenmeyerkolben gespült. Man löst in warmer verdünnter Schwefelsäure. Arbeitet man nicht mit Membranfiltern, sondern mit gehärteten Papierfiltern, spült man die Hauptmasse des Niederschlages vom Filter und löst dann die Reste anhaftender Füllung durch Auftropfen heißer verdünnter Schwefelsäure quantitativ in denselben Erlenmeyerkolben. Werden zur Filtration Filtertiegel aus Glas oder Porzellan verwendet, muß darauf geachtet werden, daß in den Poren der Filterplättchen keine Niederschlags- oder Lösungsreste zurückbleiben. Dann wird mit heißem Wasser auf etwa 300 ml verdünnt und mit Kaliumpermanganatlösung titriert.

1 ml $KMnO_4$-Lösung, $c(\frac{1}{5}KMnO_4) = 0{,}1$ ml/l (0,1 N), entspricht 2,004 mg Ca oder 2,8040 mg CaO. Der Gehalt des Kalkspats an CaO wird in Prozent angegeben.

Bestimmung von Wasserstoffperoxid

Wasserstoffperoxid reagiert in saurer Lösung mit Permanganat nach

$$2\,MnO_4^- + 5\,H_2O_2 + 6\,H^+ \rightarrow 2\,Mn^{2+} + 5\,O_2\uparrow + 8\,H_2O.$$

Die glatt verlaufende Reaktion wird auch zur gasvolumetrischen Bestimmung des Wasserstoffperoxids verwendet.

Die Titration wird nach Zusatz von 30 ml Schwefelsäure (1:4 verdünnt) zu der auf 200 ml verdünnten Lösung bei Raumtemperatur durchgeführt. Ist Salzsäure zugegen, so werden 10 ml Reinhardt-Zimmermann-Lösung (vgl. S. 165) hinzugefügt.

1 ml $KMnO_4$-Lösung, $c(\frac{1}{5}KMnO_4) = 0{,}1$ mol/l (0,1 N), entspricht 1,701 mg H_2O_2. Das Analysenergebnis wird als Massenanteil in Prozent berechnet.

Auch bei der Reaktion von MnO_4^- und H_2O_2 ist eine anfängliche Verzögerungserscheinung des sichtbaren Reaktionsbeginns, eine Inkubationsperiode, zu beobachten, die auf die gleichen Ursachen zurückzuführen ist wie die bei der Oxidation der Oxalsäure mit $KMnO_4$ beobachtete Erscheinung (vgl. S. 157).

Die permanganometrische H_2O_2-Bestimmung spielte in den Laboratorien der Bleichereien eine große Rolle. Auch Peroxide, Perborate und Percarbonate können wegen der hydrolytischen Abspaltung von H_2O_2 in schwefelsauren Lösungen in analoger Weise titriert werden.

Bestimmung von Peroxodisulfat

Peroxodischwefelsäure läßt sich wegen ihrer geringen Protolyse nicht direkt mit Kaliumpermanganat titrieren. Da sie aber durch Eisen(II)-sulfat nach

$$S_2O_8^{2-} + 2\,Fe^{2+} \rightarrow 2\,SO_4^{2-} + 2\,Fe^{3+}$$

zu Schwefelsäure reduziert werden kann, läßt sie sich auf indirektem Wege bestimmen. Man läßt die Peroxodisulfationen mit überschüssiger, dem Gehalt nach aber genau bekannter Eisen(II)-sulfatlösung unter Luftausschluß reagieren und titriert nach der Reaktion den Überschuß an Eisen(II)-Ionen mit Kaliumpermanganatlösung zurück.

Bestimmung von Nitrit

Die Oxidation von Nitrit durch $KMnO_4$ nach

$$2\,MnO_4^- + 5\,NO_2^- + 6\,H^+ \rightarrow 5\,NO_3^- + 2\,Mn^{2+} + 3\,H_2O$$

verläuft bei Zimmertemperatur nur langsam. In der Wärme wird die salpetrige Säure zersetzt, auch kann sie aus der schwefelsauren Lösung unzersetzt entweichen. Man titriert daher nach Lunge (1891, 1904, vgl. auch [89]) umgekehrt, indem man die Nitritlösung solange in eine warme, mit verdünnter Schwefelsäure angesäuerte Permanganatlösung einfließen läßt, bis diese farblos geworden ist.

Arbeitsvorschrift: Zur Prüfung des Reinheitsgrades von Kaliumnitrit werden 2 g der Probe in Wasser gelöst, die Lösung wird im Meßkolben auf 250 ml aufgefüllt. Diese Lösung wird in die Bürette gefüllt. Dann werden 25 ml einer $KMnO_4$-Lösung ($c = 0{,}02$ mol/l) mit 20 ml H_2SO_4 ($c = 2$ mol/l) versetzt, die Lösung wird auf etwa 300 ml verdünnt, auf 40 °C (nicht höher!) erwärmt und mit der Nitritlösung ganz langsam und vorsichtig bis zur Entfärbung titriert. Man muß dabei ständig kreisend umschwenken und ganz besonders in der Nähe des Endpunktes langsam titrieren. Bei zu schnellem Titrieren kann der Fehler nach Kolthoff [89] über 1% betragen. Die Methode wird zur Bestimmung des N_2O_3-Gehaltes der Nitrose verwendet.

1 ml $KMnO_4$-Lösung, $c(\frac{1}{5}KMnO_4) = 0{,}1$ mol/l (0,1 N), entspricht 4,255 mg KNO_2 oder 1,900 mg N_2O_3.

Bestimmung von Hydroxylamin

Erhitzt man Hydroxylamin in saurer Lösung mit Eisen(III)-Salzlösung im Überschuß zum Sieden, so wird nach

$$2\,NH_2OH + 4\,Fe^{3+} \rightarrow N_2O\uparrow + 4\,Fe^{2+} + H_2O + 4\,H^+$$

das Hydroxylamin zu Distickstoffoxid und Wasser oxidiert, während eine äquivalente Menge an Fe(III) zu Fe(II) reduziert wird. Die Fe(II)-Ionen können mit Permanganatlösung titriert werden.

Man muß aber einen genügend großen Überschuß an Eisen(III)-sulfat verwenden, weil sonst die Nebenreaktion

$$4\,NH_2OH + 3\,O_2 \rightarrow 6\,H_2O + 4\,NO\uparrow$$

sich störend bemerkbar macht.

Bestimmung von Mangan(IV)

Die Bestimmung von Mangan(IV)-oxid beruht darauf, daß Mangan(IV) beim Erwärmen mit überschüssiger Oxalsäure in schwefelsaurer Lösung zu Mangan(II) reduziert wird:

$$MnO_2 + C_2O_4^{2-} + 4\,H^+ \rightarrow Mn^{2+} + 2\,CO_2\uparrow + 2\,H_2O.$$

Der Überschuß an Oxalsäure wird mit Permanganatlösung zurücktitriert. Die Reduktion des MnO_2 kann auch mit eingestellter schwefelsaurer Eisen(II)-sulfatlösung vorgenommen werden.

Arbeitsvorschrift: Der Braunstein wird staubfein gepulvert (sehr wichtig!). Etwa 0,5 g werden eingewogen und über einen Trichter in einen Erlenmeyerkolben gebracht. Aus einer Pipette werden 100 ml Oxalsäurelösung, 0,05 mol/l, bekannten Titers sowie 10 ml Schwefelsäure, 2 mol/l, hinzugegeben. Auf dem Wasserbad wird solange erwärmt, bis der Braunstein zersetzt und nur noch die Gangart zurückgeblieben ist. Dann wird mit heißem Wasser verdünnt und die überschüssige Oxalsäure mit Permanganatlösung zurücktitriert.

Der Verbrauch $V(H_2C_2O_4)$ an Oxalsäurelösung berechnet sich aus dem zugefügten Volumen (100 ml), dem Verbrauch $V(KMnO_4)$ an Kaliumpermanganatlösung und den Titern der beiden Lösungen zu

$$V(H_2C_2O_4) = [100 \cdot t(H_2C_2O_4) - V(KMnO_4) \cdot t(KMnO_4)]\ \text{ml}$$

1 ml Oxalsäurelösung, $c(½H_2C_2O_4 = 0{,}1$ mol/l (0,1 N), entspricht 4,347 mg MnO_2. Der Gehalt des Braunsteins an MnO_2 wird als Massenanteil in Prozent angegeben.

Die Bestimmung des Mangans in Roheisen, Stahl und manganhaltigen Eisenerzen beruht auf der Möglichkeit der Oxidation von Mangan(II) zu Mangan(IV)-oxid mit Hilfe von Kaliumchlorat (Hampe, 1883/85) oder Kaliumperoxodisulfat (Knorre, 1901):

$$Mn^{2+} + S_2O_8^{2-} + 2\ H_2O \rightarrow MnO_2\downarrow + 2\ SO_4^{2-} + 4\ H^+.$$

Das ausgeschiedene MnO_2 wird abfiltriert, gewaschen und - wie beschrieben - titriert. Das Verfahren eignet sich zur Bestimmung des Mangans in Roheisen, Ferromangan, Manganlegierungen und Manganeisenerzen.

Bestimmung von Mangan(II)

Wird eine ganz schwach saure, fast neutrale Mangan(II)-Salzlösung bei etwa 80-90 °C mit Kaliumpermanganat versetzt, so oxidiert das Permanganat das Mangan(II) zu Mangan(IV)-oxidhydrat und wird dabei selbst zu der gleichen Verbindung reduziert, die als dunkelbrauner Niederschlag ausfällt (Guyard, 1863):

$$2\ MnO_4^- + 3\ Mn^{2+} + 7\ H_2O \rightarrow 5\ MnO_2 \cdot H_2O\downarrow + 4\ H^+.$$

Da aber das Mangan(IV)-oxidhydrat seiner Beschaffenheit nach eine Gallerte und seinem chemischen Charakter nach eine schwache Säure ist, so nimmt es leicht Bestandteile aus der Lösung auf, und zwar insbesondere zweiwertige Kationen. Man beobachtet einen zu geringen $KMnO_4$-Verbrauch, der daher rührt, daß noch nicht oxidierte Mangan(II)-Ionen mit dem Mangan(IV)-oxidhydrat schwerlösliche Mangan(II)-manganate(IV) etwa der Formel $Mn(HMnO_3)_2$ bilden, so daß ein gewisser Teil des Mn^{2+} nicht permanganometrisch erfaßt wird. Diesem Übelstand kann man aber nach Volhard (1879) dadurch abhelfen, daß man von vornherein reichlich fremde Kationen, z. B. Zn^{2+}, hinzusetzt. Dann fallen anstelle der Mangan(II)- die Zink(II)-manganate(IV) aus. Liegen zur Analyse Auflösungen von eisenhaltigen Manganerzen oder Manganlegierungen (in Schwefelsäure) vor, so muß das zuvor zu Fe(III) oxidierte Eisen aus der bei Raumtemperatur mit Natriumcarbonat fast vollständig neutralisierten Lösung entfernt werden. Das geschieht am besten durch Zugabe von aufgeschlämmten Zinkoxid:

$$Fe_2(SO_4)_3 + 3\ ZnO + 3\ H_2O \rightarrow 3\ ZnSO_4 + 2\ Fe(OH)_3\downarrow.$$

Arbeitsvorschrift (Fischer, 1909): Die neutralisierte Mangan(II)-Salzlösung wird in einem Meßkolben, 500 ml Inhalt, mit 1-1,5 g aufgeschlämmtem Zinkoxid sowie mit einer Lösung von 5–10 g $ZnSO_4$ versetzt und der Kolben mit Wasser aufgefüllt. Nach gutem Durchmischen filtriert man entweder durch ein trockenes Filter und einen trockenen Trichter in ein trockenes Becherglas, verwirft die ersten 10 bis 20 ml des Filtrats und verwendet von dem später ablaufenden Filtrat je nach Mangangehalt 100 bis 200 ml für die Titration oder man läßt absitzen und pipettiert vorsichtig von der über dem Bodenkörper stehenden klaren Flüssigkeit 100 bis 200 ml in einen Erlenmeyerkolben ab. Die Lösung wird noch etwas verdünnt, zum Sieden erhitzt und schnell unter ständigem Umschwenken solange mit Permanganatlösung titriert, bis die überstehende Lösung nach dem Absitzen des Niederschlages schwach rosa bleibt. Erfahrungsgemäß befindet man sich – wohl wegen einer geringen Adsorption von Mn^{2+} an dem überschüssigen Zinkoxid – noch kurz vor dem eigentlichen Endpunkt. Es wird daher mit 1 ml Eisessig angesäuert, wodurch sich das Zinkoxid auflöst und die Mn^{2+}-Ionen freigesetzt werden. Jetzt wird zu Ende titriert. Zinkoxid, Zinksulfat und Eisessig dürfen selbstverständlich für sich kein Permanganat verbrauchen. Man überzeugt sich durch eine Blindprobe davon.

Nach Reinitzer und Conrath (1926) läßt sich der Zusatz von ZnO und $ZnSO_4$ vermeiden, wenn man in schwach essigsaurer, mit viel Natriumacetat gepufferter Lösung arbeitet. Da – wie die Reaktionsgleichung zeigt – während der Titration freie Mineralsäure entsteht, die den Reaktionsablauf hemmt, führt das Natriumacetat die mineralsaure Lösung in eine essigsaure mit geringer Wasserstoffionenkonzentration über. Dadurch werden die günstigsten Bedingungen für die Entstehung eines von niederen Oxiden freien Mangan(IV)-oxidhydrats geschaffen. Außerdem wird durch die hohe Natriumkonzentration die Entstehung von Natriummanganaten(IV) begünstigt; der große Elektrolytüberschuß koaguliert das anfänglich kolloid gelöste Oxidhydrat, läßt also den Endpunkt besser erkennen. Endlich werden etwa anwesende Eisen(III)-Ionen in der Siedehitze als basische Acetate gefällt. Bei Gegenwart von Eisen muß auf die Abwesenheit von Chloridionen geachtet werden, da sonst zuviel Permanganatlösung verbraucht wird. Die Erkennung des Endpunkt läßt sich, zumal wenn viel Eisen zugegen ist, durch Zusatz von Kaliumfluorid sehr erleichtern. Es scheidet sich dann der größte Teil des Eisens als schweres, weißes $K_3[FeF_6]$ ab. Außerdem fällt das Mangan(IV)-oxidhydrat in Gegenwart von Kaliumfluorid als dichter, dunkelfarbiger Niederschlag aus, der sich verhältnismäßig schnell absetzt.

Arbeitsvorschrift: Als Beispiel diene die Analyse eines Weißeisens mit etwa 3% Mangan. 4–5 g der Substanz werden in Schwefelsäure ($\rho = 1{,}12$ g/ml) gelöst, wobei zum Schluß zum Sieden erhitzt wird. Die heiße Lösung wird zur Oxidation der Eisen(II)-Ionen mit 5 ml konzentrierter Salpetersäure versetzt und bis zur Entfernung der Stickstoffoxide zum Sieden erhitzt. Nach dem Erkalten wird die Lösung in einem Meßkolben auf 1 l verdünnt. Man entnimmt einen aliquoten Teil, z. B. 50 ml, neutralisiert ihn annähernd mit Sodalösung und läßt ihn schnell in eine zum Sieden erhitzte, ganz schwach essigsaure Lösung von 5 g reinstem, carbonatfreiem Natriumacetat und 5 g Kaliumfluorid in etwa 400 ml Wasser einlaufen. Der entstehende Niederschlag von $K_3[FeF_6]$ und basischem Eisen(III)-acetat setzt sich nach einigem Umschwenken rasch ab. Danach wird - wie oben beschrieben - mit Kaliumpermanganatlösung titriert. Gegen Ende der Titration ist es zweckmäßig, nochmals zum Sieden zu erhitzen, um die Beständigkeit der Entfärbung feststellen zu können. Auch hier dürfen natürlich die verwendeten Reagentien kein Permanganat verbrauchen.

Es empfiehlt sich, den Titer der Kaliumpermanganatlösung je nach Anwendung des Arbeitsverfahrens in gleicher Weise mit einer Mangan(II)-Salzlösung bekannten Gehaltes einzustellen.

1 ml $KMnO_4$-Lösung, c (⅓ $KMnO_4$) = 0,1 mol/l, entspricht 1,648 mg Mn oder 2,128 mg MnO.

3.3.3 Dichromatometrische Bestimmungen

Wie das Permanganat vermag auch Chrom der Oxidationszahl VI in saurer Lösung eine große Zahl von Reduktionsmitteln zu oxidieren. Von dieser Eigenschaft hat man lange Zeit bei der Reinigung von Glasgefäßen mit Dichromat-Schwefelsäure Gebrauch gemacht (vgl. S. 37). Das in saurer Lösung beständige Dichromat wird dabei unter Beteiligung von Wasserstoffionen unter Aufnahme von sechs Elektronen (3 für jedes Cr(VI)), die das jeweilige Reduktionsmittel liefert, nach

$$Cr_2O_7^{2-} + 14\,H^+ + 6\,e^- \rightarrow 2\,Cr^{3+} + 7\,H_2O$$

zum Chrom(III) reduziert.

Gegenüber der Permanganometrie weist die Dichromatometrie eine Reihe von Vorteilen auf. So läßt sich durch Abwägen von Kaliumdichromat und Auflösen in einem bestimmten Volumen ohne weitere Titerstellung eine Maßlösung gewünschter Konzentration herstellen (Urtitersubstanz). Die Kaliumdichromatlösungen sind titerbeständig. Titrationen mit ihnen in salzsauren Lösungen bereiten keine Schwierigkeiten. Trotzdem ist die Bedeutung der Methode lange gering geblieben, und sie wurde hauptsächlich nur zur Bestimmung von Eisen(II)-Salzen verwendet.

Der Grund dafür war in der schwierigen Erkennbarkeit des Endpunktes zu suchen. Aus den orangefarbenen Dichromationen entstehen während der Titration grüne Chrom(III)-Ionen. Lange Zeit war man mangels geeigneter Indikatoren auf die Tüpfelreaktion bei der Endpunktbestimmung angewiesen. Man mußte der zu titrierenden Lösung (z. B. einer Eisen(II)-Salzlösung) gegen Ende der Bestimmung von Zeit zu Zeit einen Tropfen entnehmen und ihn mit Hilfe einer geeigneten Reagenslösung, dem Tüpfelindikator (hier einer $K_3[Fe(CN)_6]$-Lösung), darauf prüfen, ob er noch die zu titrierende Ionenart (hier Fe^{2+}) enthielt.

Knop fand 1915 in einer farblosen Lösung von 0,2 g Diphenylamin in 100 ml stickstoffoxidfreier konzentrierter Schwefelsäure einen geeigneten Indikator. Setzt man der Probelösung vier Tropfen dieser Lösung zu, so färbt sie sich bei geringstem Überschuß an Dichromat über eine grüne Zwischenfarbe hinweg tief violett. Bereits 0,1 ml einer Kaliumdichromatlösung der Konzentration 1/60 mol/l (0,1 N) genügt, um 100 ml Wasser mit vier Tropfen Indikatorlösung violett zu färben.

Das Diphenylamin ist ein typischer Redoxindikator mit reversiblem Umschlag, der nicht vom Charakter des Oxidations- oder Reduktionsmittels abhängt, sondern von der Lage der Redoxpotentiale des zu titrierenden Systems und des Indikators. Redoxindikatoren allgemein sind leicht reversibel oxidierbare oder reduzierbare organische Farbstoffe, deren reduzierte Form meist farblos ist. Derartige Verbindungen eignen sich als Indikatoren für die Endpunktbestimmung einer Redoxtitration, wenn das Redoxpotential beim Farbumschlag mit dem Potential am Äquivalenzpunkt der Titration übereinstimmt oder in dessen Nähe liegt. Wenn auch H^+-Ionen an der dem Farbwechsel zugrunde liegenden Reaktion beteiligt sind, ist das Umschlagspotential pH-abhängig. Oxidierend wirkende Säuren, wie Salpetersäure oder salpetrige Säure, dürfen während der Titration nicht anwesend sein, da sie auf den Indikator einwirken würden. In sauren Lösungen wird das Diphenylamin nach Kolthoff und Sarver (1930) durch starke Oxidationsmittel zunächst irreversibel zum Diphenylbenzidin oxidiert:

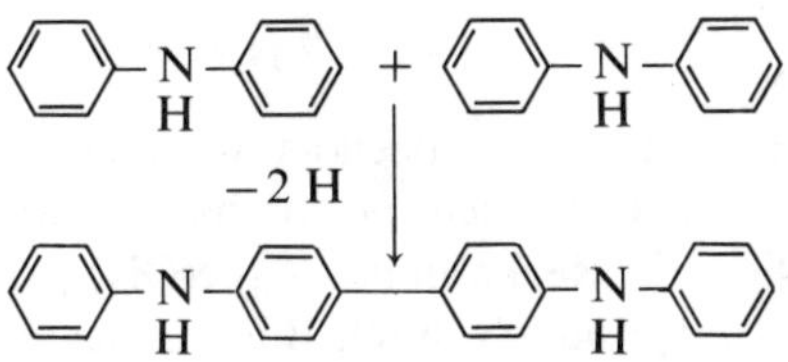

Das Diphenylbenzidin wird dann weiter reversibel zum Diphenylbenzidinviolett oxidiert:

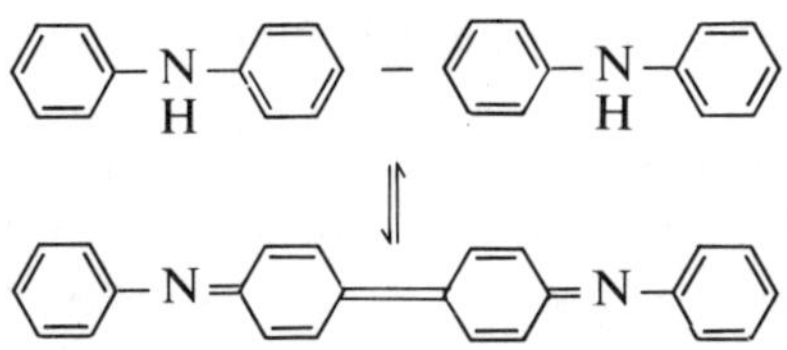

$+2\,H^+ + 2\,e^-$.

Das *Umschlagspotential* des Indikators, bei der die oxidierte und reduzierte Form in gleicher Konzentration vorliegen, beträgt +0,76 V.

Die in den zurückliegenden Jahrzehnten in steigendem Maße angewendete potentiometrische Indikation des Endpunktes (vgl. Abschn. 4.4) bei maßanalytisch verwertbaren Reaktionen hat der Dichromatometrie ebenso wie den bromatometrischen Verfahren eine erhöhte Bedeutung und weitere Verbreitung verschafft.

Herstellung der Dichromatlösung

Aus der Reaktionsgleichung, die der Dichromatometrie zugrunde liegt, ergibt sich, daß eine auf Äquivalente bezogene Kaliumdichromatlösung der Konzentration $c(\frac{1}{6}\,K_2Cr_2O_7) = 0{,}1$ mol/l (0,1 N) $\frac{1}{60}$ mol im Liter enthalten muß, das sind 4,9032 g $K_2Cr_2O_7$.

Ist das zur Verfügung stehende Kaliumdichromat nicht analysenrein, sondern durch Kaliumsulfat verunreinigt, kann es leicht durch drei- bis viermaliges Umkristallisieren aus heißem Wasser titerrein erhalten werden. Zum Filtrieren wird eine Glasfrittennutsche benutzt. Das Trocknen erfolgt im Trockenschrank bei 130 °C bis zur Gewichtskonstanz.

4,9032 g $K_2Cr_2O_7$ werden genau abgewogen und daraus durch Auflösen im Meßkolben und Auffüllen auf 1 l die Maßlösung bereitet. Sie ist praktisch unbegrenzt haltbar.

Bestimmung von Eisen durch Tüpfelreaktion

Mineralsaure Eisen(II)-Salzlösungen werden bereits bei Raumtemperatur nach

$$Cr_2O_7^{2-} + 6\,Fe^{2+} + 14\,H^+ \rightarrow 2\,Cr^{3+} + 6\,Fe^{3+} + 7\,H_2O$$

sofort quantitativ oxidiert. Die Titration ist dann beendet, wenn ein der Lösung entnommener Tropfen auf eine für Eisen(II)-Ionen spezifische Nachweisreaktion nicht mehr anspricht. Als solche dient die Reaktion mit $K_3[Fe(CN)_6]$, die die Anwesenheit von Fe^{2+}-Ionen äußerst empfindlich durch Bildung des intensiv gefärbten Turnbulls Blau anzeigt:

$$3\,Fe^{2+} + 2\,[Fe(CN)_6]^{3-} \rightarrow Fe_3[Fe(CN)_6]_2.$$

Fe^{3+}-Ionen bilden dagegen mit $K_3[Fe(CN)_6]$ eine bräunliche lösliche Verbindung der Formel $Fe[Fe(CN)_6]$.

Das verwendete $K_3[Fe(CN)_6]$ muß absolut frei von $K_4[Fe(CN)_6]$ sein, weil dieses mit dem während der Titration entstehenden Fe^{3+}-Ionen etwa nach

$$4\,Fe^{3+} + 3\,[Fe(CN)_6]^{4-} \rightarrow Fe_4[Fe(CN)_6]_3$$

das Berliner Blau bilden würde. So würde man stets eine Blaufärbung erhalten. Man verwende nur reinstes $K_3[Fe(CN)_6]$, spüle es vor dem Auflösen gründlich mit Wasser ab und überzeuge sich durch eine Probe mit Fe(III)-Salz.

Arbeitsvorschrift: Die saure Eisen(II)-Salzlösung, die etwa 0,1 g Eisen in 100 ml enthalten soll, wird mit $K_2Cr_2O_7$-Maßlösung, $\frac{1}{60}$ mol/l (0,1 N), titriert. Der Probelösung wird kurz vor dem Endpunkt mehrmals mit einem Glasstab ein Tropfen entnommen. Der Tropfen wird auf einer weißen Porzellanplatte neben einen Tropfen einer etwa 2%igen $K_3[Fe(CN)_6]$-Lösung gebracht. Wenn beim Vereinigen beider Tropfen mit einem sauberen Glasstab keine Blau- oder Grünfärbung mehr auftritt, ist die Titration beendet. Die erste Bestimmung ist nur als Vorprobe zu betrachten. Bei der zweiten Titration gibt man fast die ganze zum Erreichen des

Endpunktes erforderliche $K_2Cr_2O_7$-Lösung hinzu und versucht, durch nur zwei- bis dreimaliges Tüpfeln den Endpunkt zu erreichen.

1 ml $K_2Cr_2O_7$-Lösung, $c(\frac{1}{6}K_2Cr_2O_7) = 0{,}1$ mol/l (0,1 N), entspricht 5,585 mg Fe.

Der Gedanke liegt nahe, daß durch das Tüpfeln eine größere Ungenauigkeit der Bestimmung verbunden ist. Eine Überschlagsrechnung zeigt jedoch, wie groß der Fehler ist, den man durch die Entnahme mehrerer Tropfen gegen Ende der Titration in bezug auf das Gesamtergebnis macht: Es mögen 10 Tropfen von je 0,05 ml, im ganzen also 0,5 ml entnommen worden sein. Bei einem Flüssigkeitsvolumen von 250–300 ml würde das, bezogen auf das gesamte vorhandene Eisen, nur einen Fehler von etwa 0,2% bedingen. Der Fehler bezieht sich aber nicht auf das gesamte Eisen, sondern nur auf das gegen Titrationsende noch vorhandene, als Fe(II) vorliegende Eisen, z. B. auf das letzte Zehntel. Der Fehler würde dann nur noch etwa 0,02% betragen, d. h. sich kaum bemerkbar machen. Außerdem verringert er sich mit fortschreitender Oxidation des Fe(II) ständig weiter. Bei der Haupttitration benötigt man nicht 10 Tropfen, sondern nur 3 bis 4, wodurch sich der durch die Entnahme der Tüpfelproben bedingte Fehler unterhalb 0,005% halten läßt.

Bestimmung von Eisen mit Redoxindikatoren

Indikation mit Diphenylamin. Bereits während der Titration tritt eine grüne bis blaugrüne Färbung auf, die darauf zurückzuführen ist, daß das Umschlagspotential des Indikators von +0,76 V annähernd den gleichen Wert wie das Standardpotential des Redoxsystems Fe^{2+}/Fe^{3+} hat, der Farbumschlag also bereits vor Beginn des Potentialsprunges am Äquivalenzpunkt erfolgt. Um den Indikatorumschlag und den Äquivalenzpunkt der Titration in Übereinstimmung zu bringen, muß das Redoxpotential des Systems Fe^{2+}/Fe^{3+} erniedrigt werden. Das erreicht man durch Zusatz von Phosphorsäure, die durch Komplexbildung die Fe(III)-Konzentration genügend weit herabsetzt (vgl. S. 165).

Arbeitsvorschrift: Zu 25 ml der Eisen(II)-Salzlösung werden 10 ml Schwefelsäure, 2 mol/l, oder Salzsäure, 4 mol/l, und vier Tropfen Indikatorlösung (s. S. 172) gegeben (in salzsaurer Lösung erst gegen Ende der Titration). Dann wird mit der $K_2Cr_2O_7$-Maßlösung titriert. In der Nähe des Endpunktes vertieft sich die grüne Farbe der Lösung. Wenn sie dunkelgrün geworden ist - ungefähr bei $\tau = 0{,}985$ - werden 5 ml 25%ige Phosphorsäure hinzugefügt. Die Lösung wird vorsichtig weiter titriert, bis ihre Farbe plötzlich blauviolett wird.

Indikation mit Natrium-*N*-methyldiphenylamin-*p*-sulfonat. In Gegenwart von Wolframsäure ist eine Titration des Eisens mit Diphenylamin als Redoxindikator nicht möglich. Knop und Kubelková-Knopová (1941) haben anstelle von Diphenylamin *N*-Methyldiphenylamin-*p*-sulfonsäure bzw. ihr Natriumsalz als Redoxindikator eingeführt. Diese Substanzen zeichnen sich außer durch Unempfindlichkeit gegen die Anwesenheit von Wolframsäure auch durch bessere Löslichkeit in Wasser und einen schärferen Farbumschlag aus. Er erfolgt von Farblos nach Purpurrot. Es liegt der gleiche Reaktionsmechanismus wie beim Diphenylamin zugrunde. Der Indikator wird in Form des Natriumsalzes in 0,1%iger wäßriger Lösung verwendet.

Arbeitsvorschrift: 100–200 ml der Eisen(II)-Salzlösung, die etwa 0,05 bis 0,2 g Eisen enthalten soll, werden mit 10 bis 15 ml einer Säuremischung (150 ml H_3PO_4, $\rho = 1{,}7$ g/ml, und 150 ml H_2SO_4, $\rho = 1{,}84$ g/ml, in 700 ml Wasser) sowie 10 bis 20 ml Schwefelsäure (1 : 4) oder Salzsäure (1 : 1) und 0,1 bis 0,2 ml 0,1%iger Indikatorlösung versetzt und mit der $K_2Cr_2O_7$-Maßlösung titriert. Das Ende der Titration kündigt sich durch eine grauviolette Verfärbung an. Am Äquivalenzpunkt ist die Farbe ein sattes Grau-Rotviolett. Wegen der Beeinflussung des Farbumschlages durch H^+-Ionen soll die H^+-Konzentration der Lösung nicht kleiner als 0,5 mol/l und nicht größer als 2 mol/l sein.

Liegen Eisen(III)-Salze vor, wird mit $SnCl_2$ reduziert (s. S. 165) und wie angegeben titriert.

3.3.4 Cerimetrische Bestimmungen

Cer(IV)-sulfat ist ein starkes Oxidationsmittel; das Redoxpotential in Schwefelsäure, 0,5 bis 4 mol/l, beträgt 1,44 V. Es läßt sich nur in saurer Lösung verwenden. Wenn die Lösung neutralisiert wird, fallen Cer(IV)-hydroxid oder basische Salze aus. Die Lösung ist intensiv gelb. In heißen, nicht zu verdünnten Lösungen läßt sich der Endpunkt ohne Indikator erkennen, allerdings ist dann die Durchführung einer Blindtitration erforderlich.

Cer(IV)-sulfat als Oxidationsmittel in der Maßanalyse weist folgende Vorteile auf: Die Lösungen sind stabil über einen langen Zeitraum. Sie brauchen nicht vor Licht geschützt zu werden und verändern sich in der Konzentration nicht, wenn sie kurze Zeit zum Sieden erhitzt werden. Stabile Lösungen werden erhalten, wenn man 10 bis 40 ml konzentrierte Schwefelsäure je Liter zusetzt. Sie sind somit Permanganatlösungen an Stabilität überlegen. Cer(IV)-sulfat kann zur Bestimmung von Reduktionsmitteln in Gegenwart hoher HCl-Konzentrationen verwendet werden. Ce^{4+}-Lösungen der Konzentration 0,1 mol/l sind nicht so stark farbig, daß die Ablesung des Meniskus in Büretten gestört wird.

Der Cerimetrie liegt das Redoxgleichgewicht

$$Ce^{4+} + e^- \rightleftharpoons Ce^{3+}$$

zugrunde. Es entstehen nicht wie beim Permanganat je nach Reaktionsbedingungen unterschiedliche Reaktionsprodukte. Das Cer(III)-Ion ist farblos. Mit Cer(IV)-sulfat lassen sich die meisten Titrationen, zu denen Permanganat verwendet wird, durchführen sowie noch einige andere. Als Redoxindikatoren für cerimetrische Titrationen lassen sich *N*-Phenylanthranilsäure, Ferroin und 5.6-Dimethylferroin verwenden (vgl. [114, 115]).

Herstellung der Cer(IV)-sulfatlösung

42 g Cer(IV)-sulfattetrahydrat, $Ce(SO_4)_2 \cdot 4\ H_2O$, oder 65 g Ammoniumcer(IV)-sulfatdihydrat, $2\ (NH_4)_2SO_4 \cdot Ce(SO_4)_2 \cdot 2\ H_2O$, werden in 500 ml Schwefelsäure, 1 mol/l, unter mäßigem Erwärmen auf einem Wasserbad gelöst und zu 1000 ml aufgefüllt. Zur Einstellung eignen sich z. B. Arsen(III)-oxid, Oxalsäure, metallisches Eisen oder Kaliumiodid. Natürlich kann die Titerstellung auch mit geeigneten Maßlösungen, wie Eisen(II)-sulfatlösung, erfolgen.

Einstellung mit Kaliumiodid
In schwefelsaurer, acetonhaltiger Lösung werden Iodidionen von Cer(IV)-Ionen zu Iodaceton oxidiert:

$$I^- + CH_3COCH_3 + 2\ Ce^{4+} \rightarrow CH_3COCH_2I + 2\ Ce^{3+} + H^+$$

Da in der Nähe des Äquivalenzpunktes auch etwas Aceton und Iodaceton von Cer(IV)-Ionen oxidiert werden, ist der gefundene Titer bei der Einstellung einer Maßlösung, 0,1 mol/l, geringfügig, um ungefähr 0,05%, zu niedrig. Bei einer Konzentration der Cer(IV)-sulfatlösung von 0,01 mol/l beträgt der Fehler dagegen 0,8 bis 1%.

Arbeitsvorschrift: Ungefähr 0,35 g bei 250 °C getrocknetes Kaliumiodid werden in 100 ml Schwefelsäure, 1,5 mol/l (3 N), gelöst. Nach Zusatz von 3 Tropfen Ferroinlösung, 0,025 mol/l (handelsübliche Lösung), und 25 ml Aceton wird gut durchgeschüttelt und mit Cer(IV)-sulfatlösung von Rot nach Farblos titriert. Der Umschlagpunkt ist erreicht, wenn die Rotfärbung nach Zugabe eines Tropfens der Maßlösung mindestens 30 Sekunden lang verschwindet.

Bestimmung von Eisen

Eisen(II) wird in salz- oder schwefelsaurer Lösung glatt zu Eisen(III) oxidiert:

$$Fe^{2+} + Ce^{4+} \rightarrow Fe^{3+} + Ce^{3+}$$

Liegt ganz oder teilweise Eisen(III) vor, muß es vor der Bestimmung reduziert werden. Die Reduktion kann z. B. mit Silber in der auf S. 179 beschriebenen Reduktorbürette erfolgen.

Arbeitsvorschrift: 100 ml der Probelösung, die ungefähr 0,5 bis 1 g/l Fe enthalten soll, werden mit 10 ml konz. Salzsäure angesäuert. Nach Zusatz von einem Tropfen Ferroinlösung, 0,025 mol/l, wird mit Cer(IV)-sulfatlösung, 0,1 mol/l (0,1 N), bis zum scharfen Umschlag von Orangerot nach Gelbgrün titriert. Säuert man statt mit Salzsäure mit 5 ml konz. Schwefelsäure an, so erfolgt der Farbwechsel von Rot nach Blaßblau.

1 ml Cer(IV)-sulfatlösung, $c(Ce(SO_4)_2) = 0{,}1$ mol/l (0,1 N), entspricht 5,5847 mg Fe.

Bestimmung von Nitrit

In saurer Lösung wird Nitrit durch Cer(IV) zu Nitrat oxidiert:

$$NO_2^- + 2\,Ce^{4+} + H_2O \rightarrow NO_3^- + 2\,Ce^{3+} + 2H^+$$

Die Reaktion verläuft quantitativ und anfangs schnell, in der Nähe des Äquivalenzpunktes dagegen langsamer. Bei der Titration wird ein gemessenes Volumen der Cer(IV)-sulfatlösung vorgelegt und die Probelösung aus der Bürette zugegeben.

Arbeitsvorschrift: 25 ml Cer(IV)-sulfatlösung, 0,1 mol/l (0,1 N) werden in einem 250-ml-Becherglas (breite Form) mit 5 ml konz. Salpetersäure versetzt, auf 100 bis 150 ml verdünnt und auf 50 °C erwärmt. Mit der Probelösung, die 0,05 bis 0,1 mol/l NO_2^- enthalten soll, wird solange titriert, bis die Gelbfärbung der vorgelegten Lösung fast verschwunden ist. Dabei muß die Bürettenspitze gerade in die Lösung eintauchen. Dann wird ein Tropfen Ferroinlösung, 0,025 mol/l, zugefügt und langsam bis zum Umschlag von Blaugrau nach Schwachrosa titriert.

1 ml Cer(IV)-sulfatlösung, $c(Ce(SO_4)_2) = 0{,}1$ mol/l (0,1 N), entspricht 4,6006 mg NO_2.

Bestimmung von Hexacyanoferrat(II)

Cer(IV) oxidiert in saurer Lösung Hexacyanoferrat(II) zu Hexacyanoferrat(III):

$$[Fe(CN)_6]^{4-} + Ce^{4+} \rightarrow [Fe(CN)_6]^{3-} + Ce^{3+}$$

Arbeitsvorschrift: 100 ml Probelösung, die ungefähr 2 g/l Hexacyanoferrat(II) enthalten soll, werden mit 10 ml konz. Salzsäure, 7 mol/l, und 1 Tropfen Ferroinlösung, 0,025 mol/l, versetzt. Bei Zimmertemperatur wird mit Cer(IV)-sulfatlösung, 0,1 mol/l (0,1 N), bis zum scharfen Umschlag von Orangebraun nach Gelbgrün titriert.

1 ml Cer(IV)-sulfatlösung, $c(Ce(SO_4)_2) = 0{,}1$ mol/l (0,1 N), entspricht 21,195 mg $Fe(CN)_6$ bzw. 36,836 mg $K_4Fe(CN)_6$.

3.3.5 Ferrometrische Bestimmungen

Wie sich Eisen(II) mit Kaliumdichromat titrieren läßt, kann auch umgekehrt Chrom(VI) von Eisen(II) quantitativ zu Chrom(III) reduziert werden. Mit einer Fe(II)-Maßlösung kann noch eine Reihe weiterer reduktometrischer Titrationen durchgeführt werden. Nachteilig macht sich jedoch die geringe Titerbeständigkeit, die auf der leichten Oxidierbarkeit der Eisen(II)-Ionen durch Luftsauerstoff beruht, bemerkbar. Schäfer (1949) hat durch eine einfache Maßnahme die Konstanz des Titers einer $FeSO_4$-Lösung erreicht. Er arbeitete mit einer Reduktorbürette, die aus einer mit der Maßlösung gefüllten Bürette und einem vorgeschalteten Jones-Reduktor (vgl. S. 161) besteht. Die durch den Luftsauerstoff in geringem Maße oxidierte Eisen(II)-sulfatlösung läuft vor dem Eintropfen in die zu titrierende Lösung über das Reduktormetall (in diesem Fall Silber), wobei die vorhandenen Fe^{3+}-Ionen wieder zu Fe^{2+}-Ionen reduziert werden.

Grundlage der Ferrometrie ist das Gleichgewicht

$$Fe^{2+} \rightleftharpoons Fe^{3+} + e^{-}.$$

Für die Erkennung des Endpunktes eignen sich ebenfalls Redoxindikatoren.

Herstellung der Eisen(II)-sulfatlösung

Eine Eisen(II)-sulfatlösung der Konzentration 0,1 mol/l enthält 27,801 g $FeSO_4 \cdot 7H_2O$ oder 39,213 g $(NH_4)_2Fe(SO_4)_2 \cdot 6H_2O$ (Mohrsches Salz). Zur Herstellung der genauen Maßlösung eignet sich aber nur das Mohrsche Salz. $FeSO_4$ hat aber den Vorteil, daß es in salzsaurer oder schwefelsaurer Lösung weniger schnell oxidiert wird.

Etwa 28 g $FeSO_4 \cdot 7H_2O$ werden in einer Mischung aus 100 ml Wasser, 25 ml konzentrierter Schwefelsäure und 50 ml Salzsäure gelöst, die Lösung wird im Meßkolben mit Wasser auf 1 l aufgefüllt. Der Zusatz von Salzsäure ist für die Verwendung in der Reduktorbürette mit Silberfüllung notwendig.

Als Reduktor wird Silber verwendet, das durch Abscheidung mit metallischem Kupfer aus einer Silbernitratlösung dargestellt und mehrfach mit Schwefelsäure und Wasser gewaschen worden ist. In den Reduktorraum der Bürette, der gegen den Hahn mit einem Pfropfen aus Quarz- oder Glaswolle verschlossen ist, werden einige Milliliter Maßlösung eingefüllt und 5 bis 6 g Silber eingetragen. Nach dem Durchspülen der etwa 8 cm hohen luftblasenfreien Schicht mit der Maßlösung ist die Bürette gebrauchsfertig. Eine störende Hemmung des Auslaufs durch die Reduktorschicht tritt nicht ein. Die Eisen(II)-Salzlösung muß sauer sein. Bei der Reduktion der Fe^{3+}-Ionen entsteht aus dem metallischen Silber in Gegenwart von Cl^{-}-Ionen schwerlösliches Silberchlorid.

Zur Regenerierung wird das gebrauchte Reduktorsilber mit Zinkstangen in verdünnter Schwefelsäure geschüttelt. Etwa abgeschiedene basische Zinksalze werden durch Behandeln mit Salzsäure, 6 mol/l, in der Wärme entfernt.

Verschiedene Typen von Reduktorbüretten sind von Flaschka (1950), Weber und Hahn (1952) sowie Karsten, Kies und Bergshoeff (1952) vorgeschlagen worden.

Die Einstellung der Eisen(II)-sulfatlösung erfolgt mit Kaliumdichromat unter Verwendung von Natrium-*N*-methyldiphenylamin-*p*-sulfonat als Redoxindikator (s. S. 175).

Bestimmung von Chromat(VI) und Chrom(III)

Die Reaktion zwischen den in saurer Lösung vorliegenden $Cr_2O_7^{2-}$-Ionen und den Fe^{2+}-Ionen verläuft nach der auf S. 174 angegebenen Gleichung. Chrom(III)-Salze werden vor der Titration mit Ammoniumperoxodisulfat in Gegenwart von Ag^{+} zu Chrom(IV)-Verbindungen oxidiert. Als Redoxindikator hat sich auch hier Natrium-N-methyldiphenylamin-p-sulfonat bewährt.

Arbeitsvorschrift (nach Blasius und Wittwer [116]): Die Bestimmung erfolgt wie bei der Eisen(II)-Titration beschrieben (s. S. 175), nur umgekehrt: man titriert bis zur auftretenden Grünfärbung. Gegen Ende der Titration, wenn die Lösung schon schwach violett erscheint, muß die Maßlösung langsam zugegeben werden.

Schwefelsaure Chrom(III)-Salzlösungen mit einem Gehalt von etwa 50 bis 55 mg und einem maximalen Volumen von 100 ml werden bei Raumtemperatur mit 20 ml einer Silbernitratlösung, 0,02 mol/l, und 15 ml 15%iger Ammoniumperoxodisulfatlösung versetzt und bis zum Auftreten der Dichromatfarbe erwärmt (nicht zum Sieden erhitzen!). Dann wird das überschüssige $S_2O_8^{2-}$ durch etwa 15 min langes Sieden zerstört. Nach dem Abkühlen werden 5 ml 5%ige NaCl-Lösung zugegeben. Die Lösung wird auf 150 ml aufgefüllt und nach Zusatz von Phosphorsäuremischung wie beschrieben titriert.

1 ml Eisen(II)-sulfatlösung, $c(FeSO_4) = 0{,}1$ mol/l, entspricht 1,733 mg Cr, 2,533 mg Cr_2O_3 oder 4,903 mg $K_2Cr_2O_7$.

Bestimmung von Vanadium

In saurer Lösung wird Vanadium(V) nach

$$VO_2^+ + Fe^{2+} + 2\,H^+ \rightarrow VO^{2+} + Fe^{3+} + H_2O$$

von Eisen(II) zu Vanadium(IV) reduziert. Anstelle der Vanadium(V)oxid-Ionen können auch Polyvanadat(V)-Ionen in der Lösung enthalten sein, da die Gleichgewichte zwischen den verschiedenen Kondensationsformen der Vanadat(V)-Ionen von der Wasserstoffionenkonzentration abhängig sind. Dies ist aber für den Ablauf der Reduktion ohne Bedeutung. Bei der Verwendung von Natrium-*N*-methyldiphenylamin-*p*-sulfonat lassen sich Vanadate(V) wie Dichromate mit Eisen(II)-sulfat titrieren (Blasius und Wittwer [116]).

Arbeitsvorschrift: Die 0,05–0,1 g Vanadium enthaltende Lösung wird mit 10 ml Phosphorsäuremischung (s. S. 175) und soviel verdünnter Schwefelsäure versetzt, daß die Säurekonzentration nach Verdünnen auf 100 ml zwischen 0,25 und 1 mol/l liegt. Nach Zusatz von 0,1 bis 0,2 ml Indikatorlösung wird mit Eisen(II)-sulfatlösung, 0,1 mol/l (0,1 N), titriert, bis die rotviolette Farbe in der Nähe des Umschlagspunktes verschwunden und nur noch die blaue Farbe von Vanadium(IV) zu erkennen ist.

1 ml Eisen(II)-sulfatlösung, $c(FeSO_4) = 0{,}1$ mol/l (0,1 N), entspricht 8,294 mg VO_2^+ oder 9,094 mg V_2O_5.

3.3.6 Bromatometrische Bestimmungen

Kaliumbromat ist ein Oxidationsmittel und kann zur titrimetrischen Bestimmung von Arsen(III), Antimon(III), Zinn(II), Kupfer(I), Thallium(I) sowie Hydrazin verwendet werden. Das Bromat wird dabei in saurer Lösung zum Bromid reduziert:

$$BrO_3^- + 6\,H^+ + 6\,e^- \rightarrow Br^- + 3\,H_2O$$

Das Standardpotential des Systems BrO_3^-/Br^- ist $E^o = 1{,}44$ V. Mit $z^* = 6$ ist die molare Masse des Kaliumbromats bezogen auf Äquivalente M (⅙ $KBrO_3$) = 27,833 g/mol.

Zur Erkennung des Titrationsendpunktes nutzt man die Tatsache aus, daß das während der Titration entstandene (oder vorher absichtlich zugesetzte) Bromid mit überschüssigem Bromat zu elementarem Brom komproportioniert:

$$BrO_3^- + 5\,Br^- + 6\,H^+ \rightarrow 3\,H_2O + 3\,Br_2.$$

Nach Überschreiten des Endpunktes färbt sich die vorher farblose Lösung durch die Bromausscheidung schwach gelb. Da aber die Färbung infolge der geringen Bromkonzentration schlecht zu erkennen ist, nutzt man die Oxidationswirkung des Broms auf organische Farbstoffe wie Methylorange oder Methylrot aus. Die Farbstoffe werden durch Brom irreversibel oxidiert (entfärbt). Die Reaktion benötigt eine gewisse Zeit. Daher muß die Bromatlösung gegen Ende der Titration langsam und tropfenweise zugefügt werden. Kurz vor Erreichen des Endpunktes setzt man der Lösung nochmals einen Tropfen Indikatorlösung zu, weil ein lokaler Bromatüberschuß an der Eintropfstelle mitunter ein vorzeitiges Verblassen des Indikators bewirkt. Die Temperatur soll 40 bis 60 °C betragen.

Auch Chinolingelb eignet sich gut zur Erkennung des Endpunktes. Seine Entfärbung ist sogar nach Zusatz eines kleinen Bromatüberschusses kurze Zeit durch einige Tropfen Arsen(III)-Lösung wieder rückgängig zu machen.

Herstellung der Kaliumbromatlösung

Kaliumbromat ist sehr rein erhältlich (Urtitersubstanz). Durch mehrfaches Umkristallisieren und Trocknen bei 180 °C läßt es sich auch in genügender Reinheit darstellen. Zur Herstellung der Maßlösung, c(⅙$KBrO_3$) = 0,1 mol/l (0,1 N), löst man ¹⁄₆₀ der molaren Masse, 2,7833 g $KBrO_3$, in Wasser und füllt im Meßkolben zu 1 Liter auf. Die Lösung ist gut haltbar und titerbeständig. Sie darf jedoch keine Bromidionen enthalten. Zur Reinheitsprüfung werden 5 ml der Bromatlösung mit 2 ml Schwefelsäure, $c(H_2SO_4) = 2$ mol/l, angesäuert und 1 Tropfen 0,1%iger Methylorangelösung zugesetzt. Die rosa Farbe darf nach Angaben von Kolthoff [89] noch nach zwei Minuten nicht verschwunden sein.

Bestimmung von Arsen und Antimon

Die bereits 1893 von St. Györy beschriebene Titration beruht auf der Oxidation der Ionen von der Oxidationszahl III zu V:

$$BrO_3^- + 3\,As^{3+} + 6\,H^+ \rightarrow Br^- + 3\,As^{5+} + 3\,H_2O,$$
$$BrO_3^- + 3\,Sb^{3+} + 6\,H^+ \rightarrow Br^- + 3\,Sb^{5+} + 3\,H_2O.$$

Arbeitsvorschrift: Die Lösung des Arsenats(III) bzw. Antimonats(III) wird mit Salzsäure stark angesäuert, so daß die Säurekonzentration 1–2 mol/l beträgt.

Nach Zusatz von 1–2 Tropfen Methylrot- oder Methylorangelösung (1%ig) wird auf etwa 50 °C erwärmt und mit $KBrO_3$-Lösung, 1/60 mol/l (0,1 N), bis zur Entfärbung titriert. Dabei muß der Titrierbecher ständig umgeschwenkt werden. Die Bromatlösung muß man gegen Ende der Titration langsam zutropfen lassen. Kurz vor dem Endpunkt ist noch 1 Tropfen Indikatorlösung zuzufügen.

1 ml $KBrO_3$-Lösung, $c(\frac{1}{6}KBrO_3) = 0{,}1$ mol/l (0,1 N), entspricht 3,7461 mg As bzw. 6,0875 mg Sb oder 4,9460 mg As_2O_3 bzw. 7,288 mg Sb_2O_3.

Bestimmung von Bismut

Das 1927 von Reißaus beschriebene Verfahren beruht auf der Reduktion des Bismut(III) in salzsaurer Lösung durch metallisches Kupfer, wobei in äquivalenter Menge Kupfer(I) entsteht, das bromatometrisch titriert wird:

$$Bi^{3+} + 3\,Cu \rightarrow Bi + 3\,Cu^+$$
$$BrO_3^- + 6\,Cu^+ + 6\,H^+ \rightarrow Br^- + 6\,Cu^{2+} + 3\,H_2O.$$

Die Schwierigkeit liegt in der außerordentlich großen Empfindlichkeit der Kupfer(I)-Ionen gegenüber Luftsauerstoff.

Arbeitsvorschrift: Das Bismut wird zunächst als Bismutoxidchlorid abgeschieden, um es von Begleitmetallen, wie Kupfer, Arsen und Antimon zu trennen. Das Salz wird abfiltriert und in einem 500-ml-Erlenmeyerkolben in 30 ml konzentrierter Salzsäure gelöst. Man verdünnt mit Wasser auf 200 ml, erhitzt unter Durchleiten von CO_2 zum Sieden und fügt nach vollständigem Verdrängen der Luft blanke Elektrolytkupferspäne zu. Wenn nach 15minütigem Sieden ein frisch eingeworfener Kupferspan blank bleibt, wird die Lösung unter Ausschluß von Luft in einer CO_2-Atmosphäre durch einen Glasfiltertiegel in einen mit Kohlenstoffdioxid gefüllten Literkolben filtriert und mit heißem, salzsäurehaltigem Wasser nachgespült. Die Lösung (400–500 ml) wird mit 2–3 Tropfen 1%iger Methylorangelösung versetzt und heiß mit $KBrO_3$-Maßlösung titriert. Die Farbe schlägt am Endpunkt von Rosa nach Blau um.

1 ml $KBrO_3$-Lösung, $c(\frac{1}{6}KBrO_3) = 0{,}1$ mol/l (0,1 N), entspricht 6,966 mg Bi oder 6,3546 mg Cu.

Bestimmung von Hydroxylamin

Hydroxylamin wird von Bromat in Gegenwart von Salzsäure zum Nitrat oxidiert:

$$NH_2OH + BrO_3^- \rightarrow NO_3^- + Br^- + H^+ + H_2O.$$

Zur Bestimmung versetzt man die Hydroxylaminlösung mit einem abgemessenen Volumen $KBrO_3$-Lösung, 1/60 mol/l (1 N), so daß 10–30 ml im Überschuß vorhanden sind, und fügt 40 ml HCl, 5 mol/l, hinzu. Nach 15 Minuten bestimmt man den Überschuß an Bromat durch Zusatz von KI-Lösung und Titration des entstandenen Iods mit Thiosulfatmaßlösung (s. Abschn. 3.3.7).

1 ml $KBrO_3$-Lösung, $c(\frac{1}{6}KBrO_3) = 0{,}1$ mol/l (1 N), entspricht 0,5505 mg NH_2OH.

Bestimmung von Metallionen als Oxinato-Komplexe

Zahlreiche Metallionen lassen sich indirekt bromatometrisch über ihre Hydroxychinolin-Komplexe bestimmen. Die Methode beruht auf der Ausfällung der Metallkomplexe unter geeigneten pH-Bedingungen, Freisetzen des Oxins durch Lösen in verdünnter Salzsäure und Bromierung des Oxins zum 5,7-Dibrom-8-hydroxychinolin.

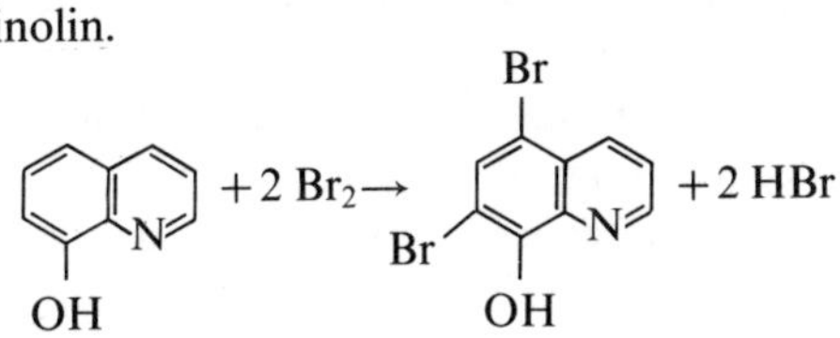

Das Brom wird durch Zusatz von $KBrO_3$-Maßlösung zu überschüssigem Bromid erzeugt. Die Substitutionsreaktion verläuft langsam. Deshalb arbeitet man mit einem Überschuß an Brom. Den nicht umgesetzten Rest reduziert man mit KI und titriert das entstandene Iod gegen Stärke als Indikator mit Thiosulfatmaßlösung (s. Kap. 3.3.7).

Zweiwertige Metallionen binden zwei, dreiwertige drei Oxin-Liganden.

Berechnung: 1 mol Oxin entspricht 2 mol Br_2 bzw. 4 mol Br. Aus $KBrO_3$ und KBr entstehen aus 1 mol BrO_3^- 6 mol Br. 1 Äquivalent eines zweiwertigen Metalls entspricht 8 Äquivalenten Brom, eines dreiwertigen Metalls 12 Äquivalenten Brom.

Als Beispiel sei die Bestimmung von Aluminium beschrieben.

Bestimmung von Aluminium

Die Reagenslösung wird durch Lösen von 8-Hydroxychinolin in Essigsäure (c=2 mol/l) zu einer 2%igen Lösung, Zusatz von Ammoniaklösung bis zum Auftreten eines geringen Niederschlages und Erwärmen bis zum Wiederauflösen hergestellt.

25 ml Probelösung mit ca. 0,02 g Aluminium werden in einem Erlenmeyerkolben mit 125 ml Wasser versetzt und auf 50–60 °C erwärmt. Dann wird ein 20%iger Überschuß an Oxin-Lösung zugefügt (1 ml fällt 0,001 g Al). Die Fällung wird durch Zugabe einer Lösung von 4 g Ammoniumacetat in möglichst wenig Wasser vervollständigt. Unter Umrühren läßt man die Lösung abkühlen, filtriert dann durch einen Glas- oder Porzellanfiltertiegel (Porosität 4) und wäscht mit warmem Wasser nach.

Der Komplex wird in warmer konzentrierter Salzsäure gelöst und mit einigen Tropfen Methylrot oder Methylorangelösung (1%ig) sowie 0,5–1 g KBr versetzt. Dann titriert man langsam mit $KBrO_3$-Lösung, $\frac{1}{60}$ mol/l (0,1 N), bis die Farbe reingelb wird. Der genaue Endpunkt ist nicht leicht zu erkennen. Deshalb ist es am besten, einen Überschuß an $KBrO_3$-Lösung zuzusetzen (etwa 2 ml), so daß die Lösung freies Brom enthält. Zur Verhinderung einer Ausfällung von 5,7-Dibromoxin während der Titration verdünnt man die Lösung stark mit Salzsäure, 2 mol/l, fügt nach 5 Minuten 10 ml einer 10%igen KI-Lösung hinzu und titriert das freigesetzte Iod mit Natriumthiosulfatlösung, 0,1 mol/l (0,1 N), unter Verwendung von Stärke als Indikator (s. Abschn. 3.3.7).

1 ml $KBrO_3$-Lösung, $c(\frac{1}{6}KBrO_3) = 0{,}1$ mol/l (1 N), entspricht 0,22485 mg Al.

Bemerkungen: Das Waschen des Niederschlages mit warmem Wasser dient zur Entfernung des Oxinüberschusses. So lassen sich Komplikationen durch Adsorption von Iod vermeiden. Die braune Additionsverbindung von Iod mit dem Dibromderivat des Oxins kann während der Titration ausfallen. Sie löst sich aber im allgemeinen wieder während der nachfolgenden Titration mit Thiosulfat unter Erzeugung einer gelben Farbe, so daß der Endpunkt mit Stärke erkennbar ist. Gibt man 10 ml Kohlenstoffdisulfid vor dem KI-Zusatz zu der Lösung, vermeidet man, daß sich die dunkelbraune Verbindung nicht schnell genug löst (Kohlenstoffdisulfid ist sehr feuergefährlich und ein starkes Lungen- und Hautgift).

Das Verfahren eignet sich zur Bestimmung folgender Metalle: Al, Fe, Cu, Zn, Cd, Ni, Co, Mn und Mg.

3.3.7 Iodometrische Bestimmungen

Die Iodometrie ist eine der vielseitigsten Methoden der Redoxtitration. Diese Vielseitigkeit beruht auf der oxidierenden Wirkung des Iods einerseits, zum anderen auf der reduzierenden Wirkung der Iodidionen. Der zugrundeliegende Vorgang

$$I_2 + 2\,e^- \rightleftharpoons 2\,I^-$$

ist vollständig umkehrbar.

Grundsätzlich ergeben sich daraus zwei Möglichkeiten für den Einsatz der Iodometrie:

1. Reduktionsmittel können mit Iodlösung direkt titriert werden. Sie werden dabei unter Reduktion des Iods zum Iodid oxidiert, z. B.

$$S^{2-} + I_2 \rightleftharpoons 2\,I^- + S.$$

2. Oxidationsmittel werden mit angesäuerter Kaliumiodidlösung im Überschuß reduziert, wobei das Iodid zum elementaren Iod oxidiert wird, z. B.

$$2\,Fe^{3+} + 2\,I^- \rightleftharpoons I_2 + 2\,Fe^{2+}.$$

Das entstandene Iod wird anschließend mit der Maßlösung eines geeigneten Reduktionsmittels titriert. Hierzu eignen sich Natriumsulfit, arsenige Säure oder Natriumthiosulfat.

Du Pasquier führte 1840 die erste iodometrische Bestimmung durch. Er titrierte das Iod mit schwefliger Säure. Ebenso verfuhr Bunsen, der 1853 die Aufmerksamkeit der Chemiker auf die von ihm systematisch bearbeiteten Verfahren der Iodometrie lenkte. Im gleichen Jahre führte Schwarz das Natriumthiosulfat anstelle des Sulfits in die analytische Praxis ein, das heute fast ausschließlich zur Titration des Iods verwendet wird. Nur in stärker alkalischen Lösungen benutzt man arsenige Säure.

Bei der Titration des Iods mit Natriumthiosulfat wird in neutraler bis schwach saurer Lösung das Thiosulfat zum Tetrathionat oxidiert:

$$2\,S_2O_3^{2-} + I_2 \rightarrow S_4O_6^{2-} + 2\,I^-.$$

Die Umsetzung erfolgt quantitativ nach der angegebenen Gleichung nur in neutraler oder schwach saurer Lösung. Durch alkalische Iodlösungen wird das Thiosulfat teilweise bis zum Sulfat weiteroxidiert, was sich etwa durch die Gleichung

$$S_2O_3^{2-} + 4\,I_2 + 10\,OH^- \rightarrow 2\,SO_4^{2-} + 8\,I + 5\,H_2O$$

beschreiben läßt. In alkalischer Lösung erfordert die Reduktion der gleichen Iodmenge viel weniger Thiosulfat als in neutraler Lösung. Man beobachtet also einen Minderverbrauch. Das liegt darin begründet, daß alkalische Iodlösungen wegen des Vorhandenseins von hypoiodiger Säure, HIO, ein höheres Redoxpotential aufweisen als neutrale Iodlösungen. Bei der Titration von Iod mit Thiosulfat darf die Wasserstoffionenkonzentration der Probelösung einen Minimalwert niemals unterschreiten. Diese untere Grenze liegt nach Angaben von Kolthoff [89] für Iodlösungen der Konzentration 0,05 mol/l bei etwa $2{,}5 \cdot 10^{-8}$ mol/l (pH = 7,6), der Konzentration 0,005 mol/l bei etwa $3 \cdot 10^{-7}$ mol/l (pH = 6,5) und der Konzentration 0,0005 mol/l bei ca. 10^{-5} mol/l (pH = 5). Die notwendige H^+-Konzentration steigt also mit der Verdünnung stark an. Weiterhin dürfen Salze, deren Lösung alkalisch reagiert, wie Natrium- und Ammoniumcarbonat, Natriumhydrogenphosphat, Borax usw., nicht zugegen sein. Läßt man umgekehrt die Iodlösung in die Natriumthiosulfatlösung einfließen, gelten diese Einschränkungen nicht. Die störende Nebenwirkung der Hydroxidionen fällt fast vollständig weg, weil das Iod von dem im Überschuß vorhandenen Thiosulfat sofort reduziert wird, bevor es zur Bildung von hypoiodiger Säure kommt. Bei der Titration von Thiosulfat mit Iodlösung stören daher geringe Hydroxidkonzentrationen kaum.

Ob die Reaktion

$$I_2 + 2\,e^- \rightleftharpoons 2\,I^-$$

nach der linken oder der rechten Seite der Gleichung hin quantitativ verläuft, hängt von der Größe des Redoxpotentials des zu bestimmenden Stoffes ab. Die Iodlösung wirkt oxidierend, wenn das Redoxpotential des Reaktionspartners niedriger ist als das des Iods. Iodid wirkt als Reduktionsmittel, wenn umgekehrt das Redoxpotential des Partners höher liegt als das des Iodids. Da die Größe des Redoxpotentials stark von der Wasserstoffionenkonzentration, der Temperatur und anderen Faktoren abhängt, ist es möglich, daß ein und dieselbe Reaktion durch geeignete Wahl der Versuchsbedingungen einmal in Richtung des Oxidationsvorganges, zum anderen in die des Reduktionsvorganges quantitativ ablaufen kann. So läßt sich die Arsensäure in stark saurer Lösung durch Iodidionen quantitativ zu arseniger Säure reduzieren, während arsenige Säure in neutraler oder schwach alkalischer Lösung durch Iod quantitativ zu Arsensäure oxidiert wird. Die Vorgänge lassen sich durch die Gleichung

$$AsO_3^{3-} + I_2 + H_2O \rightleftharpoons AsO_4^{3-} + 2\,H^+ + 2\,I^-$$

beschreiben. Die Verwendung der arsenigen Säure zur Titration von Iod in schwach alkalischer Lösung beruht auf der gleichen Reaktion.

Endpunkterkennung

Der Endpunkt der iodometrischen Titrationen ist durch das Auftreten oder durch das Verschwinden des Iods gekennzeichnet. Die in der Iodometrie verwendeten Iodlösungen enthalten stets außer Iod auch Kaliumiodid und damit das tiefbraune komplexe Triiodidion, I_3^-. Die Lösungen sind daher auch in starker Verdünnung (bis zu etwa 10^{-5} mol/l Iod) noch gelb gefärbt, so daß die Eigenfarbe als Indikator genügen könnte. Zur besseren Erkennung des Iods setzt man aber als Indikator etwas Stärkelösung zu. Stärke bildet mit Iod eine tiefblaue Verbindung, anhand der sich noch Iodkonzentrationen von 10^{-5} mol/l erkennen lassen. Die Farbstärke der blauen Iod-Stärke-Verbindung übertrifft die des freien Iods allein erheblich. Wichtig für die analytische Praxis ist die Tatsache, daß die hohe Empfindlichkeit der Iod-Stärke-Reaktion an das Vorhandensein von Iodidionen gebunden ist.

Durch folgenden Versuch kann man sich davon überzeugen: Läßt man zu ca. 200 ml Wasser, das nur mit etwas Stärkelösung versetzt ist, aus einer Bürette gesättigtes Iodwasser fließen (die gesättigte Lösung von Iod in reinem Wasser enthält etwa (1/1400) mol/l Iod), so beobachtet man erst nach Zugabe von mehreren Millilitern eine schwache Blaufärbung des Wassers. Gibt man jedoch zu dem Wasser außer Stärkelösung etwas Kaliumbromidlösung, so beobachtet man sofort nach Zusatz von wenigen Tropfen Iodwasser eine intensive Blaufärbung.

Die Konstitution der blauen Iod-Stärke-Verbindung ist nach Untersuchungen von Cramer [117] wie folgt zu beschreiben: Der lösliche Bestandteil der Stärke besteht aus Amylose, unverzweigten Ketten aus Glucosemolekülen in α-(1→4)-glycosidischer Bindung (Abb. 3-15).

Mit ihr bildet Iod eine blaue Einschlußverbindung. Darunter versteht man Verbindungen, deren Aufbau und Zusammensetzung weitgehend durch räumliche Verhältnisse und nicht durch Bindungsverhältnisse bestimmt werden. Die Glucoseketten der Amylose sind helixartig aufgewickelt (Abb. 3-16), wodurch im Innern kanalartige Hohlräume entstehen.

In diesen kanalartigen Hohlräumen ist das Iod eingelagert, und zwar in Form linearer Polyiodidketten, z. B. mit I_5^--Einheiten, in denen die Iodatome einen mittleren I-I-Abstand von 310 pm aufweisen. Die Einheiten sind durch Bindungen miteinander verknüpft, wodurch eine Elektronendelokalisierung entlang der Kette erleichtert wird und sich das Auftreten der tiefblauen Farbe (Absorptionsmaximum 620 nm) erklären läßt [118].

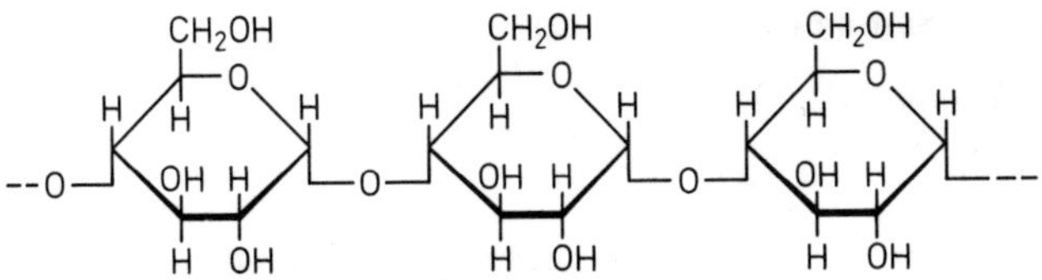

Abb. 3-15 Ausschnitt aus der Kettenstruktur der Amylose

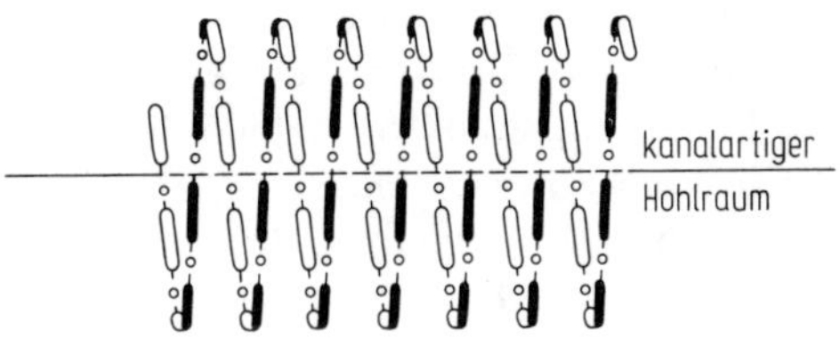

Abb. 3-16 Helixstruktur der Amylose

Herstellung der Stärkelösung

3 g lösliche Stärke werden mit wenig kaltem Wasser in einer Reibschale solange verrieben, bis ein Brei von gleichmäßiger Konsistenz entstanden ist. Diesen Brei gibt man zu 600 ml siedendem Wasser und kocht einige Minuten weiter. Dann läßt man in einem schmalen Gefäß abkühlen und von ungelösten Anteilen absitzen. Die klare Lösung über dem Bodensatz gießt oder hebert man in eine saubere Flasche ab und setzt einige Milliliter Quecksilber(II)-iodidlösung zu, um Pilz- oder Bakterienbefall auszuschalten und die Haltbarkeit der Stärkelösung zu erhöhen. Wenn keine lösliche Stärke zur Verfügung steht, so benutzt man Kartoffelstärke (nicht Weizenstärke) zur Bereitung der Lösung. Bei einer Bestimmung setzt man 1 bis 3 ml Stärkelösung zu. Der Farbton mit Iod soll rein blau sein.

Gelegentlich benutzt man zur Erkennung des Endpunktes die Eigenschaft des Iods, in organischen Lösemitteln, die mit Wasser nicht mischbar sind und deren Molekül keinen Sauerstoff enthält, wie Kohlenstofftetrachlorid oder Chloroform, mit roter Farbe in Lösung zu gehen. Die Methode ist sehr empfindlich und kann in bestimmten Fällen von Vorteil sein. Man titriert dann in Iodzahlkolben, das sind weithalsige Flaschen, die sich mit einem Schliffstopfen verschließen lassen. Man setzt etwa 5–10 ml des organischen Lösemittels zu und schüttelt nach jedem Reagenszusatz den geschlossenen Kolben kräftig durch.

Für die iodometrischen Bestimmungen benötigt man folgende Reagenslösungen:

Iodlösung, $c(\frac{1}{2}\,I_2) = 0{,}1$ mol/l (0,1 N),
Natriumthiosulfatlösung, $c(Na_2S_2O_3) = 0{,}1$ mol/l (0,1 N),
Kaliumiodidlösung, $c(KI) = 0{,}2$ mol/l (0,2 N, 3,3%ig),
Stärkelösung.

Herstellung der Natriumthiosulfatlösung

Aus der Reaktionsgleichung

$$2\,S_2O_3^{2-} + I_2 \rightarrow S_4O_6^{2-} + 2\,I^-$$

folgt, daß eine auf Äquivalente bezogene Lösung der Konzentration 0,1 mol/l (0,1 N) 1/10 der molaren Masse von $Na_2S_2O_3 \cdot 5\,H_2O$ je Liter enthalten muß. Das Salz muß frei von Verunreinigungen wie Carbonat, Chlorid, Sulfat, Sulfit, Sulfid und elementarem Schwefel sein. Es läßt sich gegebenenfalls durch mehrfaches Umkristallisieren und Trocknen über Calciumchlorid reinigen. Im Handel ist es in großer Reinheit erhältlich (p. a.). Trotzdem bereitet man sich eine nur ungefähr 0,1 mol/l enthaltende Maßlösung, weil Thiosulfatlösungen erfahrungsgemäß in den ersten 1 bis 2 Wochen nicht titerbeständig sind. Als Ursache dafür kommen mehrere Gründe in Betracht. Die Vermutung, daß im Wasser gelöstes Kohlenstoffdioxid die Zersetzung verursacht, konnte von Kolthoff [89] nicht bestätigt werden. Die Oxidation durch Luftsauerstoff kann für die Verringerung des Titers (Erhöhungen wurden nicht beobachtet) in Frage kommen. Sie kann durch Schwermetallspuren (z. B. Cu^{2+}) oder durch Stoffwechselvorgänge gewisser Mikroorganismen, besonders *bacillus thioxydans,* katalytisch beschleunigt bzw. ausgelöst werden. Oxidationsprodukte sind Tetrathionat und Sulfat. Auch die Gegenwart von Wasserstoffionen kann eine Titerverminderung bewirken, möglicherweise nach

$$5\,S_2O_3^{2-} + 6\,H^+ \rightarrow 2\,S_5O_6^{2-} + 3\,H_2O.$$

Die so entstandenen Pentathionationen zerfallen in Tetrathionat und Schwefel. Die Verunreinigung des Natriumthiosulfat mit Polythionaten könnte sich auf seine Titerbeständigkeit auswirken.

Zum Haltbarmachen von Thiosulfatlösungen wurden empfohlen: Zusatz von 1 g Amylalkohol/l; Zusatz von 0,1 g Quecksilber(II)-cyanid/l; Einleiten von Wasserdampf zur gründlichen Sterilisierung.

Man wägt ca. 1/10 der molaren Masse, $M(Na_2S_2O_3 \cdot 5\,H_2O)$ = 245,183 g/mol, d. h. etwa 25 g reinstes Thiosulfat ab und löst es zu einem Liter in ausgekochtem, doppelt destilliertem Wasser. Nach etwa einwöchigem Stehen ermittelt man den Titer der Lösung. Sie wird vor Lichteinwirkung geschützt aufbewahrt.

Einstellung der Natriumthiosulfatlösung. Als Urtitersubstanzen lassen sich Iod, Kaliumiodat oder Kaliumdichromat verwenden. Ferner kann eine eingestellte Kaliumpermanganatlösung benutzt werden.

Einstellung mit Iod

Im Handel befindliches Iod kann durch Chlor, Brom und Wasser verunreinigt sein. Es wird durch doppelte Sublimation gereinigt und getrocknet. Genau abgewogene Portionen des gereinigten Iods werden in Kaliumiodidlösung gelöst und mit der Natriumthiosulfatlösung titriert.

Arbeitsvorschrift: 10 g reines Iod werden mit 1 g KI und etwa 2 g CaO gemischt und verrieben, anschließend aus einem trockenen Becherglas unter den trockenen Boden eines mit kaltem Wasser gefüllten Rundkolbens sublimiert, der das Becherglas oben abschließt. Die Sublimation wird ohne Zusatz von KI und CaO wiederholt. Das gereinigte Iod wird in einem Exsikkator mit fettfreiem Deckel über Calciumchlorid aufbewahrt. Für das Abwägen der Iodproben sind wegen des hohen Dampfdruckes von Iod besondere Vorsichtsmaßnahmen erforderlich. Man löst etwa 2 g reines iodatfreies Kaliumiodid in einem Wägegläschen in 2 ml Wasser, wägt das Gläschen nach Temperaturausgleich etwa 15 Minuten nach dem Auflösen, bringt schnell etwa 0,3 g Iod hinein, verschließt das Wägegläschen und wägt es wieder zur genauen Ermittlung der zugegebenen Iodmenge. Das Iod löst sich sofort in der konzentrierten KI-Lösung. Das Wägegläschen wird dann in einen mit etwa 300 ml Wasser und etwa 1 g KI beschickten Erlenmeyerkolben gebracht, indem man es während des Hineingleitens in den schräg gestellten Kolben öffnet und den Deckel nachwirft. Dann wird sofort mit der Natriumthiosulfatlösung aus einer Bürette titriert. Wenn die Iodlösung nur noch ganz schwach gelb ist, gibt man 2 ml Stärkelösung hinzu und titriert die dunkelblaue Lösung bis zur vollständigen Entfärbung. Der Titer wird aufgrund von 3 bis 4 Titrationen berechnet.

1 ml Natriumthiosulfatlösung, $c(Na_2S_2O_3) = 0{,}1$ mol/l (0,1 N), entspricht 12,690 mg Iod.

Einstellung mit Kaliumiodat

Kaliumiodat wird in saurer Lösung durch überschüssiges Kaliumiodid zu Iod reduziert, das mit Thiosulfat titriert wird:

$$IO_3^- + 5\,I^- + 6\,H^+ \rightarrow 3\,I_2 + 3\,H_2O.$$

Falls erforderlich, kann das im Handel erhältliche Kaliumiodat durch mehrmaliges Umkristallisieren aus Wasser und Trocknen bei 180 °C weiter gereinigt werden.

Arbeitsvorschrift: Man wägt 0,08 bis 0,1 g KIO_3 ab und löst es in einem Erlenmeyerkolben in etwa 200 ml Wasser. Nach Zugabe von etwa 1 g KI wird mit verdünnter Salzsäure angesäuert und mit $Na_2S_2O_3$-Lösung wie beschrieben titriert.

1 ml Natriumthiosulfatlösung, $c(Na_2S_2O_3) = 0{,}1$ mol/l (0,1 N), entspricht 3,567 mg KIO_3.

Einstellung mit Kaliumdichromat

Kaliumdichromat wird von konzentrierter Salzsäure zu Chrom(III) reduziert, wobei eine äquivalente Menge Chlorid zum Chlor oxidiert wird:

$$Cr_2O_7^{2-} + 6\,Cl^- + 14\,H^+ \rightarrow 2\,Cr^{3+} + 7\,H_2O + 3\,Cl_2.$$

Bunsen, der 1853 diese Methode entwickelte, nahm die Reaktion in einer kleinen geschlossenen Destillationsapparatur vor, in der das entwickelte Chlor übergetrieben und in einer Vorlage mit überschüssiger KI-Lösung aufgefangen werden konnte. Das dabei entstehende I_2 wird mit $Na_2S_2O_3$ titriert.

$$Cl_2 + 2\,I^- \rightleftharpoons I_2 + 2\,Cl^-.$$

Die Einstellung erfolgt am besten mit der auf S.200 abgebildeten Apparatur (Abb.3-18).

Arbeitsvorschrift: Man wägt etwa 0,1 g $K_2Cr_2O_7$ genau ab und führt es in den Zersetzungskolben über. Statt dessen kann man auch 5-10 ml einer $K_2Cr_2O_7$-Lösung der Konzentration 1,5 bis 3,0 mol/l mit genau bekanntem Titer einpipettieren. Der Tropftrichter wird mit 40 ml konzentrierter Salzsäure beschickt. In den Erlenmeyerkolben und in das Péligotrohr, die beide von außen mit Eiswasser gekühlt werden, gibt man insgesamt 40 ml KI-Lösung ($c \approx 0{,}2$ mol/l). Dann wird der Tropftrichter mit einem CO_2-Entwickler verbunden, der Schliffhahn geöffnet und die Salzsäure durch das CO_2 in das Kölbchen gedrückt. Während der Bestimmung soll ständig ein ganz langsamer CO_2-Strom durch die Apparatur gehen. Schließlich wird langsam bis zum beginnenden Sieden erhitzt und 30-40 Minuten lang destilliert. Anschließend wird der Inhalt des Péligotrohres in den Erlenmeyerkolben übergespült und das ausgeschiedene Iod mit der $Na_2S_2O_3$-Lösung titriert.

1 ml Natriumthiosulfatlösung, $c(Na_2S_2O_3) = 0{,}1$ mol/l (0,1 N), entspricht 4,903 mg $K_2Cr_2O_7$.

Nach Zulkowski (1868) ist die Destillation des Chlors nicht erforderlich. Er gibt die Lösungen von $K_2Cr_2O_7$, HCl und KI zusammen und titriert das nach

$$Cr_2O_7^{2-} + 14\,H^+ + 6\,I^- \rightarrow 2\,Cr^{3+} + 3\,I_2 + 7\,H_2O$$

ausgeschiedene Iod in dem Lösungsgemisch direkt mit der einzustellenden $Na_2S_2O_3$-Lösung. Wenn man nach dieser Methode arbeitet, ist auf die Ausschaltung einer Reihe von Fehlermöglichkeiten zu achten. Die Reaktion zwischen Cr(VI) und I^-verläuft nur in konzentrierten und genügend stark angesäuerten Lösungen quantitativ. Vor allem erfordert ihr vollständiger Ablauf einige Zeit. Man darf daher die Titration nicht unmittelbar nach Zugabe der Dichromatlösung zur angesäuerten KI-Lösung vornehmen. Sonst bewirkt die noch vorhandene Chromsäure einen Mehrverbrauch an Thiosulfat. Es wird angenommen, daß bei zu großer Säurekonzentration die Oxidation von Iodid durch Luftsauerstoff für den Mehrverbrauch verantwortlich ist. Die Titration wird deshalb vielfach in einer CO_2-Atmosphäre durchgeführt, die man durch Zugabe von $NaHCO_3$ zur Lösung erzeugt.

Arbeitsvorschrift: In einen von außen mit Eiswasser gekühlten Erlenmeyerkolben werden 40 ml konzentrierte Salzsäure und 40 ml KI-Lösung, $c \approx 0{,}2$ mol/l, gegeben. Man wägt etwa 100 mg $K_2Cr_2O_7$ genau ab, löst in wenig Wasser und fügt die Lösung zu der salzsauren KI-Lösung. Nach 15-20 Minuten wird das ausgeschiedene Iod mit der $Na_2S_2O_3$-Lösung titriert. Der Endpunkt ist erreicht, wenn die Lösung nicht mehr durch Iod-Stärke blau, sondern durch Cr^{3+}-Ionen bläulich-grün gefärbt ist, was sich nach einiger Übung ganz gut erkennen läßt.

Bei richtiger Durchführung ergeben die Destillationsmethode nach Bunsen und die Arbeitsweise nach Zulkowski übereinstimmende Resultate.

Einfacher - ohne daß wesentlich schlechtere Ergebnisse erzielt werden - titriert man nach Kolthoff (1920) gleich nach Zusatz der KI-Lösung und der Salzsäure, wenn die Salzsäurekonzentration wenigstens 0,6 mol/l beträgt.

Höchstens um 0,5‰ zu hoch soll der Titer der $Na_2S_2O_3$-Lösung gefunden werden, wenn eine genau abgewogene $K_2Cr_2O_7$-Portion in soviel Wasser gelöst wird, daß die Konzentration ungefähr $c(\frac{1}{6}\,K_2Cr_2O_7) = 0{,}1$ mol/l beträgt. Je 50 ml dieser Lösung werden mit 12-13 ml 25%iger Salzsäure sowie mit 10 ml KI-Lösung, 1 mol/l, versetzt und nach Durchmischen mit $Na_2S_2O_3$-Lösung titriert.

Einstellung mit Kaliumpermanganat
Nach Angaben von Volhard (1879) wird Permanganat nach

$$2\,MnO_4^- + 10\,I^- + 16\,H^+ \rightarrow 2\,Mn^{2+} + 5\,I_2 + 8\,H_2O$$

durch eine angesäuerte KI-Lösung unter Abscheidung einer äquivalenten Stoffmenge Iod quantitativ zu Mangan(II) reduziert. Das Iod kann anschließend mit Natriumthiosulfatlösung titriert werden.

Herstellung der Iodlösung

20 bis 25 g reines iodatfreies Kaliumiodid werden in einem Literkolben in etwa 40 ml Wasser gelöst und 12,7 bis 12,8 g Iod hinzugegeben. Der verschlossene Kolben wird ohne weitere Wasserzugabe so lange geschüttelt, bis alles Iod in Lösung gegangen ist. Dann wird mit Wasser zur Marke aufgefüllt. Verdünnt man zu früh mit Wasser, geht der noch ungelöste Iodrest nur außerordentlich langsam in Lösung. Die so hergestellte Iodlösung hat die ungefähre Konzentration $c(\frac{1}{2}\,I_2) = 0{,}1$ mol/l (0,1 N). Sie wird mit Natriumthiosulfatlösung bekannter Konzentration oder mit arseniger Säure eingestellt.

Einstellung der Iodlösung. Hier soll die Titerstellung mit der Urtitersubstanz Arsen(III)-oxid beschrieben werden, dessen Lösung mit Iod nach

$$AsO_3^{3-} + H_2O + I_2 \rightleftharpoons AsO_4^{3-} + 2\,H^+ + 2\,I^-$$

reagiert. Um die Reaktion quantitativ nach rechts ablaufen zu lassen, müssen die entstehenden H^+-Ionen abgefangen werden. Die OH^--Konzentration in der Lösung darf aber nicht so hoch sein, daß die Iodlösung unter Bildung von Iodid-, Hypoiodit- oder Iodationen verbraucht wird:

$$I_2 + 2\,OH^- \rightarrow IO^- + I^- + H_2O,$$
$$3\,I_2 + 6\,OH^- \rightarrow IO_3^- + 5\,I^- + 3\,H_2O.$$

Man gibt deshalb zu der Lösung der arsenigen Säure weder Lauge noch Natriumcarbonatlösung hinzu, sondern arbeitet in hydrogencarbonathaltiger Lösung, in der Iod durch Arsenat(III) quantitativ reduziert wird:

$$I_2 + AsO_3^{3-} + 2\,HCO_3^- \rightarrow 2\,I^- + AsO_4^{3-} + 2\,CO_2 + H_2O.$$

As_2O_3 ist als Urtitersubstanz im Handel. Man kann sich selbst reines As_2O_3 bereiten, indem man das porzellanartige Arsenik aus einem Porzellanschälchen auf die Unterseite eines darüber gedeckten Uhrglases doppelt sublimiert. Entsteht dabei ein gelbes Sublimat, ist Arsen(III)-sulfid zugegen. Das Arsenoxid muß dann zuvor durch mehrfaches Umkristallisieren - zuerst aus 20%iger Salzsäure, in der Arsen(III)-sulfid nicht löslich ist, dann aus Wasser - gereinigt werden. Die Arsen(III)-oxid-Kristalle werden auf dem Wasserbad getrocknet und dann sublimiert. Vor dem Gebrauch muß das Arsen(III)-oxid noch etwa einen Tag lang im Exsikkator über Calciumchlorid getrocknet werden.

Arbeitsvorschrift: Zur Titerstellung werden 0,1 bis 0,15 g reinstes As_2O_3 in etwa 10 ml Natronlauge, 0,1 mol/l, schnell gelöst. Die Lösung muß sofort mit etwa 12 ml Schwefelsäure, 0,05 mol/l (0,1 N), angesäuert werden, da alkalische Arsenitlösungen durch Luftsauerstoff allmählich zur Arsenat(V) oxidiert werden. Anschließend werden 2 g reines Natriumhydrogencarbonat hinzugegeben. Nach Verdünnen auf etwa 200 ml und Zugabe von Stärkelösung als Indikator wird die Lösung unter dauerndem Umschwenken bis zur bleibenden Blaufärbung mit der Iodlösung titriert.

1 ml Iodlösung, $c(\frac{1}{2}\,I_2) = 0{,}1$ mol/l (0,1 N), entspricht 4,946 mg As_2O_3.

Bestimmung von Sulfiden

Sulfidionen und Iod reagieren miteinander nach

$$S^{2-} + I_2 \rightarrow 2\,I^- + S.$$

Die direkte Titration von H_2S-Wasser mit I_2-Lösung führt zu schwankenden und stets zu niedrigen Werten, weil sich Hydrogensulfid während der Titration zum Teil verflüchtigt und weil störende Nebenreaktionen stattfinden. Man titriert daher umgekehrt und läßt ein bestimmtes Volumen des H_2O-Wassers aus einer Pipette in überschüssige Iodlösung einlaufen. Den Überschuß der Iodlösung titriert man mit $Na_2S_2O_3$-Lösung zurück.

Arbeitsvorschrift: 10-20 ml H_2S-Wasser mittlerer Konzentration werden in 50 ml Iodlösung, $c(\frac{1}{2}\,I_2) = 0{,}1$ mol/l (0,1 N), einpipettiert. Der Überschuß wird nach Verdünnen der Lösung auf 200 ml mit Natriumthiosulfatlösung, 0,1 mol/l (0,1 N), zurücktitriert. Sollte der ausgeschiedene Schwefel braun gefärbt sein, so enthält er Iod, das der Titration entgangen ist. Man nimmt dann den Schwefel, der als zusammenhängende Haut auf der Oberfläche schwimmt, heraus und schüttelt ihn in einem mit einem Glasstopfen verschließbaren Fläschchen mit 5 ml Kohlenstoffdisulfid (Vorsicht: sehr giftig und feuergefährlich!). Dieses färbt sich beim Lösen des Iods violett. Durch tropfenweise Zugabe der $Na_2S_2O_3$-Lösung aus einer Bürette bis zur Entfärbung des CS_2 läßt sich auch das im Schwefel eingeschlossene Iod erfassen und bei der Berechnung berücksichtigen.

1 ml Iodlösung, $c(\frac{1}{2}\,I_2) = 0{,}1$ mol/l (0,1 N), entspricht 1,704 mg H_2S.

Lösungen von Alkalimetallsulfiden werden in derselben Weise titriert. Da die Sulfide aber vielfach durch Alkalimetallhydroxide verunreinigt sind, die einen

Mehrverbrauch an Iodlösung hervorrufen würden, gibt man zu der überschüssigen Iodlösung etwas Essigsäure.

Schwerlösliche Sulfide können mit Salzsäure in der Wärme zersetzt werden. Das entweichende Hydrogensulfid wird durch einen indifferenten Gasstrom, z. B. Stickstoff oder Kohlenstoffdioxid, quantitativ in überschüssige Iodlösung, $c(\frac{1}{2} I_2) = 0{,}1$ mol/l (0,1 N), übergeführt, die dann mit Natriumthiosulfatlösung, $c(Na_2S_2O_3) = 0{,}1$ mol/l (0,1 N), zurücktitriert wird. Eine geeignete Apparatur zeigt Abb. 3-18, S. 200.

Bestimmung von Sulfiten

Bei direkter Titration mit Iodlösung ergeben sich auch hier fehlerhafte Werte. Das liegt einerseits an der Flüchtigkeit der schwefligen Säure, zum anderen an störenden Nebenreaktionen, wie die durch Luftsauerstoff bewirkte Oxidation des Sulfits zum Sulfat, die durch die Titrationsreaktion (Oxidation des Sulfits durch Iod) merklich induziert und beschleunigt wird. Richtige Werte jedoch erhält man, wenn man ein abgemessenes Volumen der nicht zu konzentrierten Sulfitlösung in überschüssige Iodlösung einfließen läßt und das nicht verbrauchte Iod mit $Na_2S_2O_3$-Maßlösung zurücktitriert. Die Reaktion läuft ab nach

$$SO_3^{2-} + I_2 + H_2O \rightarrow SO_4^{2-} + 2\,H^+ + 2\,I^-.$$

Arbeitsvorschrift: 10 ml der zu bestimmenden schwefligen Säure werden im Meßkolben auf 1 l verdünnt. 50 ml dieser Lösung werden in 50 ml Iodlösung, $c(\frac{1}{2} I_2) = 0{,}1$ mol/l (0,1 N) einpipettiert. Die Lösung wird auf 200 ml verdünnt. Der Iodüberschuß wird mit Natriumthiosulfatlösung, $c(Na_2S_2O_3) = 0{,}1$ mol/l (0,1 N), zurücktitriert. Sind Sulfite zu bestimmen, wird die Iodlösung vor Zugabe der Sulfitlösung mit Salzsäure schwach angesäuert.

1 ml Iodlösung, $c(\frac{1}{2} I_2 = 0{,}1$ mol/l (0,1 N), entspricht 3,203 mg SO_2.

Bestimmung von Hydrazin

Hydrazinhydrat und seine Salze werden in hydrogencarbonathaltiger Lösung nach Stollé (1902) durch Iodlösung quantitativ zu Stickstoff oxidiert:

$$N_2H_4 + 2\,I_2 \rightarrow N_2 + 4\,I^- + 4\,H^+.$$

Die Titration soll sofort nach dem Zusatz des Hydrogencarbonats durchgeführt werden.

1 ml Iodlösung, $c(\frac{1}{2} I_2) = 0{,}1$ mol/l (0,1 N), entspricht 0,8011 mg N_2H_4.

Bestimmung von Arsen und Antimon

Die Bestimmung von Arsen(III)-oxid wird so vorgenommen, wie es bereits bei der Titerstellung der Iodlösung beschrieben wurde.

In allen Fällen, in denen Arsen in Gegenwart geeigneter Reduktionsmittel durch Destillation mit konzentrierter Salzsäure im Destillat als Arsen(III)-chlorid erhalten wird, kann seine Bestimmung auf iodometrischem Wege erfolgen. Die vorgelegte Lösung muß mit Hydrogencarbonat versetzt werden:

$$AsCl_3 + 6\,NaHCO_3 \rightarrow Na_3AsO_3 + 3\,NaCl + 6\,CO_2 + 3\,H_2O.$$

Diese Bestimmung ist für die Analyse arsenhaltiger Erze oder Legierungen von Bedeutung.

Die Bestimmung von Antimon(III)-oxid erfolgt in analoger Weise ebenfalls in $NaHCO_3$-haltiger Lösung:

$$SbO_2^- + I_2 + 4\,H_2O \rightarrow 2\,I^- + 2\,H^+ + Sb(OH)_6^-.$$

Damit nicht infolge Hydrolyse basische Antimonsalze ausfallen, ist ein Zusatz von Weinsäure oder Kaliumnatriumtartrat (Seignettesalz) erforderlich. Es bilden sich lösliche Antimontartratkomplexe.

Arbeitsvorschrift: Zur Bestimmung des Antimongehaltes von Brechweinstein, $K[C_4H_2O_6Sb(OH_2)] \cdot ½\,H_2O$, löst man 0,3 bis 0,4 g des Präparates in etwa 100 ml Wasser, versetzt mit etwa 0,5 g $NaHCO_3$ und titriert nach Zusatz von Stärkelösung mit Iodlösung, $c(½\,I_2) = 0{,}1$ mol/l (0,1 N), bis zur ersten bleibenden Blaufärbung.

1 ml Iodlösung, $c(½\,I_2 = 0{,}1$ mol/l (0,1 N), entspricht 6,088 mg Sb bzw. 7,288 mg Sb_2O_3 bzw. 16,697 mg $K[C_4H_2O_6Sb(OH_2)] \cdot ½\,H_2O$.

Bestimmung von Zinn

Die Bestimmung von Zinn(II) kann nicht nur in hydrogencarbonathaltiger, sondern auch in saurer Lösung vorgenommen werden:

$$[Sn(OH)_3]^- + I_2 + 3\,H_2O \rightarrow [Sn(OH)_6]^{2-} + 2\,I^- + 3\,H^+$$

bzw.

$$Sn^{2+} + I_2 \rightarrow 2\,I^- + Sn^{4+}.$$

Um bei der Titration in saurer Lösung Störungen infolge Oxidation durch Luft zu vermeiden, arbeitet man mit überschüssiger Iodlösung und titriert mit $Na_2S_2O_3$-Maßlösung zurück. Gleichzeitig erzeugt man durch Einwerfen eines Stückchens Marmor eine Kohlenstoffdioxidatmosphäre über der Lösung.

Arbeitsvorschrift

1. in alkalischer Lösung: Die Zinn(II)-chloridlösung wird mit 1 g Kaliumnatriumtartrat und überschüssigem Natriumhydrogencarbonat versetzt. Nach Zugabe von Stärkelösung wird mit Iodmaßlösung bis zur Blaufärbung titriert.

2. in saurer Lösung: Die salzsaure Zinn(II)-chloridlösung, die etwa 0,12 bis 0,15 g Zinn enthalten soll, wird mit 100 ml Wasser verdünnt. Ein Stück Marmor wird eingeworfen, nach einigen Minuten werden 50 ml Iodlösung, $c(½\,I_2) = 0{,}1$ mol/l (0,1 N), einpipettiert. Anschließend wird das nichtverbrauchte Iod mit $Na_2S_2O_3$-Maßlösung, $c(Na_2S_2O_3) = 0{,}1$ mol/l (0,1 N), zurücktitriert.

1 ml Iodlösung, $c(½\,I_2) = 0{,}1$ mol/l (0,1 N), entspricht 5,935 mg Sn oder 6,735 mg SnO.

Die Titration des Zinns in saurer Lösung ist auch in Gegenwart von Eisen(II)-Salzen, Antimonsalzen, Iodiden und Bromiden durchführbar. Sie gestattet z. B. eine Zinnbestimmung in Zinn-Antimon-Legierungen.

Bestimmung von Quecksilber

Quecksilber(I)-Salze werden durch Iodlösung in Gegenwart von überschüssigem Kaliumiodid in $K_2[HgI_4]$ umgewandelt:

$$Hg_2Cl_2 + I_2 + 6\,I^- \rightarrow 2\,[HgI_4]^{2-} + 2\,Cl^-.$$

Man verwendet Iodlösung im Überschuß und titriert das nichtverbrauchte Iod mit $Na_2S_2O_3$-Lösung zurück.

Arbeitsvorschrift: 0,2 bis 0,25 g Kalomel, Hg_2Cl_2, werden in einem Erlenmeyerkolben mit 1 g Kaliumiodid und 50 ml Iodlösung, $c(\frac{1}{2}\,I_2) = 0{,}1$ mol/l (0,1 N), so lange geschüttelt, bis eine klare gelbe Lösung vorliegt. Dann wird der Iodüberschuß mit Natriumthiosulfatlösung, $c(Na_2S_2O_3) = 0{,}1$ mol/l (0,1 N), unter Verwendung von Stärke als Indikator zurücktitriert.

1 ml Iodlösung, $c(\frac{1}{2}\,I_2) = 0{,}1$ mol/l (0,1 N), entspricht 23,604 mg Hg_2Cl_2 bzw. 20,059 mg Hg.

Quecksilber(II)-Salze werden nach Überführung in das komplexe Tetraiodomercurat(II) zu metallischem Quecksilber reduziert, z. B. mit Formaldehyd:

$$Hg^{2+} + 4\,I^- \rightleftharpoons [HgI_4]^{2-}$$
$$[HgI_4]^{2-} + HCHO + 3\,OH^- \rightarrow Hg + 4\,I^- + (HCOO)^- + 2\,H_2O.$$

Das metallische Quecksilber kann dann durch überschüssige Iodlösung in Gegenwart von Kaliumiodid wieder oxidiert werden:

$$Hg + I_2 + 2\,I^- \rightarrow [HgI_4]^{2-}.$$

Das dazu verbrauchte Iod wird durch Rücktitration des überschüssigen Iods mit Thiosulfatlösung ermittelt.

Arbeitsvorschrift (nach Rupp, 1905/07): Eine etwa 0,2 g $HgCl_2$ enthaltende Sublimatlösung wird in einer Weithalsflasche mit eingeschliffenem Glasstopfen mit 1 bis 2 g Kaliumiodid versetzt und so lange umgeschwenkt, bis eine klare gelbe Lösung entstanden ist. Diese wird mit 30 ml Wasser verdünnt. Es werden 20 ml Natronlauge, 2 mol/l, hinzugefügt und ein Gemisch aus 3 ml reiner 40%iger Formaldehydlösung und 10 ml Wasser unter dauerndem Umschwenken in die alkalische Lösung eingegossen. Die Flasche wird verschlossen und 2 bis 3 Minuten lang ununterbrochen kräftig geschüttelt. Darauf säuert man mit 20 ml Eisessig an und gibt 30 ml Iodlösung, $c(\frac{1}{2}\,I_2) = 0{,}1$ mol/l (0,1 N), hinzu. Anschließend wird abermals solange kräftig geschüttelt, bis alles Quecksilber in Lösung gegangen ist. Dann wird der Iodüberschuß mit Natriumthiosulfatlösung, $c(Na_2S_2O_3) = 0{,}1$ mol/l (0,1 N), zurücktitriert. Das Bestimmungsverfahren läßt sich in der angegebenen Weise durchführen, weil Formaldehyd in saurer Lösung nicht von Iod oxidiert wird.

1 ml Iodlösung, $c(\frac{1}{2} I_2) = 0{,}1$ mol/l (0,1 N), entspricht 13,575 mg $HgCl_2$ oder 10,030 mg Hg.

Bestimmung von Iodid

Iodide werden nach dem Verfahren von Duflos (1845) bestimmt. Die Iodidionen werden durch Eisen(III)-sulfat zu Iod oxidiert:

$$2\,I^- + 2\,Fe^{3+} \rightarrow I_2 + 2\,Fe^{2+}.$$

Das ausgeschiedene Iod wird in überschüssige Kaliumiodidlösung überdestilliert und in der Vorlage mit Natriumthiosulfatlösung titriert. Bromide stören nicht, da sie im Gegensatz zu den Iodiden nicht von Eisen(III)-Salzen oxidiert werden.

Arbeitsvorschrift (Analyse von Kaliumiodid): Unter Verwendung des Destillationsapparates in Abb. 3-18, S. 200, werden etwa 3 g KI in den kleinen Destillationskolben eingewogen und in wenig Wasser gelöst.

Man fügt etwa 1 g festes Ammoniumeisen(II)-sulfat und 10 ml H_2SO_4, $c(\frac{1}{2} H_2SO_4) = 2$ mol/l (2 N), zu, verdünnt mit Wasser auf etwa 50 ml und verschließt das Kölbchen. In dem Erlenmeyerkolben und dem Péligotrohr befinden sich insgesamt etwa 30 ml Kaliumiodidlösung, $c(KI) = 0{,}2$ mol/l (0,2 N), die noch mit Wasser verdünnt werden. Der Erlenmeyerkolben wird von außen mit Eiswasser gekühlt. Während nun durch das Gaszuleitungsrohr ganz langsam Kohlenstoffdioxid eingeleitet wird, erhitzt man den Inhalt des Destillierkölbchens vorsichtig zum Sieden und destilliert so lange, bis keine Ioddämpfe mehr übergehen. Der Inhalt der Vorlage wird dann mit $Na_2S_2O_3$-Maßlösung titriert.

1 ml Natriumthiosulfatlösung, $c(Na_2S_2O_3) = 0{,}1$ mol/l (0,1 N), entspricht 12,690 mg I_2 oder 16,601 mg KI.

Bestimmung von Chlorat, Bromat, Iodat und Periodat

Chlorate werden in Gegenwart von Kaliumbromid in stark salzsaurer Lösung reduziert:

$$ClO_3^- + 6\,H^+ + 6\,Br^- \rightarrow 3\,Br_2 + Cl^- + 3\,H_2O.$$

Das Brom scheidet nach Zugabe von Kaliumiodidlösung eine äquivalente Stoffmenge Iod aus, die mit Natriumthiosulfatlösung titriert wird. Exakter ist die Bestimmung der Chlorate nach der Destillationsmethode von Bunsen (vgl. S. 198).

Arbeitsvorschrift: 10 ml einer Kaliumchloratlösung, $c(\frac{1}{6} KClO_3) \approx 0{,}2$ mol/l (0,2 N), werden in einer Weithalsflasche mit eingeschliffenem Stopfen mit 1 g reinem Kaliumbromid und 20 ml konzentrierter Salzsäure versetzt. Die Flasche läßt man 10 Minuten lang verschlossen stehen. Dann gibt man 30 ml Kaliumiodidlösung, $c(KI) = 0{,}2$ mol/l (0,2 N), hinzu, verdünnt und titriert mit Natriumthiosulfatlösung.

1 ml Natriumthiosulfatlösung, $c(Na_2S_2O_3) = 0{,}1$ mol/l (0,1 N), entspricht 2,0426 mg $KClO_3$, 1,4077 mg $HClO_3$ bzw. 1,391 mg ClO_3^-.

Bromate werden besser nach Volhard [101] argentometrisch bestimmt, nachdem man sie mit salpetriger Säure reduziert hat (vgl. S. 143). Sollen sie iodometrisch bestimmt werden, so muß nach Kolthoff (1921) die Salzsäurekonzentration ziemlich hoch sein (mindestens 0,5 mol/l). Ferner muß man einige Zeit warten, bevor man titriert. Durch den Zusatz von 3 Tropfen Ammoniummolybdatlösung, 1 mol/l, zu dem stark salzsauren Bromat-Kaliumiodidgemisch wird die Einstellung des Gleichgewichts erheblich beschleunigt.

Iodate lassen sich iodometrisch vorzüglich bestimmen. Die Reaktion

$$IO_3^- + 5\,I^- + 6\,H^+ \rightarrow 3\,I_2 + 3\,H_2O$$

verläuft mit großer Geschwindigkeit.

Arbeitsvorschrift: Etwa 0,1 g KIO_3 wird zusammen mit 3 g KI in etwa 200 ml Wasser gelöst, dann werden 20 ml Salzsäure, 2 mol/l, hinzugefügt. Nach gutem Durchschütteln wird mit $Na_2S_2O_3$-Lösung, 0,1 mol/l, titriert.

1 ml Natriumthiosulfatlösung, $c(Na_2S_2O_3) = 0{,}1$ mol/l (0,1 N), entspricht 3,567 mg KIO_3 oder 2,932 mg HIO_3 oder 2,782 mg I_2O_5.

Periodate reagieren in saurer Lösung mit Iodid nach der Gleichung

$$IO_4^- + 7\,I^- + 8\,H^+ \rightarrow 4\,I_2 + 4\,H_2O.$$

Die Titration wird so durchgeführt, wie für Iodate beschrieben wurde.

1 ml Natriumthiosulfatlösung, $c(Na_2S_2O_3) = 0{,}1$ mol/l (0,1 N), entspricht 2,399 mg HIO_4.

Bestimmung von Wasserstoffperoxid

Wasserstoffperoxid reagiert in saurer Lösung langsam mit KI nach der Gleichung:

$$H_2O_2 + 2\,I^- + 2\,H^+ \rightarrow I_2 + 2\,H_2O$$

Die Reaktion wird durch Wolframat- oder Molybdationen beschleunigt (Brode, 1901).

Die iodometrische Bestimmung des Wasserstoffperoxids hat gegenüber der manganometrischen den Vorzug, daß gewisse organische Konservierungsmittel, wie Glycerin oder Salicylsäure, die im technischen Wasserstoffperoxid enthalten sein können, keinerlei störenden Einfluß haben.

Arbeitsvorschrift: 10 ml einer ungefähr 3%igen Lösung von Wasserstoffperoxid werden in einem Meßkolben auf 250 ml aufgefüllt. Von dieser Lösung werden je 25 ml zur Analyse verwendet. Man gibt in eine weithalsige Flasche mit Glasstopfen 30 ml KI-Lösung, 0,2 mol/l (3,3%ig), säuert mit Schwefelsäure, 1 mol/l (2 N), an und läßt dann 25 ml verdünntes Wasserstoffperoxid langsam und tropfenweise, unter ständigem Umschwenken der Flasche, aus einer Pipette zu der sauren Iodidlösung fließen. Die Flasche wird verschlossen und das Gemisch zur Beendigung der Reaktion etwa eine viertel bis eine halbe Stunde lang stehen gelassen. Dann wird mit Natriumthiosulfatlösung, 0,1 mol/l (0,1 N), langsam und vorsichtig solange titriert, bis die Lösung nur noch schwach gelb ist. Nach Zusatz von 1 bis 3 ml Stärkelösung wird zu Ende titriert. Will man sofort titrieren, so fügt man noch drei Tropfen Ammoniummolybdatlösung, 0,1 mol/l, hinzu (Kolthoff, 1921).

1 ml Natriumthiosulfatlösung, 0,1 mol/l (0,1 N), entspricht 1,7007 mg H_2O_2.

Alkali- und **Erdalkaliperoxide, Percarbonate** und **Perborate** werden in entsprechender Weise titriert.

Bestimmung höherer Oxide

Zur Bestimmung einer Reihe von Stoffen, die in zwei verschiedenen, wohldefinierten Oxidationszuständen auftreten können, hat Bunsen (1853) ein Destillationsverfahren angegeben. Es beruht darauf, daß bei der Einwirkung konzentrierter Lösungen von Hydrogenhalogeniden auf die in dem höheren Oxidationszustand befindlichen Stoffe - z. B. höhere Oxide wie Bleidioxid - Halogen in Freiheit gesetzt, in einer geeigneten Apparatur abdestilliert und in gekühlter, überschüssiger Kaliumiodidlösung aufgefangen wird:

$$PbO_2 + 4\ HCl \rightarrow PbCl_2 + 2\ H_2O + Cl_2\uparrow.$$

Das nach der Gleichung

$$Cl_2 + 2\ I^- \rightarrow I_2 + 2\ Cl^-$$

ausgeschiedene Iod wird dann mit Natriumthiosulfatlösung titriert.

Als Beispiel für die historische Entwicklung einer Apparatur sei hier etwas ausführlicher auf die Abwandlung eingegangen, die die ursprüngliche von Bunsen benutzte Apparatur im Laufe der Zeit erfahren hat.

Bunsen bediente sich für diese Bestimmungen einer einfachen Apparatur, die aus einem runden Zersetzungskölbchen von etwa 50-80 ml Inhalt mit nicht zu engem und kurzem Hals besteht. Der Hals wird durch ein Stück Gummischlauch mit einem längeren, zweimal abgebogenen Überleitungsrohr verbunden, das in den Bauch einer umgekehrten Retorte eingeführt wird, deren Hals eine oder mehrere kugelförmige Erweiterungen besitzt. Der Bauch der Retorte ist vollständig mit Kaliumiodidlösung gefüllt, der Hals mit den kugelförmigen Erweiterungen nur zu einem kleinen Teil. Bei der Destillation soll er die durch die übergehende Luft aus dem Retortenbauch verdrängte Kaliumiodidlösung vollständig aufnehmen können. Abb. 3-17 veranschaulicht die beschriebene Apparatur. Beim Arbeiten mit dieser Apparatur sind folgende Fehlermöglichkeiten zu beachten: Einerseits kann die Vorlageflüssigkeit sehr leicht während der Destillation, besonders aber gegen Ende der Bestimmung, in das Zersetzungskölbchen steigen. Andererseits können Iodverluste eintreten, und zwar sowohl infolge von Verdunstung aus dem schwer gut zu kühlenden Retortenhals, als auch nach beendeter Destillation

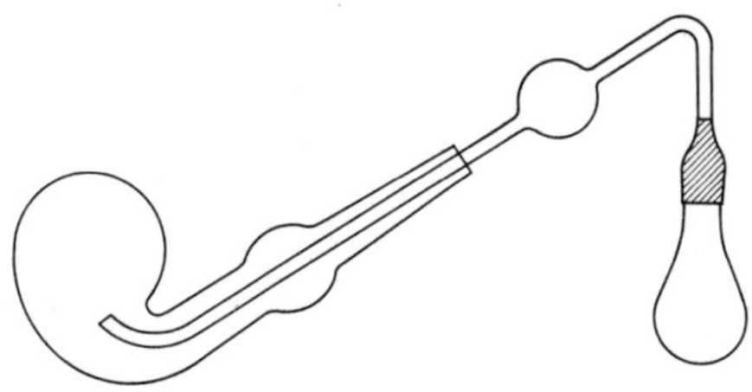

Abb. 3-17 Apparatur nach Bunsen zur Bestimmung höherer Oxide

durch das Umgießen der Vorlageflüssigkeit aus der Retorte in ein für die Titration geeignetes Gefäß. Und endlich kann schon während der Beschickung der Apparatur mit einem geringen Chlorverlust gerechnet werden, wenn höhere Oxide bestimmt werden sollen, die bereits durch kalte, konzentrierte Salzsäure schnell angegriffen werden. Man hat daher vielfach versucht, die Apparatur umzugestalten und eine geeignetere zu schaffen (Ullmann, 1894; Marc, 1902; Farsoe, 1907).

Aber Rupp (1918, 1928) erkannte, daß der Methode außer den apparativen Mängeln auch noch ein prinzipieller Fehler anhaften könne: Das mit den Wasserdämpfen zugleich in die Vorlage hinüberdestillierende Chlor kann merklich nach der Gleichung:

$$2\,H_2O + 2\,Cl_2 \rightleftharpoons 4\,HCl + O_2$$

in Hydrogenchlorid zurückverwandelt werden und verliert dadurch teilweise seinen iodometrischen Wirkungswert, denn der zugleich entstehende Sauerstoff wirkt nur ganz langsam und träge auf eine angesäuerte Kaliumiodidlösung unter Iodabscheidung ein. Er durchstreicht größtenteils wirkungslos die Vorlageflüssigkeit.

Auf Grund der Überlegung, daß der Anteil des Chlors, welcher durch die genannte Reaktion mit dem Wasserdampf für die Bestimmung verlorengeht, um so kleiner ist, 1. je höher von vornherein die Konzentration des Hydrogenchlorids im Zersetzungskolben und damit auch in den übergehenden Dämpfen ist (Massenwirkungsgesetz!) und 2. je kürzere Zeit Wasserdampf und Chlor nebeneinander vorhanden sind, bzw. je kleiner der Raum zwischen der Flüssigkeitsoberfläche im Zersetzungskolben und dem Ende des Überleitungsrohres an der Berührungsstelle mit der Vorlageflüssigkeit ist, wurde dann später die durch Abb. 3-18 veranschaulichte, verbesserte Destillationsapparatur geschaffen und eine Arbeitsweise angegeben, welche die Chlorreduktion zu vermeiden gestattet und auch das lästige Zurücksteigen der vorgelegten Kaliumiodidlösung verhindert (Jander und Beste, 1924).

Die Zersetzung der Analysensubstanz wird in einem kleinen, birnenförmig gestalteten Destillationskölbchen von etwa 60 bis 80 ml Inhalt vorgenommen, an das ein kurzes, nur 40 cm langes, rechtwinklig nach unten gebogenes Überleitungsrohr seitlich angesetzt ist. In den Hals des Kölbchens ist ein mit einem Glashahn versehener Tropftrichter von etwa 20 ml Inhalt gasdicht eingeschliffen, des-

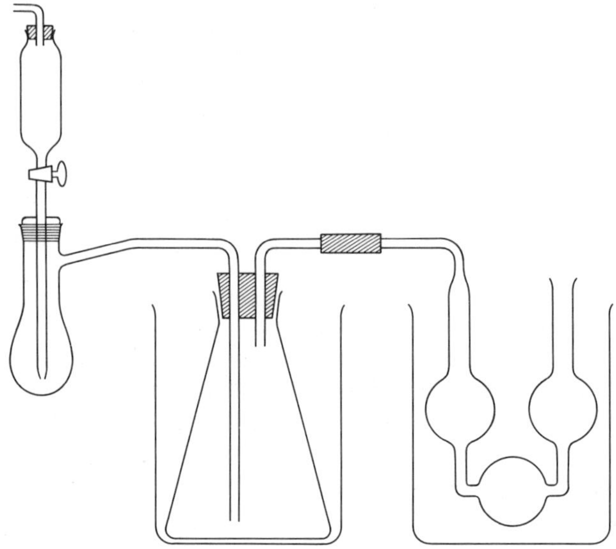

Abb. 3-18 Apparatur zur Bestimmung höherer Oxide nach Jander und Beste

sen zu einer Spitze ausgezogenes Ablaufrohr bis fast an den Boden des Kölbchens reicht. Oben ist der Tropftrichter durch ein kurzes, rechtwinklig abgebogenes Glasrohr, das durch einen Gummistopfen führt, mit einem Kohlenstoffdioxidentwickler verbunden. Das Überleitungsrohr reicht von dem Zersetzungskölbchen bis auf den Boden eines etwa 200–300 ml fassenden Erlenmeyerkolbens, in dessen Hals es durch einen doppelt durchbohrten Gummistopfen eingeführt wird. Durch die andere Öffnung des Gummistopfens führt ein kurzes, rechtwinklig gebogenes Glasrohr, das durch ein kurzes Schlauchstück mit einem Péligotrohr – Glas an Glas stoßend – verbunden ist.

Erlenmeyerkolben und Péligotrohr dienen zur Aufnahme der vorgelegten, überschüssigen Kaliumiodidlösung und stehen während der Destillation in Eiswasser. In das Zersetzungskölbchen wird die zu bestimmende Substanz eingewogen bzw. als möglichst konzentrierte Lösung einpipettiert. Der Tropftrichter nimmt die zur Zersetzung erforderliche konzentrierte Salzsäure auf, etwa 40 ml. Bei Beginn der Analyse wird die Salzsäure vorsichtig unter dem Druck des Kohlenstoffdioxids in das Zersetzungskölbchen gebracht, die Flüssigkeit im Kölbchen zum ganz gelinden Sieden erhitzt und etwa 30 Minuten lang unter langsamem Durchleiten von Kohlenstoffdioxid destilliert. Nach beendeter Destillation wird der Inhalt des Péligotrohrs, welcher höchstens eine ganz geringe Iodfärbung zeigen soll, in den Erlenmeyerkolben hinübergespült, und dessen Inhalt mit Natriumthiosulfatlösung, 0,1 mol/l (0,1 N), titriert. Die Methode ergibt vorzügliche Werte. Ihre Durchführung wurde bereits anläßlich der Titerstellung der Natriumthiosulfatlösung mit Kaliumdichromat beschrieben (s. S. 189).

Tab. 3-9 Bestimmung höherer Oxide nach der Bunsen-Methode

Substanz	zweckmäßige Einwaage etwa	1 ml Natriumthiosulfatlösung, $c(Na_2S_2O_3) = 0{,}1$ mol/l, entspricht
MnO_2	0,2 g	4,347 mg MnO_2 oder 2,747 mg Mn
PbO_2	0,5 g	11,960 mg PbO_2 oder 10,360 mg Pb
K_2SeO_4	0,3 g	11,058 mg K_2SeO_4 oder 3,948 mg Se
K_2TeO_4	0,4 g	13,490 mg K_2TeO_4 oder 6,380 mg Te
$KClO_3$	0,05 g	2,043 mg $KClO_3$ oder 1,391 mg ClO_3^-
V_2O_5	0,2 g	9,094 mg V_2O_5 oder 5,094 mg V
CeO_2	0,4 g	17,212 mg CeO_2 oder 14,012 mg Ce

Hahn (1930) treibt das gebildete Chlor mit Kohlenstofftetrachlorid über und verwendet hierfür ebenfalls eine modifizierte Bunsenapparatur.

Nach der Bunsen-Methode können u. a. bestimmt werden (vgl. Tab. 3-9)

Mangandioxid:

$$MnO_2 + 4\,HCl \rightarrow MnCl_2 + 2\,H_2O + Cl_2\uparrow$$

Bleidioxid:

$$PbO_2 + 4\,HCl \rightarrow PbCl_2 + 2\,H_2O + Cl_2\uparrow$$

Selensäure:

$$H_2SeO_4 + 2\,HCl \rightarrow H_2SeO_3 + H_2O + Cl_2\uparrow$$

Tellursäure:

$$H_2TeO_4 + 2\,HCl \rightarrow H_2TeO_3 + H_2O + Cl_2\uparrow$$

Chlorate:

$$KClO_3 + 6\,HCl \rightarrow KCl + 3\,H_2O + 3\,Cl_2\uparrow.$$

Vanadium(V)-oxid läßt sich nach Holverscheidt (1890) nur mit Hydrogenbromidlösung statt Salzsäure einheitlich zum blauen Vanadium(IV)-oxidbromid reduzieren:

$$V_2O_5 + 6\,HBr \rightarrow 2\,VOBr_2 + 3\,H_2O + Br_2.$$

Hier wird also Brom überdestilliert. Man gibt zu dem in den Zersetzungskolben eingewogenen Vanadat 2 g Kaliumbromid und verfährt im übrigen genau so wie bei den anderen Bestimmungen.

Cer(IV)-Verbindungen: Reines Cer(IV)-oxid läßt sich nur durch Hydrogeniodid reduzieren:

$$2\,CeO_2 + 2\,KI + 8\,HCl \rightarrow 2\,KCl + 2\,CeCl_3 + 4\,H_2O + I_2.$$

Hier wird also Iod abdestilliert. Man gibt zu dem in den Zersetzungskolben eingewogenen Cer(IV)-Salz 2 g Kaliumiodid und destilliert in der üblichen Weise nach Zugabe von 40 ml Salzsäure.

Bestimmung von Kupfer

Die iodometrische Bestimmung von Kupfer(II)-Salzen nach de Haën-Low (1854/1905) beruht auf der Gleichgewichtsreaktion

$$2\,Cu^{2+} + 4\,I^- \rightleftharpoons 2\,CuI\downarrow + I_2.$$

CuI ist schwerlöslich und fällt als gelblichweißer Niederschlag aus. Dadurch und durch den Umstand, daß das ausgeschiedene Iod während der Titration mit Natriumthiosulfat laufend entfernt wird, gelingt es, die Reaktion überwiegend auf die rechte Seite zu legen. Praktisch vollständig verläuft sie aber nur dann, wenn durch Zugabe eines großen Überschusses von KI zugleich die Konzentration der Iodidionen sehr groß ist.

Das überschüssige KI löst zwar das ausgeschiedene CuI wieder auf; die entstehenden Iodocuprat(I)-Komplexionen haben aber keinen Einfluß auf die Gleichgewichtslage. Die Titration muß in schwach schwefelsaurer Lösung erfolgen. In höheren Konzentrationen lösen nämlich Mineralsäuren, vor allem Salzsäure, das ausgefällte CuI teilweise auf: Es befinden sich dann in der Lösung Cu(I)-Ionen, die die Oxidation des Hydrogeniodids durch Luftsauerstoff induzieren und zu einem Mehrverbrauch an Natriumthiosulfatlösung führen können.

Arbeitsvorschrift: Etwa 0,6 g des zu bestimmenden Kupfer(II)-Salzes werden in einer verschließbaren Flasche genau eingewogen und in 50 ml Wasser gelöst. Nach dem Ansäuern mit 2 ml konzentrierter Schwefelsäure wird die Lösung mit 2 g iodatfreiem Kaliumiodid versetzt, die Flasche wird verschlossen und kurze Zeit geschüttelt. Dann wird mit Natriumthiosulfatlösung, 0,1 mol/l (0,1 N) titriert, bis die Lösung nur noch schwach gelb ist. Nach Zusatz von 2 ml Stärkelösung (s. S. 187) wird langsam und unter dauerndem Umschwenken zu Ende titriert. Der Endpunkt ist erreicht, wenn der bläuliche Farbton eben verschwunden ist und die trübe Flüssigkeit nur noch gelblich- bis bräunlichweiß erscheint. Eisen und Arsen dürfen nicht zugegen sein.

1 ml Natriumthiosulfatlösung, $c(Na_2S_2O_3) = 0{,}1$ mol/l (0,1 N), entspricht 6,3546 mg Cu.

Das 1854 von de Haën [119] beschriebene Verfahren zur Kupferbestimmung erfordert viel Kaliumiodid, dessen Preis recht hoch ist. Bruhns [120] hat daher eine Variante vorgeschlagen, die Iodid zu sparen gestattet, indem man der Lösung Kaliumthiocyanat neben weniger Kaliumiodid zusetzt. Da Kupfer(I)-thiocyanat schwerer löslich ist als Kupfer(I)-iodid, werden die nach

$$2\,Cu^{2+} + 2\,I^- \rightleftharpoons 2\,Cu^+ + I_2$$

entstehenden Kupfer(I)-Ionen nicht als CuI, sondern als CuSCN ausgefällt:

$$Cu^+ + SCN^- \rightarrow CuSCN\downarrow.$$

Titriert man das ausgeschiedene Iod mit Thiosulfatlösung, so werden die Iodidionen nach

$$I_2 + 2\,S_2O_3^{2-} \rightarrow 2\,I^- + S_4O_6^{2-}$$

zurückgewonnen und können erneut Cu^{2+} reduzieren. Man benötigt daher wesentlich weniger Kaliumiodid, da es nur eine Mittlerrolle in der Gesamtreaktion

$$2\,Cu^{2+} + 2\,SCN^- + 2\,S_2O_3^{2-} \rightarrow 2\,CuSCN\downarrow + S_4O_6^{2-}$$

übernimmt.

Das elegant erscheinende Verfahren hat jedoch den Nachteil, daß infolge von Nebenreaktionen oft Unterbefunde auftreten, was zu zahlreichen Untersuchungen führte. Danach kann Iod etwas Thiocyanat unter Bildung von H_2SO_4 und HCN oxidieren und HCN sich weiter mit Iod zu ICN umsetzen. Nur dann, wenn man genügend stark ansäuert und die Titration sofort nach Zusatz des Iodid-Thiocyanat-Gemisches vornimmt, läßt sich die Störung auf ein Mindestmaß beschränken. So findet man nach der unten angegebenen Vorschrift einen konstanten Minderverbrauch an Thiosulfatlösung von 0,5%, der sich allerdings dadurch eliminieren läßt, daß man die Thiosulfatlösung gegen eine Kupfer(II)-Salzlösung bekannten Gehaltes einstellt. Nach neueren Arbeiten von Bastius [121] kommt der Säurekonzentration eine entscheidende Bedeutung zu: Die Titration gelingt in schwefel-, salz- oder salpetersaurer Lösung (nicht aber in essigsaurer), wenn die Säurekonzentration größer als 1 mol/l ist. Arbeitet man in salpetersaurer Lösung, ist Harnstoff zuzusetzen und $c(HNO_3) < 2$ mol/l zu halten.

Zur Analyse einer kupferhaltigen Legierung wird die Probe in einem Schwefelsäure-Salpetersäure-Gemisch aufgelöst. Die dabei entstehende salpetrige Säure wird durch Zusatz von Harnstoff entfernt:

$$CO(NH_2)_2 + 2\,HNO_2 \rightarrow CO\uparrow + 2\,N_2\uparrow + 3\,H_2O.$$

Enthält die Legierung mehr als 0,2% Eisen, muß dieses durch Zusatz von Natriumdiphosphat komplex gebunden werden. Quecksilber und Silber dürfen nicht anwesend sein. Blei dagegen erleichtert die Erkennung des Endpunktes, da in seiner Gegenwart das schmutzig grauviolette Kupfer(I)-thiocyanat einen schwach gelblichen Farbton annimmt, von dem die kurz vor Erreichen des Endpunktes schwach blaue Farbe der Iodstärke besser absticht.

Arbeitsvorschrift: Die Einwaage der Legierung, die etwa 0,2 g Kupfer enthalten soll, wird mit 10 ml einer Mischsäure (500 ml H_2SO_4, 1:1 verdünnt, 200 ml HNO_3, $\rho = 1{,}40$ g/ml, und 300 ml H_2O) solange zum Sieden erhitzt, bis alles gelöst ist und keine braunen Dämpfe mehr auftreten. Dann werden 10 ml einer Lösung zugesetzt, die 100 g Harnstoff, 1,5 g Bleinitrat und wenig Salpetersäure je Liter enthält. Das Gemisch wird kräftig geschüttelt und auf Raumtemperatur abgekühlt. Man fügt nun 10 ml einer Lösung hinzu, die 100 g KSCN und 10 g KI je Liter enthält, schüttelt durch und titriert die schmutzig grüne Lösung sofort mit Thiosulfat-Maßlösung. Der Niederschlag nimmt dabei eine violettgraue Farbe an. Gegen Ende der Titration werden 5 ml Stärkelösung hinzugegeben. Die jetzt dunkelblaue Lösung wird tropfenweise langsam mit Thiosulfatlösung zu Ende titriert. Die Erkennung des Endpunktes wird dadurch erleichtert, daß sich der gelblichgraue Niederschlag zusammenballt und abzusetzen beginnt.

Die iodometrischen Bestimmungsverfahren zeichnen sich durch Eleganz in der Ausführbarkeit und durch große Zuverlässigkeit aus, da der Titrationsendpunkt durch die Iodstärkereaktion ausgezeichnet zu erkennen ist. Ihrer Anwendbarkeit, vor allem bei Serienbestimmungen, stand stets der relativ hohe Preis von Iod und Kaliumiodid im Wege. Deshalb hat man sich oft bemüht, die Iodometrie durch eine *Bromometrie* zu ersetzen. Schwierigkeiten ergaben sich jedoch hierbei durch den erheblich höheren Dampfdruck von Brom- gegenüber Iodlösungen und die daraus resultierende geringere Titerbeständigkeit sowie durch die nicht so leichte Erkennbarkeit des Titrationsendpunktes.

Außer den hier besprochenen Oxidations- und Reduktionsmitteln, die in den Maßlösungen für Redoxtitrationen Verwendung finden, sind in der Literatur zahlreiche weitere Reagentien beschrieben worden, die für maßanalytische Bestimmungen eingesetzt werden. So lassen sich als Oxidationsmittel z. B. Kaliumiodat und Kaliumperiodat [122], Blei(IV)-acetat [19] und Vanadat(V), Eisen(III)-Salze und Cobalt(III)-Verbindungen [123] benutzen. Auch die Verwendung von Kaliumpermanganat in stark alkalischen Lösungen, in denen bei der Titration Manganat(VI) gebildet wird, hat zu interessanten Anwendungen geführt [124]. Als Reduktionsmittel können z. B. Zinn(II)-chlorid, Chrom(II)-sulfat, Titan(III)-chlorid und Vanadium(II)-sulfat dienen [125]. Diese Beispiele lassen die vielfältigen Möglichkeiten erkennen, die in den Anwendungen maßanalytischer Redoxverfahren zur Bestimmung anorganischer und organischer Verbindungen liegen. Zur weiteren Information muß auf umfangreichere Werke und Monographien verwiesen werden [19, 27, 123].

Vielfach haben die Verfahren erst an Bedeutung gewinnen können, nachdem es gelungen war, die Schwierigkeiten der Endpunkterkennung mit visuellen Indikatoren zu eliminieren, indem die weiterentwickelten physikalischen Indikationsmethoden, insbesondere die elektrischen, zur Ermittlung des Titrationsendpunktes eingesetzt wurden. Durch elektrochemische Reagenserzeugung in der Probelösung mit Hilfe der Coulometrie wurde es möglich, auch solche Reagentien für analytische Zwecke heranzuziehen, deren Maßlösungen instabil und damit nicht titerbeständig sind (vgl. Kap. 4).

3.4 Komplexbildungstitrationen

In der Maßanalyse blieb die Anwendung chemischer Reaktionen, die unter Bildung von Komplexen ablaufen, lange Zeit im wesentlichen auf die von Liebig 1851 eingeführte Titration von Cyanid mit Silbernitratlösung [100] beschränkt (vgl. S. 146).

Die Grundlage für eine Weiterentwicklung stellte 85 Jahre später die Entdekkung dar, daß bestimmte Aminopolycarbonsäuren [126] - Verbindungen mit der Gruppierung

$$R-N\left\langle\begin{matrix}CH_2-COOH\\CH_2-COOH\end{matrix}\right.$$

- mit Metallionen (auch mit Erdalkalimetallionen) stabile wasserlösliche Komplexverbindungen bilden. Zunächst versuchte man, die Substanzen technisch zur

Wasserenthärtung einzusetzen [127]. Im Hinblick auf ihre analytische Verwendbarkeit blieben sie fast 10 Jahre lang unbeachtet. Aufbauend auf physikalisch-chemischen Untersuchungen an diesen Verbindungen entwickelte dann als erster Schwarzenbach ab 1945 Titrationsverfahren für Metallionen mit den Komplexbildnern [128, 129]. Er führte den Namen *Komplexone* für die Aminopolycarbonsäuren ein und faßte die Titrationsverfahren, bei denen Komplexone in Maßlösungen benutzt werden, unter der Bezeichnung *Komplexometrie* zusammen [130, 131]. Zuerst bestimmte man die Metallionen durch alkalimetrische Titration der bei der Komplexbildung freigesetzten Wasserstoffionen. Aber bereits 1946 konnte der erste Indikator eingeführt werden, der direkt auf Metallionen anspricht, das Murexid [132]. Auf der Suche nach weiteren *Metallindikatoren* gelangte man zu den Azofarbstoffen, zuerst zum Eriochromschwarz T [132, 133]. Von Přibil und Mitarbeitern wurde erstmals der wichtige Indikator Xylenolorange verwendet [134], mit dem sich Titrationen bei niedrigen pH-Werten durchführen lassen. Seit den fünfziger Jahren setzte auf diesem Gebiet der Maßanalyse eine stürmische Entwicklung ein - wie an der Zahl der veröffentlichten Arbeiten abzulesen ist -, die Anfang der sechziger Jahre wohl ihren Höhepunkt erreichte. Die Komplexometrie breitete sich wegen ihrer vielseitigen Anwendbarkeit schnell aus und dürfte in jedem analytischen Laboratorium Eingang gefunden haben.

Auf direktem oder indirektem Wege können heute mit Hilfe der Komplexone die meisten Kationen sowie auch einige Anionen titrimetrisch bestimmt werden [135]. Durch geeignete Wahl von Komplexbildner und Indikator, von pH-Wert und Art der Titration sowie durch Zusatz von Hilfskomplexbildnern können zahlreiche selektive Bestimmungen vorgenommen werden, wobei sich umständliche Trennungen oft vermeiden und die Analysen in kürzerer Zeit durchführen lassen.

3.4.1 Grundlagen der Komplexbildung

Bezeichnungen und Definitionen

Unter einem **Komplex** versteht man ein zusammengesetztes Teilchen (Ion oder Molekül), das durch Vereinigung von einfachen, selbständig und unabhängig voneinander existenzfähigen Molekülen oder Ionen entstanden ist, z. B.

$$\begin{aligned}
NH_3 + HCl &\rightleftharpoons [NH_4]^+ + Cl^- \\
Ag^+ + 2\,NH_3 &\rightleftharpoons [Ag(NH_3)_2]^+ \\
Al(OH)_3 + OH^- &\rightleftharpoons [Al(OH)_4]^- \\
Fe^{2+} + 6\,CN^- &\rightleftharpoons [Fe(CN)_6]^{4-} \\
Ni + 4\,CO &\rightleftharpoons [Ni(CO)_4].
\end{aligned}$$

Die komplexen Teilchen werden in Formeln üblicherweise in eckige Klammern gesetzt. Wie die Beispiele zeigen, können Komplexe als Kationen, Anionen oder Neutralteilchen auftreten.

Nach einer umfassenderen Definition wird der Begriff des Komplexes auch auf solche zusammengesetzten Teilchen ausgedehnt, deren Bildung man sich durch Bindung von Atomen, Ionen oder Molekülen durch Atome oder Ionen mit freien Elektronenpaaren, mit Elektronenlücken oder mit besetzbaren freien d-Orbitalen vorstellen kann. Danach sind die Anionen NO_3^-, SO_4^{2-} und PO_4^{3-} ebenfalls Komplexionen. Nähere Einzelheiten lese man in Lehrbüchern der Allgemeinen oder Anorganischen Chemie nach [32–35 und 136, 137].

Neutralkomplexe und Verbindungen, die ionische Komplexe enthalten, bezeichnet man als **Komplexverbindungen** oder **Koordinationsverbindungen.** Komplexe Teilchen sind auch in Lösung stabil und dissoziieren nur wenig in ihre Einzelbestandteile. Dadurch unterscheiden sie sich von **Gitterverbindungen,** die nur im kristallinen Zustand als komplexe Einheiten existieren, in Lösung aber weitgehend in ihre Bausteine zerfallen sind. Typische Gitterverbindungen sind die Alaune, Doppelsulfate mit ein- und dreiwertigen Kationen, z. B. $KAl(SO_4)_2 \cdot 12\ H_2O$. Zwischen beiden Verbindungsarten gibt es Übergänge.

Kennzeichnend für die Komplexbildung ist, daß analytische Reaktionen, die für eine Ionensorte charakteristisch sind, ausbleiben, wenn die Ionen komplex gebunden werden. So fällt z. B. in einer Silbernitratlösung bei Zusatz von Chloridionen kein AgCl-Niederschlag aus, wenn man vorher durch Zugabe von Ammoniaklösung die Ag^+-Ionen in den $[Ag(NH_3)_2]^+$-Komplex übergeführt hat. Man macht von solcher **Maskierung** häufig Gebrauch, wenn bei Trennungs-, Bestimmungs- oder Nachweisoperationen die Wirkung von Störionen ausgeschaltet werden soll.

Aufbau der Komplexe

Den Mittelpunkt eines Komplexes bildet das **Zentralatom** oder **Zentralion,** das in der weitaus größten Anzahl der Fälle ein Kation und selten ein Atom ist. In der Regel spricht man vom Zentralatom, unabhängig davon, welche Ladung das Teilchen trägt. Es wird in regelmäßiger Anordnung von den **Liganden** umgeben. Die Liganden sind im allgemeinen Anionen, wie F^-, Cl^-, Br^-, I^-, OH^-, CN^-, oder neutrale Moleküle, wie NH_3, H_2O, CO. Der Zusammenhalt zwischen den Liganden und dem Zentralion wird durch **koordinative Bindungen** bewirkt. Es handelt sich dabei um eine **Donor-Akzeptor-Bindung,** bei der der Ligand (Donor) das bindende Elektronenpaar liefert, während das Zentralion (Akzeptor) kein Elektron zur Bindung beisteuert. Die Anzahl der koordinativen Bindungen in komplexen Teilchen nennt man **Koordinationszahl.** Am häufigsten treten die Koordinationszahlen 4 und 6 auf, seltener 2 und 8. Auch Komplexe mit ungeraden Koordinationszahlen sind bekannt. Den einzelnen Koordinationszahlen sind bestimmte **Molekülgeometrien** zuzuordnen. So können bei der Koordinationszahl 4 die vier Donoratome in den Liganden in Form eines Tetraeders oder eines Quadrates um das Zentralatom angeordnet sein. Die Koordinationszahl 6 entspricht der geometrischen Anordnung in Form eines Oktaeders, das oft vom regulären Bau abweicht und verzerrt ist. Dann sind die sechs Ligandenplätze nicht mehr gleichwertig. Für die Koordinationszahl 2 findet man einen linearen Aufbau, die ideale Anordnung von 8 Liganden sind die Ecken eines Würfels. Die Koordinationszahl wird durch sterische Faktoren, vor allem aber durch die Anzahl und die Art der Atomorbitale bestimmt, die für die Bildung der koordinativen Bindungen zur Verfügung stehen.

Die **Ladung** eines Komplexes ergibt sich als Summe aus den Ladungen seiner Bestandteile (s. Beispiele S. 205).

Besteht zwischen einem Liganden und dem Zentralatom nur eine koordinative Bindung, so nennt man den Liganden **einzähnig** (unidental). Werden von einem Liganden zwei oder mehr Koordinationsstellen besetzt, bezeichnet man ihn als **zweizähnig** oder **vielzähnig** (bidental oder multidental). Wenn mehrzähnige Liganden am gleichen Zentralatom mehrere Koordinationsstellen besetzen, so entstehen Ringe. Den Komplex bezeichnet man dann als **Chelat**[1] oder **Chelatkomplex,** den Liganden als **Chelatbildner.** Nicht jeder Ligand mit zwei oder mehr Donoratomen kann einen Chelatring bilden. Die Donoratome müssen einen Mindestabstand voneinander haben, damit sie an dasselbe Zentralatom gebunden werden können. So besitzt z. B. Hydrazin, H_2N-NH_2, zwei Donoratome, vermag aber nur eine Koordinationsstelle des Zentralatoms zu besetzen, während Ethylendiamin, $H_2N-CH_2-CH_2-NH_2$, als bidentaler Ligand fungiert und zwei Koordinationsstellen besetzt. Der Abstand zwischen beiden Donoratomen muß eine spannungsfreie Ringbildung ermöglichen. Daher sind bestimmte Ringgrößen (Fünfringe, Sechsringe) bevorzugt.

Beispiele:

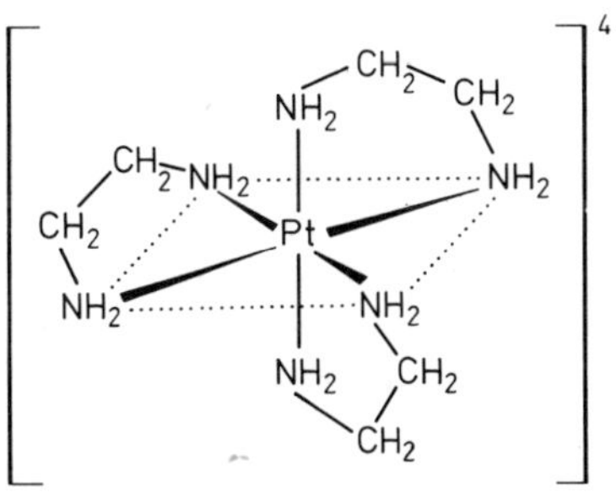

Tris (ethylendiamin) platin (IV)

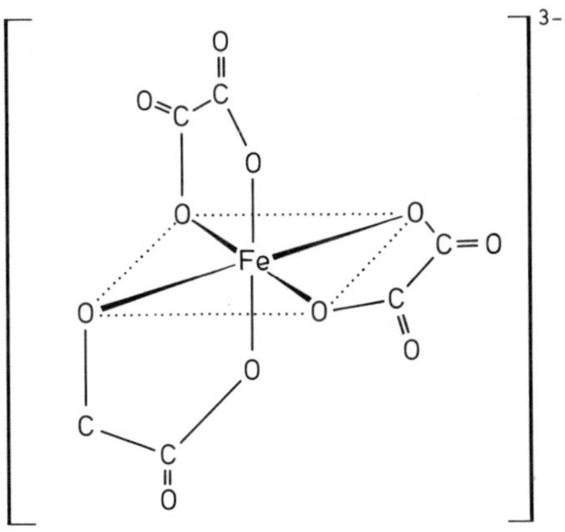

Tris (oxalato) ferrat (III)

[1] abgeleitet von Χηλη (gr.) Krebsschere, weil das Zentralion bildlich betrachtet vom Liganden wie von einer Krebsschere festgehalten wird

Sind in einem Komplex zwei oder mehr Zentralatome enthalten, nennt man ihn **zweikernig** oder **mehrkernig** (binuklear oder polynuklear). Die Zentralatome sind in dem Komplex über **Brückenliganden** verbunden.

Werden in einem Chelatkomplex die positiven Ladungen des Zentralions gerade durch die negativen Ladungen der Liganden kompensiert, liegt eine *innere Salzbildung* vor. Solche neutralen Chelate heißen **Innere Komplexe** oder **Innerkomplexsalze.** Zweizähnige Liganden mit einer geladenen und einer ungeladenen Donorgruppe bilden Innere Komplexe, wenn die Koordinationszahl gerade doppelt so groß ist wie die positive Ladung des Zentralions. Ist die positive Ladung geringer als die maximale Koordinationszahl, entstehen Innerkomplexsalze, in denen die freien Koordinationsstellen durch Neutralliganden besetzt werden.

Nomenklaturregeln

Für die Benennung von Komplexen und Komplexverbindungen gelten die folgenden wichtigsten Regeln [7]:

1. In *Formeln* und *Namen* wird zuerst das Kation, dann das Anion genannt.
2. In *Formeln* von Komplexen gibt man als erstes das Zentralatom an, dann die Liganden in der Reihenfolge anionische, neutrale, kationische Liganden.
3. In *Namen* von Komplexen ist die Reihenfolge (a) Anzahl der Liganden, (b) Art der Liganden, (c) Zentralatom, (d) Oxidationszahl des Zentralatoms einzuhalten.
   (a) Die Anzahl gleicher Liganden wird durch das griechische Zahlwort (di, tri, tetra, penta, hexa usw.) angegeben; für mehrzähnige und solche Liganden, deren Namen bereits mit einem Zahlwort beginnt, benutzt man das multiplikative Zahlwort (bis, tris, tetrakis usw.).
   (b) Die Liganden werden in alphabetischer Reihenfolge aufgeführt. Anionische Liganden erhalten die Endung -o. Die Namen neutraler Liganden werden nicht verändert (Ausnahmen: H_2O aqua, NH_3 ammin, CO carbonyl, NO nitrosyl).
   (c) Für das Zentralatom wird bei einem kationischen Komplex die deutsche Bezeichnung des Elementes verwendet; bei einem anionischen Komplex wird der lateinische Wortstamm des Elementes mit der Endung -at versehen.
   (d) Die Oxidationszahl wird durch eine in Klammern gesetzte römische Ziffer ausgedrückt.

Beispiele:

$[Ag(NH_3)_2]Cl$	Diamminsilber(I)-chlorid
$[CrCl_3(NH_3)_3]$	Triammintrichlorochrom(III)
$K_4[Fe(CN)_6]$	Kaliumhexacyanoferrat(II)
$[CoCl_2(NH_3)_4]Cl$	Tetraammindichlorocobalt(III)-chlorid
$Na_2[Fe(CN)_5NO]$	Natriumpentacyanonitrosylferrat(III)
$[Mg(C_9H_6NO)_2(H_2O)_2]$	Diaqua-bis(hydroxychinolinato)-magnesium(II).

Stabilitätskonstante

Die Bildung und der Zerfall von Komplexverbindungen sind Gleichgewichtsreaktionen, auf die das Massenwirkungsgesetz angewendet werden kann, z. B.

$$Ag^+ + 2\,NH_3 \rightleftharpoons [Ag(NH_3)_2]^+ \qquad K = \frac{c([Ag(NH_3)_2]^+)}{c(Ag^+)\cdot c^2(NH_3)}$$

$$Fe^{2+} + 6\,CN^- \rightleftharpoons [Fe(CN)_6]^{4-} \qquad K = \frac{c([Fe(CN)_6]^{4-})}{c(Fe^{2+})\cdot c^6(CN^-)}$$

Die Gleichgewichtskonstante K für die Bildung von Komplexen bezeichnet man als *Komplexbildungs-* oder *Stabilitätskonstante,* die zu ihr reziproke Größe $K_D = 1/K$ ist die *Komplexdissoziations-* oder *Instabilitätskonstante.* Die Größe K ist ein Maß für die Stabilität eines Komplexes. Vergleicht man Komplexe mit gleicher Koordinationszahl, so gilt, daß ein Komplex umso stabiler ist, umso größer seine Stabilitätskonstante ist. Chelatkomplexe sind besonders stabil und haben daher sehr große K-Werte. Die Stabilitätskonstanten werden häufig in Form der *positiven* dekadischen Logarithmen ihrer Zahlenwerte angegeben: $pK = \lg K$.

3.4.2 Grundlagen der Komplexbildungstitrationen

Wesentliche Voraussetzungen für die Eignung einer chemischen Reaktion zu maßanalytischen Bestimmungen sind die sprunghafte Abnahme der Konzentration der zu bestimmenden Ionenart in der Nähe des Äquivalenzpunktes und die Auffindung geeigneter Indikationsmethoden hierfür.

Titriert man beispielsweise eine Kupfer(II)-Salzlösung mit Ammoniaklösung unter Bedingungen, bei denen keine Fällung des Hydroxids auftritt, und trägt den Metallionenexponenten $pCu = -\lg c(Cu^{2+})$ gegen das Stoffmengenverhältnis auf, so sollte aufgrund der großen Stabilitätskonstante des Kupfertetraamminkomplexes, $K = 3{,}89\cdot 10^{12}$, $pK = 12{,}59$, ein deutlicher Sprung beim Äquivalenzpunkt der Reaktion

$$Cu^{2+} + 4\,NH_3 \rightleftharpoons [Cu(NH_3)_4]^{2+}$$

zu erwarten sein. Wie Abb. 3-19.1 zeigt, ist das nicht der Fall. Die Reaktion erfolgt nämlich stufenweise mit den Stabilitätskonstanten K_1 bis K_4 nach folgendem Schema[1]:

$$\begin{aligned}
Cu^{2+} + NH_3 &\rightleftharpoons [Cu(NH_3)]^{2+} & K_1 &= 1{,}35\cdot 10^4,\ pK_1 = 4{,}13\\
[Cu(NH_3)]^{2+} + NH_3 &\rightleftharpoons [Cu(NH_3)_2]^{2+} & K_2 &= 3{,}02\cdot 10^3,\ pK_2 = 3{,}48\\
[Cu(NH_3)_2]^{2+} + NH_3 &\rightleftharpoons [Cu(NH_3)_3]^{2+} & K_3 &= 7{,}41\cdot 10^2,\ pK_3 = 2{,}87\\
[Cu(NH_3)_3]^{2+} + NH_3 &\rightleftharpoons [Cu(NH_3)_4]^{2+} & K_4 &= 1{,}29\cdot 10^2,\ pK_4 = 2{,}11
\end{aligned}$$

[1] Kupfer(II)-Ionen liegen in wäßrigen Lösungen als Aquakomplexe vor, was aber für die folgenden Betrachtungen ohne Einfluß ist.

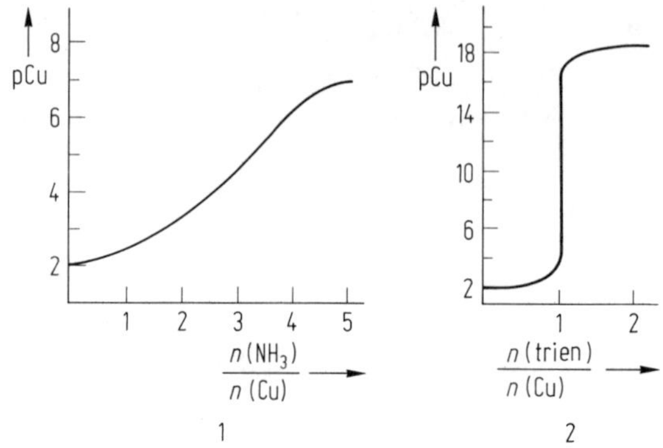

Abb. 3-19 Titration einer $CuSO_4$-Lösung, 0,01 mol/l, mit (1) Ammoniaklösung und (2) Triethylentetramin-Lösung ($pCu = -\lg c(Cu^{2+})$)

Wie aus den Konstanten zu ersehen ist, können die Werte für K_1 bis K_3 gegenüber K_4 nicht vernachlässigt werden. Die Bildung des Komplexes in einem Schritt beim Stoffmengenverhältnis $n(Cu):n(NH_3)=1:4$ ist also nicht zu erwarten. Das wäre nur der Fall, wenn die Verhältnisse K_1/K_2, K_2/K_3 und K_3/K_4 sehr große Werte ergeben würden, die ersten drei Stufen also im Vergleich zur vierten Stufe in der Lösung viel stärker dissoziiert wären. Sprünge bei den Stoffmengenverhältnissen $n(Cu):n(NH_3)=1:1$, $1:2$, $1:3$ und $1:4$ können ebenfalls nicht auftreten, weil die Werte der Konstanten nicht weit genug auseinanderliegen. Die Verhältnisse liegen ähnlich wie bei der Titration mehrbasiger Säuren: Die Titration der zweibasigen Schwefelsäure ergibt nur einen Sprung am Äquivalenzpunkt, während die der dreibasigen Phosphorsäure zwei Sprünge erkennen läßt (vgl. S. 124).

Wie diese Betrachtung zeigt, ist eine Komplexbildungsreaktion maßanalytisch nur dann verwertbar, wenn es gelingt, die Bildung der Zwischenstufen auszuschalten. Das ist möglich, wenn der Ligand eine Verbindung ist, die mehrere zur Koordination befähigte Sauerstoff- oder Stickstoffatome enthält, die gleichzeitig das Metallion binden (Bildung von Chelatkomplexen). Den Aufbau einer derartigen Verbindung zeigt als Beispiel das Formelbild des bei der Reaktion von Cu^{2+} mit Triethylentetramin (trien)

$$H_2N-CH_2-CH_2-NH-CH_2-CH_2-NH-CH_2-CH_2-NH_2$$

entstehenden Chelats:

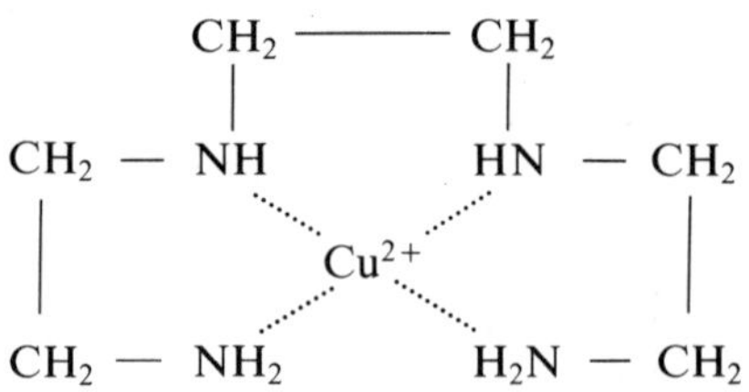

Kupferionen reagieren mit Triethylentetramin im Stoffmengenverhältnis 1 : 1, wobei die Koordinationszahl 4 des Kupfer(II)-Ions durch die vier Stickstoffatome des Amins erfüllt wird. Die Chelatbildung in Form fünfgliedriger Ringe ist im Formelbild deutlich zu erkennen. Die hierdurch bedingte große Zunahme der Beständigkeit des Komplexes ($K = 3{,}16 \cdot 10^{20}$, $pK = 20{,}5$) wird als **Chelateffekt** bezeichnet.

Titriert man eine Cu^{2+}-Ionen enthaltende Lösung mit einer Triethylentetraminlösung, so nimmt die Cu^{2+}-Konzentration beim Stoffmengenverhältnis 1 : 1 tatsächlich sprunghaft ab, wie aus Abb. 3-19.2 zu ersehen ist.

Die für die Komplexbildungstitrationen eingesetzten Reagentien sind ausschließlich Chelatbildner, daher bezeichnet man die mit ihnen durchgeführten Bestimmungsverfahren als **chelatometrische Titrationen.** Die bereits erwähnten Aminopolycarbonsäuren entsprechen den Anforderungen, die an ein chelatometrisches Titrationsmittel gestellt werden müssen: gute Löslichkeit, genügend große Reaktionsgeschwindigkeit mit dem zu bestimmenden Ion, Bildung eines leicht löslichen stabilen Chelatkomplexes unter Bildung mehrerer Koordinationsbindungen (mehrzähniger Ligand). Hinsichtlich einer universellen Verwendbarkeit haben sich folgende Verbindungen als brauchbar erwiesen:

Nitrilotriessigsäure (NTE, H_3X)

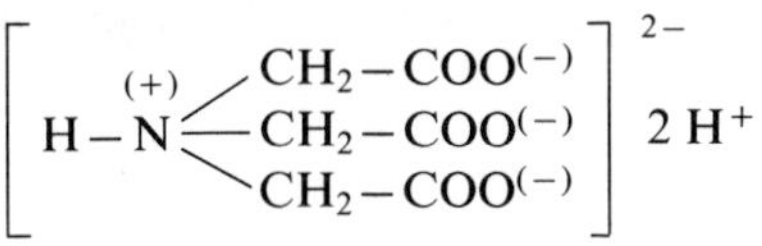

mit vier zur Koordination befähigten Atomen (1 N, 3 O der drei einbindigen O-Atome der Carboxylgruppen);

Ethylendiamintetraessigsäure (EDTA, H_4Y)

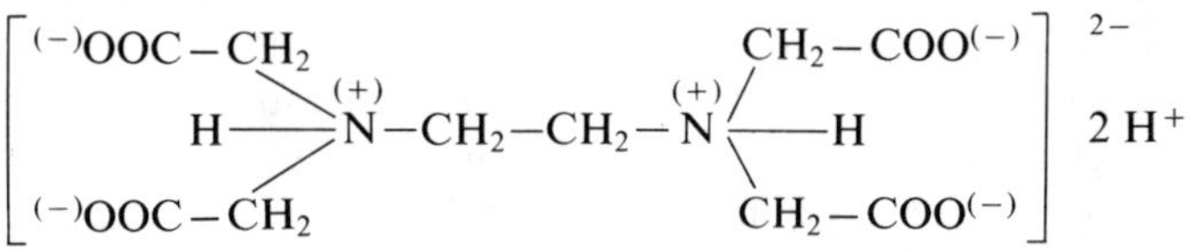

mit sechs koordinativ wirkenden Atomen (2 N und 4 einbindige O-Atome der Carboxylgruppen). Wegen der besseren Löslichkeit verwendet man das Dinatriumsalz der Ethylendiamintetraessigsäure in Form des Dihydrats.

In den letzten Jahren hat eine ganze Reihe weiterer chelatbildender Verbindungen Eingang in die analytische Praxis gefunden. Erwähnt sei hier die *Diethylentriaminpentaessigsäure* (DTPA). NTE, EDTA, DTPA und die anderen in der Chelatometrie verwendeten Verbindungen sind z. B. unter den Handelsnamen Komplexon, Titriplex und Idranal[1)] erhältlich. Die Komplexbildung erfolgt mit mehrwertigen Kationen unabhängig von der Ionenladung im Verhältnis 1 : 1.

[1] eingetragene Warenzeichen der Firmen Chemische Fabrik Uetikon, Uetikon, Schweiz (Komplexon), Merck (Titriplex) und Riedel - de Haën (Idranal)

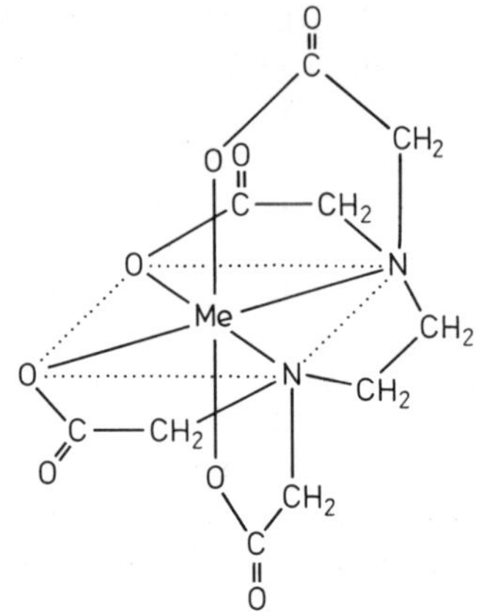

Abb. 3-20 Sterischer Bau eines Metall-EDTA-Komplexes

Den sterischen Aufbau eines Metall-EDTA-Komplexes zeigt Abb. 3-20. Das Metallion als Zentralatom wird von dem EDTA-Molekül oktaedrisch umhüllt. Die Bildung der fünfgliedrigen Chelatringe wird durch die Zeichnung deutlich.

3.4.3 Indikation des Endpunktes

Die Erkennung des Äquivalenzpunktes einer chelatometrischen Titration, z. B. mit EDTA-Lösung, erfolgt durch Indikatoren, die auf eine Änderung des pMe-Wertes mit einer Farbänderung reagieren. Solche Metallindikatoren sind z. B. Eriochromschwarz T, Murexid, Brenzcatechinviolett, Xylenolorange, Pyridylazoresorcin (PAR) und Pyridylazonaphthol (PAN). Diese Indikatoren bilden mit den Metallionen ebenfalls Chelatkomplexe, die eine andere Farbe aufweisen als die freien Indikatoren. Der Farbumschlag am Äquivalenzpunkt erfolgt durch den Zerfall des Metall-Indikator-Komplexes und das Auftreten der Farbe des freien Indikators. Die Stabilität des Metall-Indikator-Komplexes muß dabei geringer sein als die des Metall-EDTA-Komplexes. Sie muß aber groß genug sein, um einen scharfen Farbumschlag zu gewährleisten. Eriochromschwarz T (Erio T) gehört zur Gruppe der Eriochromschwarz-Farbstoffe (2,2′-Dihydroxyazonaphthaline) und hat folgende Struktur:

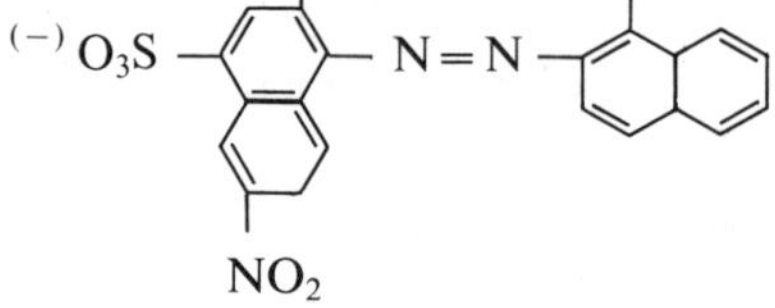

Das H^+-Ion der stark sauren Sulfonsäuregruppe ist in dem interessierenden pH-Bereich (7 bis 12) bereits abgespalten (abgekürzte Formel: H_2Ind^-). Die Farbe des Indikators ist nach

$$\underset{\text{weinrot}}{H_2Ind^-} \underset{pH\,6{,}3}{\overset{-H^+}{\rightleftharpoons}} \underset{\text{tiefblau}}{HInd^{2-}} \underset{pH\,11{,}5}{\overset{-H^+}{\rightleftharpoons}} \underset{\text{orange}}{Ind^{3-}}$$

von der H^+-Konzentration abhängig. Im Bereich $pH < 6$ neigt Erio T zur Polymerisation unter Gelbbraunfärbung, die durch Na^+, K^+ oder NH_4^+ in größerer Konzentration beschleunigt wird. Gegenwart von Aceton oder Alkohol sowie Temperaturerhöhung wirkt der Polymerisation entgegen. Aus diesem Grunde und wegen der roten Farbe der Form H_2Ind^-, die der Farbe des Metall-Indikator-Komplexes sehr ähnlich ist, verwendet man den Indikator oberhalb pH 6,5. Der Farbumschlag erfolgt z. B. bei der Titration von Mg^{2+} nach

$$\underset{\text{rot}}{[MgInd]^-} + H^+ \rightleftharpoons \underset{\text{blau}}{Mg^{2+} + HInd^{2-}}.$$

Lösungen von Erio T in Wasser oder Alkohol sind unbeständig. Dagegen wirkt Triethanolamin durch Komplexbildung stabilisierend. In 100 ml Triethanolamin werden 0,5 g des Farbstoffes gelöst. Die Lösung ist mindestens einen Monat lang haltbar.

Der Indikator kann auch in fester Form mit Kochsalz vermischt der zu titrierenden Lösung zugesetzt werden. Wird der Indikator selten gebraucht, vermeidet man so die Zersetzung der nicht unbegrenzt haltbaren Lösung. Der Farbstoff wird mit analysenreinem Natriumchlorid im Verhältnis 1:100 zu einem staubfeinen Pulver verrieben. Je 100 ml Probelösung werden 3 bis 7 mg Farbstoff benötigt.

Verschiedene Metallionen, wie z. B. Co^{2+}, Ni^{2+}, Cu^{2+}, Al^{3+}, Ti^{4+}, bilden mit Erio T stabilere Komplexe als mit EDTA. Eine Verunreinigung der zu titrierenden Lösung mit diesen Metallkationen verhindert die Durchführung einer Titration mit Erio T als Indikator, indem sie ihn blockieren.

Auf zwei Punkte, die bei der praktischen Anwendung der Komplexbildner zur Titration zu beachten sind, sei noch besonders aufmerksam gemacht:

1. Nach der Reaktionsgleichung

$$Me^{2+} + H_2Y^{2-} \rightleftharpoons MeY^{2-} + 2H^+$$

entstehen bei der Titration freie Wasserstoffionen. Diese Tatsache kann zwar in manchen Fällen zur Bestimmung der Metallionen über den Umweg einer alkalimetrischen Titration der H^+-Ionen ausgenutzt werden, jedoch ist zu bedenken, daß mit steigender H^+-Konzentration das Gleichgewicht nach der Seite der freien Metallionen hin verschoben wird, d. h. daß die Beständigkeit des Komplexes abnimmt. Entstehen im Verlauf der Titration Metallkomplexe, die empfindlich gegen H^+-Ionen sind, muß in gepufferten Lösungen gearbeitet werden.

2. Die Aminopolycarbonsäuren reagieren mit zahlreichen Metallionen unter Komplexbildung, sind also als Reagentien nicht spezifisch. Wenn verschiedene Metallionen in der Lösung gleichzeitig vorhanden sind, muß dies berücksichtigt werden.

3.4.4 Chelatometrische Bestimmungen

Herstellung der EDTA-Lösung

Da die freie Säure in Wasser schwer löslich ist, geht man von dem gut löslichen Dihydrat des Dinatriumsalzes aus, das sehr rein im Handel erhältlich ist. 37,2239 g $Na_2H_2C_{10}H_{12}O_8N_2 \cdot 2\,H_2O$, (molare Masse 372,239 g/mol), das bei 80 °C bis zur Massenkonstanz getrocknet worden ist, werden genau eingewogen und in Wasser zu 1 l gelöst. Die Lösung hat die Konzentration 0,1 mol/l. Das Dihydrat kann auch zwischen 120 und 140 °C entwässert werden. Eine Lösung der Konzentration 0,1 mol/l enthält 33,6209 g des wasserfreien Salzes im Liter. Bei der Einwaage muß aber die Hygroskopizität des wasserfreien Salzes beachtet werden. Eine Titerstellung ist nicht erforderlich, kann aber z. B. mit einer Calciumsalzlösung bekannten Gehaltes nach dem unten angegebenen Verfahren durchgeführt werden. Die Calciumsalzlösung wird durch Auflösen von analysenreinem, bis zur Massenkonstanz geglühtem Calciumcarbonat in Salzsäure hergestellt. Das zur Herstellung der Maßlösung verwendete Wasser muß sehr rein sein, da das Reagenz mit Calcium, Magnesium und anderen im Wasser eventuell vorhandenen Kationen reagiert. Diese Verunreinigungen können in einfacher Weise mit Hilfe eines Kationenaustauschers entfernt werden. Die Lösung ist bei Aufbewahrung in Vorratsflaschen aus Polyethylen oder auch aus Borosilicatglas, die vor der Verwendung gut ausgedämpft worden sind, monatelang haltbar. Flaschen aus gewöhnlichem Glas eignen sich nicht, da über längere Zeit in merklichem Maße Calcium an die Lösung abgegeben wird, wodurch der Titer der Lösung allmählich abnimmt.

Bestimmung von Magnesium

Mg^{2+}-Ionen können durch direkte Titration mit EDTA-Lösung und mit Erio T als Indikator in alkalischer Lösung bestimmt werden. Die Stabilitätskonstante des Mg-Erio T-Komplexes ($K = 10^7$) ist im Vergleich zu der des Mg-EDTA-Komplexes ($K = 10^{8,69}$) genügend groß, so daß am Äquivalenzpunkt ein scharfer Farbumschlag auftritt. Die Titration wird in gepufferter Lösung bei pH = 10 (Ammoniak-Ammoniumchlorid-Puffer) vorgenommen, um die während der Titration frei werdenden Wasserstoffionen zu binden und sicherzustellen, daß der Farbumschlag des pH-empfindlichen Indikators von Rot (Farbe des Mg-Erio T-Komplexes) nach Blau (Farbe des freien Indikators) erfolgt (s. S. 213). Die Reaktion verläuft nach der Gleichung

$$Mg^{2+} + [HY^-] \rightleftharpoons [MgY]^{2-} + H^+.$$

Die Erdalkaliionen werden bei dieser Bestimmung mit erfaßt und müssen mit Ammoniumcarbonatlösung ausgefällt werden. Co, Ni, Cu, Zn, Cd, Hg und die Platinmetalle können mit KCN maskiert werden. Mn, Cr, Al, Pb, Bi, Sb, Ti, Zr, Th, die Lanthanoide, Ta und Ga müssen dagegen, z. B. durch Ausfällen als Hydroxide, entfernt werden, ebenso Fe^{3+}. Letzteres kann aber auch zu Fe^{2+} reduziert und dieses mit KCN maskiert werden [138].

Arbeitsvorschrift: 100 ml der zu titrierenden Lösung (saure Lösungen werden vorher mit verdünnter Natronlauge neutralisiert), die nicht mehr als 0,01 mol/l Mg (0,24 g/l) enthalten soll, werden mit 5 ml Pufferlösung (pH = 10, s. unten) versetzt. Nach Zugabe des Indikators (2 bis 4 Tropfen Lösung oder eine Spatelspitze Kochsalzverreibung, s. S. 213) wird mit EDTA-Lösung, 0,1 mol/l, bis zum Umschlag von Rot nach rein Blau titriert. Wegen der verhältnismäßig langsamen Geschwindigkeit der Komplexbildung muß in der Nähe des Äquivalenzpunktes langsam titriert werden. Die Bestimmung kann auch mit EDTA-Lösung der Konzentration 0,01 mol/l oder sogar 0,001 mol/l durchgeführt werden.

Herstellung der Pufferlösung: 5,40 g Ammoniumchlorid werden in 20 ml Wasser gelöst, 35 ml konz. Ammoniaklösung hinzugefügt und mit Wasser auf 100 ml aufgefüllt.

1 ml EDTA-Lösung, $c = 0{,}1$ mol/l, entspricht 2,4305 mg Mg.

Bestimmung von Calcium

Calcium kann bei pH > 12 mit Murexid oder Calconcarbonsäure als Indikator mit EDTA-Lösung direkt titriert werden. Die Bestimmung wird durch die schon bei der Magnesiumbestimmung aufgeführten Kationen gestört, die daher in der beschriebenen Weise entfernt werden müssen. Kleine Mengen von Barium und Magnesium stören nicht, wohl aber von Strontium. Sind größere Mengen von Magnesium anwesend, so fällt bei dem pH-Wert, bei dem die Titration durchgeführt wird, Magnesiumhydroxid aus, das etwas Calcium mitreißt. In diesem Fall kann man Calcium durch Rücktitration bestimmen. Dazu versetzt man die Lösung mit einem geringen Überschuß an EDTA, ehe man sie alkalisch macht; dann fällt reines, calciumfreies Magnesiumhydroxid aus. Das überschüssige EDTA wird mit einer Calciumlösung bekannten Gehaltes unter Verwendung von Murexid als Indikator zurücktitriert. Mit Erio T als Indikator kann Calcium im Gegensatz zu Magnesium nicht direkt titriert werden, da die Stabilitätskonstante des Ca-Indikatorkomplexes zu klein ist ($K = 10^{5,4}$; dagegen der Ca-EDTA-Komplex: $K = 10^{10,7}$), weshalb der Farbumschlag nur schleppend erfolgt. Die Bestimmung ist aber durch Substitutionstitration möglich. Dabei wird der Calciumlösung eine Lösung des Mg-EDTA-Komplexes ($K = 10^{8,7}$) hinzugefügt. Das Magnesium wird durch das Calcium, das einen stabileren Komplex mit EDTA bildet, nach der Gleichung

$$[MgY]^{2-} + Ca^{2+} \rightleftharpoons [CaY]^{2-} + Mg^{2+}$$

verdrängt. Die Endpunktanzeige erfolgt dann wie bei der Magnesiumbestimmung durch die blaue Farbe des am Äquivalenzpunkt gebildeten freien Indikators. Der Umschlag ist beim Stoffmengenverhältnis $n(\mathrm{Ca}):n(\mathrm{Mg}) = 10:1$ am schärfsten, jedoch sind auch schon viel kleinere Magnesiummengen wirksam.

Arbeitsvorschrift:

a) *Direkte Titration* mit Murexid als Indikator: 100 ml der Probelösung, die ungefähr 0,01 mol/l Calcium enthalten soll, werden, falls erforderlich, mit Natronlauge neutralisiert und mit 1 ml Natronlauge, 2 mol/l, versetzt. Nach Zufügen des Indikators (frisch bereitete gesättigte wäßrige Lösung) wird mit EDTA-Lösung, 0,1 mol/l, bis zum Umschlag von Rot nach Violett titriert. Die Titration muß sofort nach dem Zusatz der Natronlauge erfolgen, da sonst infolge Absorption von CO_2 aus der Luft $CaCO_3$ ausfallen kann.

b) *Substitutionstitration* mit Erio T als Indikator: 100 ml der Probelösung, die ungefähr 0,01 mol/l Calcium enthalten soll, werden, falls erforderlich, mit verd. Natronlauge neutralisiert. Nacheinander werden 5 ml Pufferlösung (pH = 10, s. S. 215), 1 ml Mg-EDTA-Lösung, 0,1 mol/l, (s. unten) und der Indikator (2 bis 4 Tropfen oder eine Spatelspitze Kochsalzverreibung, s. S. 213) zugegeben. Die Titration wird der Magnesiumbestimmung entsprechend durchgeführt.

Herstellung der Mg-EDTA-Lösung: Äquivalente Mengen einer Magnesiumsulfat- und einer EDTA-Lösung werden gemischt. Mit Natronlauge wird der pH-Wert zwischen 8 und 9 eingestellt (Umschlag von Phenolphthalein nach Rot). Mg und EDTA liegen im richtigen Stoffmengenverhältnis von 1:1 vor, wenn nach Zugabe von etwas Pufferlösung (pH = 10, s. S. 215) und Erio T als Indikator die Lösung eine schmutzig violette Farbe hat, die durch einen Tropfen EDTA-Lösung, 0,01 mol/l, nach Blau und durch einen Tropfen $MgSO_4$-Lösung, 0,01 mol/l, nach Rot umschlägt. Schließlich wird durch Zusatz von Wasser die Konzentration 0,1 mol/l eingestellt. Eine Titerstellung ist nicht notwendig.

1 ml EDTA-Lösung, $c = 0{,}1$ mol/l, entspricht 4,008 mg Ca.

Bestimmung der Wasserhärte

Den Gehalt eines Wassers an gelösten Calcium- und Magnesiumsalzen bezeichnet man als dessen *Härte (Calcium-* und *Magnesiumhärte).* Sie muß für viele Anwendungen entfernt werden. Betreibt man z. B. Wärmekraftanlagen mit zu hartem Wasser, so scheidet sich ein Teil der gelösten Salze als *Kesselstein* ab. Dadurch wird zum einen der Querschnitt von Rohrleitungen verengt und zum andern der Wärmeübergang stark vermindert. Die Folge sind erhöhter Brennstoffverbrauch, und, wenn die Ablagerungen zu dick werden, Überhitzungsschäden bis hin zu Kesselexplosionen.

Je nach dem Verhalten beim Kochen des Wassers unterscheidet man zwischen temporärer (vorübergehender) und permanenter (bleibender) Härte.

Die im Wasser gelösten Hydrogencarbonate $Ca(HCO_3)_2$ und $Mg(HCO_3)_2$ bilden zusammen die *temporäre Härte (Carbonathärte).* Sie werden beim Kochen, z. B. nach der Gleichung

$$Ca(HCO_3)_2 \rightarrow CaCO_3\downarrow + H_2O + CO_2\uparrow,$$

als Carbonate ausgefällt (Kesselstein!), während die Calcium- und Magnesiumsulfate, -chloride, -silicate, -nitrate und -humate als *permanente Härte (Nichtcarbonathärte)* in Lösung bleiben.

Die Bestimmung von Calcium und Magnesium in Wässern erfolgt durch Atomabsorptions-Spektroskopie oder chelatometrisch. Die die Titration störenden, als Hydroxide fällbaren Metallionen (s. Bestimmung von Magnesium) sind in Wässern normalerweise nur in sehr geringen Konzentrationen enthalten und werden bei der Zugabe der Pufferlösung ausgefällt. Kolloidal in Lösung bleibendes Eisen(III)-hydroxid stört schon in Spuren und muß mit Na_2S entfernt werden. Die übrigen, bereits bei der Magnesiumbestimmung genannten Kationen können mit KCN maskiert werden. Phosphationen werden am besten an einem Anionenaustauscher abgeschieden.

Die Resultate von Wasserhärtebestimmungen werden in mol/m^3 angegeben. In der Praxis ist noch die Angabe in Härtegraden üblich. Ein deutscher Härtegrad (1° DH) entspricht 10 mg/l CaO oder der äquivalenten Massenkonzentration von 7,18 mg/l MgO.

Arbeitsvorschrift:

a) *Bestimmung der Summe von Calcium und Magnesium:* 50 ml Wasser, dessen Härte bestimmt werden soll, werden nach Zugabe von 1 ml Salzsäure, 2 mol/l, etwa 1 min gekocht, um die Hydrogencarbonationen zu zersetzen und das gebildete CO_2 aus der Lösung zu vertreiben. Nach dem Abkühlen auf ungefähr 50 °C wird mit verd. Natronlauge neutralisiert und 5 ml Pufferlösung (pH = 10, s. S. 215) zugefügt. Enthält das Wasser kein Mg, gibt man 1 ml Mg-EDTA-Lösung, 0,1 mol/l, zu (s. S. 214). Nach Zusatz des Indikators Erio T wird die Titration analog der Magnesiumbestimmung (s. S. 214), jedoch mit EDTA-Lösung der Konzentration c = 0,01 mol/l, durchgeführt. Ist der Verbrauch an Maßlösung kleiner als 4,5 ml, wird die Titration mit einem größeren Volumen der Probelösung wiederholt; ist der Verbrauch größer als 20 ml, wiederholt man die Bestimmung mit einem kleineren Volumen der Probelösung und verdünnt diese mit Wasser auf 50 ml.

1 ml EDTA-Lösung, $c = 0{,}01$ mol/l, entspricht der Stoffmenge $n(\text{Ca} + \text{Mg}) = 0{,}01$ mmol. Das Resultat der Bestimmung wird als Stoffmengenkonzentration $c(\text{Ca} + \text{Mg})$ in mol/m^3 angegeben.

b) *Bestimmung von Calcium:* 50 ml der Wasserprobe werden mit 1 ml Salzsäure, 2 mol/l, 1 min lang gekocht und nach dem Abkühlen mit verd. Natronlauge neutralisiert. Man setzt 2 ml Natronlauge, 2 mol/l, und ungefähr 200 mg Indikator zu (Verreibung von 0,2 g Calconcarbonsäure mit 100 g NaCl) und titriert sofort mit EDTA-Lösung, 0,01 mol/l, bis zum Umschlag von Rot nach Blau. Die Farbe soll sich bei Zugabe eines weiteren Tropfens der Maßlösung nicht mehr ändern. In der Nähe des Umschlagspunktes muß langsam titriert werden. Werden mehr als 20 ml oder weniger als 4,5 ml EDTA-Lösung verbraucht, verfahre man wie unter a) beschrieben.

1 ml EDTA-Lösung, $c = 0{,}01$ mol/l, entspricht 0,01 mmol Ca. Das Resultat ist in mol/m^3 anzugeben. Für die Magnesiumkonzentration gilt:

$$c(\text{Mg}) = c(\text{Mg} + \text{Ca}) - c(\text{Ca})$$

Bestimmung von Zink und Cadmium

Zink und Cadmium lassen sich ähnlich wie Magnesium mit Erio T als Indikator in alkalischer, gepufferter Lösung bei pH = 10 titrieren. Der Farbumschlag von Rot nach Blau ist im pH-Bereich zwischen 7 und 10 extrem scharf. Der Endpunkt kann selbst in Gegenwart von viel Ammoniak noch gut bestimmt werden. Unterhalb pH = 7 ist Erio T wegen der Bildung des weinroten H_2Ind^- nicht als Indikator geeignet (s. S. 213).

Die Bestimmung wird durch zahlreiche andere Metallionen gestört. Fe^{3+}, Al^{3+}, Bi^{3+} sowie Pb^{2+} müssen vorher abgetrennt werden. Geringe Mengen an Al^{3+} lassen sich allerdings mit Tiron oder Natriumfluorid maskieren. Metallionen, die stabile Cyanokomplexe bilden, können mit KCN maskiert werden. Die hierbei ebenfalls gebildeten Cyanokomplexe des Zinks und des Cadmiums werden in ammoniakalischer Lösung durch Reaktion mit Formaldehyd unter Bildung von Cyanhydrin zersetzt:

$$[Zn(CN)_4]^{2-} + 4\,CH_2O + 4\,H^+ \rightarrow Zn^{2+} + 4\,HOCH_2CN$$

Die Cyanokomplexe von Fe, Hg, Cu, Ni und Co reagieren dabei nicht oder nur sehr langsam mit Formaldehyd. Jedoch ist zu beachten, daß schon Spuren von Cu^{2+}, Co^{2+} oder Ni^{2+} den Indikator blockieren (Näheres s. [130]).

Wegen der Schärfe des Farbumschlags sind Mikro- und Ultramikrobestimmungen möglich. Sehr reines Zink oder Zinkoxid sind als Urtitersubstanzen für die Einstellung von EDTA-Maßlösungen geeignet.

Arbeitsvorschrift: 100 ml der Probelösung, die nicht mehr als 250 mg/l Zn oder 500 mg/l Cd enthalten soll, werden, falls erforderlich, mit verd. Natronlauge neutralisiert. Man versetzt mit 5 ml Pufferlösung (pH = 10, s. S. 215), fügt den Indikator zu (2 bis 4 Tropfen Lösung oder eine Spatelspitze Kochsalzverreibung, s. S. 213) und titriert mit EDTA-Lösung, 0,1 mol/l, bis zum Umschlag von Rotviolett nach Blau. Die rötliche Farbe verschwindet am Äquivalenzpunkt schlagartig nach Zugabe eines Tropfens der Maßlösung.

1 ml EDTA-Lösung, $c = 0{,}1$ mol/l, entspricht 6,537 mg Zn oder 11,240 mg Cd.

Bestimmung von Kupfer

Die Titration von Kupfer mit EDTA-Lösung kann in schwach saurer, gepufferter Lösung mit PAN (1-(2-Pyridyl-azo)-2-naphthol) als Indikator erfolgen.

Arbeitsvorschrift: 100 ml der mit carbonatfreier Natronlauge annähernd neutralisierten Probelösung, die etwa 1 g/l Cu^{2+} enthalten soll, werden mit 5 ml Acetat-Pufferlösung (pH = 5, s. unten) und mit 3 bis 5 Tropfen Indikatorlösung (1%ige Lösung von PAN in Methanol) versetzt. Man titriert in der Siedehitze mit EDTA-Lösung, 0,1 mol/l, bis zum scharfen Umschlag von Gelb nach Violett. Enthält die Lösung 30 bis 50% Ethanol oder Aceton, kann bei Zimmertemperatur titriert werden. In Lösungen, die keinen Alkohol enthalten, beobachtet man manchmal ein feines Häutchen von PAN an der Oberfläche der Lösung oder an der Wand des

Titrierbechers; da es bei nachfolgenden Titrationen stören kann, muß man es mit Alkohol oder mit Säuren entfernen.

Pufferlösung: Eine Lösung von 27,3 g Natriumacetat-3-hydrat wird nach Zugabe von 30 ml Salzsäure, 2 mol/l, mit kohlenstoffdioxidfreiem Wasser auf 1000 ml verdünnt.

1 ml EDTA-Lösung, $c = 0{,}1$ mol/l, entspricht 6,355 mg Cu^{2+}.

Bestimmung von Aluminium

Aluminium kann durch Rücktitration chelatometrisch bestimmt werden. Dabei wird EDTA-Lösung im Überschuß zugegeben und mit Zinksulfat- oder Bleinitratlösung zurücktitriert. Bei Verwendung von Erio T als Indikator muß die Rücktitration sehr rasch erfolgen, da Aluminium mit Erio T zwar langsam, aber irreversibel zum Al-Indikatorkomplex reagiert. Xylenolorange hat diesen Nachteil nicht und ist deshalb für die Indikation besser geeignet.

Arbeitsvorschrift: 100 ml der Probelösung, die nicht mehr als 400 mg/l Al enthalten soll, werden mit genau 20 ml EDTA-Lösung, 0,1 mol/l, versetzt und zum Sieden gebracht (1 min). Nach dem Abkühlen werden 4,0 g festes Hexamethylentetramin und 50 mg Xylenolorange zugefügt. Der Überschuß an EDTA wird mit Bleinitratlösung, 0,1 mol/l, bis zum Umschlag nach Rot titriert. Zur Herstellung der Bleinitratlösung werden 33,120 g bei 105 °C getrockneten Bleinitrats mit CO_2-freiem Wasser zu 1000 ml aufgefüllt.

Berechnung: Der Verbrauch an EDTA-Lösung ist die Differenz zwischen dem zugesetzten Volumen und dem Verbrauch an Bleinitratlösung. 1 ml EDTA-Lösung, $c = 0{,}1$ mol/l, entspricht 2,6982 mg Al.

Bestimmung von Bismut

Wegen der großen Stabilität ($K = 10^{27{,}94}$) des Bi-EDTA-Komplexes kann Bismut in relativ saurer Lösung und deshalb weitgehend selektiv titriert werden. Als Indikator eignet sich z. B. Xylenolorange (XO). Zu saure Lösungen werden mit Natriumhydrogencarbonatlösung, 1 mol/l, oder mit Natriumacetat abgestumpft. Bei Verwendung von Natronlauge oder Ammoniak entstehen nämlich infolge örtlich zu großer Basenkonzentration Bismutpolykationen, die nur langsam mit EDTA reagieren und auch beim Ansäuern nur langsam wieder zu Bi^{3+}-Ionen zerfallen. Die direkte Titration von Bismut wird durch Chloridionen gestört, da beim Einstellen des erforderlichen pH-Wertes Bismutoxidchlorid ausfällt. In diesem Fall kann die Bestimmung durch Rücktitration erfolgen, indem zur stark sauren Probelösung zuerst EDTA im Überschuß zugefügt und dann erst der pH-Wert auf 2,5 bis 3 erhöht wird. Der Überschuß wird mit Bismutnitratlösung zurücktitriert. Bromid- und Iodidionen stören ebenfalls und werden mit Salpetersäure abgeraucht.

Arbeitsvorschrift: 100 ml der Probelösung, die ungefähr 4 g/l Bi enthalten soll, werden, falls erforderlich, mit verd. Salpetersäure bzw. mit Natriumhydrogencarbonatlösung, 1 mol/l, auf einen pH-Wert von 2,5 bis 3 gebracht. Nach Zusatz von

XO (50 mg oder einige Tropfen 0,5%ige wäßrige Lösung) wird mit EDTA-Lösung, 0,1 mol/l, bis zum Umschlag nach Gelb titriert.

1 ml EDTA-Lösung, $c = 0,1$ mol/l, entspricht 20,898 mg Bi.

Bestimmung von Eisen

Eisen(III)-Ionen bilden mit EDTA einen sehr stabilen Komplex ($K = 10^{25,1}$); sie können deshalb in saurer Lösung bestimmt werden, wobei der pH-Wert ungefähr bei 2,5 liegen soll. Sb und Bi stören, da die Stabilitätskonstanten ihrer EDTA-Komplexe ebenfalls sehr groß sind. Dagegen werden zweiwertige Ionen sowie Al^{3+} und Cr^{3+} bei pH = 2,5 nicht mit erfaßt. Als Indikatoren sind z. B. Tiron oder Sulfosalicylsäure geeignet.

Arbeitsvorschrift: Die Probelösung soll etwa 200 bis 700 mg/l Fe^{3+} und nicht zu viel freie Salzsäure enthalten. Liegt Eisen eventuell zum Teil mit der Oxidationszahl +2 vor, wird etwas Ammoniumperoxodisulfat zugefügt und kurz aufgekocht. Zum Einstellen des pH-Wertes von etwa 2,5 gibt man so lange festes p-Chloranilin zu, bis es sich nicht mehr löst. Man kann die überschüssige Säure auch mit Natrium- oder Ammoniumacetat abstumpfen. Wird die Acetationenkonzentration aber zu groß, dann verläuft der Umschlag wegen der Bildung von Eisenacetatokomplexen schleppender. Nach Zugabe des Indikators wird mit EDTA-Lösung, 0,1 mol/l, titriert.

a) Indikation mit Tiron, 2%ige wäßrige Lösung: Zugabe von 2 ml Indikatorlösung je 100 ml: Titration bei 40 bis 50 °C bis zur reinen Gelbfärbung.

b) Indikation mit Sulfosalicylsäure, 2%ige wäßrige Lösung: Zugabe von 2 ml Indikatorlösung je 100 ml; Umschlag von Violettrot (Fe(III)-Indikatorkomplex) nach Gelb (Fe(III)-EDTA-Komplex).

1 ml EDTA-Lösung, $c = 0,1$ mol/l, entspricht 5,585 mg Fe.

Bestimmung von Phosphat

Phosphat wird indirekt über eine äquivalente Stoffmenge Magnesium bestimmt. Dazu wird das Phosphat als $Mg(NH_4)PO_4 \cdot 6\,H_2O$ gefällt. Der Niederschlag wird gewaschen, filtriert und in Salzsäure gelöst. EDTA-Lösung wird im Überschuß zugefügt, ein pH-Wert von ungefähr 10 eingestellt und mit $MgCl_2$-Lösung zurücktitriert. Die störenden mehrwertigen Kationen können vor der Fällung mit EDTA-Lösung, 1 mol/l, maskiert oder auch durch Kationenaustauscher entfernt werden.

Arbeitsvorschrift: 20 ml der Probelösung, die höchstens 0,1 mol/l Phosphat enthalten soll, werden in einem 250-ml-Becherglas auf 50 ml verdünnt und 1 ml konz. Salzsäure sowie einige Tropfen Methylrot (0,1% in Ethanol) zugefügt. Nach Zugabe von 3 ml Magnesiumsulfatlösung, 1 mol/l, wird zum Sieden erhitzt und unter heftigem Rühren solange konz. Ammoniaklösung tropfenweise zugesetzt, bis der Indikator nach Gelb umschlägt, und dann noch weitere 2 ml. Nach mehrstündigem Stehen (oder über Nacht) wird der Niederschlag durch einen Glasfiltertiegel G 4 filtriert und mit ungefähr 100 ml Ammoniaklösung, 1 mol/l, gewaschen. Das Fällungsgefäß wird mit 25 ml Salzsäure, 1 mol/l, gespült und diese Flüssigkeit in Portionen in den Filtertiegel gebracht, wobei vor jeder Zugabe der Unterdruck in der Saugflasche beseitigt wird. Der Vorgang wird mit weiteren 10 ml der Salzsäure und dann mit 75 ml Wasser wiederholt. Die salzsaure Lösung wird in der Saugflasche mit 25 ml EDTA-Lösung, 0,1 mol/l, versetzt und mit Natronlauge, 1 mol/l, neutralisiert. Nach Zusatz von 5 ml Pufferlösung (pH = 10, s. S. 215) und Erio T (2 bis 4 Tropfen Lösung oder eine Spatelspitze Kochsalzverreibung, s. S. 213) wird der Überschuß an EDTA mit $MgCl_2$-Lösung, 0,1 mol/l, bis zum Umschlag von Blau nach Weinrot titriert.

Herstellung der $MgCl_2$-Lösung, 0,1 mol/l: 2,4305 g reine Magnesiumspäne werden in verd. Salzsäure gelöst. Die Lösung wird mit Natronlauge, 1 mol/l, fast neutralisiert und mit deionisiertem Wasser auf 1000 ml aufgefüllt.

Berechnung: Der Verbrauch an EDTA-Lösung ist die Differenz zwischen dem zugesetzten Volumen und dem Verbrauch an $MgCl_2$-Lösung.

1 ml EDTA-Lösung, $c = 0,1$ mol/l, entspricht 9,4971 mg PO_4.

Bestimmung von Sulfat

Sulfat läßt sich nach dem Verfahren der Rücktitration mit DTPA (Diethylentriaminpentaessigsäure) und Erio T als Indikator bestimmen. Dabei fällt man die Sulfationen mit Bariumchloridlösung aus und titriert den Überschuß an Bariumionen mit DTPA-Lösung zurück. Die Löslichkeit des Bariumsulfats läßt sich durch Zusatz von Ethanol herabsetzen. Mehrwertige Kationen stören die Bestimmung und müssen, am besten mit einem Kationenaustauscher, entfernt werden.

Arbeitsvorschrift: 100 ml der Probelösung, die zwischen 0,5 g/l und 1,5 g/l Sulfat enthalten soll, werden mit 1 ml Salzsäure, 0,1 mol/l, 20 ml $BaCl_2$-Lösung, 0,1 mol/l (s. unten), 30 ml Ethanol, 10 ml Pufferlösung (pH = 10, s. S. 215) und 5 ml Mg-DTPA-Lösung, 0,1 mol/l, versetzt. (Die Mg-DTPA-Lösung wird in gleicher Weise wie Mg-EDTA-Lösung hergestellt, s. S. 216). Nach Zusatz des Indikators Erio T (1 Spatelspitze Kochsalzverreibung 1:100) wird mit DTPA-Lösung, 0,1 mol/l, bis zum Umschlag nach Blau titriert.

Zur Herstellung der DTPA-Lösung werden 39,336 g DTPA in einem 1-l-Meßkolben in 150 ml Natronlauge, 1 mol/l, gelöst und bis zur Marke aufgefüllt. Die Titerstellung kann mit $Pb(NO_3)_2$-Lösung erfolgen (s. S. 219). Hierzu werden 10,0 ml DTPA-Lösung mit 100 ml Wasser verdünnt und mit $Pb(NO_3)_2$-Lösung, 0,1 mol/l, mit Xylenolorange (0,5%ige wäßrige Lösung) als Indikator bis zur intensiven Rotviolettfärbung titriert.

Zur Herstellung der $BaCl_2$-Lösung werden 24,43 g $BaCl_2 \cdot 2\,H_2O$ mit Wasser zu einem Liter gelöst. Die Titerstellung erfolgt mit DTPA-Lösung.

Berechnung: Der Verbrauch an $BaCl_2$-Lösung ist die Differenz zwischen dem zugesetzten Volumen und dem Verbrauch an DTPA-Lösung.

1 ml $BaCl_2$-Lösung, $c = 0,1$ mol/l, entspricht 9,606 mg SO_4.

4 Maßanalysen mit physikalischer Endpunktbestimmung

4.1 Übersicht über die Indikationsmethoden

Im Vergleich zu den gravimetrischen Bestimmungen haben wir die Titrationen als schnelle und in der Regel einfache Verfahren zur quantitativen Ermittlung des Gehaltes einer Probe kennengelernt. Dennoch muß man sich darüber klar sein, daß in der analytischen Chemie insbesondere der Gravimetrie die Bedeutung einer absoluten Methode zukommt, an der die Richtigkeit aller alternativen modernen Methoden gemessen wird. Erst wenn man durch direkten oder indirekten Vergleich mit dieser Absolutmethode von der Genauigkeit eines Verfahrens überzeugt ist, wird man dieses im Routinebetrieb einsetzen.

Bei den Titrationen liegt das Problem in der sicheren Erkennung des Äquivalenzpunktes. Die vorangegangenen Kapitel waren den klassischen Möglichkeiten der Indikation gewidmet. Zugleich mit dem Erreichen des Äquivalenzpunktes soll sich in der zu titrierenden Lösung die Farbe in charakteristischer Weise ändern. Wenn die Maßlösung nicht selbst auf Grund intensiver Eigenfarbe den Endpunkt der Titration anzeigt, wie es bei der Permanganometrie oder auch bei der Iodometrie (hier jedoch erst in Gegenwart einer Stärkelösung) der Fall ist, mußte zuvor ein Farbindikator zugesetzt werden. Den Farbwechsel bewirkt dann ein chemischer Vorgang. Trotz der Einfachheit und der bequemen Anwendbarkeit der chemisch indizierten Titrationsverfahren existiert ein großer Bedarf an anders gearteten Indikationsmöglichkeiten. Das hat verschiedene Gründe, von denen die wichtigsten hier genannt seien:

- Je nachdem, welche chemische Reaktion der Titration zugrunde liegt, müssen von einem Farbindikator einige nicht immer leicht realisierbare Bedingungen erfüllt werden. Soweit das möglich ist, bedeutet das aber auch, daß in einem analytischen Labor eine entsprechend breite Palette an unterschiedlichsten Indikatoren verfügbar sein muß, wenn man jederzeit in der Lage sein will, viele Arten von Titrationsverfahren auszuführen.
- Ein Farbindikator wird von der Maßlösung stets mittitriert. Das Ergebnis kann demnach nur richtig sein, wenn die benötigte Menge des Indikators im Verhältnis zu der Menge der zu bestimmenden Substanz vernachlässigbar gering ist. Sobald aber insgesamt nur sehr kleine Mengen bestimmt werden sollen (z. B. in der Spurenanalyse), reicht die mit Indikatoren erzielbare Genauigkeit meist nicht mehr aus.
- Analysenproben, die von sich aus farbig oder auch nur trübe sind, lassen sich nicht mit Farbindikatorzusatz titrieren.

- Der Zeitpunkt, zu dem sich bei einer Titration der Farbwechsel vollzogen hat, wird vom Auge des Analytikers festgestellt, wobei es durchaus möglich ist, daß hierbei individuelle Fehler ins Spiel kommen. Bei der Entwicklung neuer Titrationsverfahren mit Farbindikatoren sollte deshalb stets geprüft werden, unter welchen Bedingungen solche Fehler das Analysenergebnis nur vernachlässigbar gering beeinflussen (z. B. Forderung eines möglichst steilen Verlaufs der Titrationskurve im Bereich des Äquivalenzpunktes).

Wer den Ablauf chemischer Reaktionen an ihren Farbänderungen beurteilt, der beobachtet, allgemeiner ausgedrückt, bereits physikalische Eigenschaften der Materie. Sie exakt zu messen, ist dann oft nur noch ein kleiner Schritt. Dazu ist zunächst die Frage zu stellen, wie sich bei einer chemischen Reaktion bestimmte physikalische Eigenschaften charakteristisch ändern und wieweit diese Änderungen von der Masse der umgesetzten Reaktionspartner abhängen. Dann erst kann man ein geeignetes Meßverfahren entwickeln. Im folgenden Teil sollen einige physikalisch indizierte Methoden besprochen werden, soweit sie einfach genug sind, um im Routinebetrieb eines analytischen Laboratoriums eingesetzt werden zu können.

Kommen wir noch einmal auf die Eigenschaft vieler Substanzen zurück, farbig zu sein: Während das Auge eine rasch vollzogene Farbänderung einigermaßen sicher zu erkennen vermag, gelingt es ihm weit weniger gut, die allmählich sich ändernde Farbstärke quantitativ zu beurteilen. Benutzt man stattdessen ein Photometer, dann läßt sich der Zusammenhang zwischen der Absorption monochromatischen Lichtes und dem Gehalt eines gelösten Stoffes exakt erfassen, so daß eine Titration in diesem Fall *photometrisch* indizierbar wird. Ein solches Verfahren bietet neben dem Vorteil, vom Auge des Beobachters unabhängig zu sein, vor allem die Möglichkeit, wesentlich geringere Stoffmengen quantitativ bestimmen zu können.

An den chemischen Reaktionen, die den bisher besprochenen Titrationsverfahren jeweils zugrunde liegen, sind stets Ionen beteiligt. Da bekanntlich die in der Lösung vorhandenen Ionen den elektrischen Strom leiten, liegt der Gedanke nahe, die elektrische Leitfähigkeit in Abhängigkeit vom Verlauf der Titration zu messen. Das Ergebnis sind die *Leitfähigkeitstitrationen* oder *konduktometrischen Titrationen*. Da zur Messung der Leitfähigkeit in der Lösung Elektroden vorhanden sein müssen, würde bei einem Stromfluß an diesen Elektroden eine Elektrolyse stattfinden. Um diese Störung zu verhindern, muß man eine Wechselspannung anlegen, wodurch die Ionen dann nur noch zu Schwingungen im Takt der Spannungsfrequenz angeregt werden, ohne daß es an den Elektrodenoberflächen zu ihrer Entladung kommt. Man kann sich leicht vorstellen, daß schwere Ionenspezies infolge ihrer größeren Trägheit so schnellen Spannungsschwankungen nur unvollständig folgen können, ja daß man durch Erhöhung der Frequenz ihren Beitrag zur Leitfähigkeit schließlich ganz unterdrücken kann. Die Anwendung solcher Techniken nennt man *Hochfrequenztitrationen.*

Ionen können aber auch zwischen der Lösung und einer festen Phase ausgetauscht werden. Bei diesem Vorgang tritt zwischen der Festkörperoberfläche und der Lösung ein Phasengrenzpotential auf. Falls die feste Phase eine Metallelektrode ist und der Austauschvorgang mit einem Oxidations- oder Reduktionsprozeß verbunden ist, kann dieses Potential durch die Nernstsche Gleichung beschrieben werden, vorausgesetzt, das Austauschgleichgewicht ist eingestellt. Die Messung solcher Potentialänderungen im Verlauf einer Titration ist die Grundlage der *Potentiometrie.* Wünschenswert ist es, über sehr viele Elektrodentypen zu verfügen, an denen jeweils nur bestimmte Ionenspezies ein Potential aufbauen. Im Falle der Metallelektroden ist man natürlich durch die Spannungsreihe der Elemente eingeschränkt, und das Potential ist jeweils von der am leichtesten oxidierbaren bzw. reduzierbaren Ionensorte bestimmt. Erst mit der Anwendung von Ionenaustauschern mit spezifischen Austauscheigenschaften als Elektrodenmaterial hat man gelernt, wie diese Beschränkungen zu überwinden sind. Diese *ionenselektiv* arbeitenden Elektroden erlauben die potentiometrische Indikation nahezu aller Elemente.

Während bei der Potentiometrie die Gleichgewichtseinstellung in der Umgebung der Elektrode Voraussetzung ist, kann unter bestimmten Umständen auch die bewußte Störung dieses Zustandes durch Anlegen einer konstanten Spannung oder durch Aufrechterhalten eines konstanten Stromflusses Vorteile für ein Titrationsverfahren bringen *(Voltametrie, Amperometrie, Deadstop-Verfahren).*

Eine weitere Möglichkeit, den Stoffumsatz an Elektroden quantitativ zu bestimmen, gewinnt man bei der Anwendung der Faradayschen Gesetze. Man kann das für eine Titration benötigte Reagens in der Probelösung durch einen Elektrodenprozeß erzeugen und die bis zum Äquivalenzpunkt erforderliche Strommenge bestimmen. Man muß sich aber im klaren darüber sein, daß diese *coulometrischen Titrationen* die übliche Volumenmessung mit der Bürette einschließlich des Einstellens der Maßlösung ersetzen, während das Indikationsproblem jeweils noch zusätzlich gelöst werden muß.

Selbstverständlich lassen sich noch viele andere von der Masse eines Stoffes abhängige physikalische Eigenschaften und deren Messung mit Vorteil zur Indikation von Titrationsverfahren einsetzen. (Weitere Informationen [141, 142, 143, 144]).

4.2 Photometrische Titrationen

Photometrische Titrationen können im Prinzip dann durchgeführt werden, wenn die zu bestimmende Substanz bzw. die Maßlösung farbig ist oder wenn der Umschlag eines Farbindikators auf diese Weise besser zu erkennen ist. Bei allen denjenigen Titrationen, bei denen der zu ermittelnde Gehalt im Halbmikrobereich liegt, reicht das menschliche Auge jedoch fast immer aus, um den Farbwechsel und damit den Äquivalenzpunkt mit der genügenden Schärfe festzustellen. Es müssen also schon besondere Umstände dafür sprechen, trotzdem ein instrumentelles Verfahren zur Messung der Farbänderung einzusetzen. Aber denken wir zum Beispiel an komplexometrische Titrationen bei sehr geringen Metallgehalten in der zu bestimmenden Lösung. Man wird eine verdünntere EDTA-Lösung verwenden, um ein hinreichend genau abmeßbares Volumen an benötigter Maßlösung zu erhalten, dann aber doch enttäuscht sein, weil der Farbumschlag des Indikators als schleppend empfunden wird und der Äquivalenzpunkt deswegen nur entsprechend unscharf festgestellt wird. Photometrische Titrationen werden dann sinnvoll sein, wenn die zu bestimmenden Stoffmengen im Mikrobereich liegen, wenn die Farbänderungen nur schwach sind oder in einem Spektralbereich liegen, der vom menschlichen Auge nicht wahrgenommen wird (UV, nahes IR), wenn in der Lösung Färbungen anderer Herkunft stören, oder wenn der Titrationsvorgang automatisiert werden soll (Weiterführende Literatur: [145]).

4.2.1 Theoretische Grundlagen

Die Wechselwirkung zwischen elektromagnetischer Strahlung und der Materie besteht in einer Anregung der die Atomkerne umgebenden Elektronen. Je nach der Energie der verwendeten Strahlung können dabei die kernnahen Elektronen aus dem Atomverband vollständig herausgeschossen werden (Röntgenstrahlen) oder aber die Elektronen der Valenzschale durch Übergänge auf höhere Niveaus angeregt werden (UV/VIS-Bereich). Bei diesen Vorgängen wird entsprechend der dazu benötigten Energie Strahlung absorbiert. In diesem Zusammenhang bezieht sich die Photometrie ausschließlich auf Wechselwirkungen zwischen den Valenzelektronen und Licht im sichtbaren und ultravioletten Bereich. Während hierbei Atome extrem scharfe Absorptionslinien besitzen, vermögen Moleküle das Licht in einem mehr oder weniger breiten Bereich zu absorbieren. Ursache dafür ist die Fähigkeit von Molekülen, noch energieärmere IR-Strahlung zur Anregung von Molekülschwingungen und Rotationsbewegungen absorbieren zu können. Durch Kopplung dieser Absorptionslinien mit denen des Valenzelektronenspektrums kommt es zu den genannten Verbreiterungen der Absorptionslinien zu Banden.

Will man eine Substanz durch ihre Fähigkeit, Licht zu absorbieren, quantitativ bestimmen, benötigt man monochromatisches Licht. Dabei muß der Spektralbereich des eingestrahlten Lichtes stets schmaler sein als die in Frage kommende Absorptionsbande, denn wäre es anders, würde ein Teil des eingestrahlten Lichtes ja nicht absorbiert werden können, aber trotzdem die zur Messung verwendete Photozelle zur Abgabe eines Signals anregen. Aus dem bisher Gesagten dürfte deutlich geworden sein, wie schwer diese Anforderungen an die Monochromasie des verwendeten Lichtes bei Absorptionsmessungen an Atomen zu erfüllen sind (Atomabsorptionsspektrometrie, AAS). Doch bedarf es bei entsprechenden Messungen an Molekülen (Photometrie) meist nur eines relativ geringen apparativen Aufwandes, das heißt, die erforderlichen Geräte müssen nur über einen einfachen Monochromator verfügen, ja es genügen preiswerte Interferenzfilter oder gar ge-

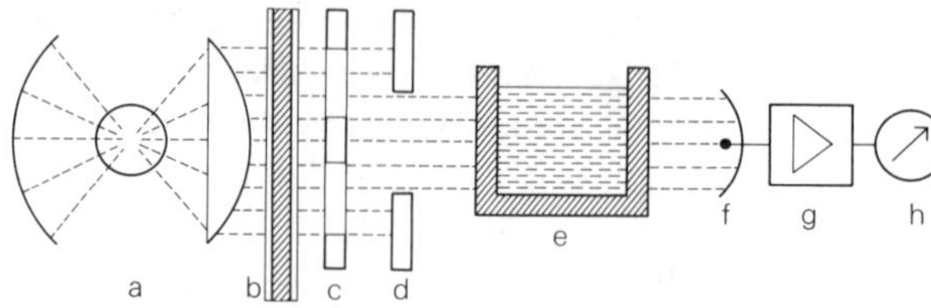

Abb. 4-1 Aufbau eines einfachen Photometers (a Lichtquelle, b Monochromator, c Flügelrad, d Spalt, e Küvette, f Photozelle, g Verstärker, h Anzeige)

wöhnliche Farbfilter, um einen ausreichend schmalen Bereich aus dem Spektrum einer Glühfadenlampe auszublenden.

Eine für unsere Zwecke in Frage kommende Meßeinrichtung ist schematisch in Abb. 4-1 dargestellt. Das Licht einer Wolframlampe wird gebündelt und parallel durch ein Interferenzfilter geleitet. Der Lichtstrom kann durch einen in seiner Breite verstellbaren Spalt geregelt werden. Dann wird eine Küvette, in der sich die zu bestimmende Substanz in gelöster Form befindet, durchstrahlt und der noch verbliebene Lichtstrom mit Hilfe einer Photozelle gemessen. Da wir die Absicht haben, photometrische Titrationen auszuführen, ist es sinnvoll, wenn im Strahlengang des Lichtes ein Flügelrad (Lochblende) rotiert. Durch dieses wird das Licht nämlich in kurze Impulse zerhackt, so daß der jeweilige Lichtstrom nach Verstärkung mit einem Wechselstromverstärker angezeigt werden kann. Dieser Kunstgriff bewirkt, daß kein aus dem Labor stammendes Licht die Messung stört. Ein solcher unerwünschter Lichteinfall ist während der Durchführung einer Titration nämlich kaum zu vermeiden; da aber dieses Licht ungepulst ist, wird es vom Wechselstromverstärker nicht verstärkt. Die Grundlage der Messungen ist das bekannte Lambert-Beersche Gesetz:

$$E = \lg \frac{\Phi}{\Phi_0} = \varepsilon \cdot c \cdot d,$$

wobei E die Extinktion, Φ_0 und Φ den Lichtstrom vor und nach Durchgang durch eine Küvette mit der Schichtdicke d, ε den molaren dekadischen Extinktionskoeffizient und c die Konzentration der absorbierenden Substanz bedeuten. Zu Beginn einer Titration wird am Monochromator der Wellenlängenbereich eingestellt (bzw. ein entsprechendes Interferenzfilter in den Strahlengang gebracht), der von der zu untersuchenden Substanz absorbiert wird. Das Licht, das durch die zunächst nur mit Lösemittel gefüllte Küvette hindurch auf die Photozelle fällt, soll das Anzeigegerät zu vollem Ausschlag bringen (d. h. Transmissionsgrad = 100% bzw. Extinktion = 0), andernfalls ist die Spaltbreite entsprechend zu verändern (Festlegung von Φ_0). Die Schichtdicke der Küvette ist so zu wählen, daß unter den gegebenen Umständen die farbige Substanz während der Titration Extinktionen hervorruft, die etwa zwischen 0,1 und 1,1 liegen. Die Maßlösung wird am besten in vorher festgelegten Volumenschritten von jeweils 10 bis 20 µl aus einer Mikroliterspritze hinzugefügt. Da die Küvetten aus einem mechanischen Beanspruchungen gegenüber nicht sehr widerstandsfähigen optischen Glas gefertigt sind, wird nach jeder Reagenszugabe mit einem Plastikstäbchen vorsichtig (!) umgerührt. Wenn sich der jeweilige Extinktionswert eingestellt hat, wird dieser abgelesen und notiert. Zur graphischen Auswertung des Titrationsergebnisses trägt man schließlich die Extinktion gegen das jeweils zugegebene Volumen an Maßlösung auf.

Zur Durchführung photometrischer Titrationen bedarf es keiner Eichung mit Lösungen bekannter Konzentration, auch ist die ständige und sorgfältige Kontrolle der Marken 100% und 0% Transmissionsgrad überflüssig. Die oben beschriebene Festlegung von Φ_0 auf 100% Durchlässigkeit dient ausschließlich der sinnvollen Ausnutzung des vollen Meßbereichs des Anzeigegerätes. Wenn jedoch zur direkten Ermittlung von Konzentrationen photometrische Messungen anhand von Eichkurven auszuwerten sind, müssen die erwähnten Kontrollen laufend und gewissenhaft ausgeführt werden.

4.2.2 Praktische Anwendungen

Bestimmung von Calcium

Am Beispiel der komplexometrischen Calcium-Bestimmung mit photometrischer Indikation wollen wir uns mit der üblichen Verfahrensweise vertraut machen. 5 ml einer wäßrigen Lösung, die etwa 0,02 bis 0,10 mg Calcium enthalten soll, sind mit einer EDTA-Lösung, 0,01 mol/l zu titrieren, das heißt, die Maßlösung ist der Probelösung in Volumenschritten von jeweils 10 µl mit einer Mikroliterspritze hinzuzufügen. Als Indikator eignet sich Calconcarbonsäure (vgl. S. 215), das am Äquivalenzpunkt von Weinrot (Calcium-Komplex) nach Blau (freier Indikator) umschlägt. Der Indikator wird im allgemeinen mit NaCl im Verhältnis 1 : 100 verrieben. Da bei den geringen hier zu bestimmenden Calcium-Mengen die Gefahr besteht, zuviel Indikator zu verwenden, sollte man vielleicht gleich besser mit einer Kochsalzverreibung 1 : 150 arbeiten. Von dieser durch sorgfältiges Verreiben im Mörser hergestellten Mischung gibt man der Probelösung eine sehr kleine Spatelspitze hinzu. Da der Calcium-EDTA-Komplex relativ weniger stabil ist, muß die zu titrierende Lösung mit Natronlauge, 2 mol/l, auf den pH-Wert 13 gebracht werden (vgl. S. 217). Als nächstes ist die Entscheidung zu treffen, ob während der Titration der Calcium-Indikator-Komplex bzw. seine Zerstörung kurz vor dem Äquivalenzpunkt beobachtet werden soll oder besser das Auftreten des freien Indikators nach dem Äquivalenzpunkt. Um die richtige Wahl treffen zu können, ist es notwendig, das Absorptionsspektrum beider Verbindungen zu kennen, denn es kommt ja darauf an, den Monochromator so einzustellen, daß nur eine der beiden farbigen Verbindungen Licht zu absorbieren vermag. Ein Blick auf die Abb. 4-2 und 4-3 zeigt deutlich, daß im Bereich der maximalen Absorption des Calcium-Indikatorkomplexes (560 nm) auch der freie Indikator bereits recht stark absorbiert. Man könnte also höchstens das kleinere Absorptionsmaximum

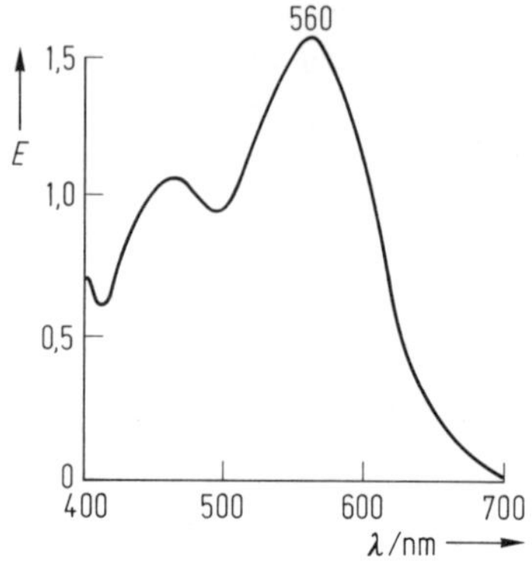

Abb. 4-2 Spektrum des Calcium-Calconcarbonsäure-Komplexes (*E* Extinktion, *λ* Wellenlänge)

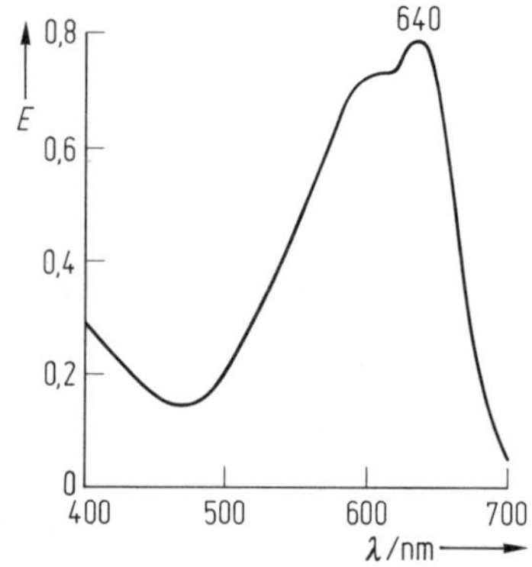

Abb. 4-3 Spektrum des freien Indikators Calconcarbonsäure

benutzen und den Monochromator auf 460 nm einstellen. Am günstigsten aber dürfte es sein, in einem Spektralbereich um 640 nm die Bildung des freien Indikators am Äquivalenzpunkt der Titration mit EDTA-Lösung zu verfolgen.

Wählt man diesen zuletzt genannten Spektralbereich um 640 nm, stellt sich der Ablauf der Titration wie folgt dar: Die 5 ml der Calcium enthaltenden Lösung (pH = 13) befinden sich in einer Küvette der Schichtdicke $d = 2$ cm und werden nach der Zugabe der Calconcarbonsäure wie beschrieben mit EDTA titriert. Dabei bildet das zunächst im Überschuß vorhandene Calcium den EDTA-Komplex, die gemessene Extinktion bleibt auf einem niedrigen Wert relativ konstant, solange in der Lösung kein freier Indikator vorhanden ist. Dieser aber wird kurz vor dem Äquivalenzpunkt bei weiteren EDTA-Zugaben aus seinem weniger stabilen Calcium-Komplex verdrängt, und die Extinktion steigt entsprechend stark an. Sobald der Äquivalenzpunkt erreicht ist, hat die Extinktion ihren maximalen Wert erreicht, weil in diesem Stadium der Titration der Calcium-Indikator-Komplex

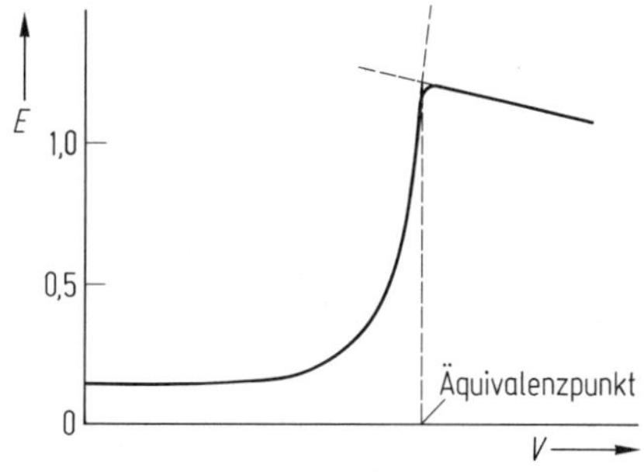

Abb. 4-4 Photometrische Titration von Calcium mit EDTA-Lösung bei 640 nm mit Calconcarbonsäure als Indikator (*E* Extinktion, *V* zugesetztes Volumen an EDTA-Lösung)

gerade vollständig zerstört wurde und somit keine weiteren Mengen des hier absorbierenden freien Indikators mehr entstehen können. Abb. 4-4 zeigt den Verlauf der Extinktion in Abhängigkeit vom Volumen der zugesetzten EDTA-Lösung.

Die Bestimmungsgrenze der photometrisch indizierten Calcium-Titration ist ausreichend niedrig, um den **Calcium-Gehalt in natürlichem Serum** zu bestimmen. Dazu wird das durch Zentrifugation abgetrennte Serum im Verhältnis 1 : 10 mit Natriumchloridlösung der Konzentration 0,15 mol/l (sogenannte physiologische Kochsalzlösung) verdünnt. Mit Natronlauge bringt man 5 ml dieser Lösung auf den pH-Wert 13 und titriert, wie oben beschrieben, mit EDTA und Calconcarbonsäure als Indikator.

Als Mikrobestimmung können viele Metalle ähnlich komplexometrisch bei gleichzeitiger photometrischer Indikation titriert werden. Die Verfahrensweise hätte sich sinngemäß an der soeben beschriebenen Calcium-Bestimmung zu orientieren.

Neben den Titrationen unter Verwendung eines geeigneten Indikators kennt man weiterhin die sogenannten selbstindizierenden Verfahren. Hierbei handelt es sich um die Messung der Lichtabsorption von farbigen Substanzen, die entweder von vornherein in der Maß- oder Probelösung enthalten sind oder bei der Titration entstehen (vgl. die Titrationen mit Kaliumpermanganat). Die Titrationskurven verlaufen meist geradlinig, das heißt, die Extinktion nimmt bis zum Äquivalenzpunkt zu oder ab und bleibt danach konstant, oder aber sie liegt bis zum Äquivalenzpunkt nahe bei Null und steigt dann geradlinig an.

4.3 Konduktometrische Titrationen

Bei der *Leitfähigkeitstitration* oder *Konduktometrie* beobachtet man die Änderung der Leitfähigkeit einer Lösung, die durch portionsweise zugesetzte Maßlösung hervorgerufen wird. Die Werte der Leitfähigkeit κ - oder Proportionale davon - werden in Abhängigkeit von dem jeweils hinzugesetzten Volumen *V* der Maßlö-

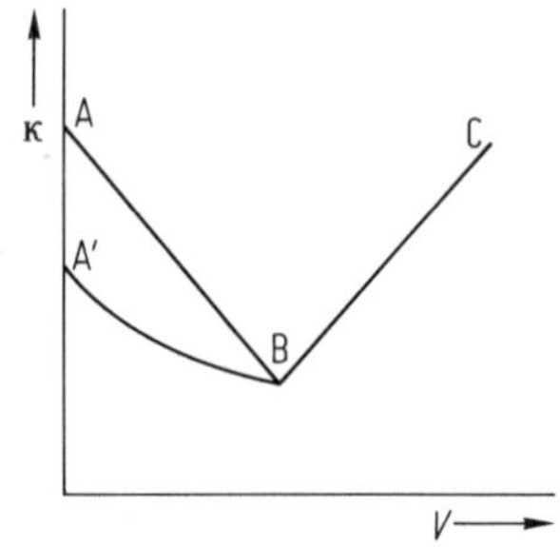

Abb. 4-5 Titrationskurve bei konduktometrischer Titration (*κ* Leitfähigkeit, *V* zugesetztes Volumen an Maßlösung)

sung in einem Koordinatensystem dargestellt. Hierbei resultieren Kurvenzüge, wie sie durch Abb. 4-5 schematisch wiedergegeben sind. Die Projektion z. B. des Schnittpunktes B der Reaktionsgeraden AB mit der Geraden des Reagensüberschusses BC auf die Volumenachse zeigt den Reagensverbrauch bis zum Äquivalenzpunkt an. Zu beachten ist dabei, daß sich die Leitfähigkeit additiv aus den Einzelleitfähigkeiten aller in der Lösung vorhandenen Ionen zusammensetzt, gleichgültig, ob diese an der Reaktion beteiligt sind oder nicht. Wenn an der Reaktion schwache Elektrolyte beteiligt sind, deren Dissoziation in Ionen sich immer wieder veränderten Gleichgewichtsbedingungen (Massenwirkungsgesetz) anpaßt, ergibt sich eine mehr oder weniger gekrümmte Reaktionskurve A′B (als Beispiel sei die Titration von Monochloressigsäure mit Natronlauge angeführt). Günstige Bedingungen für die Konduktometrie sind also dann vorhanden, wenn die Titrationsreaktion zwischen starken Elektrolyten abläuft und zugleich möglichst wenig Ionen vorhanden sind, die an der Reaktion nicht teilnehmen. Bei zu großem Fremdelektrolytgehalt sind die Leitfähigkeitsänderungen während der Titration oft so gering im Verhältnis zur Gesamtleitfähigkeit, daß das Erkennen des Endpunktes der Reaktion schwierig wird (Weiterführende Literatur: [146]).

4.3.1 Theoretische Grundlagen

Die Leitfähigkeitstitration benutzt die Eigenschaft wäßriger Elektrolytlösungen, den elektrischen Strom zu leiten. Diese Leitfähigkeit beruht auf der elektrolytischen Dissoziation der gelösten Säuren, Basen und Salze, also darauf, daß diese Stoffe in wäßriger Lösung in elektrisch geladene Teilchen, die Ionen, zerfallen sind. Im elektrischen Feld wandern die Ionen (die Anionen zur positiv geladenen *Anode*, die Kationen zur negativ geladenen *Kathode*) und transportieren pro Mol Äquivalentteilchen stets die gleiche Elektrizitätsmenge, nämlich 96494 Coulomb, zu den Elektroden (Faradaysches Gesetz). Die Leitfähigkeit einer verdünnten Elektrolytlösung ist abhängig von

- der Anzahl der Elektrizitätsträger (Ionen) in der Lösung, d.h. von deren Konzentration,
- von der Anzahl der Elementarladungen, die jedes Ion transportiert,
- von der *Wanderungsgeschwindigkeit* oder *Beweglichkeit* der Ionen in dem betreffenden Lösemittel,
- von der Polarität des Lösemittels (je polarer das Lösemittel ist, desto besser ist der Elektrolyt darin dissoziiert),
- und von der Temperatur (pro Grad Temperaturerhöhung nimmt die Leitfähigkeit um etwa 2,5% zu).

Unter der Ionenbeweglichkeit u, gemessen in $cm^2 \cdot s^{-1} \cdot V^{-1}$, versteht man diejenige Geschwindigkeit, mit der sich Ionen im elektrischen Feld (gemessen in $V \cdot cm^{-1}$) in Richtung der Kraftlinien bewegen. Somit hängt diese Beweglichkeit von der Natur der Ionen, der Größe ihrer Solvathüllen, der Viskosität des Lösemittels und von der angelegten Feldstärke ab. In einem elektrischen Feld darf man die Bewegung jeder Ionensorte als unabhängig von den jeweils anderen noch in der Lösung vorhandenen betrachten. Jede transportiert einen bestimmten Anteil der Elektrizitätsmenge, und die Summe aller Anteile bestimmt die insgesamt gemessene *Leitfähigkeit.* Diese früher auch spezifische Leitfähigkeit eines Elektrolyten genannte Größe κ setzt sich aus den entsprechenden Ionenanteilen gemäß

$$\kappa = \text{const.} \cdot \sum u_i \cdot z_i \cdot c_i$$

additiv zusammen (u_i = Beweglichkeit, z_i = Ladung und c_i = Konzentration der Ionensorte i). Die SI-Einheit der elektrischen Leitfähigkeit ist Siemens/Meter (S/m). Ein Siemens (S) ist definiert als $1/\Omega$, wobei Ω (Ohm) die Einheit des elektrischen Widerstandes ist. Die Leitfähigkeit eines vollständig dissoziierten Elektrolyten ist, da ja die Wertigkeit und in verdünnt wäßriger Lösung auch die Beweglichkeit seiner Ionen die gleichen bleiben, eine lineare Funktion seiner Konzentration bei konstanter Temperatur.

Jeder Bestimmung der elektrischen Leitfähigkeit liegt eine Widerstandsmessung zugrunde. Der *Leitwert G* und der Widerstand R sind durch die Bestimmungsgleichung

$$G \cdot R = 1$$

miteinander verknüpft. Der Widerstand ist der Länge des Leiters l direkt, seinem Querschnitt q umgekehrt proportional:

$$R = \rho \cdot \frac{l}{q}$$

Für den Proportionalitätsfaktor ρ, auch spezifischer Widerstand genannt, gilt entsprechend die Beziehung

$$\rho \cdot \kappa = 1,$$

so daß sich die gesuchte Leitfähigkeit als

$$\kappa = \frac{1}{R} \cdot \frac{l}{q}$$

ergibt. Wenn zur Widerstandsmessung zwischen den in eine Elektrolytlösung eintauchenden Elektroden ein Gleichstrom fließt, kommt es an diesen Elektroden zu einer Elektrolyse, und der Beitrag des allein interessierenden ohmschen Widerstandes zum insgesamt auftretenden Widerstand wird so klein, daß seine Messung unmöglich wird. Es ist darum notwendig, zur Bestimmung der spezifischen Leitfähigkeit die Widerstandsmessung mit Wechselstrom durchzuführen.

Für die Konduktometrie ist der Begriff der *Äquivalentleitfähigkeit* Λ von besonderer Bedeutung. Diese ergibt sich aus der Formel

$$\Lambda = \frac{1000 \cdot \kappa}{c},$$

wobei c die zugehörende Stoffmengenkonzentration in mol/l bedeutet. Λ wird meist in der Einheit $S \cdot cm^2 \cdot mol^{-1}$ angegeben. Während die spezifische Leitfähigkeit mit abnehmender Konzentration sich Null nähert, strebt die Äquivalentleitfähigkeit gegen einen Grenzwert Λ_0, der sich additiv aus den Ionenäquivalentleitfähigkeiten (diese sind den Ionenbeweglichkeiten proportional) des Anions (l_A) und des Kations (l_K) zusammensetzt: $\Lambda_0 = l_A + l_K$. Auf einem Wege, der hier nicht besprochen werden kann, hat man die Äquivalentleitfähigkeiten der einzelnen Ionen miteinander verglichen und die in Tab. 4-1 zusammengestellten Werte gefunden, die für 25 °C gelten.

Wie ändert sich nun die Leitfähigkeit im Verlauf einer Titration? Als Beispiel möge die Reaktion von Salzsäure mit Kalilauge dienen, die als Ionengleichung folgendermaßen zu formulieren ist:

$$H^+ + Cl^- + K^+ + OH^- \rightarrow K^+ + Cl^- + H_2O.$$

Die Hydroxidionen der Lauge treten mit den Wasserstoffionen der titrierten Säure zu praktisch undissoziiertem Wasser zusammen, während die Kaliumionen mehr und mehr an die Stelle der Wasserstoffionen treten. Am Äquivalenzpunkt sind alle in der vorgelegten Lösung ursprünglich vorhandenen Wasserstoffionen durch Kaliumionen ersetzt worden. Da nun, wie Tab. 4-1 entnommen werden kann, die Kaliumionen eine wesentlich geringere Äquivalentleitfähigkeit (entsprechend einer geringeren Beweglichkeit) besitzen als die Wasserstoffionen, muß die Gesamtleitfähigkeit der titrierten Lösungen proportional dem Fortschritt der Neutralisation mehr und mehr abnehmen. Setzt man über den Äquivalenzpunkt hinaus Lauge hinzu, so findet natürlich keine weitere Verminderung, sondern vielmehr wieder ein Anwachsen der Leitfähigkeit statt, denn zu der am Äquivalenzpunkt nur durch das vorhandene Kaliumchlorid bedingten Leitfähigkeit treten additiv die Einzelleitfähigkeiten der überschüssig hinzugesetzten Kalium- und Hydroxidionen. Wie Abb. 4-6 erkennen läßt, ergibt sich aus den Einzelleitfähigkeiten der an der Reaktion beteiligten Ionen additiv die Gesamtleitfähigkeit für jeden Zeitpunkt der Titration.

Tab. 4-1 Ionenäquivalentleitfähigkeiten Λ_0 in Wasser bei 25 °C

Kation	Λ_0 in $\frac{S\,cm^2}{mol}$	Kation	Λ_0 in $\frac{S\,cm^2}{mol}$	Anion	Λ_0 in $\frac{S\,cm^2}{mol}$	Anion	Λ_0 in $\frac{S\,cm^2}{mol}$
H^+	349,6	½ Be^{2+}	45	OH^-	197	ClO_4^-	67
Li^+	38,7	½ Mg^{2+}	58	F^-	55	IO_4^-	55,6
Na^+	50,1	½ Ca^{2+}	59	Cl^-	76,4	MnO_4^-	61
K^+	73,5	½ Sr^{2+}	60	Br^-	78	$(HCOO)^-$	56
Rb^+	77	½ Ba^{2+}	63,2	I^-	77,1	$(CH_3COO)^-$	41,4
Cs^+	77,7	½ Zn^{2+}	54	CN^-	82	½ SO_4^{2-}	79
NH_4^+	74	½ Cd^{2+}	54	CNS^-	66	½ CrO_4^{2-}	83
Ag^+	62,2	½ Pb^{2+}	65	ClO_3^-	65,3	½ CO_3^{2-}	74
Tl^+	74	½ Mn^{2+}	50	BrO_3^-	56,0	½ $(C_2O_4)^{2-}$	63
		½ Cu^{2+}	55,5	IO_3^-	41,6	½ $(C_4H_4O_6)^{2-}$	55
		½ Ni^{2+}	49	NO_3^-	71,1	⅓ PO_4^{3-}	69

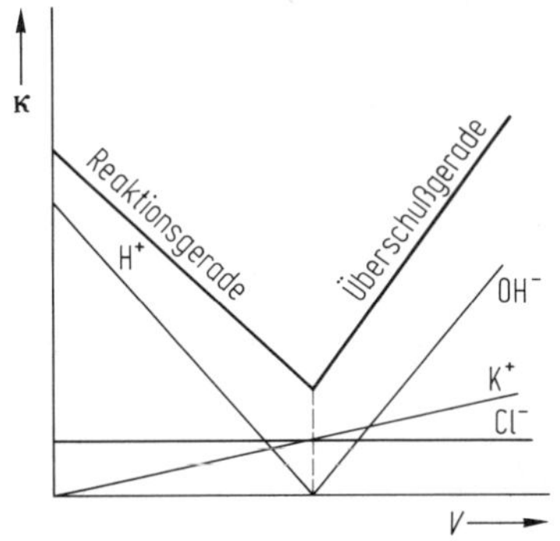

Abb. 4-6 Konduktometrische Titration einer starken Säure mit Natronlauge (κ Leitfähigkeit, V zugesetztes Volumen an Natronlauge)

Die Titrationskurven verlaufen geradlinig, solange die vorhandenen Ionenarten im einzelnen entweder gar nicht oder quantitativ reagieren. Ein großer Vorteil der Konduktometrie ist, wie hieraus hervorgeht, die Tatsache, daß man bei einer Titration den Äquivalenzpunkt selbst gar nicht zu fassen braucht, sondern ihn durch zeichnerische Extrapolation findet. Der jeweilige Kurvencharakter eines Titrationsdiagrammes ist allgemein dadurch gekennzeichnet, daß an Stelle der verschwindenden Ionenart der vorgelegten Probelösung eine neue aus der Reagenslösung tritt, mit größerer oder kleinerer Leitfähigkeit. Im ersten Fall erhält man einen Anstieg, im letzteren einen Abfall der Gesamtleitfähigkeit bis zum Äquivalenzpunkt. Nach Überschreiten des Äquivalenzpunktes wird natürlich, wenn keine weiteren Reaktionen folgen, immer eine Leitfähigkeitszunahme beobachtet.

Trotz der Temperaturabhängigkeit der Leitfähigkeit ist nur in Ausnahmefällen die Verwendung eines Thermostaten notwendig, weil die meisten Titrationen in wenigen Minuten beendet sind.

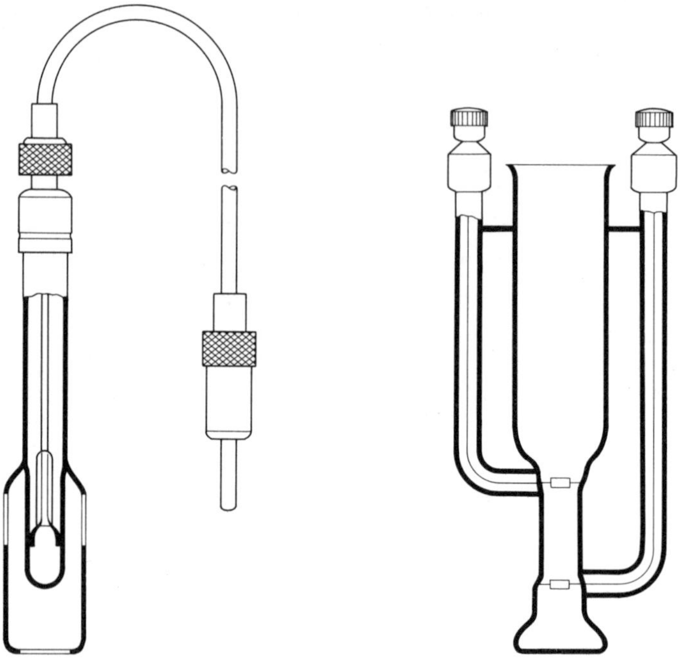

Abb. 4-7 Tauchmeßzelle und Leitfähigkeitsmeßgefäß

4.3.2 Die Titriervorrichtung

Um eine konduktometrische Bestimmung durchführen zu können, bedarf es geeigneter Leitfähigkeitsmeßgefäße, die zur Aufnahme der Probelösung dienen. Es sind für gewöhnlich Glasgefäße mit platinierten Platinelektroden. Beispiele für handelsübliche Geräte findet man in Abb. 4-7 dargestellt. Man kann sich für eine mit Elektroden bestückte Tauchmeßzelle entscheiden, die einfach in das mit der Probelösung gefüllte Becherglas getaucht wird, oder man verwendet ein klassisches Titrationsgefäß mit fest installierten Elektroden. Im allgemeinen ist Vorsorge für eine geeignete Rührmöglichkeit getroffen. Die Maßlösung wird mit den üblichen Büretten bzw. Kolbenbüretten hinzugefügt.

Die Größe und der Abstand der Elektroden des Leitfähigkeitsmeßgefäßes richtet sich nach dem Widerstand, der bei der zu titrierenden Flüssigkeit zu erwarten ist. Die Elektroden sollen um so größer und ihr Abstand um so kleiner sein, je schlechter die Lösung leitet. Es muß darauf geachtet werden, daß der Gefäßwiderstand gut meßbar bleibt, d. h. daß er nicht unter 30 und nicht über einigen tausend Ohm liegt. Das Platinieren der Elektroden bezweckt eine außerordentliche Vergrößerung ihrer Oberfläche. Dadurch wird einer Polarisation der Elektroden, die die Leitfähigkeitsmessung stören würde, wirksam entgegengetreten (vgl. S. 283).

Zur Platinierung wird das sorgfältig gesäuberte Gefäß mit einer Lösung von 3 g $H_2[PtCl_6]$ und 25 mg Bleiacetat in 100 ml deionisiertem Wasser gefüllt. Die beiden Elektroden werden leitend verbunden, und möglichst genau in die Mitte des sie trennenden Zwischenraums wird eine Platinhilfselektrode eingeführt. An diese als Anode und an die miteinander verbundenen Gefäßelektroden als Kathode wird eine Spannung von 4 V gelegt, worauf die Lösung mit einer Stromdichte von höchstens $30\,\mathrm{mA \cdot cm^{-2}}$ Elektrodenfläche (einseitig gemessen) etwa 10 Minuten lang elektrolysiert wird. Dann wird die Platinierungslösung entfernt, das Gefäß mit verdünnter Schwefelsäure gefüllt und durch nochmaliges kurzes Elektrolysieren der noch an den Elektroden anhaftende Rest von $H_2[PtCl_6]$ entfernt. Zum Schluß wird das Leitfähigkeitsmeßgefäß mit deionisiertem Wasser gründlich gereinigt. Leitfähigkeitsmeßgefäße sollen niemals trocken stehenbleiben, sondern, um die Wirksamkeit der Platinierung zu erhalten, bei Nichtgebrauch stets mit deionisiertem Wasser gefüllt sein!

Jedes Leitfähigkeitsmeßgefäß hat eine vom Abstand und vom Querschnitt seiner Elektroden sowie von seiner Füllhöhe und von anderen Umständen abhängige Widerstandskapazität Z. Es ist

$$\kappa = \frac{1}{R} \cdot \frac{l}{q},$$

oder, da l/q hier nicht meßbar ist:

$$\kappa = \frac{1}{R} \cdot Z \text{ oder } Z = \kappa \cdot R.$$

Z ist der Widerstand, den ein Leitfähigkeitsmeßgefäß haben würde, wenn es mit einer Flüssigkeit der Leitfähigkeit 1 gefüllt wäre. Mit geeigneten Eichlösungen bekannter Leitfähigkeit (z. B. KCl-Lösung, 1 mol/l: $\kappa_{25} = 0{,}11173\ \mathrm{S \cdot cm^{-1}}$) läßt sich die Widerstandskapazität ermitteln. Die Größe Z wird als Zellkonstante bezeichnet; Hersteller von Leitfähigkeitsmeßzellen geben sie stets an. Je nach Konzentration der zu titrierenden Lösung ist das Leitfähigkeitsmeßgefäß so zu wählen, daß seine Zellkonstante einen Wert besitzt, der eine Widerstandsmessung in einer für die jeweilige Meßeinrichtung günstigen Größenordnung zuläßt.

Um die Zellkonstante der Leitfähigkeitsmeßgefäße nicht während einer Titration zu verändern, dürfen einmal die Elektroden nicht zu dicht unterhalb der Flüssigkeitsoberfläche angebracht sein, andererseits ist das Volumen der zuzusetzenden Maßlösung gering zu halten; zu 50 ml Lösung sollten insgesamt höchstens 5 ml einer entsprechend konzentrierten Reagenslösung hinzugegeben werden. Man bedient sich dabei vorteilhaft kleinerer Büretten, die in 0,01 ml unterteilt sind, so daß die Ablesegenauigkeit die gleiche bleibt wie bei den gewöhnlichen Titrationen mit den in 0,1 ml unterteilten Büretten von 50 ml Fassungsvermögen.

4.3.3 Leitfähigkeitsmessung

Brückenschaltung nach Wheatstone

Wie bereits erwähnt, sind Leitfähigkeitsbestimmungen gleichbedeutend mit Widerstandsmessungen. Wer den Anspruch auf äußerste Präzision und vor allem Absolutgenauigkeit der Widerstandsmessung erhebt, bedient sich auch heute noch der Wheatstoneschen Brückenschaltung. Am einfachsten arbeitet man nach der Nullpunktmethode. Die Schaltskizze zeigt Abb. 4-8.

Die Spannung U einer Wechselstromquelle liegt an den Punkten A und B der Meßbrücke. Diese besteht aus den vier Widerständen R_x, R_1, R_2 und R_3, wobei R_x der zu messende Widerstand des Leitfähigkeitsmeßgefäßes und R_3 ein regelbarer Widerstand ist. Der Stromkreis verzweigt sich bei A und B in die beiden Teilstromwege ACB und ADB, das heißt, die gesamte anliegende Wechselspannung fällt sowohl an den Widerständen R_2 und R_3 als auch an R_1 und R_x vollständig ab. Falls R_3 so abgestimmt worden ist, daß die Punkte C und D auf gleichem Potential (keine Spannungsdifferenz) liegen, gilt entsprechend den Kirchhoffschen Gesetzen (vgl. Lehrbücher der Physik) die Beziehung

$$\frac{R_x}{R_3} = \frac{R_1}{R_2}, \text{ woraus } R_x = \frac{R_3 \cdot R_1}{R_2} \text{ folgt.}$$

Zwischen C und D wird die Spannung nach Verstärkung durch den Wechselstromverstärker V an dem Galvanometer G gemessen. Wenn R_3 richtig eingestellt wurde, darf bei G *keine* Spannung angezeigt werden (Nullindikation). Dann läßt sich nach Ablesen von R_3 der Zellwiderstand R_x nach obiger Gleichung berechnen.

Wenn sehr hohe Genauigkeitsansprüche gestellt sind, vor allem aber wenn wegen geringer Leitfähigkeit der Elektrolytlösung sich die Elektroden des Leitfähigkeitsmeßgefäßes sehr nahe gegenüber stehen, muß berücksichtigt werden, daß infolge der Verwendung von Wechselstrom an der Leitfähigkeitsmeßzelle ein sogenannter kapazitiver Widerstand auftritt. Dieser läßt sich durch einen parallel zu R_3 geschalteten regelbaren Kondensator C kompensieren. Man hat dementsprechend R_3 und C so einzuregeln, daß G keine Spannung anzeigt. Diese un-

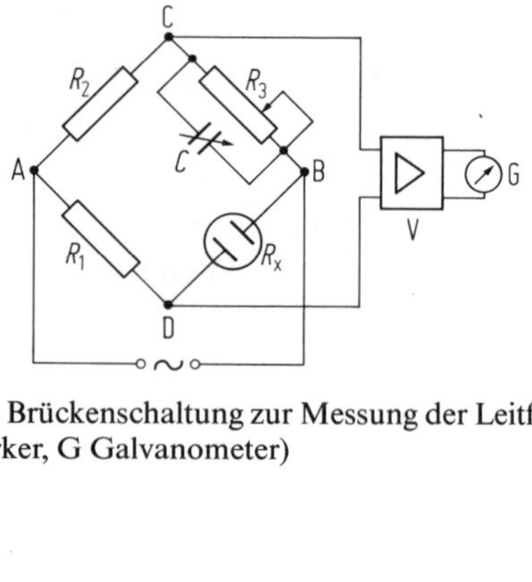

Abb. 4-8 Wheatstonesche Brückenschaltung zur Messung der Leitfähigkeit (R Widerstände, C Kondensator, V Verstärker, G Galvanometer)

gleich aufwendigere Verfahrensweise läßt sich jedoch wesentlich vereinfachen durch Verwendung eines Oszilloskops anstelle des Galvanometers G. Um eine durch Elektrolyse bedingte Polarisation zu vermeiden, soll an den gut platinierten Elektroden (vgl. S. 235) der Leitfähigkeitsmeßzelle eine Wechselspannung mit einer Frequenz zwischen 50 Hz (konzentrierte Lösungen) und etwa 1000 Hz (verdünnte Lösungen) anliegen. Anstelle der aufwendigen Spannungsmeßeinrichtung mit Verstärker und Galvanometer hat man früher zwischen C und D auch einen Kopfhörer (Telefonmethode) angeschlossen und mußte dann auf das Tonminimum einstellen. Allerdings war das Arbeiten mit einer derartigen akustischen Indikation auf die Dauer recht anstrengend.

Zur exakten Bestimmung der Leitfähigkeit einer Elektrolytlösung muß man sich der oben beschriebenen Methode der Widerstandsmessung mit der Wheatstoneschen Brücke bedienen. Zunächst ist dazu die Zellkonstante Z (vgl. S. 235) des Meßgefäßes mit einer Elektrolytlösung bekannter Leitfähigkeit zu bestimmen (Eichung). Die dann selbstverständlich mit Kompensation der Zellkapazität ausgeführten Messungen sind sehr genau, aber wegen der diskontinuierlichen Arbeitsweise auch recht langwierig. Da es bei der konduktometrischen Titration jedoch nur auf relative Meßwerte ankommt, bedient man sich heute gern eines Verfahrens mit direkter Anzeige.

Direktanzeigende Verfahren

Bei direktanzeigenden Routineverfahren läßt man die Wechselspannung U über den Zellwiderstand R_x und einen Arbeitswiderstand R abfallen. Wie in Abb. 4-9 schematisch dargestellt ist, steuert die an R abfallende Spannung einen Verstärker mit hochohmigem Eingang (die Spannung wird gemessen, ohne daß Strom fließt) und regelt dadurch die Stromstärke I eines mit konstanter Gleichspannung betriebenen sekundären Kreises. Somit ändert sich mit dem Widerstand R_x der Zelle die Stromstärke I entsprechend (Spannung/Strom-Wandlung). Die mehr oder weniger aufwendig konstruierten Geräte erlauben die Anpassung an unterschiedliche Leitfähigkeiten in der Meßzelle bei optimaler Ausnutzung der Skala des Strommeßgerätes. Das dort gemessene Signal ist der Leitfähigkeit in der Zelle proportional und kann zur Aufzeichnung der Titrationskurven direkt übernommen werden. Es gibt im Handel Gerätekonstruktionen, die eine Eichung und damit auch die Absolutmessung der Leitfähigkeit zulassen (z. B. Konduktometer der Fa. Metrohm).

Der Vorteil der beschriebenen Meßanordnung liegt also darin, daß während einer Titration nach jedem Zusatz an Maßlösung und nach seiner Vermischung mit

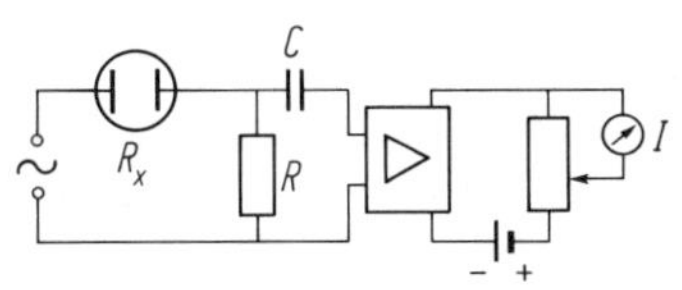

Abb. 4-9 Prinzipschaltung eines Konduktometers (R Widerstände, C Kondensator, I Amperemeter)

der zu titrierenden Lösung (Rühren) nicht erst eine Meßbrücke abgeglichen werden muß, sondern die Leitfähigkeit bzw. ein Proportionales davon sofort abgelesen wird. Die Güte der Messung hängt davon ab, wie linear der Verstärker im jeweils benötigten Meßbereich arbeitet.

4.3.4 Praktische Anwendungen

Säure-Base-Titrationen

Die Titration starker Säuren mit starken Basen ist bereits auf S. 232 behandelt worden und wird durch Abb. 4-6 graphisch dargestellt. Starke Säuren und starke Basen lassen sich auch bis zu sehr großen Verdünnungen herunter exakt konduktometrisch bestimmen. Allerdings muß man dann CO_2-freie Laugen und zum Verdünnen CO_2-freies Wasser verwenden.

Bei der graphischen Darstellung der Neutralisation von Lösungen schwacher Säuren - Blausäure (Hydrogencyanid), Borsäure, Essigsäure usw. - mit einer starken Base, z. B. Natronlauge, 1 mol/l, erhält man einen Kurvenverlauf, wie er schematisch durch Kurve 1 der Abb. 4-10 wiedergegeben ist. Anfänglich hat die Lösung wegen der nur geringen Dissoziation der schwachen (Essig)-Säure eine verhältnismäßig kleine Leitfähigkeit, die infolge einer weiteren Verminderung der H^+-Ionenkonzentration durch die Bildung von wenig dissoziiertem Wasser zu Anfang der Titration noch abnimmt, denn an Stelle der H^+-Ionen treten Na^+-Ionen, die eine viel geringere Äquivalentleitfähigkeit (vgl. S. 233, Tab. 4-1) haben als die H^+-Ionen, und zugleich drängt das entstehende Natriumacetat die Dissoziation der Essigsäure zurück. Erst im Laufe der Titration bildet sich allmählich so viel stark dissoziiertes Natriumacetat, daß die nunmehr durch Na^+- und Acetat-Ionen bedingte Leitfähigkeit ansteigen kann (AB). Nach dem Überschreiten des Äquivalenzpunktes steigt die Leitfähigkeit stärker an, (BC), weil die gut leitenden Hydroxidionen der Base nicht weiter verbraucht werden. Die Reaktionsgerade und die Gerade des Laugenüberschusses schneiden sich unter einem stumpfen Winkel. Dieser fällt um so stumpfer aus, je schwächer die zu titrierende Säure ist. In der Nähe des Äquivalenzpunktes ist ein gekrümmtes Übergangsstück vorhanden, das seinen Grund in der Hydrolyse des jeweils gebildeten Salzes hat. Ganz analog liegen die Verhältnisse bei der Neutralisation schwacher Basen - z. B. Ammoniak - durch eine starke Säure, z. B. Salzsäure, 1 mol/l.

Die Kurvenform, welche man bei der Neutralisation mittelstarker Säuren oder Basen mit starken Basen oder Säuren erhält, liegt zwischen den beiden bisher besprochenen extremen Typen, abhängig jeweils von den Dissoziations- und Konzentrationsverhältnissen in der vorgelegten Lösung. Wenn im Verlauf der Titration einer mittelstarken Säure oder Base der Pufferbereich durchlaufen wird, resultiert im allgemeinen eine stark gekrümmte Kurve, so daß die exakte Festlegung des Äquivalenzpunktes große Schwierigkeiten bereitet. In diesen Fällen

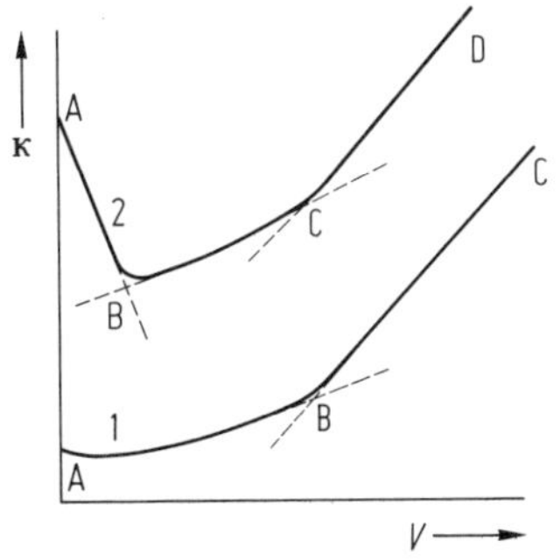

Abb. 4-10 Konduktometrische Titration von Essigsäure (1) und Salzsäure + Essigsäure (2) mit Natronlauge (κ Leitfähigkeit, V zugesetztes Volumen an Natronlauge)

sollte man ein abgemessenes Volumen der stark dissoziierten Maßlösung vorlegen und diese mit der zu bestimmenden mittelstarken Säure oder Base titrieren, weil so der große Überschuß des bei der Neutralisation entstandenen Salzes die Dissoziation der Säure bzw. Base nach dem Äquivalenzpunkt soweit zurückdrängen kann, daß meistens ein gerader Verlauf der Titrationskurve erreicht wird. Die Festlegung des Äquivalenzpunktes wird so zumindestens wesentlich erleichtert.

In einer Lösung, die eine starke und eine schwache Säure (z. B. Salzsäure und Essigsäure) oder eine starke und eine schwache Base nebeneinander enthält, kann man beide Bestandteile in einem einzigen Titrationsgang quantitativ bestimmen. Man erhält dann Kurvenformen von der Art der Kurve 2 in Abb. 4-10. AB zeigt die Leitfähigkeitsabnahme der Lösung an, die durch die Neutralisation der starken Säure bedingt ist, BC die Leitfähigkeitszunahme, die durch die nun folgende Neutralisation der schwachen Säure hervorgerufen wird, CD die stärkere Leitfähigkeitszunahme durch den Baseüberschuß. Die Projektionen der Punkte B und C auf die Abszisse geben das Volumen der Natronlauge für die Neutralisation der starken bzw. der gesamten, starken und schwachen, Säure an. Dieses Verfahren ist dann richtig, wenn sich die Dissoziationskonstanten der beiden Säuren genügend stark voneinander unterscheiden. Andernfalls können die gekrümmten Übergangsbereiche so groß werden, daß die lineare Extrapolation der Schnittpunkte fehlerhafte Ergebnisse liefert.

Verdrängungsvorgänge: In den Lösungen von Salzen schwacher Basen mit starken Säuren (z. B. Ammoniumchlorid) läßt sich konduktometrisch die gebundene Base durch *Verdrängungstitration* mit starken Laugen bestimmen, in Lösungen von Salzen schwacher Säuren mit starken Basen (z. B. Natriumacetat, Kaliumcyanid usw.) die gebundene schwache Säure durch Verdrängungstitration mit starker Säure. Voraussetzung dafür ist, daß die Dissoziationskonstanten der schwachen Basen oder Säuren, deren Salzlösungen titriert werden sollen, sich genügend von denen der starken Basen oder starken Säuren, mit denen titriert wird, unterscheiden.

Die Kurvenform richtet sich bei der Verdrängungstitration von Salzen schwa-

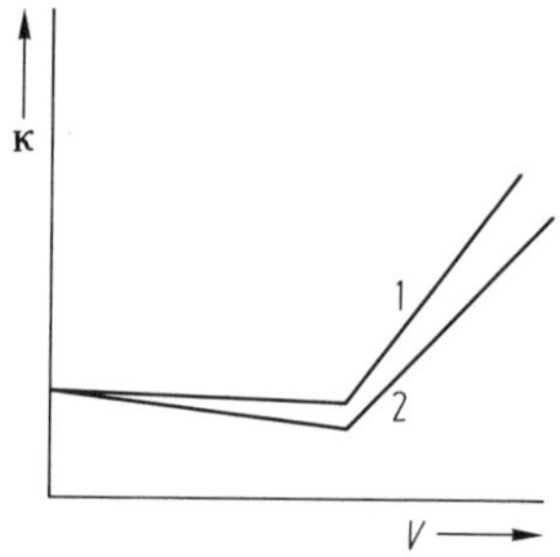

Abb. 4-11 Konduktometrische Titration von Ammoniumchloridlösung mit Kalilauge (1) bzw. Natronlauge (2) (*κ* Leitfähigkeit, *V* zugesetztes Volumen der Lauge)

cher Basen nach dem Verhältnis der Äquivalentleitfähigkeiten der Kationen, bei der Verdrängungstitration von Salzen schwacher Säuren nach dem Verhältnis der Äquivalentleitfähigkeiten der Anionen. Kurve 1 der Abb. 4-11 gibt die Titration einer Ammoniumchloridlösung mit Kalilauge, Kurve 2 mit Natronlauge wieder:

$$1.\ NH_4^+ + Cl^- + K^+ + OH^- \rightarrow NH_3\uparrow + H_2O + K^+ + Cl^-,$$
$$2.\ NH_4^+ + Cl^- + Na^+ + OH^- \rightarrow NH_3\uparrow + H_2O + Na^+ + Cl^-.$$

Im zweiten Fall tritt an die Stelle des besser leitenden Ammoniumions das schlechter leitende Natriumion, im ersten Fall das etwa gleich gut leitende Kaliumion (vgl. Tab. 4-1 auf S. 233). Man kann also durch Wahl einer geeigneten Reagenslösung die Kurvenform beeinflussen und so einen für die Festlegung des Äquivalenzpunktes möglichst geeigneten Schnittwinkel erzielen.

In diesem Zusammenhang sei noch einmal darauf hingewiesen, daß man auch bei der konduktometrischen Neutralisationsanalyse mit möglichst CO_2-freien Laugen ($Ba(OH)_2$, NaOH) und Reagenslösungen arbeiten sollte; anderenfalls können nicht unerhebliche Fehler entstehen. Titriert man eine vorgelegte, carbonathaltige Lauge mit einer starken Säure, so werden zunächst ihre Hydroxidionen neutralisiert, daran schließt sich die Überführung des Carbonats in das Hydrogencarbonat an und zuletzt wird Kohlenstoffdioxid freigesetzt, „verdrängt“:

$$a)\ NaOH + HCl \rightarrow NaCl + H_2O$$
$$b)\ Na_2CO_3 + HCl \rightarrow NaHCO_3 + NaCl$$
$$c)\ NaHCO_3 + HCl \rightarrow H_2O + CO_2\uparrow + NaCl.$$

Diese Vorgänge können – bei der Festlegung des Äquivalenzpunktes einfach durch geradliniges Verlängern des ersten größeren Stückes der Reaktionsgeraden und der Geraden des Säureüberschusses bis zum Schnittpunkt – bei einem größeren Carbonatgehalt zu groben Fehlern Anlaß geben. Ähnlich liegen die Verhältnisse im Falle der Neutralisation vorgelegter Säure mit carbonathaltiger Lauge.

Fällungstitrationen

Besonders wichtig ist die konduktometrische Fällungsanalyse, weil es zahlreiche analytisch verwertbare Fällungsreaktionen gibt, für deren Endpunktserkennung ein geeigneter Indikator fehlt. Ihre Prinzipien seien am Beispiel der Fällung der Bromidionen einer vorgelegten verdünnten Natriumbromidlösung durch die Silberionen einer relativ konzentrierten Silberacetat-Maßlösung erläutert:

$$Na^+ + Br^- + Ag^+ + CH_3COO^- \rightarrow AgBr\downarrow + Na^+ + CH_3COO^-.$$

Das entstehende Silberbromid ist sehr schwerlöslich und liefert deshalb keinen Beitrag zur Leitfähigkeit der Lösung. Die Konzentration der Natriumionen bleibt während der Titration praktisch konstant, während die besser leitenden Bromidionen durch die schlechter leitenden Acetationen ersetzt werden. Die Leitfähigkeit nimmt also bis zum Ende der Fällungsreaktion ab. Dann steigt sie durch den Überschuß der Reagenslösung an. Für die Genauigkeit der konduktometrischen Fällungsanalyse ist eine möglichst geringe Löslichkeit des gefällten Niederschlags von Bedeutung. Je geringer nämlich die Löslichkeit ist, um so mehr verschwindet das gebogene Übergangsstück des Kurvenzuges am Äquivalenzpunkt.

Ferner ist die Beschaffenheit des jeweiligen Niederschlags zu beachten. Er sollte definiert zusammengesetzt sein, geringes Adsorptionsvermögen besitzen und an keinen nachträglichen Reaktionen beteiligt sein. Der Fällungsvorgang selbst sollte schnell und quantitativ ablaufen.

Leitfähigkeitstitrationen bei erhöhten Temperaturen

Häufig beobachtet man beim Titrieren, daß die Leitfähigkeit nach jedem Reagenszusatz erst allmählich einen konstanten Wert erreicht. Das kann zum Beispiel der Fall sein, wenn sich die Ausfällung des Niederschlags langsam vollzieht. Derartige Vorgänge laufen aber bei erhöhten Temperaturen im allgemeinen wesentlich schneller ab. Somit kann es von Vorteil sein, konduktometrische Titrationen bei höheren, aber gleichbleibenden Temperaturen durchzuführen. In solchen Fällen verwendet man doppelwandige Leitfähigkeitsmeßgefäße, die den Anschluß an den Umlauf eines Flüssigkeits-Thermostaten erlauben. Die Zugabe der benötigten Maßlösung sollte mit einer Kolbenbürette erfolgen, wobei die zu einer Kapillare verjüngte Spitze der Bürette in die zu titrierende Lösung in der Leitfähigkeitsmeßzelle eintaucht. Kolbenbüretten sind gegenüber Druckschwankungen, die sich wegen der erhöhten Temperatur im Titrationsgefäß ergeben können, unempfindlich.

Falls kein Thermostat zur Verfügung steht, kann man eine Apparatur verwenden, bei der das Titrationsgefäß im Dampfstrom einer konstant siedenden Flüssigkeit (Alkohol, Wasser) hängt (siehe Abb. 4-12). Auf diese Weise läßt sich z. B. das sonst schwer titrierbare Sulfation mit Bariumacetat maßanalytisch bestimmen. Die Konstanz der Leitfähigkeit ist in der Nähe von 100 °C bei jedem Reagenszusatz nach längstens einer Minute erreicht. Die ganze Bestimmung dauert

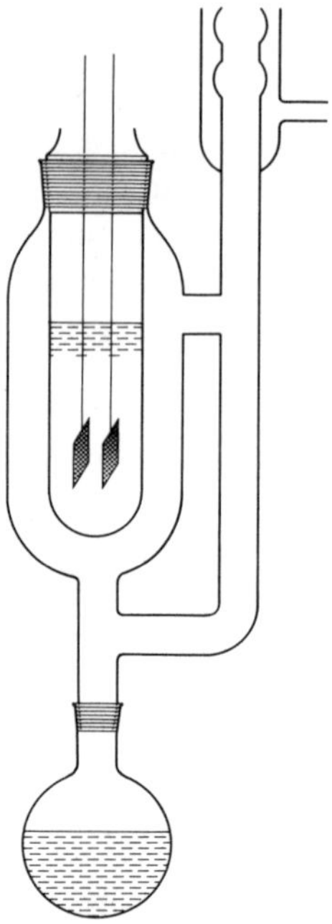

Abb. 4-12 Leitfähigkeitstitration im Dampfstrom einer siedenden Flüssigkeit

nicht viel länger als 10 Minuten. Voraussetzung ist, daß die zu titrierende Sulfatlösung, z. B. Ammoniumsulfatlösung, neutral reagiert. Nach dieser Methode läßt sich auch der Sulfatgehalt von Trinkwasser bestimmen.

Die benötigte Schliffapparatur ist in Abb. 4-12 dargestellt. Im Kolben siedet eine geeignete Flüssigkeit, deren Dampf die eigentliche Leitfähigkeitsmeßzelle umstreicht und dann in einem Rückflußkühler wieder kondensiert wird. Die Flüssigkeit gelangt auf einem Nebenweg wieder in den erhitzten Kolben und kann erneut verdampft werden. Das in den Dampfstrom gehängte Leitfähigkeitsmeßgefäß besitzt in der Nähe seines oberen Randes einen Außenschliff, damit der Dampfraum sicher abgeschlossen bleibt und hier kein Dampf austreten kann. Von oben werden in das Titrationsgefäß die Spitze der Kolbenbürette, die beiden Elektroden sowie der durch einen Motor betriebene Rührer eingeführt. Wenn man nach Beendigung einer Titration den Dampfstrom nicht unterbrechen will, um das Leitfähigkeitsmeßgefäß zu entfernen, sollte man die austitrierte Lösung, ohne die Apparatur zu öffnen, von oben her absaugen, dann mehrere Male spülen und schließlich eine neue Probelösung einfüllen.

4.3.5 Hochfrequenztitration

Im Gegensatz zur Leitfähigkeitstitration, bei der die Änderung des Widerstandes mit in die Probelösung eintauchenden Elektroden gemessen wird, arbeitet die Hochfrequenztitration mit Elektroden, die außen am Meßgefäß angebracht sind. Diese Anordnung hat den großen Vorteil, daß eine Veränderung der Elektroden durch chemische Umsetzungen und Adsorption ausgeschlossen ist. Selbstverständlich können die Elektroden auch nicht polarisiert werden. Ein Nachteil der Methode ist der wesentlich größere meßtechnische Aufwand.

Für Gleichstrom ist die verwendete Meßzelle absolut undurchlässig, denn die zwischen den Elektroden und der Lösung vorhandene Glaswand besitzt einen sehr hohen ohmschen Widerstand. Gegenüber einem hochfrequenten Wechselstrom verhält sich das System jedoch wie ein Kondensator, dessen Kapazität von der Zusammensetzung der Probelösung abhängt, mit der das Gefäß gefüllt ist. Da sich während der Titration die Zusammensetzung der eingefüllten Lösung ändert, kann man die dadurch bedingte Änderung des Wechselstromwiderstandes verfolgen.

Eine prinzipielle Meßanordnung besteht darin, daß man in einen Wechselstromkreis einen Kondensator, eine Induktionsspule und einen ohmschen Widerstand entsprechend der Abb. 4-13 in Serie schaltet. Infolge der Phasenverschiebung zwischen Strom und Spannung resultieren an der Spule wie am Kondensator sogenannte *Blindwiderstände,* deren Größe von der Wechselstromfrequenz und von den Kenngrößen der Spule bzw. des Kondensators abhängen. Für jeden derartigen Schwingkreis gibt es eine bestimmte Frequenz, bei der die Blindwiderstände von Spule und Kondensator sich gegenseitig kompensieren, so daß wegen des allein wirksam bleibenden ohmschen Widerstandes im Schwingungskreis dic Stromstärkc einen maximalen Wert erreicht *(Resonanzfall).* Je mehr aber der Schwingkreis zum Beispiel durch Verändern der Kapazität des Kondensators gegenüber der Resonanzbedingung verstimmt wird, um so mehr wird die Stromstärke gegenüber ihrem Maximalwert abnehmen. Wenn man anstelle des Kondensators die oben beschriebene Meßzelle in den Wechselstromkreis schaltet, wird die bei der Titration hervorgerufene Änderung der Lösungszusammensetzung ihre Kapazität beeinflussen. Als Meßgröße käme die im Schwingungskreis fließende Stromstärke in Frage, aber auch zum Beispiel der auf den ohmschen Widerstand R entfallende Spannungsabfall. Diese Spannungsdifferenz läßt sich elektronisch verstärken, und man gelangt zu einem Signal, das im Resonanzfall seinen höchsten Wert annimmt. Insgesamt sind jedenfalls verschiedene Varianten zur Messung gebräuchlich, deren Ziel es aber immer ist, den Wechselstromwiderstand bzw. seinen Kehrwert, den Wechselstromleitwert der Titrationszelle, zu ermitteln. Wegen des Elektrolyten im Innern der Zelle läßt sich der Wechselstromleitwert aus der schon erwähnten Blindkomponente und einem ohmschen Anteil zusammensetzen, der durch das Leitvermögen der Lösung bedingt ist. Dieser auch *Wirkkomponente* genannte Anteil ändert sich während der Titration in charakteristischer Weise. Dazu muß man sich klar machen, daß die

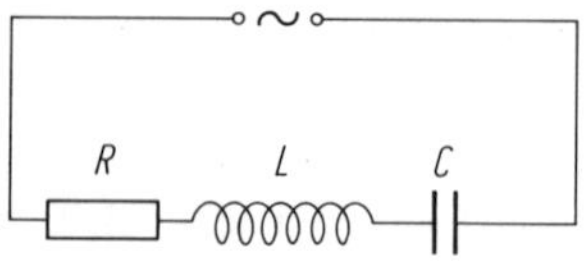

Abb. 4-13 Wechselstromkreis mit *(R)* ohmschem, *(L)* induktivem und *(C)* kapazitivem Widerstand

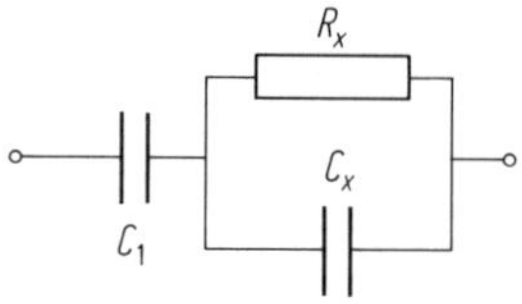

Abb. 4-14 Ersatzschaltbild einer Kapazitätsmeßzelle (*R* ohmscher, *C* kapazitiver Widerstand)

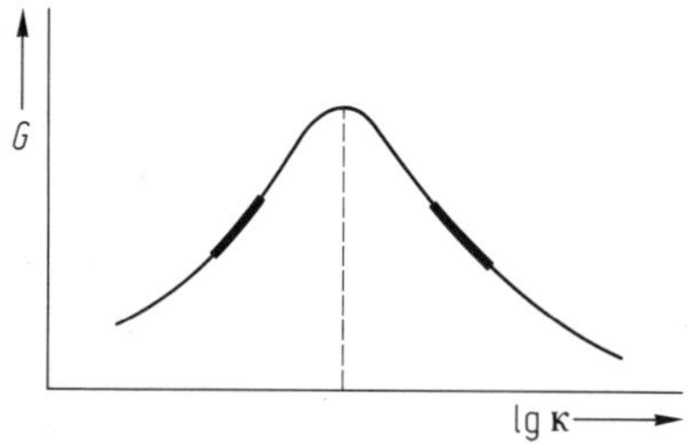

Abb. 4-15 HF-Kennkurve des Wirkkomponentenverfahrens (*G* Wirkkomponente des Wechselstromleitwerts, *κ* Leitfähigkeit)

Meßzelle dann natürlich nicht allein als ein Kondensator C aufgefaßt werden kann, wie es die Abb. 4-13 zunächst zeigt, sondern eher durch das Ersatzschaltbild der Abb. 4-14 beschrieben wird. Darin bedeutet C_1 den durch die Glaswandungen als Dielektrikum bedingten Kapazitätsanteil, während die Elektrolytlösung sowohl als kapazitiver (C_x) wie auch als ohmscher Widerstand (R_x) wirkt, die man sich als parallel geschaltet vorstellen muß. Wenn man den Wechselstromleitwert der Meßzelle bestimmt und ihn in Abhängigkeit vom Logarithmus der spezifischen Leitfähigkeit der in die Zelle gefüllten Elektrolytlösung aufträgt, erhält man eine glockenförmige Kurve, die man auch als die *HF-Kennkurve* bezeichnet (Abb. 4-15). Dazu muß die Frequenz der Erregerspannung so gewählt sein, daß der Leitwert der Wirkkomponente R_x groß ist gegenüber dem Blindleitwert C_x, so daß die gemessene Änderung des Wechselstromleitwertes praktisch durch die Änderung der ohmschen Leitfähigkeit bedingt ist *(Wirkkomponentenverfahren)*. Der Abb. 4-15 kann man entnehmen, daß man nur im Bereich der Wendepunkte (dick gezeichnet) messen sollte, weil dann die Titrationskurven den gewohnten konduktometrischen Kurvenzügen entsprechen. Je mehr man sich von diesen Zonen entfernt, um so mehr geht der lineare Zusammenhang zwischen Wechselstromleitwert und Konzentration der zu bestimmenden Ionen verloren, und man erhält mehr oder weniger stark gekrümmte Kurven.

Der Vollständigkeit halber sei erwähnt, daß es auch möglich ist, durch die Wahl veränderter Meßparameter die Blindkomponente C_x in Abhängigkeit vom Gang der Titration zu erfassen, was unter bestimmten Bedingungen ebenfalls eine Indikation des Äquivalenzpunktes erlaubt. Anstelle der Kapazitätsmeßzellen sind auch Induktivitätsmeßzellen im Gebrauch. Bei diesen wird die Induktivität einer Spule durch eine in ihrem Innern angeordnete Elektrolytlösung beeinflußt.

Hochfrequenztitrationen werden immer dann angewendet, wenn die Zusammensetzung einer Elektrolytlösung die Widerstandsmessung zwischen eintauchenden Elektroden stört. Ein weiteres wichtiges Anwendungsgebiet sind Titrationen in nichtwäßrigen Lösemitteln (Weiterführende Literatur: [147]).

4.4 Potentiometrische Titrationen

Bei potentiometrischen Titrationen mißt man die Potentialänderungen, die im Laufe einer Titration an einer in die betreffende Lösung tauchenden Indikatorelektrode auftreten. Diese Elektrode sollte nur auf diejenigen Ionen ansprechen, um deren quantitative Bestimmung es bei der Titration gerade geht. So kann man z. B. eine Chloridlösung mit einer Maßlösung von $AgNO_3$ titrieren und den Äquivalenzpunkt dadurch ermitteln, daß man in Abhängigkeit vom Reagenszusatz das Potential der Ag^+-Ionen gegenüber einem eintauchenden Silberblech als Elektrode mißt und graphisch darstellt. Der Äquivalenzpunkt ergibt sich als die Projektion des Wendepunktes der gemessenen Kurve auf die Abszisse (Volumen der zugesetzten Maßlösung). Abb. 4-16 zeigt den genannten Sachverhalt.

Es ist nicht möglich, das Potential einer einzelnen Elektrode direkt zu messen, vielmehr gelingt es nur, die Potentialdifferenz zwischen zwei Elektroden zu bestimmen, die sich in einem geschlossenen Stromkreis befinden müssen. Es ver-

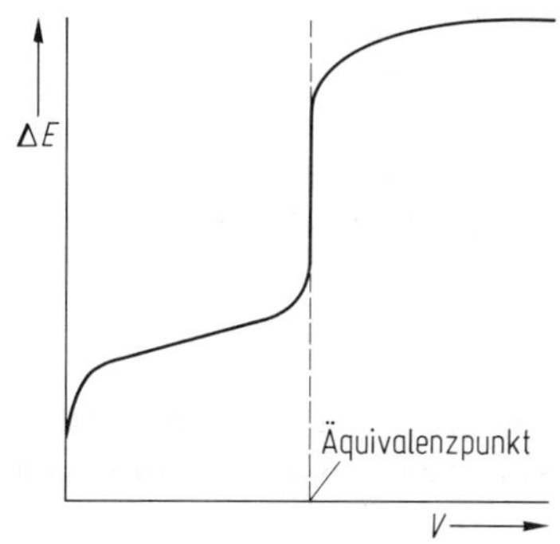

Abb. 4-16 Potentiometrische Titrationskurve (ΔE elektromotorische Kraft der Meßkette, V zugesetztes Volumen an Maßlösung)

steht sich von selbst, daß dann die zweite Elektrode von dem Titrationsvorgang nicht beeinflußt werden darf, denn sonst käme es zur Überlagerung mehrerer Einflußgrößen, und die erhaltene Kurve wäre schwer oder gar nicht zu interpretieren. Auch die Messung der Potentialdifferenz selbst kann nicht einfach mit einem beliebigen Voltmeter ausgeführt werden, denn zur Anzeige der Spannung benötigt das Meßinstrument Energie, die aus dem chemischen Umsatz von Substanz an den Elektroden stammen müßte. Das aber beeinflußt die Titration. Es ist also zu überlegen, wie eine derartige Messung durchgeführt werden muß, ohne daß dem chemischen System Energie entzogen wird. Hierzu ist eine Reihe von Fragen theoretisch zu durchdenken (Weiterführende Literatur s. auch [145]).

4.4.1 Theoretische Grundlagen

Zunächst müssen wir uns mit Oxidations- und Reduktionsreaktionen befassen. Wenn man in einem Becherglas eine Fe(II)-Salzlösung mit $Ce(SO_4)_2$ zusammenbringt, werden die Fe^{2+}-Ionen durch Ce^{4+} zu Fe^{3+} oxidiert, während Ce^{4+} gleichzeitig zu Ce^{3+} reduziert wird. Wir beschreiben die Reaktion durch die Gleichung:

$$Ce^{4+} + Fe^{2+} \rightleftharpoons Ce^{3+} + Fe^{3+}.$$

Dabei wird Energie freigesetzt, die Reaktionslösung erwärmt sich. Es stellt sich ein Gleichgewichtszustand ein, dessen Lage wir durch das Massenwirkungsgesetz beschreiben können:

$$\frac{c_0(Ce^{3+}) \cdot c_0(Fe^{3+})}{c_0(Ce^{4+}) \cdot c_0(Fe^{2+})} = K$$

Die Konzentrationen sind mit dem Index 0 versehen, um anzudeuten, daß es sich jeweils um Gleichgewichtskonzentrationen handelt[1)]. Die freigesetzte Energie läßt sich zumindest zu einem Teil auch in anderer Form als Wärme gewinnen. Der maximal so verfügbare Energiebetrag wird als die Freie Enthalpie G bezeichnet.

Es ist üblich, jeder an der Reaktion beteiligten Spezies den auf sie entfallenden Teilbetrag zuzuordnen. Der Gesamtumsatz ergibt sich zu ΔG, indem man die Energiebeträge der Endprodukte von denen der Ausgangssubstanzen abzieht. Hat das System aber bereits seinen Gleichgewichtszustand erreicht, kann freiwillig keine weitere Energie abgegeben werden, und als Gleichgewichtsbedingung ergibt sich dann

$$\Delta G = 0.$$

Abhängig von den frei wählbaren Ausgangskonzentrationen wird im Verlauf einer Reaktion bis zum Gleichgewichtszustand insgesamt die freie Enthalpie ΔG

1 Das Massenwirkungsgesetz gilt streng nur für Aktivitäten (s. S. 75); bei verdünnten Lösungen kann ohne großen Fehler mit den Konzentrationen gerechnet werden.

abgegeben (ΔG ist negativ, denn in der Chemie wird anders als in der Physik eine vom System abgegebene Energie mit einem negativen Vorzeichen versehen). Wollen wir diese Energie als elektrische Arbeit gewinnen, müssen wir sie unter Beachtung des umgekehrten Vorzeichens einem Betrag E_{pot} gleichsetzen, dem die Bedeutung einer potentiellen elektrischen Energie zuzuordnen ist:

$$-\Delta G = E_{pot}.$$

Grundsätzlich versteht man unter einer potentiellen Energie das Produkt aus einer Kraft und einer Spannung (z.B. einem Höhenunterschied). Die elektrochemischen Äquivalente dazu sind die Strommenge F (96494 A·s) multipliziert mit der Anzahl z der zwischen den reagierenden Partnern jeweils ausgetauschten Elektronen sowie die zwischen zwei Elektroden gemessene Potentialdifferenz ΔE. Somit ergibt sich

$$-\Delta G = z \cdot F \cdot \Delta E.$$

Wer aus der oben behandelten Redoxreaktion elektrische Energie gewinnen will, darf die Reaktionspartner nun nicht in einem Becherglas miteinander reagieren lassen. Vielmehr muß dafür gesorgt werden, daß der Elektronenaustausch an Elektroden stattfindet. Dazu aber müssen die Ce-Spezies und ebenso die Fe-Spezies räumlich voneinander getrennt werden. Praktisch sieht das so aus, daß in einem Glas sich Fe^{2+}- und Fe^{3+}-Ionen, in einem anderen aber Ce^{3+}- und Ce^{4+}-Ionen gelöst befinden. Beide Lösungen müssen ionisch leitend, zum Beispiel mit einer Salzbrücke (s. S. 264), verbunden sein. An Elektroden, die man in die beiden Gläser eintaucht, kann sich dann der Elektronenaustausch vollziehen, an der einen die Oxidation $Fe^{2+} \rightarrow Fe^{3+} + e^-$, an der anderen die Reduktion $Ce^{4+} + e^- \rightarrow Ce^{3+}$. Die Reaktion insgesamt kann aber nur dann ablaufen, wenn man die beiden Elektroden leitend miteinander verbindet und so dem System elektrische Energie entzieht. Was wir soeben konstruiert haben, ist ein *galvanisches Element,* wie es, natürlich in abgewandelter Form, zur Lieferung elektrischer Energie verwendet werden könnte. Durch die Umsetzung chemischer Substanzen an den Elektroden treten zwangsläufig Polarisationseffekte auf (s. S. 283), so daß die effektive Spannung kleiner ist als die oben begründete maximal mögliche. Typisch für den *galvanischen* Fall ist somit die Bedingung

$$\Delta G + z \cdot F \cdot \Delta E < 0$$

Will man den freiwillig abgelaufenen Reaktionsvorgang wieder rückgängig machen, muß man an die Elektroden eine Gegenspannung anlegen, die wegen der Verluste im System größer sein wird als die der Gleichgewichtsbedingung, also

$$\Delta G + z \cdot F \cdot \Delta E > 0$$

bei *elektrolytischem* Betrieb. Der Aufbau einer galvanischen bzw. auch elektrolytischen Zelle ist schematisch in Abb. 4-17 dargestellt.

Zwischen den beiden geschilderten Anwendungsformen liegt das *elektrochemische Gleichgewicht* mit $\Delta G + z \cdot F \cdot \Delta E = 0$. Nur in diesem Fall sind die Bedingun-

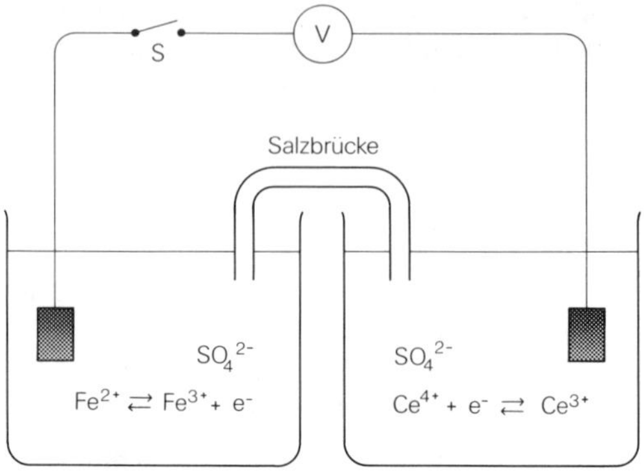

Abb. 4-17 Beispiel einer galvanischen bzw. elektrolytischen Zelle (*V* Voltmeter)

gen definiert und die Größen berechenbar bzw. zu messen. Wenn der Zelle aber weder Energie entzogen noch zugeführt werden darf, heißt das, es darf bei einer Potentialmessung kein Strom fließen ($I=0$). Da dieses Potential aber aus den in den jeweiligen Lösungen vorgegebenen Konzentrationen der an der Reaktion beteiligten Spezies und deren Konzentrationen im Gleichgewichtszustand theoretisch zu berechnen ist, wird man umgekehrt mit Hilfe exakter Potentialmessungen Auskunft über die aktuellen Konzentrationsverhältnisse erhalten. Zu diesem Zweck müssen wir für jede Spezies zunächst getrennt die Energiedifferenzen zwischen dem jeweils mit der Konzentration c vorgegebenen aktuellen Zustand und dem des chemischen Gleichgewichts mit der Konzentration c_0 berechnen. Das aber ist die reversible Arbeit A, die bei der Veränderung der Konzentration von c nach c_0 aufgewendet wird:

$$A = RT \cdot \ln \frac{c}{c_0}.$$

Nach dem Prinzip, daß die bei der Reaktion insgesamt umgesetzte Freie Enthalpie gleich der Summe der Anteile der Produkte (ΣA_p) abzüglich der Summe der Anteile der Ausgangsstoffe (ΣA_a) ist, ergibt sich

$$\Delta G = RT \cdot \ln \frac{c(Ce^{3+})}{c_0(Ce^{3+})} + RT \cdot \ln \frac{c(Fe^{3+})}{c_0(Fe^{3+})} - RT \cdot \ln \frac{c(Ce^{4+})}{c_0(Ce^{4+})} - RT \cdot \ln \frac{c(Fe^{2+})}{c_0(Fe^{2+})}.$$

Dieser Ausdruck wird so umgeformt, daß alle Gleichgewichtskonzentrationen c_0 sowie alle vorgegebenen Konzentrationen c in jeweils einem Term zusammengefaßt sind:

$$\Delta G = -RT \cdot \ln \frac{c_0(Ce^{3+}) \cdot c_0(Fe^{3+})}{c_0(Ce^{4+}) \cdot c_0(Fe^{2+})} + RT \cdot \ln \frac{c(Ce^{3+}) \cdot c(Fe^{3+})}{c(Ce^{4+}) \cdot c(Fe^{2+})}.$$

Da

$$\frac{c_0(Ce^{3+}) \cdot c_0(Fe^{3+})}{c_0(Ce^{4+}) \cdot c_0(Fe^{2+})} = K \text{ (Massenwirkungsgesetz),}$$

erhält man

$$\Delta G = -RT \cdot \ln K + RT \cdot \ln \frac{c(Ce^{3+}) \cdot c(Fe^{3+})}{c(Ce^{4+}) \cdot c(Fe^{2+})}.$$

Daraus folgt mit $\Delta G = -zF\Delta E$

$$\Delta E = \frac{RT}{zF} \cdot \ln K - \frac{RT}{zF} \cdot \ln \frac{c(Ce^{3+}) \cdot c(Fe^{3+})}{c(Ce^{4+}) \cdot c(Fe^{2+})}.$$

Wenn man für den konstanten Term $\frac{RT}{zF} \cdot \ln K = E^*$ setzt, erhält man die Nernstsche Gleichung:

$$\Delta E = E^* - \frac{RT}{zF} \cdot \ln \frac{c(Ce^{3+}) \cdot c(Fe^{3+})}{c(Ce^{4+}) \cdot c(Fe^{2+})}.$$

Man erkennt, daß in dem Fall, wenn die vorgegebenen Konzentrationen mit den Gleichgewichtskonzentrationen identisch sind, die galvanische Zelle keine Potentialdifferenz mehr aufweist. Da Oxidations- und Reduktionsschritt jeweils voneinander getrennt in eigenen Reaktionsräumen ablaufen, zerlegt man die Nernstsche Gleichung entsprechend:

$$\Delta E = E_{Ce} - E_{Fe}$$

$$\text{mit } E_{Ce} = E^\circ_{Ce} + \frac{RT}{zF} \cdot \ln \frac{c(Ce^{4+})}{c(Ce^{3+})} \quad \text{bzw. } E_{Fe} = E^\circ_{Fe} + \frac{RT}{zF} \cdot \ln \frac{c(Fe^{3+})}{c(Fe^{2+})}.$$

In dieser Form geschrieben, muß darauf geachtet werden, daß in dem konzentrationsabhängigen Term die oxidierte Stufe immer im Zähler, die reduzierte im Nenner steht:

$$E = E^\circ + \frac{RT}{zF} \cdot \ln \frac{c(\text{Ox})}{c(\text{Red})}.$$

Die sogenannten *Standardpotentiale* E° sind durch sich selbst nicht definiert. Vielmehr muß man für irgendeine Reaktion - und man hat sich da auf die Oxidation von Wasserstoff: $H_2 \rightleftharpoons 2\,H^+ + 2\,e^-$ geeinigt - das zugeordnete E° festlegen ($E^\circ_H = 0$). Dann ergibt sich für alle anderen Standardpotentiale eine relative Skala *(Spannungsreihe).*

Kommen wir nun zu unserem eigentlichen Problem zurück, eine Fe^{2+}-Lösung mit Ce^{4+}-Maßlösung zu titrieren und den Fortgang der Titration potentiometrisch zu verfolgen. Das Vorangehende hat gezeigt, wie das Potential einer Pt-Elektrode von dem Konzentrationsverhältnis $c(\text{Ox})/c(\text{Red})$ der Redoxpartner in der Lösung abhängt. Es ist für unseren Zweck aber nicht sinnvoll, die Potentiale zwischen zwei derartigen Elektroden zu messen, weil dann die Zahl der Variablen insgesamt zu groß wird. Darum verwendet man als zweites Halbelement eine Be-

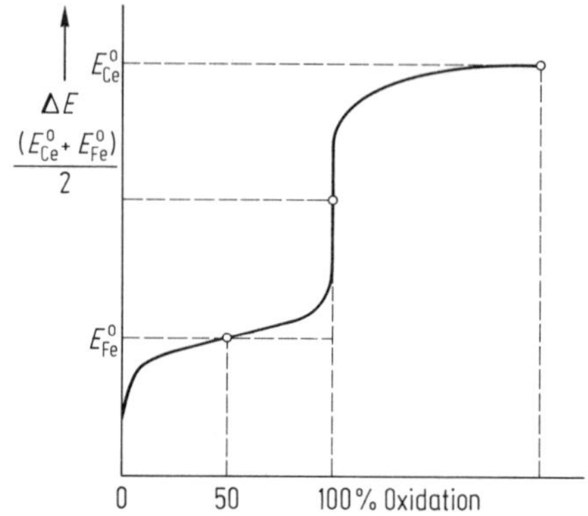

Abb. 4-18 Titration von Fe(II)-Ionen mit Cer(IV)-sulfatlösung bei potentiometrischer Indikation (ΔE EMK der Meßkette, $E°$ Standardpotential)

zugselektrode (vgl. S. 262) mit konstantem Potential, und die Pt-Elektrode dient zur Messung des Konzentrationsverhältnisses von jeweils nur einem Redoxpaar. Titriert man mit der Ce^{4+}-Maßlösung, ist vor dem Äquivalenzpunkt das Paar Fe^{3+}/Fe^{2+} (Ce^{4+} wird quantitativ reduziert) für die Potentialeinstellung maßgebend, nach dem Äquivalenzpunkt jedoch das Paar Ce^{4+}/Ce^{3+} (Fe^{2+} ist nun vollständig verbraucht). Trägt man die zwischen beiden Elektroden gemessene Potentialdifferenz gegen das Volumen der Ce^{4+}-Maßlösung auf, erhält man die Titrationskurve (Abb. 4-18). Man kann zeigen, daß bei 50% des bis zum Äquivalenzpunkt benötigten Reagenszusatzes das Standardpotential E°_{Fe} und beim doppelten Zusatz das Standardpotential E°_{Ce} erreicht wird. Der Wendepunkt (Äquivalenzpunkt) liegt beim arithmetischen Mittel $(E^\circ_{Fe} + E^\circ_{Ce})/2$. Die im Äquivalenzpunkt größte Steigung der Titrationskurve ist nicht von der Konzentration der zu titrierenden Lösung abhängig. Somit sind Titrationen in niedrigen Konzentrationsbereichen ohne Einbuße an Genauigkeit möglich. Es sei darauf hingewiesen, daß sich dieser Sachverhalt ausschließlich für Redoxtitrationen ergibt, nicht aber bei Neutralisations-, Fällungs- oder Komplexbildungsanalysen.

Die potentiometrische Indikation von Redoxtitrationen erfolgt stets mit Edelmetallelektroden (Pt, Pd, Au). Da diese an der potentialbestimmenden Reaktion nicht direkt beteiligt sind, also selbst keine stofflichen Veränderungen erfahren, spricht man von *inerten Elektroden.*

4.4.2 Indikatorelektroden

Metallelektroden

Zur Bestimmung des Konzentrationsverhältnisses reversibler Redoxpaare haben wir bereits die Edelmetallelektrode kennengelernt. Aber auch Gleichgewichtsreaktionen zwischen Metallen und ihren in der Lösung befindlichen Ionen führen zu einer Aufladung der Oberfläche einer entsprechenden Metallelektrode. Das sich dabei einstellende Potential kann somit zur Messung der betreffenden Ionenkonzentration dienen. Beispiele hierfür sind:

$$Ag \rightleftharpoons Ag^+ + e^- \qquad E^\circ_{Ag} = 0{,}80\,V$$
$$2\,Hg \rightleftharpoons Hg_2^{2+} + 2\,e^- \qquad E^\circ_{Hg} = 0{,}79\,V$$
$$Cu \rightleftharpoons Cu^{2+} + 2\,e^- \qquad E^\circ_{Cu} = 0{,}34\,V$$
$$Bi + H_2O \rightleftharpoons BiO^+ + 2\,H^+ + 3\,e^- \qquad E^\circ_{Bi} = 0{,}23\,V$$

In allen diesen Fällen handelt es sich um heterogene Reaktionen im Sinne der Gleichgewichtslehre. Da nach den Regeln der Thermodynamik die an der Reaktion beteiligten festen Phasen bei der Aufstellung des Massenwirkungsgesetzes nicht zu berücksichtigen sind, führt die Anwendung der Nernstschen Gleichung zu einer für die potentiometrische Titration besonders günstigen Form:

$$E = E^\circ_{Me} + \frac{RT}{zF} \cdot \ln c(Me^{z+}).$$

Das Potential der zugehörigen Metallelektrode hängt allein von der Konzentration seiner Ionen in der Lösung ab. Mit der *Silberelektrode* lassen sich somit vorzüglich argentometrische Titrationen von Halogenidionen potentiometrisch indizieren.

Bei der *Bismutelektrode* muß wegen der Hydrolyse der Bi^{3+}-Ionen unter Bildung von Bismutoxidkationen (BiO^+) bei der Aufstellung der Nernstschen Gleichung die H^+-Konzentration der Lösung berücksichtigt werden:

$$E = E^\circ_{Bi} + \frac{RT}{3F} \cdot \ln c(BiO^+) \cdot c^2(H^+).$$

Eine störungsfreie potentiometrische Indikation setzt in diesem Fall voraus, daß die H^+-Konzentration der Lösung während der Titration gleich bleibt.

Ein Nachteil dieser Elektroden aber ist offensichtlich. Die Spannungsreihe der Elemente verbietet es, daß irgendwelche Metallionen bestimmt werden können, wenn gleichzeitig Ionen eines edleren Metalls in der zu titrierenden Lösung vorhanden sind. Sollten, wie z. B. im Fall von Cu^{2+} und BiO^+, die Standardpotentiale dicht beieinander liegen, bestimmen beide Ionensorten das Potential der Elektrode. Solche Mischpotentiale lassen sich im Prinzip zwar berechnen, doch verbietet ihr Auftreten die störungsfreie potentiometrische Indikation einer Ionenspezies. Man kann sich dann nur dadurch helfen, daß man einen der Bestandteile mit einem geeigneten Komplexliganden vollständig maskiert. Das aber setzt voraus, daß ein sehr stabiler und gleichzeitig sich spezifisch bildender Komplex überhaupt existiert. In unserem Fall bewirkt eine Zugabe von Kaliumcyanid, daß die Cu^{2+}-Ionen zu Cu^+ reduziert werden und dieses mit dem CN^- einen stabilen Komplex bildet:

$$Cu^{2+} + 5\,CN^- \rightleftharpoons [Cu(CN)_4]^{3-} + 1/2\,(CN)_2.$$

In der so vorbereiteten Lösung kann Bismut titriert werden.

Weniger edle Metalle kommen nur in Ausnahmefällen als Elektrodenmaterial zur Bestimmung ihrer Ionen in Betracht. Das ist ganz wesentlich dadurch bedingt, daß H^+-Ionen zuvor reduziert werden, also edler als diese Metallionen sind. Andererseits kann die Reaktion

$$H_2 \rightleftharpoons 2\,H^+ + 2\,e^-$$

an einer Pt-Elektrode potentialbestimmend sein. Das eröffnet im Prinzip die Möglichkeit einer Wasserstoff- oder pH-Elektrode. Um Polarisationseffekte zu vermeiden, sollte diese Elektrode zur Vergrößerung ihrer Oberfläche platiniert sein (vgl. S. 235). Sie muß von H_2-Gas umspült werden. Ihr Potential ist bestimmt durch die Gleichung

$$E = E^\circ_H + \frac{RT}{2F} \cdot \ln \frac{c^2(H^+)}{p(H_2)}$$

wobei $p(H_2)$ den auf den Standarddruck $p^\circ = 1{,}013$ bar bezogenen Druck bedeutet, den der die Platinelektrode umspülende Wasserstoff besitzt. Im allgemeinen wird er 1,013 bar (1 atm) betragen, in der Gleichung also als eins zu setzen sein. Das Standardpotential E°_H ist zu

$$E^\circ_H = 0\,\text{V}$$

international festgelegt worden. Damit ist, wie oben bereits erwähnt, die Spannungsreihe definiert. Das Standardpotential kann dadurch verifiziert werden, daß man eine Säure der Aktivität $a(H^+) = 1$ mol/l vorlegt und die Pt-Elektrode mit Wasserstoffgas von 1,013 bar Druck umspült. Da der logarithmische Term in diesem Fall Null wird, kann die gegenüber irgendeiner anderen Elektrode gemessene Spannung zur Bestimmung desjenigen Standardpotentials herangezogen werden, das für die Reaktion gilt, die an der betreffenden Elektrode potentialbestimmend ist. Damit ist diese Standardwasserstoffelektrode eine wichtige Referenzelektrode. Zur pH-Messung bzw. zur Verfolgung potentiometrisch durchgeführter Neutralisationsanalysen hat sie heute aber keine Bedeutung mehr, denn ihre Anwendung ist umständlich und wegen einer Vielzahl von möglichen Nebenreaktionen nicht störungsfrei.

Die Abb. 4-19 zeigt eine übliche Form der Wasserstoffelektrode. Der durch das seitlich angesetzte Rohr zugeleitete Wasserstoff tritt aus einer unter der Elektrode endenden Kapillare aus. Er muß zuvor sorgfältig gereinigt werden und auch von den letzten Sauerstoffspuren befreit sein. Das geschieht durch Waschen mit Silbernitrat-, alkalischer Permanganat- und alkalischer Pyrogallollösung sowie durch Überleiten über Platinasbest, der sich in einem auf schwache Rotglut erhitzten Quarzrohr befindet.

Das Titriergefäß muß nach außen hin verschlossen sein. Der Gasaustritt erfolgt über ein Ventil. Wenn der Wasserstoffgasdruck 1,013 bar (1 atm) beträgt, vereinfacht sich die oben angegebene Potentialgleichung zu

$$E = 0 + \frac{RT}{F} \cdot 2{,}303 \cdot \lg c(H^+),$$

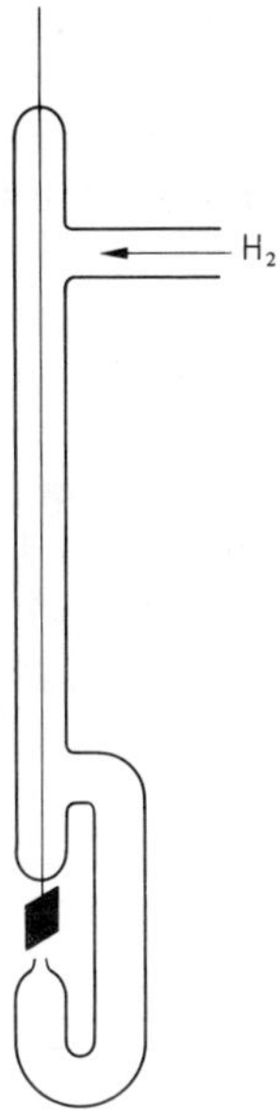

Abb. 4-19 Wasserstoffelektrode

wobei gleichzeitig der natürliche durch den dekadischen Logarithmus ersetzt wurde (Umrechnungsfaktor: 2,303). Für 25 °C ($T = 298$ K) errechnet sich der vor dem Logarithmus stehende Wert zu 0,059, und mit der Bestimmungsgleichung $\mathrm{pH} = -\lg c(\mathrm{H}^+)$ erhält man schließlich

$$E = -0{,}059 \cdot \mathrm{pH}.$$

Was den Einsatz der besprochenen Metallelektroden in der analytischen Praxis betrifft, so ist die wichtige Forderung nach Spezifität nur in Ausnahmefällen erfüllt. Abgesehen von den Einschränkungen, die sich aus der Stellung der betreffenden Ionenspezies in der Spannungsreihe herleiten, sind es vor allem reversible Redoxpaare, deren Anwesenheit in der Titrationslösung die gerade gewünschte Potentialeinstellung verhindern. Auch die Adsorption oberflächenaktiver Substanzen auf der Metalloberfläche ruft unliebsame Störungen hervor.

Sehr bewährt haben sich Metallelektroden aber bei der Herstellung von Bezugselektroden mit konstantem Potential. Hier ist der potentialbestimmenden Reaktion an der Metalloberfläche die Einstellung eines weiteren chemischen Gleichgewichtes nachgelagert *(Elektroden zweiter Art)*. Wir werden über diese Art von Elektroden noch ausführlich zu sprechen haben (vgl. S. 262).

Ionenselektive Elektroden

Die das Potential verursachende Aufladung der Metallelektroden können wir als den Übergang von an der Oberfläche sitzenden Metallspezies in den Ionenzustand verstehen. Dabei treten die entstandenen Ionen in die angrenzende flüssige Phase über und lassen ihre Elektronen in der Metalloberfläche zurück. Ebenso sollte eine derartige Potentialeinstellung erfolgen, wenn ein fester Ionenaustauscher einen Teil der in der Nähe seiner Oberfläche gebundenen Ionen mit der angrenzenden Lösung austauscht. Die erwünschte Spezifität hängt davon ab, wie spezifisch der Austauscher nur eine Ionenspezies aufnehmen kann. Die von der organischen Chemie her bekannten makromolekularen Ionenaustauscher mit Quellbarkeit in der sie umgebenden Lösung sind für unseren Zweck allerdings nicht geeignet, denn die Hohlräume sind vergleichsweise groß und die Ionen, die im Innern die Ladungen des Makromoleküls kompensieren, nehmen ihre Hydrathüllen mit. Das aber führt zu keiner ausreichenden Spezifität gegenüber einer bestimmten Ionensorte. Die Eignung eines solchen Ionenaustauschers zum Elektrodenmaterial setzt elektrische Leitfähigkeit voraus, die aber nur aus der Beweglichkeit der in seinem Innern gebundenen Ionen resultieren kann. Aus dem Bereich der anorganischen Chemie sind dagegen Festkörper mit Ionenleitfähigkeit für ganz bestimmte Ionenspezies bekannt. Diese können definierte Kristalle sein, in denen das sie aufbauende Anion oder Kation beweglich ist, aber auch Silicate mit Raumnetzstruktur, in deren Gitter infolge von regelmäßigen Einlagerungen von anderswertigen Elementen (z. B. Al, B) Ladungen hervorgerufen werden. Der Nachteil dieser Verbindungen ist ihr außerordentlich hoher ohmscher Widerstand und damit entsprechende Probleme bei der angestrebten Potentialmessung. Die einzige Möglichkeit, diese Schwierigkeiten so klein wie möglich zu halten, liegt in der Anwendung sehr dünner Membranen aus den genannten Materialien, was aber wieder Anforderungen an deren mechanische Stabilität stellt.

Ein Modell für die Entstehung eines Phasengrenzpotentials zeigt Abb. 4-20. Ionen, die den Austauscher verlassen und in die gelöste Phase übergehen, hinterlassen nicht kompensierte Ladungen in der festen Matrix. Da sich diese Ladungen überwiegend in der Nähe der Oberfläche befinden, werden Ionen aus der umgebenden Lösung angezogen, wobei aber nur bestimmte Spezies wieder aufgenommen werden können. Dabei entsteht ein von der Konzentration dieser Ionensorte in der umgebenden Lösung abhängiges Phasengrenzpotential

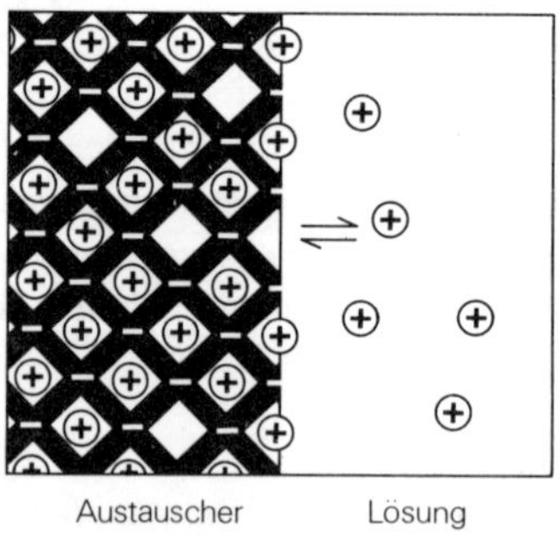

Abb. 4-20 Phasengrenzpotential eines Ionenaustauschers

$$E = \alpha_0 + \frac{RT}{zF} \cdot \ln c.$$

Formal entspricht diese Funktion der Nernstschen Gleichung, doch hat die Konstante α_0 eine völlig andere Bedeutung als das Standardpotential $E°$. Ideal wäre es jetzt, wenn man zum Beispiel einen Metallstift vollständig mit dem benötigten Austauschermaterial umhüllen könnte und man zugleich noch erreichte, daß zwischen Metall und Ionenaustauscher eine elektrisch leitende Kopplung erzielt wird. Dies gelingt mit einem Silberdraht, den man mit einer kristallinen Silbersulfidschicht umgibt. Die S^{2-}-Ionen sind in diesem Kristall dicht gepackt, und die Ag^+-Ionen sind klein genug, um in den Hohlräumen des S^{2-}-Gitters beweglich zu sein. Andere Kationenspezies kann das austauschende Material nicht aufnehmen, so daß eine sehr hohe Spezifität für Ag^+-Ionen resultiert. Gegenüber einem einfachen Silberblech hat diese Elektrode den Vorteil, in Bezug auf reversible Redoxpaare nicht als inerte Elektrode wirksam zu sein. Es sei auch schon erwähnt, daß die Ag_2S-Elektrode im Prinzip auch auf S^{2-}-Ionen anspricht, da sich in der Probelösung das Löslichkeitsprodukt des Ag_2S einstellt und die dadurch bedingte Ag^+-Gleichgewichtskonzentration gemessen werden kann. Die Resultate, die man derzeit mit solchen einfachen Elektroden erzielt, sind, von Ausnahmen abgesehen, leider nicht sehr überzeugend. Wer heute von ionenselektiven Elektroden spricht, versteht darunter im allgemeinen Membran-Elektroden, deren Aufbau in Abb. 4-21 dargestellt ist. Eine Membran (M) trennt zwei Lösungen unterschiedlicher Konzentration an ausgetauschter Ionenspezies. Die eine Konzentration (c_i) ist bekannt, die andere (c) wird gemessen. In jede der beiden Lösungen taucht eine Bezugselektrode (B) ein, deren Potentiale sich aber gegenseitig kompensieren, sofern sie beide gleich aufgebaut sind. Die gemessene Potentialdifferenz ΔE entspricht dann genau der Differenz der beiden Phasengrenzpotentiale E_i und E.

$$\Delta E = E - E_i = \alpha_0 + \frac{RT}{zF} \cdot \ln c - \alpha_0 - \frac{RT}{zF} \cdot \ln c_i.$$

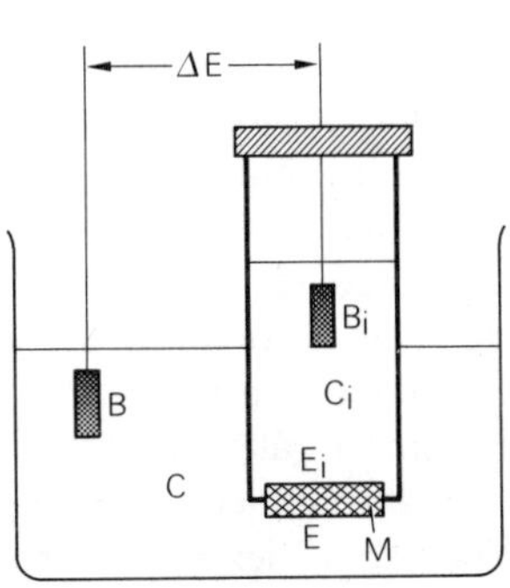

Abb. 4-21 Aufbau einer ionenselektiven Membranelektrode (Bedeutung der Symbole siehe Text)

Üblicherweise ist, wie Abb. 4-21 zeigt, die bekannte Lösung c_i zusammen mit der Bezugselektrode B_i in den nach außen abgeschlossenen Elektrodenkörper integriert. Da diese Bezugslösung ihre Konzentration c_i für alle Messungen beibehält, ist demnach der konzentrationsabhängige Term des Potentials der inneren Phasengrenze mit

$$\Phi_i = -\frac{RT}{zF} \cdot \ln c_i$$

konstant, so daß die Meßanordnung der einfachen Beziehung

$$\Delta E = \Phi_i + \frac{RT}{zF} \cdot \ln c$$

genügt. Stellen wir nun die Frage nach den Materialien, aus denen die austauschenden Membranen gefertigt werden. Zum einen sind es anorganische Einkristalle mit spezifischer Ionenleitfähigkeit und entsprechenden Austauscheigenschaften, zum andern die später behandelten Glasmembranen (s. S. 258). Auf die Behandlung der neuerdings immer gebräuchlicher werdenden Flüssig-Membran-Elektroden, bei denen eine mit flüssigem Ionenaustauscher getränkte Filterscheibe die Rolle der austauschenden Membran übernimmt, müssen wir im Rahmen dieser Schrift jedoch verzichten.

Ein reines Fluorid-Ionen leitendes System ist der LaF_3-Kristall, den man zur Erhöhung der ohmschen Leitfähigkeit noch mit einem zweiwertigen Kation wie Eu^{2+} dotieren kann. Zur Herstellung einer Elektrode benötigt man eine aus einem Einkristall passend herausgeschnittene Membran. Der Meßbereich der LaF_3-Elektrode ist nach unten hin begrenzt durch die Löslichkeit des Membranmaterials LaF_3 in der Probelösung. Das bedeutet praktisch, daß F^--Konzentrationen bis hinab zu 10^{-7} mol/l vermessen werden können. Darunter würde der ermittelte Fluoridgehalt zum großen Teil aus der Elektrode stammen. Man sollte zur Schonung der Elektrode die Meßlösungen deshalb zuvor mit LaF_3 sättigen. Wegen der Einstellung des Löslichkeitsproduktes von LaF_3 in der Probelösung kann man im Prinzip auch La^{3+}-Ionen messen, man bedenke aber, daß die Gleichgewichtslage durch alle diejenigen Kationen gestört wird, die ebenfalls mit F^- schwerlösliche Fluoride bilden. Andererseits ist die LaF_3-Elektrode geeignet, wenn z. B. Al^{3+}- oder Fe^{3+}-Lösungen mit einer NaF-Maßlösung titriert werden sollen, da die Bildung der Komplexe $[FeF_6]^{3-}$ bzw. $[AlF_6]^{3-}$ potentiometrisch gut indizierbare Äquivalenzpunkte bedingt.

Das zweite, vielfach verwendete Material zur Herstellung kristalliner Membranen ist das Silbersulfid. Es kommt dem Elektrodenhersteller dabei der günstige Umstand zugute, daß keine Einkristalle gezüchtet werden müssen, vielmehr genügt es, die Membran aus polykristallinem Ag_2S zu pressen. Eine nach dem Modell der Abb. 4-21 hergestellte Ag_2S-Elektrode ist spezifisch für Ag^+ und wegen der Beteiligung dieser Ag^+-Ionen am Lösegleichgewicht des Membranmaterials auch gegenüber S^{2-}-Ionen empfindlich.

Das Besondere an diesen Ag_2S-Preßlingen ist die Möglichkeit des Dotierens mit weiteren geeigneten Substanzen, die einerseits zwar genügend schwer löslich, aber immer noch löslicher als die Wirtssubstanz sein müssen, die zum anderen aber aus Ionen aufgebaut sein müssen, die das Lösegleichgewicht des Ag_2S in definierter Weise beeinflussen. Zunächst sind in diesem Zusammenhang die Silberhalogenide AgCl, AgBr bzw. AgI zu nennen, deren Löslichkeitsprodukte in der Probelösung jeweils eine Ag^+-Konzentration festlegen, die in ihrer Größe von der gerade vorgegebenen Konzentration des jeweiligen Gegenions (Cl^-, Br^- bzw. I^-) abhängt. Damit sind Cl^--, Br^-- bzw. I^--empfindliche Elektroden herstellbar, doch muß bedacht werden, daß die Elektrodenfunktion gegenüber den Halogenidionen nicht störungsfrei ist, sofern die relevanten Lösungsgleichgewichte von anderer Seite beeinflußt werden.

Gehen wir noch einen Schritt weiter und überlegen, wie sich Metallsulfide als Zusätze in der Ag_2S-Matrix verhalten. Nach Einstellung der Lösegleichgewichte wird das eingelagerte Metallsulfid über seine korrespondierende S^{2-}-Konzentration die Lage des Löslichkeitsproduktes von Ag_2S bestimmen, und die von der Elektrode gemessene Ag^+-Konzentration wird darum ein Maß für den Gehalt der betreffenden Metallionen sein:

$$c^2(\mathrm{Ag}^+)\cdot c(\mathrm{S}^{2-}) = K_1$$
$$c(\mathrm{Me}^{2+})\cdot c(\mathrm{S}^{2-}) = K_2.$$

Da $c(S^{2-})$ für beide Gleichgewichte gleich groß ist, erhält man durch Division beider Gleichungen:

$$\frac{c^2(\mathrm{Ag}^+)}{c(\mathrm{Me}^{2+})} = \frac{K_1}{K_2}$$

bzw.

$$c(\mathrm{Ag}^+) = \sqrt{\frac{K_1}{K_2}\cdot c(\mathrm{Me}^{2+})},$$

das heißt, die gemessene Potentialdifferenz einer Ag_2S-Elektrode mit in der Membran eingelagertem MeS wird statt von der Ag^+-Konzentration

$$\Delta E = \Phi_\mathrm{i} + \frac{RT}{F}\cdot \ln c(\mathrm{Ag}^+)$$

entsprechend der abgeleiteten Beziehung von der Me^{2+}-Konzentration abhängig sein:

$$\Delta E = \Phi_\mathrm{i} + \frac{RT}{F}\cdot \ln \sqrt{\frac{K_1}{K_2}\cdot c(\mathrm{Me}^{2+})}$$

bzw.

$$\Delta E = \Phi_\mathrm{i} + \frac{RT}{2F}\cdot \ln\frac{K_1}{K_2} + \frac{RT}{2F}\cdot \ln c(\mathrm{Me}^{2+}).$$

Da die beiden ersten Terme Konstanten sind, ist aus der Ag^+-Elektrode praktisch eine Me^{2+}-empfindliche Elektrode entstanden. Allerdings darf man in die Ag_2S-Matrix nur solche Metallsulfide einlagern, deren Löslichkeiten größer als die des Silbersulfids sind, die aber schwer genug löslich sind, um eine Auswaschung aus dem Membranmaterial weitgehend zu verhindern. Auf die Silbersulfidmatrix selbst kann man deshalb nicht verzichten, weil kein weiteres schwerlösliches Metallsulfid existiert, das als Membranmaterial über eine hinreichend große Ionenleitfähigkeit verfügt.

In der Praxis haben sich drei Metallsulfide, nämlich CuS, CdS und PbS, als geeignete Zusätze zu Ag_2S-Membranen erwiesen. Nach dem bisher Gesagten bedeutet das eine Potentialabhängigkeit der betreffenden Elektroden von der jeweiligen Konzentration an Cu^{2+}, Cd^{2+} bzw. Pb^{2+}-Ionen. Bei der Messung kommt es jedoch auch hier zu Störungen, wenn die Einstellung der relevanten Löslichkeitsprodukte in der Probelösung von dritter Seite beeinflußt wird. Das gilt bereits für den pH-Wert, bei dem die Messung ausgeführt wird. Zur alkalischen Seite hin kommt es nämlich zur Bildung der entsprechenden Metallhydroxide, in mehr saurem Medium dagegen reagieren die H^+- mit dem S^{2-}- zu HS^--Ionen. Am Beispiel einer Pb-Elektrode wird in Abb. 4-22 gezeigt, in welchen Bereichen für verschiedene Pb^{2+}-Konzentrationen eine vom pH-Wert unabhängige Potentialeinstellung erfolgt. Ganz generell muß man vor der Anwendung irgend einer Kristall-Membran-Elektrode stets überlegen, ob in der Probelösung Substanzen vorkommen, die einen Einfluß auf die Einstellung der Lösegleichgewichte ausüben.

Die am längsten bekannte ionenselektive Elektrode ist die für pH-Messungen verwendete *Glaselektrode*. Sie hat alle anderen, früher für die H^+-Bestimmung angewendeten Elektroden, wie die Chinhydron-Elektrode oder die Antimonoxid-Elektrode, verdrängt. Hier ist die ionenaustauschende Membran aus einem Spezialglas gefertigt, das aus Gründen der mechanischen Stabilität nicht als planparalleles Plättchen belassen, sondern zur Kugel aufgeblasen wird. Ein solches Glas besitzt die ungefähre Zusammensetzung 72% SiO_2, 22% Na_2O und 6% CaO, was durch Zusammenschmelzen entsprechender Mengen an SiO_2, Na_2CO_3 und $CaCO_3$ herstellbar ist. Charakteristisch für dieses Glas ist ein dreidimensional aufgebautes Silicatgerüst mit endständigen $\equiv Si\text{-}\overline{\underline{O}}|^-$-Gruppen. Die negative Ladung ist an jeweils einen Sauerstoff fixiert und besitzt eine entsprechend hohe anionische Ladungsdichte. Bringt man eine derartige Membran in eine wäßrige Lösung, so zeigt sich, daß H^+-Ionen eine extrem höhere Affinität zur $\equiv Si\text{-}\overline{\underline{O}}|^-$-Gruppe besitzen als Na^+-Ionen. Die äußere Glasschicht quillt auf und tauscht dabei ihre Na^+-Ionen praktisch vollständig gegen H^+-Ionen aus. Die Wasserstoffionen können aber über die äußere Gelschicht nicht weiter in das Innere der Membran vordringen, denn im ungequollenen Glas sind H^+-Ionen absolut unbeweglich, was durch Diffusionsversuche mit dem radioaktiven Wasserstoffisotop Tritium nachgewiesen werden konnte. Man muß sich also vorstellen, daß aus dem Na-Silicatglas zwar Na^+-Ionen in die Gelschicht einwandern, aber die am Gerüst zurückbleibende negative Ladung nicht durch H^+-Ionen kompensiert wird, was ein sogenanntes *Diffusionspotential* zur Folge hat. Das bedeutet, daß in der ge-

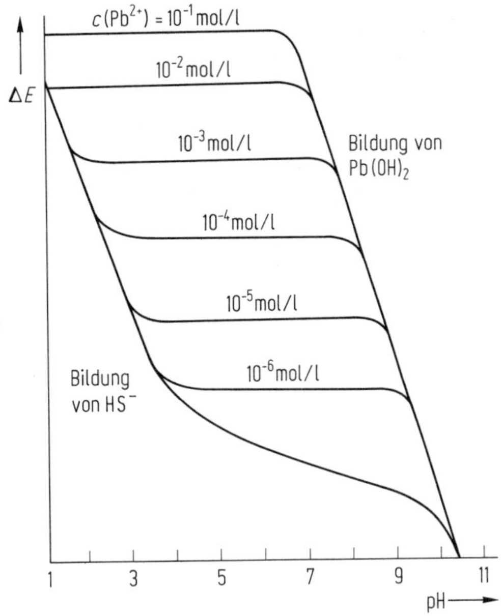

Abb. 4-22 Arbeitsbereich einer Pb-Elektrode (ΔE Elektrodenpotential)

quollenen Schicht unmittelbar vor der Phasengrenze zum unveränderten Teil des Glases zunächst ein positiver, unmittelbar dahinter aber ein negativer Potentialwall entsteht, was schließlich jeden weiteren Ionenaustausch über diese Grenze verhindert. Dieses Diffusionspotential ist im übrigen auch dafür verantwortlich, daß ein Na-Silicatglas über eine äußere Quellschicht hinaus nicht hydrolysieren kann.

Eine nach dem Schema der Abb. 4-23 aufgebaute Glaselektrode trennt einen Innenpuffer des pH-Wertes 7 gegen eine äußere Lösung anderen pH-Wertes ab. Da das innere Phasengrenzpotential E_i konstant ist, wird die Elektrodenfunktion allein durch das pH-abhängige Potential E bestimmt. Im Innern der Glaselektrode befindet sich außerdem eine geeignete Bezugselektrode. Die H^+-Spezifität der Glaselektrode ist außerordentlich groß. Erst wenn in der Probelösung Alkalimetallionen hinsichtlich ihrer Konzentration die H^+-Ionen um den Faktor 10^{12}–10^{13} übertreffen, nimmt die Quellschicht merklich Alkalimetallionen auf, und das Phasengrenzpotential wird allmählich durch ihre Konzentration bestimmt. Das sind die bei Glaselektroden beobachteten Alkalifehler, die sich aber erst oberhalb pH = 12 bemerkbar machen. Darunter arbeitet die Elektrode weitgehend störungsfrei und vor allem gut reproduzierbar. Wichtig ist, daß H^+-selektive Glaselektroden vor ihrer Inbetriebnahme längere Zeit in einer verdünnten NaCl- oder KCl-Lösung quellen konnten. Nach dem Gebrauch müssen sie ebenfalls in einer derartigen Lösung aufbewahrt werden.

In neuerer Zeit hat man gelernt, auch Membranen aus solchen Gläsern herzu-

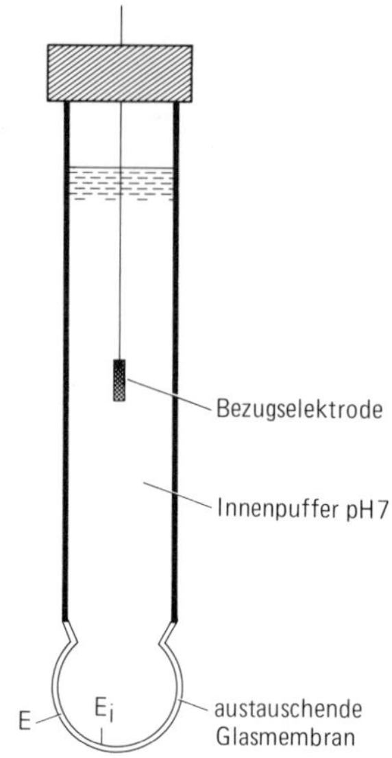

Abb. 4-23 Glaselektrode für die pH-Messung (E pH-abhängiges Potential, E_i inneres Phasengrenzpotential)

stellen, die selektiv Alkali- oder auch Calcium-Ionen mit der Lösung austauschen. Das wird dadurch erreicht, daß man im Silicatgerüst endständige $\equiv$Si-$\overline{\underline{O}}|^-$-Gruppen vermeidet und stattdessen die negative Ladung auf die vier, ein Heteroatom wie Bor oder Aluminium umgebenden Sauerstoffatome verteilt. Ein derartiges Heteroatom mit der maximalen Oxidationszahl III kann nur dann in das Silicatgerüst eingebaut werden, wenn es formal ein weiteres Elektron aufnimmt. Seine Ladung aber verteilt sich auf die vier benachbarten Sauerstoffatome. Die hier im Vergleich zur H^+-Elektrode sehr viel niedrigere anionische Ladungsdichte bewirkt eine hohe Affinität für Alkalimetallionen. Um Gläser herzustellen, die in der Lage sind, zweiwertige Kationen mit der Lösung auszutauschen, benötigt man im Silicatgerüst an Stelle des Siliciums hin und wieder ein Atom mit der Koordinationszahl 6 und der Oxidationszahl IV. Es ergibt sich um dieses Atom jeweils eine Struktur mit angenähert oktaedrisch angeordneten Sauerstoffatomen, auf die sich zwei negative Elementarladungen verteilen. Nach diesem Prinzip läßt sich eine Ca-selektive Glaselektrode herstellen, wenn man als Heteroatom Zirconium wählt und der Glasschmelze außerdem eine entsprechende Menge an $CaCO_3$ zusetzt, damit nach dem Erkalten dem Ca^{2+}-Ion angepaßte Hohlräume im Glas entstehen, in denen sich dieses auch optimal bewegen kann.

Aus den wie beschrieben zusammengesetzten Gläsern konstruiert man Glaselektroden nach dem Bauprinzip der Abb. 4-23, nur daß im Innern eine Salzlösung mit jeweils dem Kation eingefüllt ist, für das die Elektrode selektiv ist. Obwohl beim Erschmelzen der Gläser auf eine dem auszutauschenden Ion angepaßte Ladungsverteilung im Silicatgerüst hingewirkt wird und obwohl sich nach

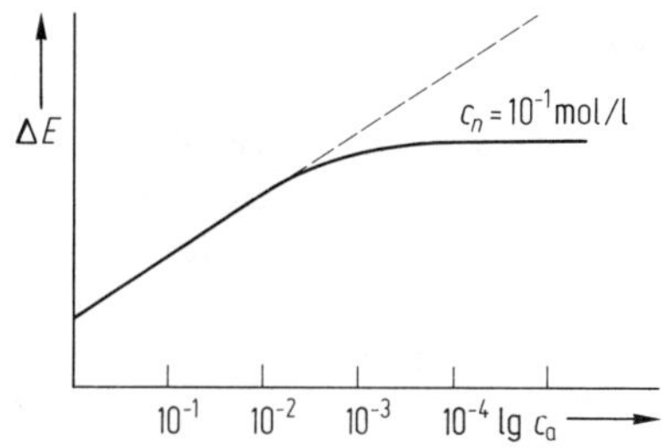

Abb. 4-24 Störung der Potentialeinstellung durch Fremdionen (c_a Konzentration der zu bestimmenden Alkaliionen, c_n Konzentration der störenden Ionen)

dem Erkalten optimale Hohlräume für die Aufnahme und Beweglichkeit gerade dieses Ions ergeben, erreicht die Selektivität der jeweiligen Elektrode dennoch nicht den Grad, den wir bei der pH-Elektrode kennengelernt haben. Aber immerhin erzielt man Selektivitäten, die es erlauben, in Lösungen, die an mehreren Alkaliionen etwa gleich konzentriert sind, nur eine Sorte davon durch Potentialmessung zu erfassen. Sollte allerdings die störende Ionensorte ungefähr hundert mal konzentrierter als die zu bestimmende sein, wird in der Regel ein Phasengrenzpotential resultieren, das in seiner Größe von den Konzentrationen beider Ionenspezies bestimmt wird. In diesem Bereich kann man zur Interpolation der Ergebnisse die von Nikolsky vorgeschlagene Gleichung:

$$E = \Phi_i + 2{,}303\ \frac{RT}{F} \cdot \lg\,(c_a + S \cdot c_n)$$

anwenden, in der c_a die Konzentration der Ionensorte a bedeutet, für die die Elektrode selektiv ist, und S die Selektivität gegenüber den störenden Ionen, deren Konzentration c_n betragen soll. Setzt man für $S = 10^{-2}$, wie es für Alkalielektroden realistisch ist, erhält man eine der Abb. 4-24 entsprechende Darstellung. Die Konzentration des störenden Ions ist mit $c_n = 0{,}1$ mol/l willkürlich vorgegeben. Für den schraffierten Bereich ist die Anwendung der Nikolsky-Gleichung hilfreich, links davon arbeitet die Elektrode ohne Störung, denn die Konzentration c_a ist sehr viel größer als das Produkt $S \cdot c_n$ aus dem Selektivitätskoeffizienten und der Konzentration des störenden Ions. Wird aber die Konzentration c_a sehr klein, ist das Phasengrenzpotential schließlich nur noch von der „Störkomponente" in der Lösung abhängig. Es muß angemerkt werden, daß die Gleichung von Nikolsky den Potentialverlauf jedoch nur begrenzt richtig wiedergibt, denn sie vernachlässigt die Existenz eines Diffusionspotentials im Innern der Glasmembran. Diese Ungenauigkeit beseitigt eine Gleichung von Eisenman [148], deren Anwendung aber erheblich komplizierter ist (näheres bei Cammann [149]).

4.4.3 Bezugselektroden

Schon mehrere Male haben wir auf die Notwendigkeit hingewiesen, die Potentiale der Indikatorelektroden gegen eine Bezugselektrode mit konstantem Potential zu messen. Es ist auch schon gesagt worden, daß es sich bei diesen Elektroden ausschließlich um Metallelektroden handelt. Gegenüber dem, was wir bereits kennengelernt haben, besteht der Unterschied jedoch darin, daß die Metallionen-Konzentration über das Löslichkeitsprodukt eines schwerlöslichen Salzes, das als Bodenkörper mit der Lösung im Gleichgewicht steht, festgelegt ist. Da der eigentlichen Elektrodenfunktion ein chemisches Gleichgewicht nachgelagert ist, spricht man hier auch von *Elektroden zweiter Art*.

Ein sehr häufig benutztes Exemplar, das man sich in einfacher Weise im Labor auch selbst herstellen kann, ist die **Kalomelelektrode**. Man mischt dazu in einem Porzellanmörser Quecksilber und Hg_2Cl_2 zusammen, bis ein homogen erscheinender Brei entstanden ist. Diesen benutzt man als Bodenkörper in einer gesättigten KCl-Lösung, wobei gegenüber der Elektrolytlösung isoliert noch ein Stromzufluß zum Hg/Hg_2Cl_2-Gemisch geschaffen werden muß. Die durch die KCl-Lösung vorgegebene Cl^--Konzentration erlaubt das Auflösen von soviel Hg_2Cl_2, bis das Löslichkeitsprodukt

$$c(Hg_2^{2+}) \cdot c^2(Cl^-) = K_L$$

eingestellt ist. Die korrespondierende Hg_2^{2+}-Konzentration bestimmt aber das Potential der Quecksilberelektrode:

$$E = E^\circ + \frac{RT}{2F} \cdot \ln c(Hg_2^{2+}).$$

Man ersetze $c(Hg_2^{2+})$ durch das Löslichkeitsprodukt:

$$E = E^\circ + \frac{RT}{2F} \cdot \ln \frac{K}{c^2(Cl^-)}$$

bzw.

$$E = E^\circ + \frac{RT}{2F} \cdot \mathit{ln}\, K - \frac{RT}{F} \cdot \ln c(Cl^-),$$

und mit

$$E' = E^\circ + \frac{RT}{2F} \cdot \ln K$$

$$E = E' - \frac{RT}{F} \cdot \ln c(Cl^-).$$

Die Cl^--Konzentration ist in einer gesättigten KCl-Lösung festgelegt. Bei einer Temperatur von 25 °C ergibt sich ein konstantes Potential von 0,246 V (gegenüber der Standardwasserstoffelektrode). Falls man an Stelle der gesättigten KCl-Lösung eine solche mit $c = 1{,}0$ mol/l wählt, beträgt das Potential 0,280 V bei 25 °C

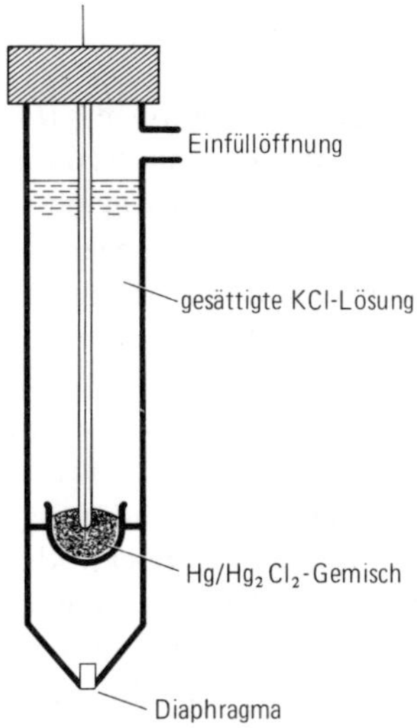

Abb. 4-25 Kalomelelektrode

(Zimmertemperatur). Immer, wenn sich infolge eines Stromdurchganges durch die Elektrode die Hg_2^{2+}-Konzentration verändert, fällt entsprechend viel Hg_2Cl_2 aus oder löst sich auf, bis der ursprüngliche Zustand wieder erreicht ist. Als ionisch leitende Verbindung zur Titrationslösung benutzt man einen mit Elektrolyt gefüllten *Stromschlüssel* oder ein *Diaphragma*. Abb. 4-25 zeigt den modernen Aufbau einer Kalomelelektrode. Sie taucht mit ihrem am unteren Ende angeschmolzenen Diaphragma in die zu titrierende Lösung ein. Über eine Einfüllöffnung kann verbrauchte KCl-Lösung nach Bedarf ergänzt werden. Dabei ist darauf zu achten, daß der Flüssigkeitsspiegel in der Bezugselektrode immer höher liegt als in der Titrationslösung, weil nur so deren Eindringen über das Diaphragma in die Kalomelelektrode vermieden werden kann. Wenn umgekehrt etwas von der KCl-Lösung infolge des Überdruckes in die zu titrierende Lösung fließt, wird zugleich das am Diaphragma auftretende Diffusionspotential weitgehend unterdrückt. Natürlich darf KCl die gerade durchzuführende Titration nicht stören. In einem solchen Fall muß eine Bezugselektrode mit einem anderem Elektrolyten verwendet werden. Die Kalomelelektrode arbeitet bei höheren Temperaturen nicht mehr zuverlässig. Das liegt an der Disproportionierung des Hg(I) in Hg(II) und Hg.

Für die meisten elektrochemischen Messungen bevorzugt man heute die sehr zuverlässige **Ag/AgCl-Elektrode (Silberchlorid-Elektrode)** mit festem AgCl als Bodenkörper. Wer auf gute Meßergebnisse bei höheren Temperaturen Wert legt, sollte zur **Thalamid-Elektrode** greifen. Sie besteht aus Thalliumamalgam als Elektrodenmaterial und TlCl-Bodenkörper in einer KCl-Lösung der Konzentration 3 mol/l. Falls eine Titration durch Cl-Ionen gestört wird, kann man ersatzweise mit einer **Quecksilbersulfat-Elektrode** arbeiten, die ebenfalls ein konstantes Potential besitzt.

4.4.4 Meßketten

Bei potentiometrischen Titrationen wird die Potentialdifferenz zwischen der auf die charakteristischen Konzentrationsänderungen ansprechenden Indikatorelektrode und einer Bezugselektrode gemessen. Wir müssen uns jetzt noch überlegen, wie zwischen den Elektrolytlösungen im Titrationsgefäß und in der Bezugselektrode eine ionisch leitende Verbindung herzustellen ist. Hierfür gibt es im Prinzip zwei Möglichkeiten, nämlich die Anwendung eines Diaphragmas oder die eines mit Elektrolyt gefüllten Stromschlüssels. Welche davon man auch gewählt haben mag, den zur Messung fertigen Versuchsaufbau nennt man Meßkette.

Die in Abb. 4-26 dargestellte Titrationseinrichtung verwendet einen *Stromschlüssel.* Es soll eine Silbernitratlösung mit einer NaCl-Maßlösung titriert werden. Als Meß- oder Indikatorelektrode kann ein einfaches Silberblech dienen. Wenn man als Bezugselektrode eine Kalomel- oder auch Ag/AgCl-Elektrode wählt, tritt das Problem auf, daß durch das Diaphragma hindurch Cl^--Ionen in die Probelösung fließen. Aus diesem Grunde taucht man die Bezugselektrode in ein zum Beispiel mit KNO_3-Lösung gefülltes Becherglas und verbindet diesen Elektrolyten mit dem Titrationsgefäß durch einen ebenfalls mit KNO_3-Lösung gefüllten Stromschlüssel. Im einfachsten Fall ist dieser ein U-Rohr, das neben der Elektrolytlösung noch Agar-Gel enthält, was ein Auslaufen verhindert. Der Zwischenelektrolyt KNO_3 stört die Titration der Silberionen mit NaCl nicht. Falls der Stromschlüssel mit einem Elektrolyten gefüllt ist, dessen Anion und Kation beide etwa gleich große Beweglichkeiten besitzen, tritt kein Diffusionspotential auf. Dieser Umstand besitzt aber nur untergeordnete Bedeutung, solange man eine Titration potentiometrisch indizieren will.

Die bequemste Möglichkeit, zwei Elektrolytlösungen ionisch leitend miteinan-

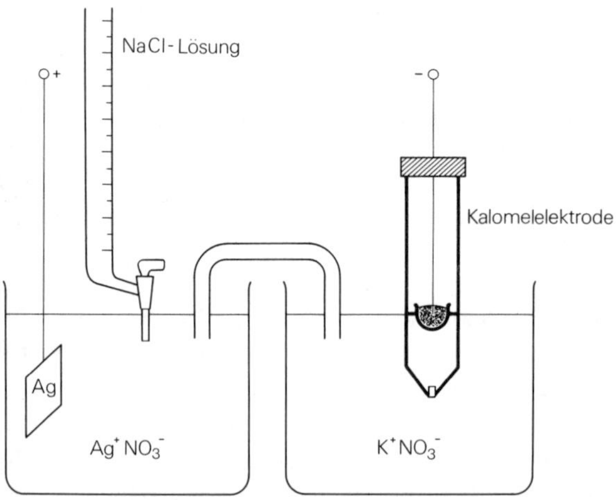

Abb. 4-26 Meßkette mit Stromschlüssel

der zu verbinden, ist die Verwendung eines *Diaphragmas*. Ein solches kann aus Ton mit geeigneter Porengröße bestehen, aber auch aus einem Asbestfaden oder vielen gegeneinander verdrillten dünnen Platindrähten, die, in Glas eingeschmolzen, einen Austausch kleiner Elektrolytmengen zwischen zwei Lösungen zulassen. Wir haben dies bereits bei der Kalomelelektrode (vgl. Abb. 4-25) kennengelernt, die man ja, sofern die darin enthaltene KCl-Lösung nicht gerade stört, direkt in das Titrationsgefäß eintauchen läßt. Es muß aber auch gesagt werden, daß Diaphragmen die Hauptfehlerquelle bei Potentialmessungen mit hohem Genauigkeitsanspruch darstellen. Wenn nämlich unterschiedlich zusammengesetzte Elektrolytlösungen über ein Diaphragma Verbindung miteinander bekommen, wandern ihre Ionen im Potentialgefälle entsprechend ihren Beweglichkeiten. Im Diaphragma führen aber unterschiedliche Beweglichkeiten der am Leitungsprozeß beteiligten Ionenspezies zum Aufbau eines Diffusionspotentials, das bei der Messung der Potentialdifferenz zweier Elektroden als additives Glied miterfaßt wird. Solange dieses im Diaphragma auftretende Potential während einer Meßreihe unverändert bleibt, läßt es sich auch berücksichtigen. Aber bei einer Neutralisationsanalyse werden zum Beispiel sehr bewegliche H^+- oder OH^--Ionen neutralisiert, und entsprechend nimmt dann das Diffusionspotential stark unterschiedliche Werte an. Wer eine potentiometrisch indizierte Titration durchführt, dem kommt es aber weniger auf die Absolutwerte des Potentials an, sondern hauptsächlich auf den Kurvenverlauf, da lediglich der Wendepunkt richtig festzulegen ist. Wir dürfen also in diesem Fall die Änderungen des miterfaßten Diffusionspotentials im Diaphragma außer acht lassen, sollten aber trotzdem dafür sorgen, daß der Flüssigkeitsspiegel in der Bezugselektrode höher liegt als im Titrationsgefäß. Um Diffusionspotentiale praktisch ganz zu unterdrücken, erhöht man in der Bezugselektrode durch Verlängerung der Flüssigkeitssäule den hydrostatischen Druck so sehr, daß ein zwar kleiner, aber ständiger Elektrolytfluß aus dem Reservoir der Elektrode durch das Diaphragma in die zu untersuchende Lösung stattfindet. Das wird aber nur dann notwendig sein, wenn direkt mit einer ionenselektiven Elektrode Ionenkonzentrationen bestimmt werden sollen.

Die Abb. 4-27 zeigt eine sogenannte **Einstabmeßkette** zur pH-Messung in wäßrigen Lösungen. Das Besondere an diesem Aufbau ist die Vereinigung von Indikatorelektrode und Bezugselektrode zu einem einzigen Elektrodenkörper. Die eigentliche Glaselektrode mit ihrem Innenpuffer und der inneren Bezugselektrode ist im Bereich des oberhalb der austauschenden Kugelmembran angeschmolzenen Schaftes von einem weiteren Glasmantel umgeben, der Platz für die Aufnahme der zweiten Bezugselektrode bietet. Ihre Elektrolytfüllung steht mit der zu untersuchenden Lösung über ein seitlich angebrachtes Diaphragma in ionisch leitender Verbindung. Über die oben seitlich angebrachte Einfüllöffnung kann nach Bedarf Elektrolytlösung für die Bezugselektrode ergänzt werden. Auch Einstabmeßketten zur pH-Bestimmung müssen vor der ersten Anwendung genügend lange in einer KCl-Lösung gestanden haben, damit die Glasmembran durch den Quellvorgang für den H^+-Ionenaustausch aktiviert ist. Bei einer Messung ist darauf zu achten, daß nicht nur die aktive Glaskugel in die Lösung eintaucht, son-

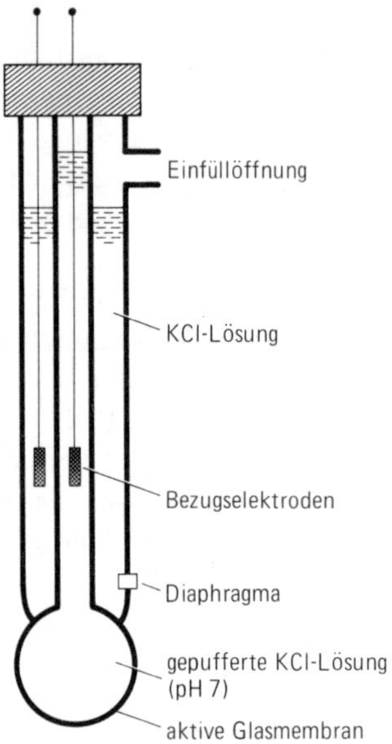

Abb. 4-27 Einstabmeßkette zur pH-Messung

dern auch das Diaphragma. Für viele Arten von ionenselektiven Elektroden sind heute Einstabmeßketten im Handel, was der Einfachheit der beabsichtigten Messungen sehr zugute kommt.

4.4.5 Stromlose Potentialmessung

Die Abhängigkeit der Elektrodenpotentiale von der Konzentration der ausgetauschten Ionen in der Lösung wird nur dann von den schon besprochenen Gleichungen von Nernst und Nikolsky richtig wiedergegeben, wenn an den Elektroden kein Stoffumsatz stattfindet. Das aber ist in der Praxis nur so zu realisieren, daß der Meßkette auch während einer Potentialmessung keine Energie entnommen wird. Jedes direkt zwischen die Elektroden geschaltete Spannungsmeßgerät aber würde zur Messung Energie verbrauchen, und es käme zu einem, wenn auch geringen Stromfluß.

Bei der Messung der Potentialdifferenz zwischen zwei Metallelektroden (z. B. ein Pt-Blech gegen eine Bezugselektrode bei Redoxtitrationen), gelingt es mit einem einfachen Aufbau, die Bedingung der Stromlosigkeit zu erfüllen. Mit Hilfe eines Spannungsteilers erzeugt man aus der von einer Batterie abgegebenen konstanten Spannung eine entsprechend geringere Spannung, die mit der zu messenden Potentialdifferenz genau übereinstimmt. Um das zu erreichen, legt man diese Spannung an die Elektroden der Meßkette und regelt den Widerstand so lange, bis beide Spannungen entgegengesetzt gleich sind. Ein im Stromkreis vorhande-

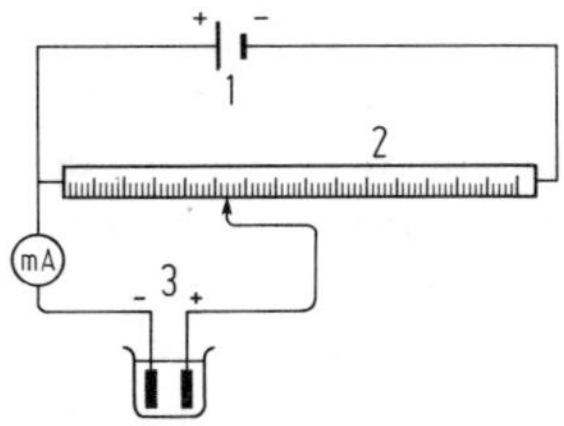

Abb. 4-28 Poggendorfsche Kompensationsmethode zur Potentialmessung; (1) Gleichspannungsquelle, (2) Schiebewiderstand (in mV kalibriert), (3) Meßzelle

nes empfindliches Strommeßgerät zeigt dann Stromlosigkeit an. Diese *Kompensationsmethode* stammt von Poggendorf und wird in der Literatur auch meist unter diesem Namen behandelt. Abb. 4-28 zeigt das Schaltbild. Die Stellung des Schiebewiderstandes ist der abgegebenen Spannung proportional. Um aber jeder Stellung des Schiebewiderstandes eine Spannung in mV zuordnen zu können, muß man zuvor mit einem Normalelement (das ist eine galvanische Zelle mit bekanntem Potential, z. B. das Weston-Element) eichen, indem man anstelle der Meßkette dieses Normalelement abgleicht. Leider läßt sich diese Kompensationsmethode nicht anwenden, wenn die Meßkette als Indikatorelektrode eine Glaselektrode enthält. Das liegt an dem extrem hohen Widerstand, den eine Glasmembran besitzt, er liegt in der Größenordnung von $10^{10}\,\Omega$. Unter diesen Umständen würde nämlich erstens der Schiebewiderstand die Meßkette praktisch kurzschließen, was sie aus dem Gleichgewichtszustand kommen ließe, und zweitens wäre die Messung so kleiner Ströme mit einem gewöhnlichen Strommeßgerät unmöglich, so daß mit dem Spannungsteiler auch nicht abzugleichen wäre.

Ohne meßtechnische Probleme diskutieren zu wollen, sei nur soviel gesagt, daß hier ein *elektronischer Meßverstärker* benötigt wird, dessen Eingangswiderstand mindestens um den Faktor 1000 höher liegen muß als der Widerstand der Glaselektrode, wenn das Meßsignal mit einem Fehler von höchstens 0,1% aufgenommen und nach seiner Verstärkung richtig angezeigt werden soll. Von gleicher Güte muß auch die Isolation des abgeschirmten Kabels sein, mit dem das Signal dem Meßverstärker zugeführt wird, wenn man vermeiden will, daß es schon hier zu Signalverfälschungen kommt. Die im Handel erhältlichen Meßgeräte, meist pH- oder auch Ionen-Meter genannt, erlauben die nahezu stromlose Potentialmessung bei einem Eingangswiderstand von ca. $10^{13}\,\Omega$ mit einer Genauigkeit von bis zu $\pm 0{,}2$ mV (Präzisionsgeräte). Das aber bedeutet, daß bei einem analog anzeigenden Gerät der verfügbar gehaltene Meßbereich noch einmal in zehn aneinander anschließende Teilbereiche unterteilt sein muß, was eine präzise und zeitkonstante Kompensation der einzelnen Spannungsstufen voraussetzt. Für potentiometrisch indizierte Titrationen benötigt man keine derartigen Präzisionsgeräte, es darf als ausreichend angesehen werden, wenn sie eine Potentialmessung mit einer Genauigkeit von ± 2 mV zulassen.

Um mit diesen Geräten insbesondere an Meßketten, die ionenselektive Elektroden enthalten, nicht nur relativ richtige Messungen ausführen zu können, müssen sie eine Eichung zulassen. Für pH-Messungen hat man zum Beispiel zwei Pufferlösungen mit genau bekannten, aber genügend weit auseinander liegenden pH-Werten zu vermessen, um nach den Angaben des Geräteherstellers damit die Anzeige des pH-Meters in Übereinstimmung zu bringen. Viele Geräte besitzen zudem einen Eingang für einen Temperaturfühler. Wenn man diesen in die Meßlösung eintauchen läßt, übernimmt das Gerät die Korrektur von Temperaturschwankungen. Falls vom Gerät her eine solche Möglichkeit nicht existiert, sollte man die Temperatur im Meßgefäß durch einen Thermostaten konstant halten.

Wer ein Ionenmeter mit einer Meßgenauigkeit von $\pm 0{,}2$ mV zur direkten Konzentrationsbestimmung benutzt, sollte bedenken, daß Diffusionspotentiale am Diaphragma der Bezugselektrode die Größe von mehr als 1 mV erreichen können. Sie sind demnach in jedem Fall zu unterdrücken. Bei derartig präzisen Messungen muß man dann auch statt mit Konzentrationen mit Aktivitäten rechnen.

Um die Wirkungsweise der verschiedenen Farbindikatoren bei der Äquivalenzpunktermittlung klassischer Titrationsverfahren und die Qualität der dabei gemachten Aussagen richtig einschätzen zu können, hatten wir für die verschiedenen Arten der Maßanalyse den Verlauf der zugehörigen Titrationskurven besprochen. Grundsätzlich erhält man sie durch logarithmische Auftragung der Konzentration derjenigen Ionensorte, die infolge einer chemischen Reaktion bei der Titration entsteht oder verbraucht wird. Da das Potential einer Indikatorelektrode, wie wir gesehen haben, ebenfalls vom Logarithmus dieser Konzentration abhängt, ist die potentiometrische Titration ein Verfahren zur Registrierung dieser Titrationskurven. Bei 25 °C lautet die Bestimmungsfunktion

$$\Delta E = \Phi_i + \frac{0{,}059}{z} \cdot \lg c.$$

Wir wollen in diesem Zusammenhang noch einmal auf die Eichung eines pH-Meters zurückkommen: Mit der ersten Pufferlösung bringen wir den bekannten pH-Wert durch Regeln einer Gegenspannung mit der entsprechenden Anzeige des Gerätes in Übereinstimmung. Um das gleiche auch mit der zweiten Pufferlösung vornehmen zu können, muß die Steilheit des elektronischen Verstärkers solange verändert werden, bis Übereinstimmung auch für den zweiten pH-Wert erreicht ist. Am Gerät kann nun die eingestellte Steilheit abgelesen werden. Sie sollte bei Messung eines einwertigen Ions ($z = 1$) und bei 25 °C natürlich den Wert 0,059 besitzen. Die Praxis hat gezeigt, daß die Güte der Annäherung an diese theoretische Steilheit ein Kriterium für die richtige Funktion einer ionenselektiven Elektrode darstellt. Sollte ein kleinerer Wert gefunden werden, ist die Funktionsfähigkeit der Elektrode zumindest reduziert. Sie ist dann zunächst auf Sauberkeit (das gilt auch für die Bezugselektrode im Diaphragmenbereich) zu prüfen und notfalls zu reaktivieren, was bei einer Glaselektrode zum Beispiel darin bestehen kann, daß man sie kurzzeitig (!!) mit Flußsäure anätzt. Danach muß sie zum Quellen wieder längere Zeit in einer Elektrolytlösung stehen. Wenn die Steilheit der Elektrodenfunktion auch dann nicht dem theoretischen Wert nahe kommt, muß die Elektrode durch eine neue ersetzt werden.

Während es alle pH- bzw. Ionenmeter dem Analytiker auferlegen, die Titration manuell durchzuführen und jeweils die zugehörigen Meßwerte abzulesen, um damit eine graphische Darstellung der Titrationskurve vorzunehmen, gibt es auch sogenannte *Potentiographen,* die automatisch die benötigten Titrationskurven registrieren können. Sie entsprechen in ihrem Aufbau den bisher beschriebenen Geräten, besitzen aber zusätzlich noch eine Schreibvorrichtung (Kompensationsschreiber) und eine Motorbürette. Um eine richtige Zuordnung von Meßwert und Reagenszugabe zu gewährleisten, muß eine präzise arbeitende mechanische oder besser sogar elektronische Kopplung von Papiervorschub und Kolbenstellung der Motorbürette existieren. Mit einer derartigen Einrichtung kann man dann auch im Bereich des Äquivalenzpunktes langsamer titrieren und vor allem von Messung zu Messung einem vorgegebenen und dann automatisch reproduzierten Zeitplan folgen. Zur Erleichterung der Kurvenauswertung kann die Meßkurve auch differenziert werden; man hat an Stelle des Wendepunktes dann das Maximum eines Peaks zu ermitteln. Die Reproduzierbarkeit der durchgeführten Titrationen kann mit diesen Geräten wesentlich gesteigert werden, was besonders dem Routinebetrieb zugute kommt.

4.4.6 Praktische Anwendungen

Im folgenden soll an Hand einiger Beispiele gezeigt werden, wie vielseitig sich potentiometrische Titrationen zur Indizierung von Fällungs-, Komplexbildungs- und Neutralisationsreaktionen sowie Oxidations- und Reduktionsvorgängen verwenden lassen. Als Vorzüge der Potentiometrie sind vor allem zu nennen:

- Die Möglichkeit, mehrere Stoffe im Verlauf einer einzigen Titration zu bestimmen (Simultanbestimmungen).
- Die Möglichkeit, die Menge eines Stoffes in Gegenwart von solchen Begleitstoffen zu ermitteln, die bei der Durchführung der Analyse nach anderen Methoden stören würden (Selektivbestimmungen). Hier ist auch die Möglichkeit der Titration trüber oder stark gefärbter Lösungen zu erwähnen.
- Die Möglichkeit einer sehr wesentlichen Erweiterung der maßanalytischen Methoden dadurch, daß jetzt auch Maßlösungen verwendet werden können, für die kein brauchbarer Indikator bekannt ist, und endlich
- die Möglichkeit, Mikrobestimmungen auszuführen, da die Genauigkeit vieler potentiometrischer Titrationen diejenige der entsprechenden klassischen Methoden übertrifft.

Fällungs- und Komplexbildungstitrationen

Bestimmung von Halogeniden und von Silber

Die argentometrische Bestimmung von Halogeniden wird in schwach schwefelsaurer Lösung durchgeführt. Als Indikatorelektrode dient ein Silberblech, als Bezugselektrode eine Quecksilbersulfat-Elektrode, die beide in das Titrationsgefäß eintauchen. Es ist wichtig, nicht zu schnell zu titrieren und besonders in der Nähe des Äquivalenzpunktes die etwas zögernde Potentialeinstellung abzuwarten. Das gilt vor allem für die Bromid- und Iodidbestimmung, weniger für die des Chlorids. Der potentialbestimmende Vorgang ist:

$$Ag^{+} + Hal^{-} \rightleftharpoons AgHal.$$

Die beobachteten Potentialsprünge hängen daher von den Löslichkeitsprodukten der Silberhalogenide ab: $K_L(AgI) = 10^{-16}$, $K_L(AgBr) = 10^{-12}$ und $K_L(AgCl) = 10^{-10}$, nehmen also in ihrer Größe in der genannten Reihenfolge ab. So lassen sich Iodid- und Bromidlösungen bis herab zu Konzentrationen von 10^{-5} mol/l, Chloridlösungen jedoch nur bis zu Konzentrationen von 10^{-3} mol/l bestimmen.

Die gleichen Reaktionen sind natürlich auch zur Bestimmung von Silberionen verwendbar. Liegt die Ag^{+}-Konzentration in der zu titrierenden Lösung oberhalb von $c(Ag^{+}) = 10^{-3}$ mol/l, wird als Maßlösung eine Chloridlösung verwendet, die den Vorteil einer rascheren Potentialeinstellung bietet. Verdünntere Silberlösungen werden mit Bromidlösungen titriert, weil diese eine Bestimmung bis herab zu Konzentrationen von $c(Ag^{+}) = 10^{-5}$ mol/l mit ausreichender Genauigkeit erlauben.

Bestimmung von Halogeniden nebeneinander

Sie soll an einem konkreten Beispiel besprochen werden: 100 ml einer Lösung, deren Iodid- und Chloridkonzentration jeweils 0,01 mol/l beträgt, sollen mit einer Silbernitratlösung der Konzentration $c(Ag^{+}) = 1$ mol/l titriert werden. Wie ändert sich die Ag^{+}-Konzentration im Verlauf der Titration? Zu Beginn beträgt die Konzentration wegen des Löslichkeitproduktes von AgI 10^{-14} mol/l, am Äquivalenzpunkt 10^{-8} mol/l und nach dem Zusatz eines weiteren ml der $AgNO_3$-Lösung läge sie bei 10^{-2} mol/l, falls das Chlorid nicht zugegen wäre (Kurve 1 der Abb. 4-29). Da dieses aber eine Konzentration von 0,01 mol/l hat, beginnt bei einer Ag^{+}-Konzentration von 10^{-8} mol/l die Ausfällung von AgCl (vgl. das Löslichkeitsprodukt von AgCl). Solange diese anhält, steigt die Ag^{+}-Konzentration nur geringfügig an, bis der Äquivalenzpunkt der Chloridbestimmung bei einer Ag^{+}-Konzentration von 10^{-5} mol/l (Wendepunkt der Kurve 2 in Abb. 4-29) erreicht wird. Die gemessene Kurve weist also zwei charakteristische Konzentrationssprünge auf, deren erster das Ende der Silberiodidfällung anzeigt, während der zweite nach Ausfällung der Chloridionen beobachtet wird. Der eigentliche Wendepunkt der Iodidfällung wird aber genau genommen gar nicht mehr erreicht, weil die Kurve wegen der beginnenden AgCl-Fällung schon vorher leicht abknickt. Der tatsächlich etwas vorher ermittelte Wendepunkt liegt nur dann noch an der richtigen Stelle, wenn die Kurve im Äquivalenzbereich sehr steil verläuft. Dazu aber müssen die Werte der Löslichkeitsprodukte klein sein und sich gleichzeitig genügend voneinander unterscheiden.

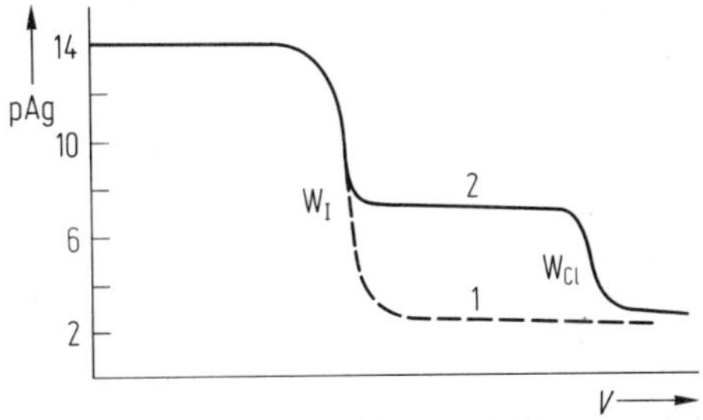

Abb. 4-29 Gemeinsame Titration von Chlorid und Iodid mit $AgNO_3$-Lösung ($pAg = -\lg c(Ag^+)$, V zugesetztes Volumen an $AgNO_3$-Lösung)

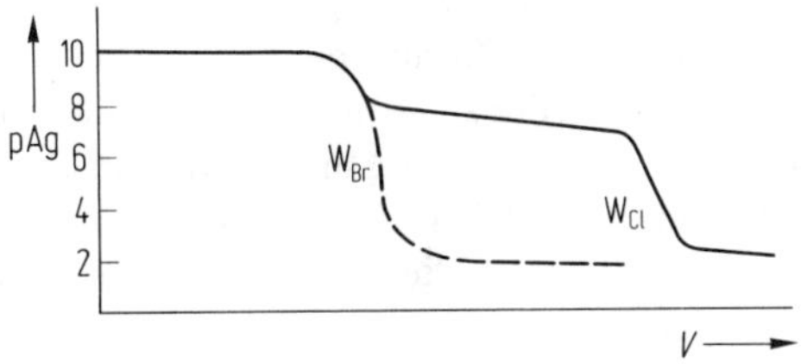

Abb. 4-30 Gemeinsame Titration von Chlorid und Bromid mit $AgNO_3$-Lösung ($pAg = -\lg c(Ag^+)$, V zugesetztes Volumen an $AgNO_3$-Lösung)

Es ist vergleichsweise schwieriger, zwei durch das gleiche Reagens ausfällbare Ionen in einer Titration zu bestimmen, wenn die Löslichkeitsunterschiede der ausfallenden Niederschläge gering sind. Abb. 4-30 läßt das deutlich erkennen. Hier ist der theoretische Verlauf der Änderung der Silberionenkonzentration einer mit der gleichen Silbernitratlösung titrierten Lösung von Chlorid- und Bromidionen dargestellt, deren Konzentration jeweils 0,01 mol/l beträgt. Die Beendigung der Bromidfällung wird nur durch einen geringen und unscharfen Konzentrations- bzw. Potentialsprung wiedergegeben, während der zweite Wendepunkt, der der Summe beider fällbaren Ionen entspricht, gut zu ermitteln ist. Tatsächlich ergibt sich bei der Bestimmung noch ein weiteres Problem: AgBr und AgCl bilden nämlich, wenn auch nur in einem engen Existenzbereich, miteinander Mischkristalle, was den ersten Äquivalenzpunkt um gut 2% zu weit nach rechts verschiebt. In einem solchen Fall ist die Titrationskurve nach dem Gran-Verfahren (vgl. S. 278) auszuwerten.

Bestimmung von Zink

Die Bestimmung von Zink als Kalium-zink-hexacyanoferrat(II) kann potentiometrisch indiziert werden, wenn die Maßlösung neben dem zur Fällung benötigten $K_4[Fe(CN)_6]$ zusätzlich noch geringe Mengen an $K_3[Fe(CN)_6]$ enthält. An einer Platinelektrode ist der Vorgang:

$$[Fe(CN)_6]^{4-} \rightleftharpoons [Fe(CN)_6]^{3-} + e^-$$

potentialbestimmend. Das Konzentrationsverhältnis der beiden Ionen ändert sich während der Titration, weil $[Fe(CN)_6]^{4-}$ zur Fällung des Zn^{2+} nach der Gleichung:

$$3\,Zn^{2+} + 2\,K^+ + 2\,[Fe(CN)_6]^{4-} \rightleftharpoons K_2Zn_3\,[Fe(CN)_6]_2\downarrow$$

verbraucht wird. Als Bezugselektrode verwendet man eine Silberchlorid-Elektrode.

Man arbeitet, am besten unter Zusatz von Kaliumsulfat, in ganz schwach salzsaurer Lösung bei einer Temperatur von 60 bis 70 °C. Als Maßlösung dient eine $K_4[Fe(CN)_6]$-Lösung der Konzentration 0,1 mol/l, die außerdem noch 1 g/l $K_3[Fe(CN)_6]$ enthält. Natrium-, Magnesium-, Calcium- und Aluminiumsalze stören die Titration, wenn sie in größerer Menge zugegen sind. Eisen(III)-Ionen, die ebenfalls stören, lassen sich durch Zusatz von Ammoniumfluorid und wenig Säure infolge Bildung komplexer $[FeF_6]^{3-}$-Ionen binden und dadurch unschädlich machen. Sehr wichtig ist es, während der ganzen Titration kräftig zu rühren, damit der zunächst ausfallende $Zn_2[Fe(CN)_6]$-Niederschlag sich quantitativ in $K_2Zn_3[Fe(CN)_6]$ umwandeln kann. Die Methode ist auch zur Bestimmung der $[Fe(CN)_6]^{4-}$-Ionen verwendbar.

Bestimmung von Fluorid

Sie wird in fast neutraler Lösung am besten mit einer fluoridselektiven LaF_3-Elektrode durch Titration mit einer $La(NO_3)_3$-Maßlösung durchgeführt. Dabei werden die Fluoridionen entsprechend der Gleichung:

$$3\,F^- + La^{3+} \rightleftharpoons LaF_3\downarrow$$

ausgefällt, und das durch die Fluoridionen hervorgerufene Phasengrenzpotential wird in Abhängigkeit vom $La(NO_3)_3$-Zusatz gemessen.

Eine Lösung, die zwischen 1 mg und 50 mg Fluoridionen enthalten sollte, wird nach Zusatz von 10 ml Acetatpuffer pH 6 mit einer Lanthannitrat-Lösung der Konzentration $c(\frac{1}{3}\,La^{3+}) = 0{,}1$ mol/l langsam titriert. (1 ml dieser Maßlösung entspricht 1,90 mg F^-). Der Acetatpuffer pH 6 enthält ca. 85 g CH_3COONa in einem Liter Wasser gelöst, dem anschließend soviel Eisessig hinzugefügt wurde, bis der pH-Wert von genau 6 erreicht war. Eine Maßlösung der Konzentration $c(\frac{1}{3}\,La^{3+}) = 0{,}1$ mol/l stellt man durch Lösen von 14,44 g $La(NO_3)_3 \cdot 6\,H_2O$ in einem Liter deionisierten Wasser her. Die Titerstellung erfolgt durch potentiometrische Titration einer NaF-Lösung, die man sich durch Auflösen einer abgewogenen Menge von festem NaF (zur Analyse, besser suprapur) hergestellt hat.

Metallionenselektive Elektroden lassen sich zur potentiometrischen Indikation komplexometrischer Titrationen mit EDTA verwenden.

Säure-Base-Titrationen

Mit Hilfe der pH-Glaselektrode lassen sich alle Bestimmungen von Säuren und Basen bequem potentiometrisch indizieren. Ihre Durchführung entspricht dem, was zu den Säure-Base-Titrationen unter Verwendung von Farbindikatoren bereits gesagt wurde. Die Vorteile der Potentiometrie kommen aber erst dann richtig zum Tragen, wenn die zu bestimmenden Mengen sehr klein oder die Lösungen farbig sind. Solange ein Neutralisationsvorgang in der Titrationskurve überhaupt einen Wendepunkt hervorruft, läßt sich durch Potentialmessungen auch der Äquivalenzpunkt ermitteln. Man ist demnach nicht wie bei der Verwendung von Farbindikatoren darauf angewiesen, daß die Kurve am Äquivalenzpunkt so steil verläuft, daß der Umschlagsbereich des Farbindikators nur einen vernachlässigbar kleinen Volumenfehler bedingt. Die Steilheit der Titrationskurve hängt bekanntlich von der Konzentration und der Stärke (Dissoziationskonstante) der vorgelegten Säure oder Base ab. Mischungen starker bis mittelstarker Säuren bzw. Basen liefern nur *einen* Potentialsprung, dessen Lage von der gesamten H^+- bzw. OH^--Konzentration abhängt. Dagegen können schwache Säuren bzw. Basen simultan bestimmt werden, falls sich ihre Dissoziationskonstanten genügend stark voneinander unterscheiden. Jedoch darf die Dissoziationskonstante niemals den Wert 10^{-9} unterschreiten, weil sonst die Dissoziation des Wassers soviel H^+- bzw. OH^--Ionen liefert, daß in der Titrationskurve der Potentialsprung unterdrückt wird. Sofern die Glaselektrode zuvor geeicht wurde, kann man den Titrationskurven den pK-Wert ($pK = -\lg K$) der gerade titrierten Säure bzw. Base entnehmen, indem man den pH- bzw. pOH-Wert genau bei $\tau = 0{,}5$ feststellt. Es gilt hier die einfache Beziehung $pH = pK$, die sich aus dem Massenwirkungsgesetz leicht herleiten läßt.

Für Laboratorien, die im Routinebetrieb Säure- oder Basenbestimmungen durchzuführen haben, wird die potentiometrische Titration insofern unersetzlich sein, als sich diese im Gegensatz zu Titrationen unter Verwendung von Farbindikatoren leicht automatisieren läßt. Da die zweite Ableitung der Potentialkurve einen Äquivalenzpunkt als Nullstelle anzeigt, kann die Titration im Augenblick des Erreichens dieser Nullstelle automatisch beendet und der zugehörige Verbrauch an ein Datenerfassungsgerät übermittelt werden.

Oxidations- und Reduktionstitrationen

Simultanbestimmung von Eisen und Mangan mit Permanganat

Bei dieser Bestimmung muß Eisen als Eisen(II)-, Mangan als Mangan(II) vorliegen. Die Titration der Eisen(II)-Ionen in schwefelsaurer Lösung ergibt einen starken Potentialsprung nach Beendigung der Reaktion

$$MnO_4^- + 5\,Fe^{2+} + 8\,H^+ \rightarrow Mn^{2+} + 5\,Fe^{3+} + 4\,H_2O.$$

Enthält die Lösung gleichzeitig einen Überschuß von Kaliumfluorid, so schließt sich dieser Reaktion eine zweite an, die in der Oxidation der während des ersten Vorganges entstandenen Mangan(II)-Ionen zu Mangan(III)-Ionen besteht (die F^--Ionen komplexieren das entstehende Mn^{3+}):

$$MnO_4^- + 4\,Mn^{2+} + 8\,H^+ \rightarrow 5\,Mn^{3+} + 4\,H_2O.$$

In der Potentialkurve erscheint also ein zweiter Sprung, wenn ein um ein Viertel größeres Volumen der Permanganatlösung hinzugegeben wurde, als zur Erreichung des ersten Sprunges erforderlich war. Bezeichnet man das zur Oxidation der Eisen(II)-Ionen notwendige Volumen der Permanganatlösung mit a und das bis zum zweiten Sprung erforderliche mit b, so ist $b = (a + a/4)$, wenn die zu titrierende Lösung nur Eisen(II)-Ionen enthält. Sind aber von vornherein schon Mangan(II)-Ionen vorhanden, so ist das bis zum zweiten Sprung erforderliche Volumen der Permanganatlösung *(b)* größer als $(a + a/4)$, und das zur Titration der ursprünglich vorhandenen Mangan(II)-Ionen verbrauchte Volumen der Permanganatlösung beträgt $x = b - (a + a/4)$ bzw. $x = b - 5/4 \cdot a$.

Für die praktische Durchführung der Bestimmung ist zu beachten, daß einerseits eine fluoridhaltige Eisen(II)-Salzlösung luftempfindlich ist und daß andererseits eine saure Fluoridlösung die Verwendung eines Titrationsgefäßes aus Glas ausschließt. Als Titriergefäß eignet sich eine Platinschale oder ein Gefäß aus PTFE, in dem sich die zunächst fluoridfreie, schwefelsaure Lösung (5 ml konz. H_2SO_4 pro 100 ml) befindet; Indikatorelektrode ist ein Platinblech. Zunächst wird bei Zimmertemperatur titriert. Sobald der erste Äquivalenzpunkt erreicht ist, werden 7 g Kaliumfluorid pro 100 ml Lösung hinzugegeben. Dann wird die Lösung bei 80 °C bis zum zweiten, der Mangan(II)-Konzentration entsprechenden Äquivalenzpunkt weiter titriert.

Bestimmung von Zinn und Antimon mit Dichromat

Zinn(II) bzw. Antimonat(III) lassen sich durch Kaliumdichromat in stark salzsaurer Lösung zu Zinn(IV) bzw. Antimonat(V) oxidieren:

$$Cr_2O_7^{2-} + 14\,H^+ + 3\,Sn^{2+} \rightarrow 2\,Cr^{3+} + 3\,Sn^{4+} + 7\,H_2O$$
$$Cr_2O_7^{2-} + 8\,H^+ + 3\,SbO_2^- + 5\,H_2O \rightarrow 2\,Cr^{3+} + 3\,[Sb(OH)_6]^-.$$

Die Erkennung des Endpunktes erfolgt potentiometrisch mit Hilfe einer Platinelektrode. Die Titration muß in Lösungen mit $c(HCl) \approx 2$ mol/l erfolgen. Der Potentialsprung ist beim Zinn etwa zehnmal so groß wie beim Antimon.

Selektivbestimmung von Antimon neben Zinn: Befinden sich Sn(II)- und Sb(III)-Ionen gemeinsam in der Lösung, so ergibt die potentiometrische Titration nur einen, der Summe beider Bestandteile entsprechenden Potentialsprung. Setzt man jedoch einer zweiten Probe der Lösung einen Überschuß von Quecksilber(II)-Ionen hinzu, so wird das Zinn(II) oxidiert ($2\,Hg^{2+} + Sn^{2+} \rightarrow Hg_2^{2+} + Sn^{4+}$), während Antimon(III) nicht reagiert. Bei der potentiometrischen Titration wird jetzt ein Potentialsprung erhalten, der nur der Menge des Antimons entspricht. Das schwerlösliche Quecksilber(I)-chlorid wird durch die Dichromatlösung nicht oxidiert.

Bestimmung von Vanadium mit Cer(IV)

Cer(IV)-sulfat ist ein starkes, dem Kaliumpermanganat oft vorzuziehendes Oxidationsmittel. Die Reaktion erfolgt stets nach der Gleichung: $Ce^{4+} + e^- \rightleftharpoons Ce^{3+}$. Cer(IV)-sulfatlösungen sind lange Zeit hindurch titerbeständig und weder licht- noch temperaturempfindlich. Man kann mit ihnen im Gegensatz zu Permanganatlösungen auch in stark salzsaurer Lösung titrieren. Sie sind daher maßanalytisch vielseitig verwendbar. Die Anzeige des Äquivalenzpunktes ist bei Titrationen mit Cer(IV)-sulfatlösung nicht nur potentiometrisch möglich, sie kann auch durch geeignete Redoxindikatoren erfolgen (vgl. S. 173).

Herstellung der Cer(IV)-sulfatlösung: Die Herstellung der Lösung ist auf S. 177 beschrieben. Die Titerstellung erfolgt bei 70 °C potentiometrisch mit einer abgewogenen Menge an Natriumoxalat, das man in 10 ml konz. Salzsäure löst und auf 100 ml verdünnt. (Die Reaktion verläuft in Gegenwart von HCl schneller als in schwefelsaurer Lösung.)

Bestimmung von Vanadium: Sie erfolgt nach der Gleichung

$$Ce^{4+} + VO^{2+} + H_2O \rightarrow Ce^{3+} + VO_2^+ + 2\,H^+$$

in heißer, stark mineralsaurer Lösung. Sollte Vanadium mit der Oxidationszahl V vorliegen, muß es zuvor in saurer Lösung mit SO_2-Gas reduziert werden. Danach ist überschüssiges Schwefeldioxid durch längeres Durchleiten von CO_2 in einer geschlossenen Apparatur vollständig zu vertreiben.

Gemeinsame Bestimmung von Vanadium und Eisen: Man titriert die saure, Vanadyl(IV)- und Eisen(II)-Ionen enthaltende Lösung zunächst in der Kälte bis zum ersten Potentialsprung, der dem Gehalt an Eisen entspricht, erwärmt die Lösung auf 50 °C bis 60 °C und titriert weiter bis zum zweiten, den Vanadiumgehalt anzeigenden Wendepunkt. Diese Methode dient zur Analyse vanadiumhaltiger Stahlsorten.

Bestimmung von Kupfer und Eisen mit Chrom(II)

Das Standardpotential des Redoxsystems $Cr^{3+} + e^- \rightleftharpoons Cr^{2+}$ beträgt $-0{,}408$ V. Daher wirken wäßrige Chrom(II)-Salzlösungen stark reduzierend. Sie übertreffen darin das gleichfalls bei potentiometrischen Titrationen verwendete Titan(III)-chlorid. Beide Reduktionsmittel dienen zur schnellen und genauen Analyse verschiedener binärer und ternärer Legierungen.

Herstellung der Chrom(II)-sulfatlösung: Reinstes Kaliumdichromat wird mit konzentrierter Salzsäure bis zum Aufhören der Chlorentwicklung gekocht (Vorsicht!). Die Lösung wird abgekühlt und in einem Kolben mit aufgesetztem Bunsenventil einige Stunden mit reinstem Zink reduziert. Wenn die Lösung rein blau gefärbt ist, wird sie durch ein mit Glaswollefilter versehenes Heberrohr mit Wasserstoffgas in überschüssige, zuvor ausgekochte Natriumacetat-lösung gedrückt. Hier fällt schwerlösliches Chrom(II)-acetat aus, das in einer Wasserstoffatmosphäre etwa zehnmal durch Dekantieren mit ausgekochtem Wasser bis zum Ver-

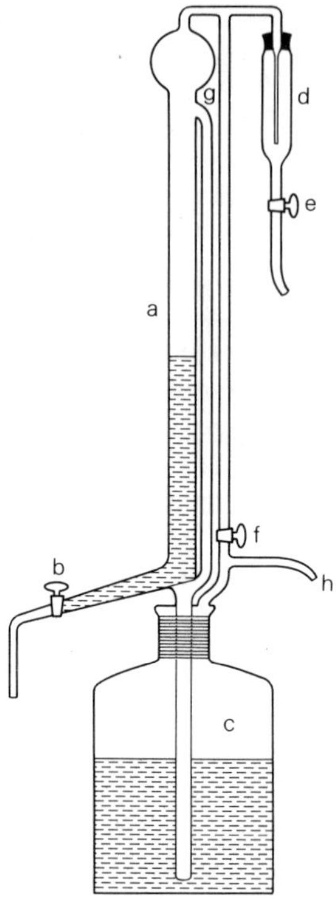

Abb. 4-31 Automatische Bürette für die Titration mit luftempfindlichen Maßlösungen (Erklärung der Buchstaben im Text)

schwinden der Chloridreaktion gewaschen und dann in ausgekochter, verdünnter Schwefelsäure gelöst wird. Diese Lösung wird, nachdem man sie hat absitzen lassen, ebenfalls unter Wasserstoffgas in die Vorratsflasche abgehebert und mit ausgekochtem Wasser verdünnt.

Chrom(II)-Salzlösungen sind, ebenso wie Titan(III)-chloridlösungen, äußerst luftempfindlich. Man muß sie daher sorgfältig vor Luft geschützt aufheben und verwenden. Dazu eignet sich eine automatische Bürette, die in Abb. 4-31 dargestellt ist. Die Maßlösung befindet sich unter Wasserstoffgas in der Vorratsflasche c, auf die eine Bürette a aufgesetzt ist. Um diese zu füllen, schließt man die Hähne f und b und öffnet den Hahn e. Die Maßlösung steigt dann durch Ansaugen bei e und durch den Druck des bei h über eine Waschflasche angeschlossenen Kippschen Wasserstoffentwicklers durch das Rohr g in die Bürette. Ist die Bürette gefüllt, so wird e geschlossen und f geöffnet. Ein besonderer Vorteil dieser Anordnung ist der Umstand, daß die Lösung bei ihrem Eintritt in die Bürette nicht mit gefetteten Hähnen in Berührung kommt. Das Bunsenventil d hat den Zweck, beim Ansaugen das Eindringen von Luft zu verhindern.

Für die Titration mit Chrom(II)-sulfatlösung kann auch eine Reduktorbürette mit amalgamiertem Zink als Reduktionsmittel verwendet werden. Als Maßlösung dient $KCr(SO_4)_2$ in Salz- oder Schwefelsäure ($c(H^+) = 0{,}1$ mol/l) gelöst [154].

Die Einstellung der Chrom(II)-sulfatlösung erfolgt am besten durch potentiometrische Titration einer Kupfer(II)-sulfatlösung bekannten Gehaltes.

Bestimmung von Kupfer: Die Titration erfolgt bei 80 °C in chloridfreier, schwefelsaurer Lösung. Selbstverständlich muß unter Luftabschluß titriert werden. In einem verschlossenen Titrationsgefäß wird die Probelösung sorgfältig mit sauerstofffreiem Stickstoff gespült, um den gelösten Sauerstoff weitgehend zu vertreiben. Reste davon werden durch Zugabe von 1 ml der Chrom(II)-sulfatlösung reduziert. Eine Reduktion von Kupfer(II)-Ionen wird durch Zusatz eines stärkeren Oxidationsmittels, z. B. einiger ml Kaliumbromatlösung, wieder rückgängig gemacht. Nun erst beginnt die eigentliche Titration mit der Chrom(II)-sulfatlösung: Ein erster Potentialsprung zeigt die völlige Reduktion des zugesetzten Oxidationsmittels (hier Kaliumbromat) an, ein zweiter die vollendete Reduktion der Kupfer(II)-Ionen zu metallischem Kupfer:

$$2\,Cr^{2+} + Cu^{2+} \rightarrow 2\,Cr^{3+} + Cu.$$

Ein der Kupfer(I)-Stufe entsprechender Potentialsprung tritt in schwefelsaurer Lösung nur andeutungsweise auf, da die primär entstehenden Kupfer(I)-Ionen nach der Gleichung

$$2\,Cu^{+} \rightleftharpoons Cu + Cu^{2+}$$

zu metallischem Kupfer und Kupfer(II)-Ionen disproportionieren. In Gegenwart von Chloridionen werden dagegen die Kupfer(II)-Ionen nur bis zur Kupfer(I)-Stufe reduziert. Daher stört Salzsäure bei der Titration der Kupfer(II)-Ionen mit Chrom(II)-sulfatlösung. Salpetersäure darf wegen ihrer oxidierenden Eigenschaften ebenfalls nicht zugegen sein. Aus dem zwischen dem ersten und zweiten Potentialsprung verbrauchten Volumen der Chrom(II)-sulfatlösung kann man den Gehalt der untersuchten Lösung an Kupfer(II)-Ionen berechnen.

Simultanbestimmung von Kupfer und Eisen: Die Eisen(III)- und Kupfer(II)-Ionen enthaltende schwefelsaure Lösung wird bei 80 °C vorreduziert und nach Zusatz von wenig Kaliumbromatlösung mit Chrom(II)-sulfatlösung titriert. Es treten drei Potentialsprünge auf, von denen der erste die Reduktion des Bromatüberschusses, der zweite die Reduktion von Fe^{3+} ($Fe^{3+} + e^- \rightarrow Fe^{2+}$) und der dritte die Reduktion von Cu^{2+} ($Cu^{2+} + 2\,e^- \rightarrow Cu$) anzeigt. Etwa vorhandenes Arsen wird durch das Bromat zu Arsensäure oxidiert, jedoch verhindert Antimon, falls mehr als 10 mg/l zugegen sind, den dritten Potentialsprung. Die angegebene Methode erlaubt die Eisenbestimmung noch in Gegenwart der zweitausendfachen Kupfermenge!

Soll ein Kupferkies untersucht werden, so wird er zunächst mit siedender konzentrierter Schwefelsäure unter Zusatz von Kaliumperoxodisulfat aufgeschlossen.

4.4.7 Auswertung

Normalerweise wird die Reagenslösung der zu titrierenden Lösung in kleinen, genau gemessenen Anteilen zugesetzt und jedesmal der Ausschlag des Galvanometers (bzw. die Brückenabschnitte bei der Kompensationsmethode) abgelesen und notiert. Dabei ist zu berücksichtigen, daß die Einstellung der Gleichgewichtspotentiale bei manchen Reaktionen eine gewisse Zeit erfordert. Es ist zweckmäßig, in der Nähe des Äquivalenzpunktes die Reagenzlösung in kleineren, jedoch stets gleich großen Volumenschritten zuzufügen, um den Endpunkt möglichst genau ermitteln zu können. Die Potentialwerte trägt man in Abhängigkeit von dem jeweils zugesetzten Volumen der Maßlösung in ein Koordinatensystem ein. Es ist dann die Aufgabe, den im Bereich des Potentialsprunges gelegenen Wendepunkt der Titrationskurve zu ermitteln. Seine Projektion auf die Abszisse entspricht dem Verbrauch an Maßlösung bis zum Äquivalenzpunkt.

Ein einfaches geometrisches Verfahren zum Auffinden des Wendepunkts einer Titrationskurve ist die *Tangentenmethode.* Dazu zeichnet man entsprechend der Abb. 4-32 zwei zueinander parallele Tangenten so an die Kurve, daß ihre Berührungspunkte den Äquivalenzpunkt einschließen. Der Schnittpunkt der Mittelparallelen mit der Titrationskurve ist dann der Wendepunkt W. Das Ergebnis ist immer dann richtig, wenn die Titrationskurve symmetrisch verläuft.

Wenn man über viele Meßpunkte im Bereich des Äquivalenzpunktes verfügt, kann es von Vorteil sein, die pro Volumenportion der zugesetzten Maßlösung beobachteten Potentialdifferenzen $\Delta E/\Delta V$ gegen das insgesamt zugesetzte Volumen der Maßlösung aufzutragen (siehe Abb. 4-33). Die einzelnen Punkte werden miteinander verbunden und die beiden Verbindungslinien auf beiden Seiten des Äquivalenzpunktes extrapoliert. Die Projektion ihres Schnittpunktes auf die Volumenachse zeigt den Titrationsendpunkt an. Der Differenzenquotient erreicht seinen größten Wert, wenn die ursprüngliche Titrationskurve die größte Steigung besitzt.

Je kleiner der Volumenschritt zwischen zwei Potentialmessungen wird, umso mehr nähert sich die dann erhaltene Darstellung der ersten Ableitung der Titrationskurve an. Mit modernen Potentiographen kann eine derartige Differentiation auf elektronischem Wege durchgeführt werden.

Trotz des relativ hohen Rechenaufwandes ist die Linearisierung von Titrationskurven nach Gran ein sehr nützliches Verfahren (**Gran-Verfahren,** Gran-Plot [155]). Man geht dazu von der Potentialgleichung

$$\Delta E = \Phi_\mathrm{i} + \frac{s}{z} \cdot \lg c \quad (\text{mit } s = \frac{RT \cdot 2{,}303}{F})$$

aus und formt sie zu

$$\frac{z \cdot \Delta E}{s} = \frac{z \cdot \Phi_\mathrm{i}}{s} + \lg c$$

um. Damit bildet man die Potenzen

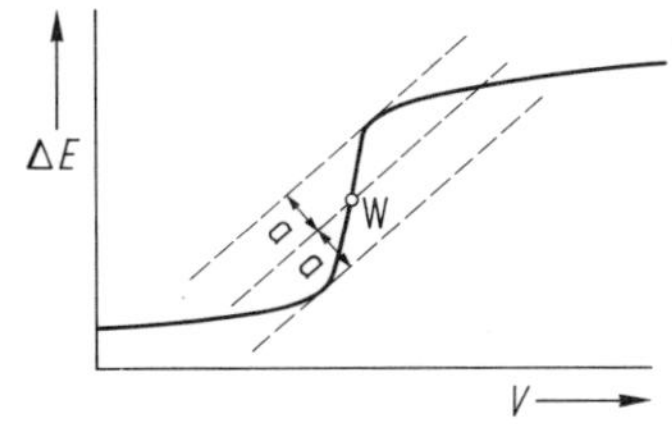

Abb. 4-32 Tangentenmethode zum Auffinden des Wendepunktes W (ΔE EMK der Meßkette, V zugesetztes Volumen an Maßlösung, a Abstand)

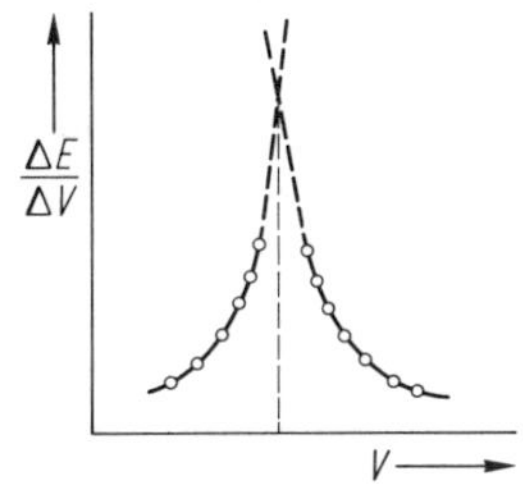

Abb. 4-33 Auftragung des Differenzenquotienten $\Delta E/\Delta V$ zum Auffinden des Äquivalenzpunktes (ΔE EMK der Meßkette, V zugesetztes Volumen an Maßlösung)

$$10^{z \cdot \Delta E/s} = 10^{(z \cdot \Phi_i/s + \lg c)}$$

auf der Basis 10 und wendet die Regeln des Rechnens mit Potenzen an:

$$10^{z \cdot \Delta E/s} = 10^{z \cdot \Phi_i/s} \cdot 10^{\lg c}$$

bzw.

$$10^{z \cdot \Delta E/s} = m \cdot c$$

wenn man für den konstanten Wert $10^{z \cdot \Phi_i/s} = m$ setzt. Trägt man nun die aus den gemessenen Potentialwerten errechnete Variable $10^{z \cdot \Delta E/s}$ gegen die Konzentration c auf, so wird eine Gerade mit der Steigung m erhalten, die durch den Ursprung des Koordinatensystems verläuft.

Unsere Aufgabe soll es sein, potentiometrisch erhaltene Titrationskurven sinnvoll auszuwerten. Dabei ist zu bedenken, daß die Konzentration des zu bestimmenden Ions proportional mit der Zugabe der Maßlösung im Titrationsgefäß vermindert wird, was natürlich eine quantitativ ablaufende Reaktion voraussetzt. Somit muß die Variable $10^{z \cdot \Delta E/s}$, gegen das Volumen der zugesetzten Maßlösung aufgetragen, ebenfalls eine Gerade ergeben, die jedoch entsprechend der Abnahme negative Steigung besitzt und die Abszisse am Äquivalenzpunkt schneidet. Das gleiche gilt für die im Überschuß zugesetzte Maßlösung: Ihre Konzentration nimmt im Titrationsgefäß nach Erreichen des Äquivalenzpunktes ständig zu, und nach dem Gran-Verfahren muß, am Äquivalenzpunkt beginnend, eine ansteigen-

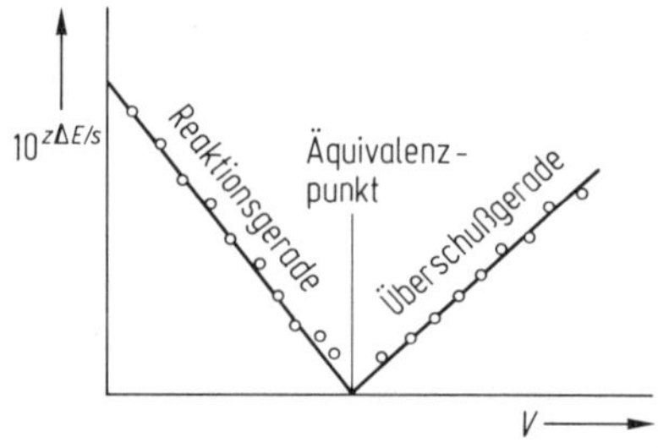

Abb. 4-34 Darstellung einer Titrationskurve nach dem Gran-Verfahren (z Äquivalentzahl, ΔE EMK der Meßkette, $s = 2{,}303\ RT/F$, V zugesetztes Volumen an Maßlösung)

de Gerade erhalten werden. Ein wichtiges Kriterium der Richtigkeit stellt dabei der gemeinsame Schnittpunkt beider Geraden mit der Abszisse dar (siehe Abb. 4-34).

Bevor wir zur praktischen Durchführung der Auswertung nach Gran kommen, ist es notwendig, sich einige Gedanken über die dem Verfahren zugrunde liegende Funktion zu machen. Formal ist die Exponentialfunktion zu der des Logarithmierens invers, und man findet zum Beispiel im angelsächsischen Sprachraum meist die äquivalente Schreibweise $10^x = \text{antilg}\ x$. Dieser Umstand hat zur Folge, daß sich in unserer oben durchgeführten Rechnung für $10^{\lg c}$ die Identität $10^{\lg c} = c$ ergibt, weil die beiden durchzuführenden Operationen zueinander invers sind.

Am einfachsten ist es jetzt zu überlegen, wie sich Fehler bei der Berechnung der Variablen $10^{z \cdot \Delta E/s}$ auf die Richtigkeit des Verfahrens auswirken. Sollte der Quotient $z \cdot \Delta E/s$ mit einem proportionalen Fehler f behaftet sein, so daß tatsächlich $10^{f \cdot z \cdot \Delta E/s}$ berechnet wird, würde sich nach den Regeln der Potenzrechnung $(10^{z \cdot \Delta E/s})^f$ ergeben. Da nur $10^{z \cdot \Delta E/s}$ der Konzentration c proportional ist, wird seine Potenz mit dem Exponenten f statt der erwarteten Geraden umso eher erkennbar eine gekrümmte Kurve ergeben, je mehr sich f von eins unterscheidet. Mit anderen Worten, zur Berechnung der Gran-Variablen muß das Verhältnis $\Delta E/s$ weitgehend fehlerfrei sein, denn z berücksichtigt nur die Ladung des potentialbestimmenden Ions und ist damit eine ganze natürliche Zahl. Zwar läßt sich der sogenannte Nernst-Faktor s für die jeweils herrschende Temperatur berechnen (z. B. ist für 25 °C $s = 0{,}059$ V), doch muß dieser zur Anwendung des Gran-Verfahrens experimentell an einer Verdünnungsreihe bestimmt werden, was zugleich ein mögliches Fehlverhalten der Indikatorelektrode korrigiert.

Es kann aber auch der Quotient $z \cdot \Delta E/s$ jeweils um ein additives Glied fehlerhaft sein. Verfolgt man diesen Einfluß, so läßt sich leicht zeigen, daß dann nur die Steigung m der Ausgleichsgeraden eine andere wird, ohne daß die Lage ihres Schnittpunktes mit der Abszisse davon berührt wird. Bei der Anwendung des Gran-Verfahrens wird von dieser Eigenschaft Gebrauch gemacht.

Die potentiometrische Titration wird in der üblichen Weise durchgeführt, nachdem zuvor der für die verwendete Indikatorelektrode relevante Nernst-Faktor s durch Kalibrierung bestimmt wurde. Aus den bei der Titration erhaltenen

Meßdaten stellt man zunächst eine Reihe von Werten zusammen, die mit Fortschreiten der Titration zum Äquivalenzpunkt hin in ihrer absoluten Größe abnehmen. Dabei kommt es nur darauf an, daß die nach jeder Zugabe an Maßlösung gemessenen Potentialdifferenzen mit denen der ursprünglichen Meßreihe genau übereinstimmen. Für den Bereich nach dem Äquivalenzpunkt benötigt man eine gleichartige Reihe von Werten, die jetzt jedoch nach dem Prinzip erstellt wird, daß bei genauer Berücksichtigung der gemessenen Potentialdifferenzen ihre absoluten Beträge mit der Zugabe von weiterer Maßlösung wieder zunehmen. Sollte bei den Berechnungen dieser Datenreihen zu allen ursprünglichen Meßwerten jeweils ein fester Betrag addiert oder subtrahiert werden, so wird das Ergebnis dadurch nicht beeinflußt. Ebenso bleibt das ursprüngliche Vorzeichen der Meßwerte unberücksichtigt. Als nächstes berechnet man die Gran-Variablen und trägt die Ergebnisse gegen das zugesetzte Volumen an Maßlösung auf, wie es in Abb. 4-34 gezeigt ist. Es spielt im übrigen auch keine Rolle, wenn zur Darstellung der Überschuß-Geraden ein anderer Maßstab für die Ordinate gewählt wird.

Wenn allerdings im Laufe einer Titration das ursprüngliche Titrationsvolumen V_0 durch die Zugabe der Maßlösung in nennenswertem Maße vergrößert wird, müssen die nach dem Gran-Verfahren aufzutragenden Werte noch korrigiert werden. Gegebenenfalls ist dann wie folgt zu verfahren: In der zu titrierenden Lösung ist die jeweils vorhandene Stoffmenge n unabhängig von der Verdünnung. Somit berechnet sich ihre Konzentration entsprechend der gerade vorliegenden Verdünnung nach

$$n = c_0 \cdot V_0 = c \cdot (V_0 + V_t)$$

zu

$$c_0 = c \cdot \frac{V_0 + V_t}{V_0},$$

wenn c die reale, c_0 die theoretische Konzentration bedeuten, und V_t das zum jeweiligen Zeitpunkt gerade zugefügte Volumen der Maßlösung angibt. Entsprechend

$$\frac{V_0 + V_t}{V_0} \cdot 10^{z \cdot \Delta E/s} = \frac{V_0 + V_t}{V_0} \cdot m \cdot c = m \cdot c_0$$

sind zuvor alle Gran-Variablen mit dem für sie gültigen Faktor $(V_0 + V_t)/V_0$ zu multiplizieren, ehe die graphische Darstellung vorgenommen wird.

Wem all diese Rechnungen zu umständlich sind, der kann im Fachhandel spezielles *Gran-Plot-Papier* erwerben und darin seine Meßdaten direkt eintragen. Da andererseits aber in den Laboratorien zunehmend programmierbare Rechner oder gar Labor-Computer zur Verfügung stehen, kann man sich leicht Programme erstellen, die auf der Grundlage der angegebenen mathematischen Zusammenhänge die Potential-Meßwerte sehr schnell und auf die Dauer auch kostengünstiger in die für das Gran-Verfahren benötigten Wertepaare umsetzen.

Das Gran-Verfahren zur Auswertung potentiometrisch erhaltenen Titrationskurven wäre sicher zu aufwendig, würden sich nicht auch besondere Vorteile er-

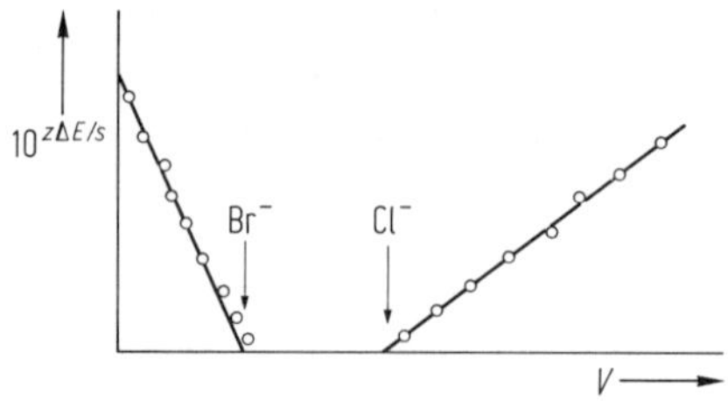

Abb. 4-35 Titration von Bromid neben Chlorid mit $AgNO_3$-Lösung; Auswertung nach Gran (*z* Äquivalentzahl, ΔE EMK der Meßkette, $s = 2{,}203\ RT/F$, *V* zugesetztes Volumen an Maßlösung)

geben. Dies soll an zwei Beispielen kurz erläutert werden: Die simultane Bestimmung von Bromid und Chlorid durch Titration mit Silbernitrat-Lösung liefert zwei Potentialsprünge, von denen der erste dem Bromid-, der zweite dem Chlorid-Gehalt entspricht. Die Gran-Darstellung der Titrationskurve zeigt Abb. 4-35. Nun war bereits gesagt worden (vgl. S. 271), daß der erste Äquivalenzpunkt bei Anwendung der Wendepunktmethode zu spät gefunden wird, da unter den dort gegebenen Bedingungen die Mischkristallbildung zwischen AgBr und AgCl eine Rolle spielt. Die Ausgleichsgerade nach Gran orientiert sich aber überwiegend an Daten, die für den Anfang der Titration gelten, also wenn noch keine Mischkristallbildung zu beobachten ist. (Man kann die Meßpunkte in Äquivalenzpunkt-Nähe weniger berücksichtigen.) Das Ergebnis ist genauer als das nach der Wendepunktmethode ermittelte.

Oft geschieht es auch, daß man in einer Titrationskurve einen Wendepunkt beobachtet, man aber nach Anwendung des Gran-Verfahrens feststellen muß, daß die Schnittpunkte der beiden Ausgleichsgeraden nicht wie erwartet zusammenfallen, sondern einen kleinen Zwischenraum übrig lassen. Falls die Meßpunkte sonst gut durch die jeweiligen Geraden ausgeglichen werden, ist ein solcher Befund ein Hinweis, daß neben der zu bestimmenden Substanz noch geringe Mengen einer zweiten vorhanden sind, die mit der Maßlösung reagiert. Man wird das zum Anlaß nehmen, systematisch nach der Verunreinigung zu suchen.

Es sei in diesem Zusammenhang angemerkt, daß der unbestrittene Wert des Gran-Verfahrens erst bei der Auswertung direkter Ionenmessungen mit einer ionensensitiven Elektrode im Spurenbereich deutlich wird, wenn es durch mehrfache Addition von Eichlösungen gilt, Matrixeffekte der zu untersuchenden Lösung zu berücksichtigen (Standard-Additions-Verfahren).

4.5 Titrationen mit polarisierten Elektroden

4.5.1 Polarisation von Elektroden

Konduktometrie und Potentiometrie sind als Indikationsverfahren nur anwendbar, wenn eine Polarisation der Elektroden in der Lösung vermieden wird. Dagegen arbeiten die *Polarisationstitrationsverfahren* bewußt mit polarisierten Elektroden. Sie nutzen für die Indikation des Titrationsendpunktes die sprunghafte Änderung aus, die Spannung oder Strom durch Polarisation oder Depolarisation der Elektroden am Äquivalenzpunkt erfahren.

Damit das Potential einer Metallelektrode durch die Nernstsche Gleichung beschrieben werden kann, muß für das jeweilige Meßverfahren die Bedingung der Stromlosigkeit erfüllt sein. Wenn über eine Elektrode aber Strom fließt, kommt es zu Abweichungen, für die man den Begriff **Polarisation** gewählt hat. Dementsprechend bezeichnet man die Differenz zwischen der Nernst-Spannung (Ruhespannung) und der unter Belastung gemessenen Spannung als *Polarisationsspannung*.

Die Polarisation hat ihre Ursache in vielerlei Hemmungen, die im Falle des Stromflusses zwischen Elektrode und Lösung sowie innerhalb der Lösung auftreten. Hier spielen Transportprobleme eine ganz wesentliche Rolle. Im elektrischen Feld kommt es zur Wanderung von Ionen, und ihre unterschiedlichen Beweglichkeiten rufen innerhalb der Lösung Spannungs- und Konzentrationsunterschiede hervor. Wenn auch diese Effekte noch durch Rühren zu beseitigen sind, so verbleiben doch an den Oberflächen der Elektroden Flüssigkeitsschichten (Grenzschichten), auf die man durch Rühren keinen Einfluß nehmen kann. Aber auch durch diese Schichten müssen die Ionen hindurchwandern, unter Umständen an chemischen Reaktionen teilnehmen, sie müssen ihre Ladung austauschen, um schließlich in das Kristallgitter des Elektrodenmaterials eingebaut zu werden. Solche Vorgänge benötigen Zeit und können dem Zwang des äußeren Stromflusses nur mehr oder weniger gut folgen. Das System kommt aus dem Zustand des Gleichgewichts, man spricht auch von irreversiblen Vorgängen, wenn mehr als nur Konzentrationseffekte auftreten.

Es ist einzusehen, daß eine Elektrode besonders dann leicht polarisiert wird, wenn ihre Oberfläche sehr klein ist. Ihre Polarisierung kann unter bestimmten Bedingungen so groß werden, daß trotz anliegender Spannung ein Stromfluß vollständig blockiert wird. Die Indikation mit solchen Elektroden beruht zum Beispiel darauf, daß am Äquivalenzpunkt einer Titration Ionen auftreten, die eine bestehende Polarisation beträchtlich vermindern oder gar aufheben *(Depolarisatoren)*. Man erkennt das Auftreten derartiger Ionen daran, daß wieder Strom fließen kann.

Auch polarisierbare Elektroden können natürlich nur gegenüber einer zweiten Elektrode betrieben werden. In den meisten Fällen legt man jedoch Wert darauf, im jeweiligen Meßkreis nur eine solche polarisierbare Elektrode zu haben. Ihre Gegenelektrode wird dann eine unpolarisierbare Elektrode sein. Darunter versteht man eine Elektrode, an der die elektrochemischen Vorgänge ungehemmt ab-

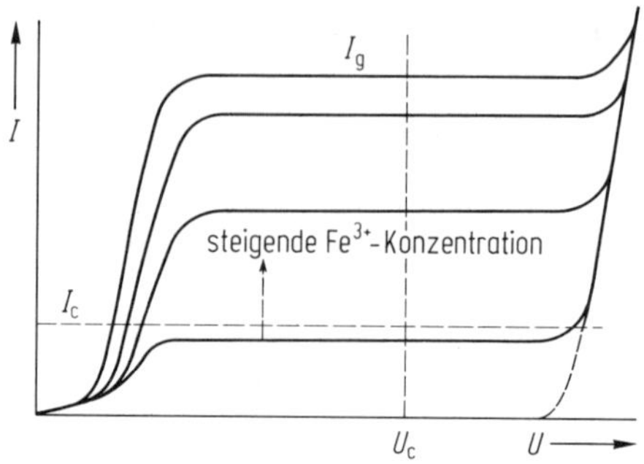

Abb. 4-36 Strom-Spannung-Kurven für unterschiedliche Fe(III)-Konzentrationen bei Titration in Gegenwart einer polarisierten Elektrode (I Stromstärke, I_g Grenzstromstärke, I_c bei voltametrischen Titrationen vorgegebene konstante Stromstärke, U Spannung, U_c bei amperometrischen Titrationen vorgegebene konstante Spannung)

laufen können. Beides, die vollständige Polarisierbarkeit wie die Unpolarisierbarkeit einer Elektrode, sind Idealvorstellungen, denen man sich bestenfalls nähern kann. Gegenüber einer Metallelektrode mit sehr kleiner Oberfläche verhält sich eine Elektrode zweiter Art, wie wir sie bereits in der Kalomel- oder Ag/AgCl-Elektrode kennengelernt haben, vielfach als unpolarisierbar. Erst wenn die Strombelastung größer wird, ist es zweckmäßig, als Gegenelektrode ein Metallblech mit genügend großer Oberfläche zu verwenden. Dann wird das Potential der polarisierbaren Elektrode gegenüber einer Bezugselektrode (dritte Elektrode) mit Hilfe einer Kompensationsschaltung stromlos gemessen. Die Gegenelektrode übernimmt den Stromaustausch mit der Lösung.

In selteneren Fällen werden bei Titrationen auch zwei polarisierbare Elektroden verwendet (*biamperometrische-* oder *Dead-stop-Titrationen*).

Am Beispiel der Reduktion von Fe^{3+}- zu Fe^{2+}-Ionen wollen wir uns die Wirkungsweise einer als Kathode geschalteten polarisierbaren Elektrode, eines Platindrahtes, klar machen. Die Fe^{3+}-Ionen diffundieren durch die Grenzschicht vor der Elektrode und werden dort reduziert, sofern eine dafür ausreichende Spannung U anliegt. Das Ergebnis ist ein meßbarer Strom I. Steigert man die Spannung, so nimmt der Strom solange zu, bis alle Fe^{3+}-Ionen, die durch Diffusion an die Oberfläche gelangen, sofort reduziert werden. Man hat einen auch bei weiteren Spannungssteigerungen nicht mehr zu überschreitenden Grenzstrom I_g erreicht, dessen Größe jedoch von der Konzentration der Fe^{3+}-Ionen in der Lösung abhängt. Denn würde man dort die Fe^{3+}-Konzentration erhöhen, könnten mehr Ionen durch die Grenzschicht diffundieren, der Grenzstrom würde entsprechend höher ausfallen. Das Auftreten eines Grenzstromes ist also dadurch bedingt, daß wegen der langsam ablaufenden Diffusion, einer Hemmung also, weniger Ionen an die Oberfläche gelangen, als dort umgeladen werden können. Die Reduktion $Fe^{3+} \rightarrow Fe^{2+} + e^-$ stellt trotzdem ein übersichtliches System dar, denn unter den gegebenen Bedingungen treten keine weiteren Hemmnisse auf, die Polarisationseffekte bewirken würden. Für jeweils verschiedene Fe^{3+}-Konzentrationen ermit-

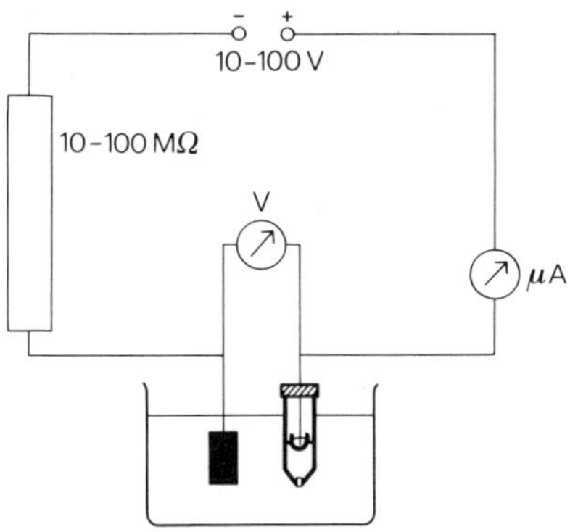

Abb. 4-37 Meßanordnung bei voltametrischer Indikation

telte Strom-Spannungs-Kurven sind in Abb. 4-36 dargestellt. Man erkennt auch, daß die Stromstärke erst bei sehr hohen Spannungen weiter ansteigt, dann nämlich, wenn letztere hoch genug ist, um andere in der Lösung befindliche Ionen, zum Beispiel Wasserstoffionen, zu reduzieren.

4.5.2 Voltametrische Titrationen

Die vorstehenden Überlegungen wollen wir weiterführen, um herauszufinden, wie sich Fe^{3+}-Ionen bei der voltametrisch indizierten Titration verhalten werden. Was an Geräten dazu benötigt wird, zeigt schematisch die Abb. 4-37. Eine elektronisch stabilisierte Spannungsquelle liefert je nach Bedarf Gleichströme mit Spannungen zwischen 10 und 100 Volt. In den Stromkreis einschaltbare Widerstände mit Werten zwischen 10 und 100 MΩ, die den Widerstand der Meßzelle erheblich übertreffen, gestatten es, konstante Ströme im Bereich zwischen 0,1 und 20 μA aufrecht zu erhalten. Die sich zwischen den Elektroden einstellende Spannung wird an einem Spannungsmeßgerät abgelesen. Als Gegenelektrode könnte eine Kalomelelektrode dienen, deren aktive Oberfläche groß genug ist, um den vorgegebenen Stromfluß vertragen zu können.

Mit dieser Meßeinrichtung geben wir eine konstanten Stromstärke I_c vor und titrieren in der Meßzelle mit EDTA-Maßlösung eine Lösung von Fe^{3+}-Ionen, der man zur Unterdrückung von Wanderungseffekten innerhalb der Lösung noch etwas NaCl beigegeben hat. Am besten lassen sich die Vorgänge anhand der Abb. 4-36 verdeutlichen: Zu Beginn der Titration bedingt der vorgegebene Strom I_c wegen der noch hohen Fe^{3+}-Konzentration eine niedrige Polarisationsspannung U. In dem Maße, wie bei der Titration die Fe^{3+}-Konzentration vermindert wird, steigt U allmählich etwas an, bis zum Schluß die Fe^{3+}-Konzentration so niedrig geworden ist, daß der durch sie bedingte Grenzstrom kleiner als I_c ist. Die

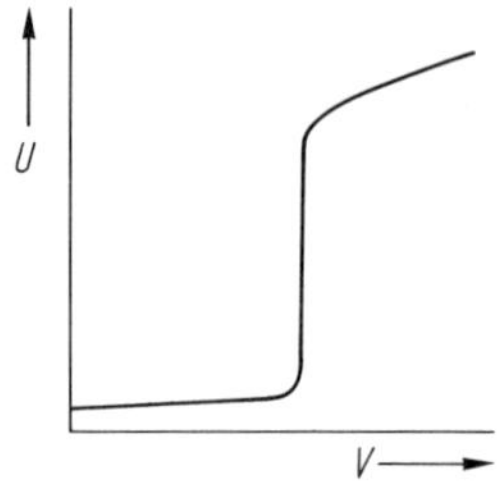

Abb. 4-38 Voltametrische Indikation einer Fe(III)-Bestimmung mit EDTA-Lösung (*U* Spannung, *V* zugesetztes Volumen an EDTA-Lösung)

Spannung *U* steigt hier sprunghaft an, und der Stromfluß wird zunehmend mehr durch die Reduktion von H^+-Ionen bedingt. Der beobachtete Potentialsprung zeigt aber keineswegs den Äquivalenzpunkt an. Er erfolgt vielmehr dann, wenn der Grenzstrom der Fe^{3+}-Reduktion den willkürlich vorgegebenen Wert I_c erreicht hat. Man hat also I_c so zu wählen, daß die am Potentialsprung in der Lösung vorhandene Fe^{3+}-Konzentration gegenüber der zu Anfang vorhandenen vernachlässigbar klein geworden ist, nur dann darf man den Äquivalenzpunkt als erreicht betrachten. Diese Unsicherheiten schränken die Anwendung voltametrisch indizierter Titrationen natürlich stark ein, obwohl der Potentialsprung wesentlich schärfer ist als bei einer potentiometrischen Indikation. Es können jedoch mit diesem Verfahren Ionen, deren Oxidation oder Reduktion irreversibel verläuft, einer elektrometrischen Indikation zugänglich gemacht werden. Wollte man in einem solchen Fall potentiometrisch arbeiten, müßten wegen der sich langsam einstellenden Gleichgewichte sehr lange Meßzeiten vorgesehen werden. Die Abb. 4-38 zeigt den voltametrisch indizierten Ablauf der Titration von Fe^{3+}-Ionen mit EDTA-Maßlösung. Falls I_c hinreichend klein gewählt wurde, fällt der Potentialsprung praktisch mit dem Äquivalenzpunkt zusammen. Grundsätzlich lassen sich voltametrische Verfahren zur Indikation von Komplexbildungs- und Redoxanalysen, aber auch in der Argentometrie bis hinunter zu niedrigen Konzentrationen einsetzen.

4.5.3 Amperometrische Titrationen

Mit einer der nebenstehenden Schaltskizze (Abb. 4-39) entsprechenden Meßanordnung lassen sich amperometrische Titrationen durchführen. Mit einem Spannungsteiler wird hier eine konstante Spannung U_c an die beiden Elektroden gelegt und der resultierende Strom *I* mit einem Mikroamperemeter gemessen. Wenn U_c im Grenzstrombereich einer oxidierbaren oder reduzierbaren Ionenspezies liegt, wird eine ihrer Konzentration proportionale Stromstärke erhalten (vgl. Abb. 4-39). Je nachdem, ob das von der polarisierbaren Elektrode erfaßte Ion

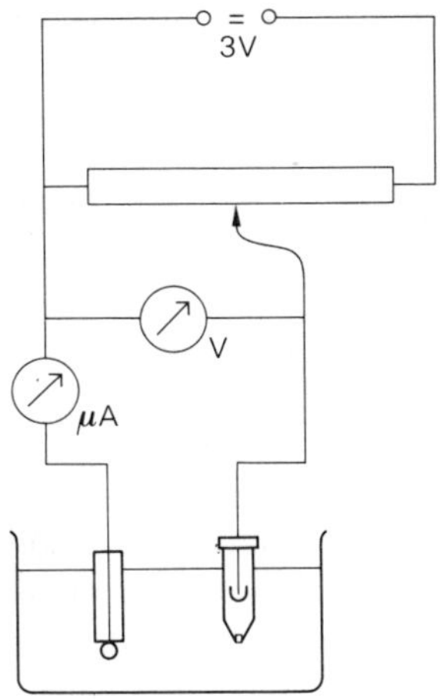

Abb. 4-39 Meßanordnung bei amperometrischer Titration

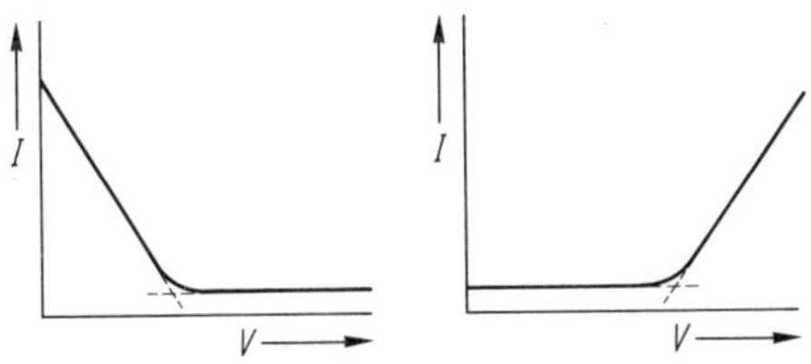

Abb. 4-40 Titrationskurven bei amperometrischer Indikation (*I* Stromstärke, *V* zugesetztes Volumen an Maßlösung)

während der Titration verbraucht wird oder erst nach dem Äquivalenzpunkt in die Lösung gelangt, entsprechen die dabei erhaltenen Titrationskurven in ihrer Form denen der linken oder der rechten Kurve in der Abb. 4-40. Als polarisierbare Kathode ist für amperometrische Titrationen eine *Quecksilber-Tropfelektrode* beliebt. Wegen der hohen Überspannung von Wasserstoff ist Quecksilber ein Elektrodenmaterial, das zur Reduktion vieler Metallionen geeignet ist, die unedler als Wasserstoffionen sind. Bis hinunter in Konzentrationsbereiche von 10^{-5} mol/l lassen sich die meisten Titrationen auch amperometrisch indizieren. Das ist der Grund, weshalb diese, auch *Grenzstrom-Titrationen* genannten Verfahren, wesentlich häufiger angewendet werden als die zuvor besprochenen voltametrischen. Selbst kinetische Vorgänge mit zeitlich sich ändernden Konzentrationen bestimmter Ionenspezies lassen sich an der Quecksilber Tropfelektrode durch fortwährende Messung des Grenzstromes erfassen. Man muß dann nur das gemessene Stromsignal verstärken und mit einem *I,t*-Kompensationsschreiber automatisch registrieren.

4.5.4 Biamperometrische oder Dead-stop-Titrationen

Die amperometrische Titration mit *zwei* polarisierbaren Elektroden, auch *Dead-stop-Methode* genannt, verdient wegen der Schärfe der angezeigten Äquivalenzpunkte und wegen ihres sehr geringen apparativen Aufwandes ein besonderes Interesse. Die zur Messung benötigte Apparatur entspricht in ihrem Aufbau der Abb. 4-39, nur daß jetzt zwei polarisierbare Elektroden in die Lösung eintauchen, meist sind dies zwei Platindrähte. Als Spannung wählt man Werte zwischen 10 und höchstens 100 mV, so daß die beiden Elektroden wegen des Aufbaus einer als Kondensator wirkenden Grenzschicht solange jeden Stromfluß vollständig blokkieren, wie keine reversiblen Redoxpaare in der Lösung anwesend sind. Titriert man zum Beispiel eine Fe^{2+}-Lösung mit einem Oxidationsmittel wie $K_2Cr_2O_7$, so enthält die Probelösung bis zum Äquivalenzpunkt sowohl Fe^{2+}- als auch Fe^{3+}-Ionen, die zusammen ein reversibles Redoxpaar darstellen. Dementsprechend beobachtet man am Mikroamperemeter einen Stromfluß. In dem Augenblick aber, in dem alle Fe^{2+}-Ionen verbraucht sind (Äquivalenzpunkt), ist kein reversibles Redoxpaar mehr zugegen - das Dichromat wird nämlich irreversibel reduziert - und der Strom fällt praktisch auf den Wert Null ab (Nullpunkt, Dead-stop).

Ebenso verhält es sich bei der Titration einer Iodlösung mit Natriumthiosulfat:

$$2\,S_2O_3^{2-} + I_2 \rightarrow S_2O_6^{2-} + 2\,I^-.$$

Solange noch Iod in der Lösung vorhanden ist, kann sich an den Elektroden das reversible Gleichgewicht

$$I_2 + 2\,e^- \rightleftharpoons 2I^-$$

einstellen. An der Kathode verläuft dieser Vorgang von links nach rechts, während umgekehrt an der Anode I_2 gebildet wird. An den im Mikroampere-Bereich liegenden Stromstärken erkennt man, daß der Stoffumsatz an den beiden Platindrähten praktisch vernachlässigbar gering ist. Ist alles Iod verbraucht, dann tritt die irreversible Reaktion

$$2\,S_2O_3^{2-} \rightarrow S_4O_6^{2-} + 2\,e^-$$

an die Stelle des reversiblen I_2/I^--Redoxpaares, und wegen der sofort einsetzenden Polarisation wird der Stromfluß unterbrochen (Dead-stop). Die gemessene Titrationskurve entspricht ebenso wie im Falle der Fe^{2+}-Oxidation mit Kaliumdichromat dem Typ 1 in Abb. 4-41. Wenn man im umgekehrten Fall eine Chromatlösung vorlegt und diese mit einer Fe^{2+}-Ionen enthaltenden Maßlösung titriert, bleiben die beiden Platinelektroden bis zum Äquivalenzpunkt im polarisierten Zustand. Erst dann, wenn das reversible Fe^{2+}/Fe^{3+}-Redoxpaar auftritt, werden die Elektroden depolarisiert, und Strom fließt entsprechend dem Kurventyp 2. Als dritte Möglichkeit kommt nun noch der Ersatz eines reversiblen Redoxpaares durch ein anderes in Betracht: die Titrationskurve entspräche dann dem Typ 3 der Abb. 4-41. Ein Beispiel dafür ist die Titration von Fe^{2+}- mit Ce^{4+}-Ionen. Neben

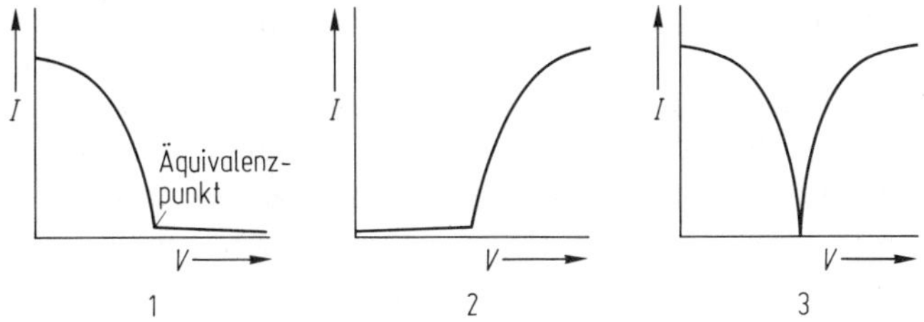

Abb. 4-41 Titrationskurven mit Indikation nach dem Dead-stop-Verfahren (*I* Stromstärke, *V* zugesetztes Volumen an Maßlösung); Polarisation der Elektroden erfolgt (1) ab dem Äquivalenzpunkt, (2) bis zum Äquivalenzpunkt, (3) nur am Äquivalenzpunkt

den bisher genannten Paaren sind Br_2/Br^-, Ti^{4+}/Ti^{3+} und VO_2^+/VO^{2+} weitere reversible Redoxpaare, die auf polarisierte Platindrähte depolarisierend wirken und somit eine Indikation nach dem Dead-stop-Verfahren ermöglichen.

Wasser-Bestimmung nach Karl Fischer

Als wichtiges Routineverfahren zur Bestimmung von Wasser in organischen Lösemitteln hat sich das Karl-Fischer-Verfahren allgemein durchgesetzt. Das Besondere an diesem Verfahren ist, daß die verwendete Maßlösung Oxidationsmittel und Reduktionsmittel gemeinsam enthält. Aber erst in Gegenwart von Wasser können beide entsprechend der Gleichung

$$2\ H_2O + SO_2 + I_2 \rightleftharpoons H_2SO_4 + 2\ HI$$

miteinander reagieren. Erst wenn alles Wasser verbraucht ist, tritt I_2 neben I^- auf, und der Äquivalenzpunkt kann auf Grund der Anwesenheit eines reversiblen Redoxpaares nach der Dead-stop-Methode indiziert werden. Zur einfachen Durchführung von Wasserbestimmungen bieten viele namhafte Gerätehersteller mehr oder weniger automatisierte Apparaturen an, die alle dieses iodometrische Verfahren anwenden.

Das für die Titrationen verwendete Karl-Fischer-Reagens ist eine Lösung von elementarem Iod und Schwefeldioxid in einem Gemisch aus Pyridin und Methanol. Ohne seine oxidierende Wirkung zu verlieren, löst sich das Iod in Methanol, während vor allem das Pyridin, aber auch das Methanol die Ausgangs- und die Endprodukte zu binden vermögen. Die Gegenwart von Pyridin hat eine stabilisierende Wirkung auf die Haltbarkeit der Karl-Fischer-Lösung. Selbstverständlich unter absolutem Feuchtigkeitsausschluß wird dann das Wasser enthaltende organische Lösemittel in einem abgeschlossenen Gefäß titriert. Wenn die beiden Platinelektroden nach Erreichen des Äquivalenzpunktes zunehmend depolarisiert werden, beginnt die Stromstärke anzusteigen.

In der Praxis zeigt es sich jedoch, daß bei der Reduktion eines I_2-Moleküls nicht zwei Moleküle Wasser verbraucht werden, wie es die oben angegebene Reaktionsgleichung erwarten läßt, sondern daß unter optimalen Bedingungen nur ein Verhältnis $I_2/H_2O = 1:1$ gefunden wird. Hierbei spielt das Methanol-Pyridin-Verhältnis eine Rolle und, wie man später beim Ersatz des Pyridin durch andere Basen entdeckte, der in der Reaktionslösung erreichte pH-Wert. Ausgangspunkt war die Erkenntnis, daß Methanol wegen seiner Wasserähnlichkeit mit diesem in einem gewissen Umfang zu konkurrieren vermag. Das erklärt auch, warum der Titer einer Karl-Fischer-Lösung ständig abnimmt, wenn man alle beteiligten Komponenten in einer Vorratslösung zusammen aufbewahrt. Johansson [156] schlug deshalb vor, zwei Lösungen zu verwenden, nämlich eine Lösung von Iod in Methanol und eine zweite von SO_2 in einem Pyridin-Methanol-Gemisch. Auf diese Weise kann man sich durch Mischen beider Lösungen vor der Titration ein jeweils frisches Reaktionsgemisch herstellen.

Die neuesten Untersuchungen und Erkenntnisse über den Ablauf der Karl-Fischer-Reaktion faßt Scholz [150] mit folgenden Gleichungen zusammen:

1) $ROH + SO_2 + R'N \rightarrow [R'NH]SO_3R$,
2) $H_2O + I_2 + [R'NH]SO_3R + 2\ R'N \rightarrow [R'NH]SO_4R + 2\ [R'NH]I$.

Hierbei bedeutet ROH einen „reaktiven" Alkohol und R'N eine „geeignete" Base. Den Gleichungen läßt sich entnehmen, daß die sauren Komponenten umso besser gebunden werden, je höher der pH-Wert der Lösung bzw. je basischer das verwendete R'N reagiert.

Von den zahlreichen Versuchen, die klassischen Lösemittel Methanol und Pyridin durch andere zu ersetzen, seien hier nur zwei hervorgehoben: Im Jahre 1955 schlugen Jungnickel und Peters [157] vor, an Stelle von Methanol in manchen Fällen besser 2-Methoxy-Ethanol zu verwenden, und Scholz [158] verwies auf die Vorteile des stärker basischen Imidazol gegenüber dem sonst üblichen Pyridin. Das gemeinsame Ziel derartiger Bemühungen ist vor allem eine verbesserte Titerbeständigkeit, aber auch eine größere Schnelligkeit und damit bessere Genauigkeit des Titrationsverfahrens selbst. Wer die Vielseitigkeit der Anwendungsmöglichkeiten der Karl-Fischer-Titration optimal ausschöpfen muß, sollte sich mit Hilfe der Monographie von Scholz [150] informieren.

Mit seinen fertig eingestellten Lösungen paßt sich der Handel dem jeweiligen Kenntnisstand an. Dabei wird die Aufteilung der erforderlichen Komponenten auf zwei Lösungen, die vor der Titration zu mischen sind, bevorzugt.

Arbeitsvorschrift:

1. Bereitung der Lösungen

Auch bei der Verwendung von reinen Substanzen ist deren Trocknung erforderlich, alle Operationen müssen unter Ausschluß von Feuchtigkeit geschehen.

Vorbereitung der Chemikalien

Pyridin wird durch Destillation mit Benzol entwässert. Das ternäre Gemisch Wasser-Benzol-Pyridin destilliert bei 67 °C über. Nach dem Abtreiben des überschüssigen Benzols (Kp. 80,1 °C) geht Pyridin bei 115,5 °C über. Der Wassergehalt beträgt dann noch etwa 0,05 bis 0,08%.

Methanol wird mit Magnesiumpulver am Rückflußkühler gekocht (5 g/l Mg) bis der Wassergehalt unter 0,05% gesunken ist, und dann destilliert (Kp. 64,6 °C).

2-Methoxy-Ethanol wird durch einfaches Destillieren getrocknet (Kp. 124,3 °C). Das gesamte Wasser ist in den ersten 5% des Vorlaufs enthalten.

Dioxan wird durch Destillation über Natrium entwässert (Kp. 101,5 °C).

Iod wird unter Ausschluß von Feuchtigkeit zweimal in einer geschlossenen Schliffapparatur sublimiert.

Schwefeldioxid wird einer Druckgasflasche entnommen und über ein mit P_4O_{10} gefülltes Trockenrohr unter Feuchtigkeitsausschluß in eisgekühltes, trockenes Pyridin bis zur Sättigung (1 mol SO_2/mol Pyridin) eingeleitet.

Karl-Fischer-Lösung (KF-Lösung)
Zur Herstellung einer Vorratslösung werden nach Mitchell und Smith [151] 762 g Iod in 2,4 l Pyridin gelöst. Nach dem Auflösen (Iod ist in kaltem Pyridin relativ schwer löslich!) werden 6 l Methanol zugegeben. Von dieser unbegrenzt haltbaren Lösung werden zum Gebrauch 4 l unter Eiskühlung und Umschwenken in einer Bürettenvorratsflasche allmählich mit 192 g flüssigem Schwefeldioxid (Kältemischung: Methanol-Trockeneis (festes Kohlenstoffdioxid) vermischt. Nach einigen Tagen ist die Lösung gebrauchsfertig. Theoretisch entspricht 1 ml Lösung 6 mg Wasser, praktisch - aus den bereits angeführten Gründen - jedoch nur 3,5 bis 5 mg Wasser.

Für kleinere Mengen werden nach Eberius [152] und Kowalski 530 g Methanol, 265 g Pyridin und 100 ml einer SO_2-Lösung in Pyridin in einer Vorratsflasche miteinander vermischt. Sollte die Lösung noch zuviel Wasser enthalten, versetzt man sie tropfenweise mit Brom, bis eine schwache Braunfärbung bestehen bleibt (Rühren!). Unter Kühlung und Feuchtigkeitsausschluß werden nun 45 ml flüssiges Schwefeldioxid langsam zugegeben. In der noch warmen Lösung werden 84 g Iod gelöst.

Lösung nach A. Johansson (AJ-Lösung)

Lösung A wird durch Lösen von 100 g Schwefeldioxid in einer Mischung aus 500 ml wasserfreiem Methanol und 500 ml wasserfreiem Pyridin hergestellt.

Lösung B besteht aus einer Lösung von 30 g Iod in einem Liter wasserfreiem Methanol. 1 ml der Lösung entspricht 2 mg Wasser.

Lösung nach Peters und Jungnickel

Man löst 133 g Iod in 425 ml Pyridin. Dann werden 425 ml 2-Methoxy-Ethanol und schließlich 70 ml flüssiges Schwefeldioxid zugegeben. Die Lösung ist nach 8 Stunden gebrauchsfertig und über längere Zeit beständig. 1 ml der Lösung entspricht etwa 6 mg Wasser.

Lösung nach Scholz

In wasserfreiem Methanol werden zuerst 136 g Imidazol ($C_3N_2H_4$) und dann 45 ml flüssiges Schwefeldioxid gelöst. Mit weiterem Methanol bringt man das Volumen auf 1 Liter (Solvent).

Titriert wird mit einer Lösung von Iod in wasserfreiem Methanol.

2. Wasserbestimmung

Zur Durchführung der Titrationen benötigt man ein mit einem Deckel fest verschließbares Gefäß. In dem Oberteil sind mehrere mit Schliff versehene Öffnungen vorhanden, die eine gasdichte Zuführung von Bürettenspitze, Elektroden und Trockenrohr erlauben. Von unten her ist eine magnetische Rührvorrichtung vorzusehen. Die Titrationslösungen werden mit einer Kolbenbürette dosiert, wobei das Vorratsgefäß gegen das Eindringen von Feuchtigkeit mit einem Trockenaufsatz zu schützen ist. Zwei mit einer Schliffhalterung versehene Platindrähte (polarisierbare Elektroden) werden von oben her in das Titrationsgefäß eingesteckt. Bei einer Spannung von 15–20 mV wird sodann titriert, bis das Mikroamperemeter ein Ansteigen des Stromes anzeigt (reversibles Redoxpaar). Am besten verfährt man dabei so, daß man zunächst wasserfreies Lösemittel (Methanol oder Dioxan) solange mit Karl-Fischer-Lösung titriert, bis der Strom um einen zwar geringen, aber bei allen folgenden Titrationen eingehaltenen Betrag angestiegen ist (dabei werden auch Feuchtigkeitsspuren beseitigt). Dann wird die auf Wasser zu untersuchende Substanz zugesetzt, und man titriert erneut bis zur gewählten Strommarke. Wenn das Zweikomponenten-Verfahren angewendet werden soll, legt man die die Base enthaltende Lösung in der nachher benötigten Menge vor und titriert mit der Iodlösung. Alsdann wird die zu untersuchende Substanz zugesetzt und wiederum mit Iodlösung titriert, wobei darauf zu achten ist, daß die in der Lösung vorhandene Base (Pyridin oder Imidazol) die theoretisch benötigte Menge um mindestens 50% übertrifft. Zum Beispiel benötigt man in der Vorlage zur Bestimmung von 70–80 mg Wasser jeweils 10 ml der von Scholz angegebenen Solvent-Mischung. Während der Durchführung der Titrationen wird stets ausreichend gerührt (Magnetrührer).

Die *Titerstellung* der Karl-Fischer-Reagentien wird an einer Standard-Methanollösung, die eine definierte Menge an Wasser enthält, durchgeführt. Unter Berücksichtigung entsprechender Vorsichtsmaßnahmen kann dem wasserfreien Methanol eine abgewogene Portion Wasser zugesetzt werden. Eine weitere Möglichkeit besteht darin, lagerungsbeständige Salze mit definiertem Kristallwassergehalt abzuwägen und in Methanol oder Dioxan zu lösen. Geeignete Verbindungen sind Oxalsäure (2 H_2O), Natriumtartrat (2 H_2O), Citronensäure (1 H_2O) und andere.

Die Wasserbestimmung nach Karl Fischer besitzt ein weites Anwendungsfeld. Viele organische Lösemittel können direkt titriert werden, andere Substanzen müssen zuvor in geeigneten wasserfreien Lösemitteln gelöst werden. Zu nennen sind in diesem Zusammenhang viele anorganische Salze mit Kristallwassergehalt, aber auch Fette, Öle, Lebensmittel usw. Gestört wird die Bestimmung durch einfache oder halogenierte Kohlenwasserstoffe, Aldehyde, Ketone und Mercaptane.

4.6 Coulometrische Titrationen

Hatten wir bei allen Verfahren, die wir bisher kennengelernt haben, zunächst eine geeignete Maßlösung herstellen und ihren Titer bestimmen müssen, ehe wir mit der eigentlichen Titration beginnen konnten, so begegnet uns mit der coulometrischen Titration eine Methode, das Reagens direkt in der zu untersuchenden Lösung durch einen elektrolytischen Prozeß zu erzeugen. Die Meßgröße ist die an den Elektroden mit der Lösung ausgetauschte Elektrizitätsmenge Q, aus der wir nach den Faradayschen Gesetzen die Stoffmenge des erzeugten Reagens berechnen können. Die sich insgesamt ergebenden Möglichkeiten erstrecken sich auf alle Bereiche der Maßanalyse, wobei die erzielten Genauigkeiten bis hinunter in den Spurenbereich 1% nicht überschreiten. Unabhängig von dieser Art der Reagenserzeugung ist die Endpunktermittlung; man bedient sich hier aller jeweils geeigneten Indikationsmethoden, bevorzugt allerdings die elektrometrischen wegen des ohnehin schon relativ hohen apparativen Aufwands (Weiterführende Literatur: [153]).

4.6.1 Theoretische Grundlagen

Nach den Faradayschen Gesetzen ergibt sich das elektrische Äquivalent von einem Mol ausgetauschter Elektronen zu $F = 96\,493$ Coulomb pro Mol; diese Größe ist die bereits bekannte Faraday-Konstante. Wenn eine Substanz mit der molaren Masse M an einer Elektrode z Elektronen austauscht und dafür die Elektrizitätsmenge Q benötigt, ergibt sich die umgesetzte Stoffmenge n zu

$$n = \frac{Q}{z \cdot F}.$$

Da die Stoffmenge $n = \frac{m}{M}$ ist (m = Masse der Substanz), erhält man

$$\frac{m}{M} = n = \frac{Q}{z \cdot F} \text{ bzw. } m = \frac{M \cdot Q}{z \cdot F},$$

so daß man aus der gemessenen Elektrizitätsmenge Q die Masse m der zu bestimmenden Substanz berechnen kann. Voraussetzung für die Richtigkeit ist eine Stromausbeute von 100%, das heißt, nur die interessierende Substanz darf Elektronen aufnehmen oder abgeben, bzw. anders ausgedrückt, Nebenreaktionen infolge der Umsetzung anderer Spezies müssen ausgeschlossen sein.

Nun weiß man von der Elektrolyse her, daß ein ausreichender Stoffumsatz innerhalb einer vernünftigen Zeit nur dadurch erreicht wird, daß man eine Spannung anlegt, deren Größe die nach Nernst berechnete Gleichgewichtsspannung übersteigt. Solange bei fließendem Strom die Elektroden polarisiert werden, findet an ihnen auch in der Regel nur der gewünschte Stoffumsatz statt, das heißt, die anliegende *Überspannung* dient ausschließlich der Überwindung von Polarisierungseffekten. Spätestens gegen Ende der Elektrolyse wird die Konzentration der umzusetzenden Substanz so klein, daß die Stromstärke abfällt und damit auch die Polarisierung der Elektroden abnimmt. Dann aber reicht die anliegende Spannung zur Umsetzung schwerer oxidierbarer bzw. reduzierbarer Spezies aus, eine Nebenreaktion findet statt. Daher begrenzt man bei einer Elektrolyse die Spannung soweit, daß die Nebenreaktion höchstens in der Zersetzung des Lösemittels zu gasförmigen Produkten (z. B. Wasser zu H_2 bzw. O_2) besteht. Das aber stört die elektrolytische Abscheidung zum Beispiel eines Metalles nicht, denn es wird die Massenzunahme der Elektrode bestimmt und nicht die Elektrizitätsmenge.

Bei der coulometrischen Analyse besteht das beschriebene Problem ebenso, wenn die anliegende Spannung größer ist als nach den Gleichgewichtsbedingungen für die Umsetzung der gewünschten Substanz gerade erforderlich. Als Nebenreaktion sollte aber jetzt ein Vorgang ablaufen, der ein Produkt liefert, das seinerseits in der Lage ist, mit der zu bestimmenden Substanz in gleicher Weise zu reagieren, wie es direkt mit ihr an der Elektrode auch geschähe. Zum Beispiel könnte man Arsenit an einer Anode zu Arsenat oxidieren:

$$AsO_3^{3-} + H_2O \rightleftharpoons AsO_4^{3-} + 2\,H^+ + 2\,e^-.$$

Diese Reaktion verläuft aber nicht reversibel, so daß die Elektrode schnell polarisiert würde, und der Umsatz bald ganz zum Erliegen käme. Ließe man dieselbe Reaktion aber in einer Lösung ablaufen, die eine hohe Konzentration an zusätzlichem NaBr besitzt, würde bei entsprechend größerer Spannung aus Bromid anodisch Brom gebildet werden:

$$2\,Br^- \rightleftharpoons Br_2 + 2\,e^-,$$

das seinerseits das Arsenit zu Arsenat oxidieren würde:

$$AsO_3^{3-} + H_2O + Br_2 \rightleftharpoons AsO_4^{3-} + 2\,H^+ + 2\,Br^-,$$

wobei das anodisch erzeugte Br_2 quantitativ zu dem Ausgangsstoff Br^- zurückgebildet würde. Bei der Bilanzierung der umgesetzten Strommenge spielt es aber im Prinzip keine Rolle, ob das Arsenit direkt an der Elektrode oxidiert wurde oder ob es einen Umweg über das Brom gegeben hat. Es muß nur sicher sein, daß an der Anode durch Nebenreaktionen weder gasförmige noch sonstige Produkte erzeugt werden, die Arsenit nicht oxidieren. Da Br^-/Br_2 aber ein reversibles Redoxpaar ist, treten keine Polarisierungen an der Anode auf; eine noch größere Spannung erfordernde Reaktion, wie die Oxidation des Wassers zu Sauerstoff, kann demnach nicht erfolgen. Damit haben wir bereits das Prinzip der coulometrischen Titration an einem Beispiel kennengelernt.

Da unter den gegebenen Bedingungen ein im Überschuß vorhandener und gleichzeitig reversibel oxidierbarer Elektrolyt - wie im obigen Fall das Natriumbromid - weitere Nebenreaktionen an der Anode nicht zuläßt, kann man eine sehr einfache Methode zur Bestimmung der umgesetzten Elektrizitätsmenge Q anwenden. Da entsprechend ihrer Definition $Q = I \cdot t$ (t = Zeit; 1 C = 1 A · s) ist, benötigt man ein Gerät, das eine elektronisch stabilisierte und damit konstante Stromstärke I abgibt. Hat man bis zum Erreichen des Äquivalenzpunktes t Sekunden benötigt, kann man mit der Kenntnis von I die Elektrizitätsmenge Q und damit wieder die Masse des umgesetzten Stoffes berechnen. Die coulometrische Titration läuft also auf eine Zeitmessung hinaus. Es ist nicht erforderlich zu wissen, wie ein solches konstanten Strom abgebendes Gerät im einzelnen funktioniert, wichtig ist nur, daß man sich klar macht, wie es auf das chemische System einwirkt. Es gibt eine Spannung vor und prüft, ob I mit dem eingestellten Wert übereinstimmt. Ist das nicht der Fall, wird die Spannung solange verändert, bis I seinen Sollwert erreicht hat. Falls bei einer elektrolytischen Reaktion infolge einer Konzentrationsabnahme der Widerstand steigt, wird das Gerät dem Ohmschen Gesetz entsprechend solange die Spannung erhöhen, bis I den vorgegebenen Wert wieder erreicht hat. Wenn nicht, wie in dem oben diskutierten Fall, ein reversibel oxidierbarer Elektrolyt (NaBr) den Widerstand der Lösung insgesamt niedrig und auch konstant hält, kommt es dabei zu unliebsamen Nebenreaktionen. Damit dürfte deutlich geworden sein, innerhalb welcher Grenzen die coulometrische Titration bei konstantem Strom eingesetzt werden kann.

Bisher haben wir immer nur die Elektrode betrachtet, an der die gerade interessierende Reaktion abläuft. Wie bei allen elektrochemischen Verfahren bedarf es auch hier natürlich einer zweiten Elektrode, und es ist klar, daß an dieser eine gleiche Elektrizitätsmenge ausgetauscht wird, und daß entsprechend eine elektrochemische Reaktion abläuft. Sofern die Reaktionsprodukte die eigentliche Titration nicht stören, entstehen keine Probleme. Wenn das aber nicht mehr der Fall ist, muß der Elektrolytraum der Gegenelektrode von der Probelösung durch ein Diaphragma abgegrenzt werden. Ein solches Diaphragma muß aber genügend groß sein, damit sein Widerstand in dem Stromkreis hinreichend klein bleibt. Es muß jedoch gesagt sein, daß angesichts der Größe der durch die Lösung transportierten Elektrizitätsmenge ein solches Diaphragma nicht immer unproblematisch ist, so daß man versuchen wird, nach Möglichkeit seine Anwendung zu vermeiden. In der bei unserer Arsenbestimmung verwendeten Elektrolytlösung wird an der Kathode aus den H^+-Ionen des Wassers elementarer Wasserstoff erzeugt. In statu nascendi ist dieser in der Lage, Arsenat wieder zu reduzieren, falls er in die zu titrierende Lösung gelangt. Aus diesem Grund ist der Kathodenraum abzugrenzen. Da die die Kathode umgebende Lösung schnell gesättigt ist, entweicht der Wasserstoff, und es bedarf keiner aufwendigen Vorsorge. Statt eines Diaphragmas reicht als Abgrenzung des Kathodenraums zumindest bei geringen Mengen an zu bestimmendem Arsenit bereits ein in die Lösung tauchendes Reagenzglas, das an seinem unteren Ende ein kleines Loch besitzt.

Eine Apparatur zur Durchführung coulometrischer Titrationen besteht demnach aus zwei Generatorelektroden, von denen die eine zur elektrochemischen Erzeugung des Reagens dient, einem Gerät, das konstanten Strom abgibt, und einer Uhr, die automatisch die Titrationszeit bestimmt (s. Abb. 4-42). Wenn man den Schalter S betätigt, wird den beiden Generatorelektroden Strom zugeführt und gleichzeitig die elektrische Uhr gestartet. Ist die Titration beendet, was durch

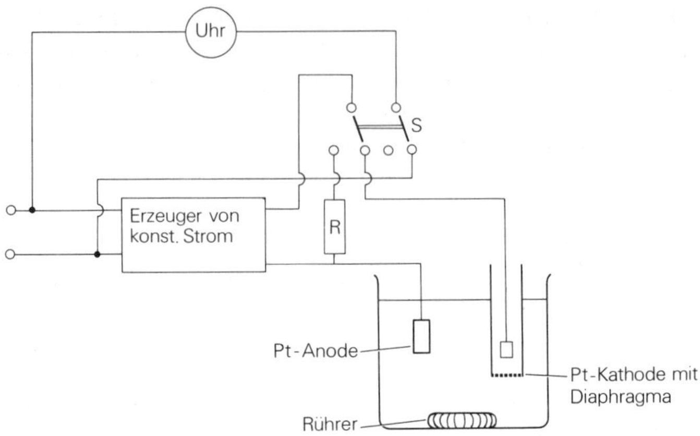

Abb. 4-42 Prinzip der coulometrischen Titration bei konstanter Stromstärke (S Schalter, R Widerstand)

ein geeignetes Indikatorsystem angezeigt wird, hält die Uhr im Augenblick der erneuten Betätigung des Schalters wieder an, und der Strom fließt statt durch das Titrationsgefäß über einen Widerstand R zurück zum Gerät.

4.6.2 Praktische Anwendungen

Bestimmung von Arsen mit Dead-stop-Indikation

Die elektrochemischen Grundlagen des Verfahrens sind bereits oben eingehend besprochen worden. Zur Ermittlung des Endpunktes eignet sich hier besonders ein Dead-stop-System (vgl. S. 288). Da das an der Anode des Generators erzeugte Brom solange verbraucht wird, wie die Lösung noch nicht oxidierte Arsen(III)-Spezies enthält, bleiben die beiden zur Indikation eintauchenden Platindrähte polarisiert. Der Äquivalenzpunkt der Titration ist durch das Auftreten des reversiblen Br^-/Br_2-Redoxpaares gekennzeichnet, das eine Depolarisation der Indikatorelektroden bewirkt und einen Stromfluß über diese Elektroden zuläßt.

Das Titrationsgefäß (Abb. 4-42) wird mit 30 ml einer Lösung gefüllt, die man sich aus 20,6 g NaBr und 5,5 ml konzentrierter Schwefelsäure durch Auffüllen mit Wasser auf 1 l bereitet hat. An die Platindrähte (Indikator-System) legt man eine Spannung von 50 mV an und elektrolysiert zur Entfernung eventuell vorhandener oxidierbarer Substanzen solange, bis die Indikatorstromstärke anzusteigen beginnt. Hat diese einen gewählten Wert, z. B. 2 µA erreicht, bricht man die Elektrolyse ab. Nun gibt man die zu untersuchende Lösung, die etwa 15 bis 30 mg As(III) enthalten sollte, in das Titrationsgefäß. Die Indikatorstromstärke sinkt dabei auf Null ab. Alsdann elektrolysiert man bei einer konstanten Stromstärke von 10 mA

(Generator), bis die Indikatorstromstärke wieder die gewählte Marke (2 μA) erreicht hat. Aus der gemessenen Zeit und der eingestellten Generatorstromstärke berechnet man den Arsengehalt der Probe. Die im Titrationsgefäß vorhandene NaBr-Lösung kann noch zu drei weiteren Arsenbestimmungen verwendet werden, ehe sie durch eine frische zu ersetzen ist.

Alkalimetrische Titrationen

Bei der Bestimmung von Säuren verwendet man als Grundelektrolyt eine Natriumchlorid-Lösung der Konzentration 1 mol/l. An der Platinkathode des Generators entstehen OH^--Ionen entsprechend der Gleichung

$$2\,e^- + 2\,H_2O \rightarrow H_2 + 2\,OH^-.$$

Als Anode in einer Halogenidionen enthaltenden Lösung darf auf keinen Fall ein Platinblech verwendet werden, da dieses oxidiert wird (Cl_2-Entwicklung). Es hat sich stattdessen ein Silberblech bewährt, weil die bei der Oxidation gebildeten Ag^+-Ionen durch Chlorid sofort als AgCl ausgefällt werden. Bei dieser Versuchsanordnung ist es nicht notwendig, Anoden- und Kathodenraum voneinander durch ein Diaphragma zu trennen. Dagegen erfordert die Verwendung eines Grundelektrolyten wie Na_2SO_4 eine sehr sorgfältige Trennung der Elektrodenräume, da in diesem Fall an der Anode Sauerstoff und H^+-Ionen gebildet werden. Der Äquivalenzpunkt kann entweder mit einem Farbindikator visuell oder mit einer Glaselektrode potentiometrisch bestimmt werden.

Komplexometrische Titrationen

Als Grundelektrolyt eignet sich eine Lösung von Hg-EDTA (0,02 mol/l) und NH_4NO_3 (0,05 mol/l). An einer Kathode aus metallischem Quecksilber wird das im Komplex gebundene Quecksilber elektrolytisch abgeschieden, wodurch eine entsprechende Menge an EDTA freigesetzt wird und somit für die Titrationen zur Verfügung steht. Unedlere Metalle wie Magnesium und Calcium können auf diese Weise bestimmt werden.

Redoxtitrationen

Sehr viele Redoxtitrationen können mit coulometrischer Reagenserzeugung durchgeführt werden. Vor allem, wenn an den Reaktionen reversible Redoxpaare beteiligt sind, bietet sich wiederum das Dead-stop-Verfahren zur Indikation des Äquivalenzpunktes an.

Auch in organischen Lösemitteln wird neuerdings nach dieser Methode gearbeitet. So lassen sich zum Beispiel *Karl-Fischer-Titrationen* mit coulometrisch erzeugtem Iod ausführen, was insbesondere für Mikrobestimmungen mit Wassergehalten im μg-Bereich interessant ist.

5 Überblick über die Geschichte der Maßanalyse

Die Anfänge der Titrimetrie lassen sich bis in die Mitte des 18. Jahrhunderts zurückverfolgen. Sie reichen bis in das Zeitalter, in dem man begann, den quantitativen Verhältnissen bei chemischen Reaktionen in steigendem Maße Aufmerksamkeit zu schenken. Das war die Epoche, die sich an den Zeitabschnitt einer mehr qualitativen Betrachtungsweise chemischer Vorgänge anschloß, wie sie bei den Anhängern der Phlogistonlehre (etwa 1700 bis 1780) vorherrschte, und deren Beginn durch den Namen *Antoine Laurent Lavoisier* (1743-1794) gekennzeichnet ist. Die Entdeckung des Prinzips von der Erhaltung der Materie, die Daltonsche Atomhypothese und die Auffindung der stöchiometrischen Gesetzmäßigkeiten bahnten neue Wege für die quantitative analytische Chemie. Allerdings hat man auch lange vorher bereits quantitative Analysen vorgenommen; es sei nur auf die bis weit in die vorchristliche Zeitrechnung zurückreichende Kupellation, die Metall- und Erzprüfung auf trockenem Wege, sowie an die Untersuchungen im 17. Jahrhundert zur quantitativen Bestimmung auf nassem Wege hingewiesen [159].

Die Maßanalyse entwickelte sich in enger Verknüpfung mit der Industrialisierung der chemischen Produktion, die besonders von der aufstrebenden Textilindustrie beeinflußt war (Bleich- und Färbemittel). Man benötigte schnelle und zuverlässige Verfahren zur Qualitätsbeurteilung von Schwefelsäure, Soda, Hypochlorit und Chlorkalk. In dieser Notwendigkeit ist die eigentliche Ursache für die Erfindung der Titrimetrie zu sehen [159]. Zunächst führte man noch keine absoluten Bestimmungen aus; man begnügte sich mit dem Ergebnis, ob eine Substanz gut sei oder nicht. Sie war als gut zu beurteilen, wenn eine abgewogene Portion des zu untersuchenden Stoffes bei Zusatz einer Lösung bekannten Gehaltes, die eine sichtbare Reaktion auslöst, bis zur Beendigung dieser Reaktion ein bestimmtes, empirisch festgelegtes Volumen der Lösung verbrauchte. Später erfolgte dann die Bewertung durch Berechnung. Die ersten Praktiker, die solche Verfahren erarbeiteten, sind nicht bekannt.

Das erste belegbare Titrierverfahren mit analytischer Zielsetzung dürfte wohl die Bestimmung der Säure im Essig sein [160], das *Claude Joseph Geoffroy* (1683-1752) in einer 1729 der Französischen Akademie der Wissenschaften vorgelegten Schrift beschrieb: ... „entnahm ich jeder Sorte 2 Drachmen, wog sie genau ab und versetzte sie in abgerundeten Kolben in kleinen Portionen mit feingepulverter und getrockneter Pottasche, bis das Gären aufhörte. Nun wurde die Säure des Essigs verbraucht und die Flüssigkeit salzig. Daraus, wieviel Pottasche zum Verschlucken der Säure nötig war, erkenne ich den Stärkegrad des Essigs". Seine „Maßlösung" war feste Pottasche, der Indikator die Gasentwicklung. 1747 untersuchte *Louis Guillaume Le Monnier* (1717–1799) den Carbonatgehalt von Mineralwässern, indem er die Proben eindampfte, einen bestimmten Teil des Rückstandes tropfenweise mit Schwefelsäure versetzte und die Anzahl der Tropfen bis zur Beendigung des Aufbrausens zählte. Erstmals einen Farbindikator benutzte *Gabriel François Venel* (1723–1775) im Jahre 1750, indem er bei einer Mineralwasseranalyse die Rotfärbung von Veilchenextrakt beim Zusatz von Schwefelsäure beobachtete. Er folgerte aus seinen Versuchen, daß das Mineralwasser kein Alkali enthalte und die Säure nur zum Rotfärben des Indikators verbraucht werde, weil er mit Schneewasser zu dem gleichen Ergebnis gelangte. 1756 wendete zum ersten Male *Francis Home* (1720–1813) in Edinburgh die Volumenmessung bei der Untersuchung von Pottasche an, als er Salpetersäure teelöffelweise der abgewogenen Probe zusetzte und das Aufschäumen beobachtete. In seinem Buch „Experiments of Bleaching" aus dem Jahre 1756 ist auch die erste Fällungstitration beschrieben: Home ermittelte die Härte des Wassers durch wiederholte Zugabe einiger Tropfen von Alkalimetallcarbonat in weichem Wasser zu der aus hartem Wasser bestehenden Probe, wobei jedesmal das Absetzen der auftretenden milchigen Trübung abgewartet wurde und das Ausbleiben der Trübung das Ende der Titration anzeigte. 1767 bestimmte *William Lewis* in England als erster absolute Gehalte von Pottasche, indem er die Ergebnisse für Handelsprodukte mit denen für reines Kaliumcarbonat verglich. Er benutzte als Maßlösung Salzsäure, deren Verbrauch er durch Wägung bestimmte, und zur Indikation Löschpapier, das mit Lackmuslösung getränkt war. *Vittorio Amadeo Gioanetti* (1729–1815) beschrieb 1779 eine Wasseranalyse, bei der nach dem Eindampfen das Carbonat im Rückstand mit Essigsäure ermittelt wurde, die er vorher gegen Soda eingestellt hatte. Für seine Salpeterfabrik in Dijon entwickelte 1782 *Louis Bernard Guyton de Morveau* (1737–1816) ein titrimetrisches Verfahren zur Bestimmung der Salzsäure und Salpetersäure in der Mutterlauge. Sie wurde mit Alkalimetallcarbonatlösung versetzt, bis mit Curcuma und mit Fernambuktinktur getränkte Papierstreifen ihre Farbe änderten; der Verbrauch wurde durch Wägung ermittelt. In einer zweiten Probe bestimmte Guyton de Morveau die Salzsäure allein durch Fällungstitration mit Bleinitratlösung. Aus der Differenz beider Wägetitrationen berechnete er den Salpetersäuregehalt. In einer weiteren Arbeit über die volumetrische Bestimmung von Kohlenstoffdioxid in Wasser durch Zusatz von Kalkwasser bis zum Verschwinden der anfangs auftretenden Trübung findet sich die erste Erwähnung der Urform einer Bürette, von Guyton de Morveau als „gaso-mètre" bezeichnet, ein zylindrisches, mit Papier beklebtes Glasrohr, auf das eine Einteilung gezeichnet war. *Richard Kirwan* (1735–1812) benutzte 1784 in England erstmals eine Maßlösung von Kaliumhexacyanoferrat(II) zur Bestimmung von Eisen. Der finnische Chemiker *Johan Gadolin* (1760–1852), der das Element Yttrium entdeckt hat, entwickelte unabhängig von Kirwan 1788 ein ähnliches Verfahren. Die erste Redoxtitration führte *François Antoine Henri Descroizilles* (1751–1825) aus, indem er die relative Stärke chlorhaltiger Bleichlösungen für die Textilindustrie durch portionsweise Zugabe von schwefelsaurer Indigolösung bekannten Gehaltes aus einer Pipette ermittelte, bis die Blaufärbung nicht mehr verschwand. Die Anwendung des Verfahrens breitete sich sehr schnell aus. Seit 1789 wurde es von verschiedenen Autoren beschrieben, bevor Descroizilles es selbst 1795 publizierte. In seinem Aufsatz ist auch eine Beschreibung der ersten Titriergeräte enthalten, einer Bürette - von Descroizilles „Berthollimètre" genannt, ein einfacher Meßzylinder - und zweier Pipetten, die er zur Chlorbestimmung verwendete. *George Fordyce* (1736-1802) in London gebrauchte als erster 1792 für die Titration von Säuren Maßlösungen der Alkalimetallhydroxide statt der Carbonate; als Indikator diente ihm Veilchenextrakt. *Joseph Black* (1728-1799) (vgl. S. 67) stellte erstmals die störende Wirkung des gelösten Kohlenstoffdioxids bei der Alkaligehaltsbestimmung von Wasser durch Titration mit Schwefelsäure fest und beobachtete den Verbrauch des Indikators Lackmus an Maßlösung (Indikatorfehler); er führte auch die erste Rücktitration aus (1803). Bis zum Beginn des 19. Jahrhunderts wurden die maßanalytischen Bestimmungen fast ausschließlich in Form von Wägetitrationen vorgenommen. Die verbrauchte Maßlösung über das Volumen zu ermitteln, fand erst Verbreitung, nachdem Descroizilles 1806 in einer Arbeit sein „Alkalimeter" vorgestellt hatte, das zur Beurteilung von Pottasche durch Titration mit Schwefelsäure diente. Das Alkalimeter, ein graduiertes Glasrohr, das durch Ausgießen entleert wurde, stellt ebenfalls eine Urform der Bürette dar. 1809 beschrieb Descroizilles erstmals einen Meßkolben.

Von *Charles Bartholdi* (gest. 1849) in Colmar stammen weitere Beiträge zur Fällungstitration: 1792 veröffentlichte er ein Verfahren zur Bestimmung des Sulfatgehaltes von Krappextrakt mit Kalklösung, 1798 berichtete er über die Titration von Sulfat mit Bariumacetatlösung und von Chlorid mit Silbernitratlösung jeweils bis zum Ausbleiben der Niederschlagsbildung bei der Wasseranalyse nach Auflösen des Abdampfrückstandes. Hierbei wird erstmals eine argentometrische Titration benutzt.

Aber erst *Joseph Louis Gay-Lussac* (1778-1850), dessen Name durch die Entdeckung der Gesetze über den Temperatureinfluß auf Gasvolumina und über die Volumenverhältnisse von Gasen bei chemischen Reaktionen bekannt ist, baute die vorhandenen praktischen Ansätze maßanalytischer Verfahren zu einer brauchbaren wissenschaftlichen Methode systematisch aus und schuf neue titrimetrische Verfahren, um die langwierigen gravimetrischen Bestimmungen zu vermeiden und Zeit beim analytischen Arbeiten zu sparen. Er wird daher oft als eigentlicher Begründer der Maßanalyse angesehen. 1824 veröffentlichte er eine Arbeit über die Chlorkalkbestimmung von Descroizilles mit Indigolösung, deren Konzentration er mit einer durch Einleiten von 1 l Chlor in Kalkmilch bereiteten Lösung einstellte; das Chlor wurde durch eine berechnete Portion Mangandioxid aus Salzsäure freigesetzt. Die zur Titration benutzten Geräte und ihre Handhabung werden genau beschrieben. Dabei tauchen erstmalig die Namen Pipette (petite mesure) und Bürette (burette) auf. In seiner Arbeit „Essai des potasses du commerce", die 1828 erschien, beschäftigt er sich mit der Acidimetrie und Alkalimetrie und benutzte das Wort „titre" sowohl im Sinne einer Gehalts- und damit Gütebezeichnung für das untersuchte Produkt Pottasche (titre ponderal) - wie es auch *Claude Louis Berthollet* (1748-1822) bereits in einem Buch 1804 gebrauchte

– als auch in der Bedeutung des Verbrauchs einer Lösung bestimmter Konzentration zur Gehaltsermittlung (titre alcalimetrique). Es hat dann um die Mitte des 19. Jahrhunderts den Bestimmungsverfahren, die auf der Messung der verbrauchten Reagenslösung beruhten, den Namen titrimetrische Verfahren gegeben. Seine Schwefelsäure-Maßlösung stellte Gay-Lussac durch Verdünnen von konzentrierter Schwefelsäure so ein, daß 50 ml davon gerade die Lösung einer eingewogenen Probe reiner Pottasche neutralisierten; als Indikator verwendete er Lackmustinktur. Legte er nun dieselbe Einwaage bei einem Handelsprodukt zugrunde, konnte er bei der Ablesung der verbrauchten Maßlösung an seiner 50 ml fassenden Bürette sofort den Massenanteil an Pottasche in Prozent angeben. 1832 arbeitete Gay-Lussac seine berühmt gewordene Fällungstitration zur Silberbestimmung mit Natriumchloridlösung aus. Von der Publikation besorgte Liebig ein Jahr später eine deutsche Übersetzung [99]. Das Verfahren setzte Gay-Lussac an die Stelle der Jahrhunderte alten Kupellationsmethode, nach der bis dahin die quantitative Untersuchung der Münzmetalle auf ihren Silbergehalt auf trockenem Wege erfolgt war. Die Kochsalz-Maßlösungen wurden so angesetzt, daß 100 g bzw. 100 ml gerade 1 g Silber anzeigten. Die Pipetten füllte Gay-Lussac niemals durch Ansaugen mit dem Mund, sondern konstruierte dafür eine komplizierte Füllvorrichtung. 1835 führte Gay-Lussac die arsenige Säure als Maßlösung für die Titration des Hypochlorits ein. Den Endpunkt erkannte er an der Entfärbung von Indigolösung, von der er nur wenige Tropfen zusetzte. Er benutzte so den Farbstoff erstmals als Redoxindikator, nicht aber wie Descroizilles als Reagenslösung. Auch Kaliumhexacyanoferrat(II) und Quecksilber(I)-nitrat-Maßlösungen wurden von ihm zur Titration des Hypochlorits eingesetzt.

Trotz der sorgfältig ausgearbeiteten und wissenschaftlich fundierten Titrationsverfahren Gay-Lussacs, die gute Ergebnisse lieferten, dauerte es noch ein weiteres Vierteljahrhundert, bis die Maßanalyse allgemeine Anerkennung fand und eine der Gravimetrie gleichrangige Stellung in der quantitativen Analyse einnehmen konnte. Der Verallgemeinerung der Titrimetrie stand die Verwendung der empirischen Maßlösungen entgegen, deren Konzentrationen von praktischen Gesichtspunkten bestimmt und nicht chemisch begründet waren; auch erforderte jedes Verfahren andere Meßgeräte. In den folgenden beiden Jahrzehnten wurden zahlreiche neue maßanalytische Verfahren gefunden, die sich allerdings nur zum Teil in der Praxis durchsetzten. Im folgenden seien nur die wichtigsten Entdeckungen genannt.

Zeitlich parallel entstanden die Iodometrie und die Permanganometrie. *Alphonse Du Pasquier* (1793–1848) verwendete 1840 erstmals eine alkoholische Iodmaßlösung zur Titration von Hydrogensulfid mit Stärke als Indikator. 1843 folgten die Bestimmungen von schwefliger Säure und Thiosulfat durch *Mathurin Joseph Fordos* (1816–1878) und *Amadée Gélis* (geb. 1851) und 1845 die von Eisen durch *Adolphe Duflos* (1802–1889), der das bei der Umsetzung von Eisen(III) mit Kaliumiodid ausgefallene Iod mit Zinn(II)-chloridlösung titrierte, die er auf Äquivalentbasis angesetzt hatte. 1846 bestimmte *François Gaultier de Claubry* (1792–1878) Zinn iodometrisch. *Robert Wilhelm Bunsen* (1811–1899) verallgemeinerte 1853 die Methode, indem er zahlreiche oxidierende Substanzen mit Salzsäure reduzierte, das entstehende Chlor in Kaliumiodidlösung einleitete und das ausgeschiedene Iod mit schwefliger Säure als Maßlösung titrierte.

Frédéric Margueritte führte 1846 die Kaliumpermanganat-Maßlösung (Chamäleonlösung) zur Bestimmung von Eisen ein und begründete damit die Permanganometrie. *Antoine Brutus Bussy* (1794–1883) verwendete sie 1847 zur Titration von arseniger Säure, *Théophile Jules Pelouze* (1807–1864) im gleichen Jahr zur Bestimmung von Nitrat durch Rücktitration von Eisen(II). In gleicher Weise benutzte sie 1849 *Karl-Heinrich Schwarz* (1823–1890) zur Bestimmung von Chromat. *Hempel* titrierte 1853 erstmals Oxalsäure permanganometrisch.

In diese Zeit fällt auch die Entwicklung anderer maßanalytischer Verfahren: So verwendete *Berthet* 1846 eine Kaliumiodatlösung zur Titration von Iodid. Im gleichen Jahr veröffentlichte *Étienne Ossian Henry* (1798–1873) eine Arbeit, in der er über die fällungstitrimetrische Kaliumbestimmung mit Natriumperchloratlösung in Alkohol berichtete und eine neuartige Bürette beschrieb, ein Glasrohr mit einem Hahn aus Kupfer am unteren Ende, die sich aber gegen das „Gießglas" von Gay-Lussac nicht durchsetzte. 1847 publizierten *Thomas Clark* (1801–1867) die Bestimmung der Wasserhärte mit einer Seifenmaßlösung und *Eugène Melchior Péligot* (1811–1890) die Bestimmung des Ammoniaks nach Absorption in Säurelösung und Rücktitration der Säure mit Calciumhydroxidlösung. *Frederick Penny* (1816–1869) und *Jacob Schabus* (1825–1867) benutzten erstmals 1850 bzw. 1851 eine Kaliumdichromatlösung zur Titration von Eisen, wobei der Endpunkt durch Tüpfeln mit Kaliumhexacyanoferrat(II) ermittelt wurde. Die älteste Komplexbildungstitration geht auf *Justus von Liebig* (1803–1873) zurück, der 1851 alkalische Cyanidlösung mit Silbernitratlösung titrierte, bis sich der entstehende Niederschlag beim Schütteln nicht mehr auflöste [100]. Auf der Bildung von wenig dissoziiertem Quecksilber(II)-chlorid beruht die von Liebig 1853 angegebene Chloridbestimmung mit einer Maßlösung von Quecksilber(II)-nitrat, bei der er Harnstoff zusetzte und durch die auftretende Opaleszenz den Endpunkt indizierte.

Obwohl zahlreiche Veröffentlichungen über titrimetrische Verfahren für die wichtigsten Teilgebiete der Maßanalyse (Oxidations- und Reduktionstitrationen, Neutralisations- und Fällungstitrationen) um die Mitte des 19. Jahrhunderts vorlagen, fand die Methode ihre eigentliche Ausbreitung erst nach dem Erscheinen der ersten zusammenfassenden Bücher über die Titrimetrie. 1850 erschien von Schwarz die *Praktische Anleitung zu Maaßanalysen (Titrir-Methode)* (2. Auflage 1853), in der das Wort „Maßanalyse" zum ersten Mal verwendet wurde und in der neben den empirischen Lösungen auch solche auf Äquivalentbasis genannt und von Schwarz als „rationelle Lösungen" bezeichnet wurden. Schwarz ersetzte auch in seinem Buch bei der Iodtitration die von Bunsen angegebene Maßlösung der schwefligen Säure, die instabil und schwierig herzustellen war, durch Natriumthiosulfatlösung. 1855 kam das von *Friedrich Mohr* (1806–1879) verfaßte *Lehrbuch der chemisch-analytischen Titriermethode* [102] heraus, das viele Auflagen erlebte (die letzte 1914, bearbeitet von Alexander Classen). Mohr stellte in seinem zweibändigen Werk die bis dahin bekannten Verfahren, die er zum großen Teil aufgrund eigener Versuche verbessert hatte, systematisch zusammen und fügte ihnen viele neue hinzu. Er lehnte die zu der Zeit noch allgemein gebräuchlichen Maßlösungen willkürlichen Gehalts ab und setzte sich nachdrücklich für die Verwendung der heute üblichen ein, die „das kleine Atomgewicht[1] in Grammen ausgedrückt oder ein Zehntelatom wirksamer Substanz" im Liter enthielten [102], Lösungen, die später als Normallösungen bezeichnet wurden (vgl. S. 49). Mohr trug damit wesentlich zur Vereinfachung und Übersichtlichkeit der Maßanalyse bei. Die Idee zu diesen Lösungen stammt wahrscheinlich aus England, denn das dort benutzte Maßsystem ließ nicht die Möglichkeit zu, aus der Einwaage und dem Volumen der verbrauchten Maßlösung direkt oder durch Mulitplikation mit einer Potenz von 10 den Massenanteil der gesuchten Substanz in Prozent anzugeben [159]. Mohr teilte ohne nähere Angaben mit, daß schon vor ihm ein Mann namens *Griffin* solche Lösungen benutzt hätte. Der Gedanke findet sich bisher erstmals nachweisbar 1844 bei *Andrew Ure* (1778-1857); die Verwendung dieser Lösungen wurde aber erst nach dem Erscheinen von Mohrs Buch allgemein üblich [159]. Sein klassisches Werk, das er ständig erweiterte und umarbeitete, ist das Vorbild für viele später erschienene Lehrbücher der Maßanalyse geworden. Mohr war ein sehr kritischer und streitbarer Mann, reich an Wissen und Ideen. Mit seinem Namen ist noch heute eine Reihe von Begriffen verbunden: Das Mohrsche Salz, die Chloridbestimmung nach Mohr, die Mohrsche Quetschhahnbürette, die Mohrsche Waage. Der Korkbohrer und die graduierte Pipette sind seine Erfindungen, den später nach Liebig benannten Kühler hat er verbessert. 1837 hat er bereits - wohl ohne volle Erkenntnis der Bedeutung - über das Prinzip von der Erhaltung der Energie geschrieben, das dann 1842 von *Robert Julius Mayen* (1814-1878) formuliert wurde.

Im Laufe der nächsten Jahrzehnte wurde das Gebiet der Maßanalyse von vielen Forschern weiter bearbeitet, wobei die bekannten Verfahren verbessert und noch zahlreiche wertvolle Neuerungen gefunden wurden. Auf Einzelheiten der Entwicklung muß hier verzichtet werden; erwähnt seien nur noch einige Beispiele: 1858/59 beschrieb *L. Péan de Saint Gilles* (1832-1863) die permanganometrische Titration von Iodid, Nitrit und organischen Verbindungen. *Friedrich Christian Kessler* (1824-1896) fand 1863, daß die in schwefelsaurer Lösung störungsfrei verlaufende Titration von Eisen(II) mit Permanganat in salzsaurer Lösung nur in Gegenwart von Mangan(II)-Salzen richtige Ergebnisse liefert. Kessler hatte 1855 bereits vorgeschlagen, für die Eisen(II)-Bestimmung mit Dichromat zur Reduktion von Eisen(III) Zinn(II)-chlorid statt Zink zu verwenden und den Zinn(II)-Überschuß mit Quecksilber(II)-chlorid zu entfernen, was aber in Vergessenheit geriet. 1881 beobachtete *Julius Clemens Zimmermann* wieder den Einfluß von Mangan(II) und 1889 gab *C. Reinhardt* durch Kombination mit Kesslers Vorschlägen dem Verfahren die endgültige Form. Die Reduktion des Eisens nahm 1889 *Harry Clair Jones* (1856-1916) an einer Zinkstaubsäule vor, *P. W. Shimer* verbesserte 1899 den Reduktor durch Amalgamierung. Die heute nach Volhard-

[1] das ist das spätere Äquivalentgewicht, heute die molare Masse bezogen auf Äquivalente

Wolff benannte Titration von Mangan(II) in heißer Lösung mit Permanganat gab 1862 *A. Guyard* erstmals an. 1879 erkannte *Jacob Volhard* (1834–1910), daß zweiwertige Metallionen zugegen sein müssen, und *N. Wolff* fand 1884 schließlich, daß richtige Ergebnisse erst bei Zusatz einer Zinkoxid-Aufschlämmung zu erzielen sind. Volhard erweiterte auch den Bereich der titrimetrischen Fällungsanalysen in den siebziger Jahren des vorigen Jahrhunderts durch Einführung der Kaliumthiocyanat-Maßlösung und des Ammoniumeisen(III)-sulfats als Indikator für die Chlorid- und Silberbestimmung sowie für die Titration von Quecksilber. *Lajos Winkler* (1863–1939) bestimmte 1888 den in Wasser gelösten Sauerstoff über die Oxidation von Mangan(II) in alkalischer Lösung durch iodometrische Titration. *R. T. Thomson* fand 1893, daß man Borsäure in Gegenwart von Glycerin als schwache Säure titrieren kann. Bereits 1861 benutzte *Th. Lange* erstmals eine Cer(IV)-sulfat-Maßlösung zur Eisen(II)-Bestimmung, die sich trotz ihrer Vorteile gegenüber der Kaliumpermanganatlösung noch nicht durchsetzen konnte, da geeignete Redoxindikatoren fehlten, ein Mangel, der auch auf den anderen Gebieten der Maßanalyse ihrer Weiterentwicklung hindernd entgegenstand.

Lange Zeit hatte man als Indikatoren lediglich Extrakte von Pflanzenfarbstoffen zur Verfügung (ausführliche Darstellung in [159]). Gegen Ende des 19. Jahrhunderts kamen die ersten synthetischen Farbstoffe auf, die sich als Säure-Base-Indikatoren eigneten: 1877 Phenolphthalein durch *E. Luck*, 1878 Tropäolin 00 durch *M. Müller* und Methylorange durch *Georg Lunge* empfohlen. Die Palette dieser Indikatoren erweiterte sich in den folgenden Jahren, 1893 nennt *H. Tromssdorff* in seinem Buch über chemisch-technische Untersuchungsmethoden bereits 14 synthetische Säure-Base-Indikatoren. Sie waren den natürlichen Farbstoffen überlegen, weil ihr Farbumschlag schärfer erkennbar war und weil sich unterscheiden ließ, ob er im sauren oder basischen Bereich erfolgte. 1908 kam Methylrot durch *E. Rupp* und *R. Loose* hinzu, 1915 führten *William Mansfield Clark* und *Herbert August Lubs* die Sulfophthaleine ein, die wegen ihrer vielfältigen Farbumschläge große Bedeutung für Säure-Base-Titrationen erlangten.

Die erste Theorie über den Farbumschlag stellte 1894 *Wilhelm Ostwald* (1853–1932) auf [161]. Danach sind Indikatoren schwache Säuren oder Basen, die als undissoziierte Verbindungen eine andere Farbe aufweisen als ihre Ionen. Die Anwendung des Massenwirkungsgesetzes auf das Dissoziationsgleichgewicht (Protolysegleichgewicht) ließ eine einfache mathematische Behandlung des Indikatorumschlages zu. Daß dieser für die einzelnen Indikatoren bei verschiedenen pH-Werten erfolgt, konnte mit den unterschiedlichen Größenwerten der Säure- bzw. Basekonstanten der Indikatoren begründet werden. Gegen die Erklärung des Farbumschlags allein aus dem Dissoziationsvorgang wurden jedoch bald verschiedene Einwände erhoben. So geht z. B. der Umschlag bei verschiedenen Indikatoren für eine Ionenreaktion zu langsam vor sich. Außerdem entsprach die Theorie von Ostwald nicht der Erfahrungstatsache, daß konstitutiv unveränderliche anorganische und organische Säuren, Basen und Salze im dissoziierten und im undissoziierten Zustand dieselbe Farbe aufweisen. In der Folgezeit wurde daher die Ionentheorie erweitert und vertieft. 1906/1908 lieferte *Arthur Rudolf*

Hantzsch (1857-1935) eine wesentliche Ergänzung, die sich auf der 1876 von *Otto Nikolaus Witt* (1853-1915) eingeführten Chromophortheorie, dem ersten Versuch, einen Zusammenhang zwischen chemischer Konstitution und Farbe aufzufinden, gründete [162]. Hantzsch erklärte den Farbwechsel der Indikatoren mit einer Strukturänderung des Indikatormoleküls (Pseudosäure oder -base) beim Übergang in eine zur Dissoziation befähigte ionogene Form (Aci- bzw. Basoform), wobei sich ein chinoider Ring ausbildet. Die chinoide Gruppierung war schon 1882 von *H. E. Armstrong* als wichtiger Chromophor erkannt worden. Die Grundvorstellung von Ostwald, daß die Indikatoren als schwache Säuren oder Basen aufzufassen sind, wurde beibehalten, die Ursache des Farbwechsels jedoch in einer Konstitutionsänderung des Indikatormoleküls gesehen, die der Dissoziation parallel läuft. Da die intramolekulare Umlagerung der Pseudoform in die ionogene Form als Molekülreaktion langsam erfolgen kann, fand die Beobachtung, daß manche Indikatorumschläge Zeitreaktionen sind, eine Erklärung. In den folgenden Jahrzehnten lieferten zahlreiche Forscher Beiträge zur Weiterentwicklung der chemischen Farbtheorie, so daß an dem enggefaßten Chromophorbegriff nicht mehr festgehalten werden konnte. Die Fortschritte in den Erkenntnissen über die chemische Bindung, über den Mesomeriebegriff und über die Anregbarkeit der π-Elektronen in Doppelbindungen bei der Lichtabsorption führten zu neuen Anschauungen, deren theoretische Begründung mit Hilfe der Quantentheorie und der Wellenmechanik gegeben wird (vgl. S. 103).

Etwa vier Jahrzehnte nach Einführung der synthetischen Säure-Base-Indikatoren wurde 1915 der erste brauchbare Redoxindikator, das Diphenylamin, durch *Josef Knop* gefunden und zur dichromatometrischen Eisenbestimmung sowie 1923/1924 auch zu anderen Redoxtitrationen benutzt. Zwar hatte - wie berichtet - bereits 1835 Gay-Lussac Hypochlorit mit arseniger Säure titriert und den Endpunkt an der Entfärbung von Indigo erkannt, doch fehlte dem Verfahren die erforderliche Präzision; Indigo ist kein reversibler Indikator. Da keine besseren Indikatoren zur Verfügung standen, begnügte man sich in der Folgezeit mit der Endpunkterkennung durch Tüpfeln. So benutzten zur Hypochloritbestimmung mit Eisen(II)-sulfatlösung 1840 zuerst *Walter Crum* (1796-1867) Kaliumhexacyanoferrat(III) und mit arseniger Säure 1852 *Penot* Iod-Stärke-Lösung als Tüpfelindikatoren. Versuche zur Einführung anderer Substanzen als Redoxindikatoren blieben in den folgenden Jahrzehnten erfolglos. Nach dem Diphenylamin haben Knop und *O. Kubelková-Knopová* 1929 und später (vgl. auch S. 172) sowie andere Forscher zahlreiche weitere Redoxindikatoren vorgeschlagen. Der Name Redoxindikator stammt von *Leonor Michaelis* (1875-1940), der auch die erste Monographie über Redoxtitrationen schrieb [163]. Fluorescein war bereits 1876 von *F. Krüger* als Fluorescenzindikator für Säure-Base-Titrationen vorgeschlagen worden. Diese Art von Indikatoren kam aber erst in Gebrauch, nachdem 1910 *H. Lehmann* die Betrachtung im UV-Licht empfohlen hatte. Fluorescein war auch die erste Substanz, die *Kasimir Fajans* und *Odd Hassel* 1923 als Adsorptionsindikator zur argentometrischen Chloridbestimmung einführten (vgl. S. 136).

Von den zahlreichen Arbeiten, die in der ersten Hälfte dieses Jahrhunderts auf dem Gebiet der Maßanalyse publiziert wurden und ihre Entwicklung vorantrieben, seien wegen ihrer besonderen Bedeutung nur noch zwei erwähnt: Das iodometrische Verfahren zur Wasserbestimmung, das 1935 *Karl Fischer* vorschlug [164], und die Einführung der Aminopolycarbonsäuren für Komplexbildungstitrationen durch *Gerold Schwarzenbach* seit 1945 [128] (vgl. S. 205).

Der Ausbau der physikalischen Chemie und ihrer Untersuchungsmethoden hat einen erheblichen Einfluß auf die Maßanalyse genommen, indem vor allem elektrische Verfahren zur Indikation des Titrationsendpunktes herangezogen wurden. So nahm die Potentiometrie ihren Ausgang von Arbeiten, die um die Jahrhundertwende geleistet worden waren. *Robert Behrend* (1856-1926) führte 1893 die erste potentiometrische Titration durch und nahm Titrationskurven bei der Ausfällung von Quecksilber(I)- und Silberhalogeniden auf [165]. *Wilhelm Böttger* (1871-1949) beschrieb 1897 erstmals die potentiometrische Titration von Säuren und Basen unter Verwendung einer Wasserstoffelektrode [166] und 1900 benutzte *F. Crotogino* eine Platinelektrode zur potentiometrischen Indizierung einer Redoxtitration bei der Oxidation von Halogenidionen mit Permanganat [167]. *Paul Dutoit* (1873-1944) schlug zusammen mit *G. Weisse* 1911 die Anwendung einer polarisierten Platinelektrode vor. In der Zeit nach dem ersten Weltkrieg ging die Entwicklung der potentiometrischen Titration geradezu stürmisch voran. Viele namhafte Chemiker beschäftigten sich mit ihrem Ausbau und gaben zahlreiche Neuerungen an. 1909 wurde z. B. von *Fritz Haber* (1868-1934) und *Zygmunt Klemensiewicz* (1886-1963) die Glaselektrode als Indikatorelektrode eingeführt [168]. Die erste Monographie über potentiometrische Titrationen wurde 1923 von *Erich Müller* (1870-1948) verfaßt [169], der sich um die Erarbeitung der Grundlagen und die Weiterentwicklung der elektrometrischen Verfahren sehr bemühte und ihre vielseitigen Anwendungsmöglichkeiten überzeugend nachwies.

Die Konduktometrie geht auf Arbeiten von *Friedrich Kohlrausch* (1840-1910) und zahlreichen anderen Forschern zurück. Zur maßanalytischen Bestimmung wurde die Methode zuerst 1903 von *Friedrich Wilhelm Küster* (1861-1917) und *M. Grüters* [170] sowie 1905-1909 von *A. Thiel* und 1910 von *P. Dutoit* benutzt. In der analytischen Praxis fand die Leitfähigkeitstitration anfangs wenig Beachtung, weil die Meßmethodik zu unbequem und unempfindlich war. Erst mit fortschreitender Verbesserung der Meßtechnik setzte sich die konduktometrische Maßanalyse durch und entwickelte sich zu einer Methode, die mit gutem Erfolg für analytische Problemlösungen eingesetzt werden kann. Die erste Monographie verfaßte *Isaac Mauritz Kolthoff* [171]. Die Entwicklung wurde maßgeblich durch Arbeiten von *Gerhard Jander* (1892-1961) [172], *H. T. S. Britton* [173] und *G. Jones* gefördert. Die Benutzung hochfrequenter Wechselströme bei der Messung der Leitfähigkeitsänderung während einer Titration wird erstmals Mitte der 40er Jahre von *G. G. Blake* [174], *F. W. Jensen* und *A. L. Parrack* [175] sowie *J. Foreman* und *D. J. Crips* [176] beschrieben. Die Hochfrequenztitration wurde in Deutschland besonders durch Arbeiten von Kurt Cruse gefördert [147].

Die Voltametrie, die Messung der Potentialdifferenz zwischen zwei mit Hilfe eines Fremdstromes polarisierten Metallelektroden, als maßanalytisches Indikationsverfahren geht auf Untersuchungen von *H. H. Willard* und *F. Fenwick* aus dem Jahre 1922 zurück, die mit zwei Platinelektroden arbeiteten, von denen eine polarisiert wurde [177]. Die Messung des polarographischen Diffusionsgrenzstromes im Verlaufe einer Titration, die Amperometrie, wurde 1927 erstmals von *Jaroslav Heyrovsky* empfohlen [178]. Diese Indikationsmethode wurde später von *Vladimir Majer,* der sie Polarometrie nannte, näher untersucht [179]. Älter als diese Arbeitsweise mit einer polarisierten Elektrode ist die Verwendung von zwei Elektroden, die durch eine von außen angelegte Potentialdifferenz polarisiert werden. Bereits 1897 beschrieb *E. Salomon* diese Technik bei der Titration von Chlorid mit Silbernitrat [180]. 1905 benutzten *Walter Nernst* (1864–1941) und *E. S. Merriam* zwei polarisierte Wasserstoffelektroden zur Indikation von Säure-Base-Titrationen [181]. Dann geriet die Methode in Vergessenheit. Sie wurde erst 1926 von C. W. Foulk und *A. T. Bawden* wiederentdeckt, die sie bei der Titration von Iod mit Thiosulfat einsetzten. Wegen des plötzlichen Abfalls der Stromstärke am Äquivalenzpunkt gaben die Autoren ihr den Namen Dead-stop-Titration [182]. Eine Verbreitung fand die Arbeitsweise aber erst zwei Jahrzehnte später mit der Indikation der Wasserbestimmung durch Karl-Fischer-Titration, zu der sie erstmals 1943 von *G. Wernimont* und *F. J. Hopkinson* eingesetzt wurde [183].

Während der ganzen Zeit der methodischen Entwicklung blieben im wesentlichen die zur Maßanalyse benutzten Gerätschaften die gleichen. 1936 schlug *Schellbach* zur besseren Ablesbarkeit von Büretten den nach ihm benannten Streifen vor. Große Fortschritte nahm die Entwicklung jedoch, nachdem 1955 die von *K. Schlotterbeck* und *J. Städtler* konstruierte Kolbenbürette auf den Markt kam. Es folgten die motorbetriebene Kolbenbürette und 1958 der Potentiograph mit registrierendem automatischen Titrator sowie der Endpunkttitrator. Der Einsatz inzwischen verbesserter Indikatorelektroden für die elektrometrische Endpunktbestimmung in Kombination mit einer hoch entwickelten Elektronik führte in den 60er Jahren zur instrumentellen Maßanalyse unter Verwendung mikroprozessorgesteuerter Titratoren [184].

Anhang

Gehaltsangaben für gebräuchliche Laborlösungen

Lösung	Konzentration c in mol/l	Massenanteil w in %	Dichte ρ in g/ml
rauch. Salzsäure	12	37	1,19
konz. Salzsäure	10,2	32	1,16
konz. Salzsäure	7,7	25	1,12
verd. Salzsäure	2	7	1,033
rauch. Salpetersäure	24	100	1,51
konz. Salpetersäure	14,4	65	1,40
verd. Salpetersäure	2	12	1,065
konz. Schwefelsäure	18	96	1,84
verd. Schwefelsäure	1	9,3	1,061
konz. Perchlorsäure	11,6	70	1,67
verd. Perchlorsäure	2	18	1,114
Eisessig	17,6	100	1,057
verd. Essigsäure	2	12	1,015
konz. Flußsäure	22	40	1,126
verd. Flußsäure	2	4	1,012
konz. Phosphorsäure	14,8	85	1,71
verd. Phorsphorsäure	1	9,3	1,050
konz. Natronlauge	14,3	40	1,43
verd. Natronlauge	2	7,4	1,081
konz. Ammoniak	16,5	32	0,88
konz. Ammoniak	13,4	25	0,91
verd. Ammoniak	2	3,5	0,983
Natriumcarbonat	1	9,7	1,099
Hydrogenperoxid (Perhydrol)	9,8	30	1,112
Hydrogenperoxid	1	3	

Chemische Elemente

In der Tabelle ist neben der Protonenzahl Z (Ordnungszahl, Kernladungszahl) für jedes Element die relative Atommasse A_r aufgeführt. Die Zahlenwerte entsprechen den Angaben der Internationalen Union für Reine und Angewandte Chemie (IUPAC) nach dem Stand von 1983 [185]. Die relative Atommasse eines Elementes ist auf $1/12$ der Atommasse des Kohlenstoffnuklids ^{12}C bezogen; der Begriff wird bei Nuklidmischungen (Mischelementen) auf die natürliche Isotopenzusammensetzung angewendet. Als Verhältnis zweier Größen gleicher Art hat die relative Atommasse die Dimension 1. Die Zahlenwerte von A_r sind identisch mit den Zahlenwerten für die Atommassen gemessen in der atomaren Masseneinheit u, dem 12ten Teil der Masse eines Atoms des Nuklids ^{12}C ($1\,u = (1{,}660\,565\,5 \pm 0{,}000\,008\,6) \cdot 10^{-27}\,kg$), und gleich dem Zahlenwert der molaren Masse M in g/mol. Die Zahlen in Klammern hinter den relativen Atommassen geben die Unsicherheit in der letzten Ziffer an. Fehlt diese Angabe, ist die Unsicherheit ± 1 (unter Berücksichtigung der Anmerkungen). Die Anmerkungen bedeuten:

- g geologisch außergewöhnliche Proben sind bekannt, in denen die Isotopenzusammensetzung des Elementes von der in normalem Material stark abweicht. Die Atommasse des Elementes in solchen Proben kann sich über die angegebene Unsicherheit hinaus von den Tabellenwerten unterscheiden.
- m modifizierte Isotopenzusammensetzungen können in käuflichem Material auftreten, weil es einer nicht genannten oder nicht bekannten Isotopentrennung unterworfen wurde.
- s Schwankungen der Isotopenzusammensetzung in normalem irdischen Material lassen eine genauere Angabe nicht zu.

Von den mit einem Stern (*) gekennzeichneten Elementen existiert kein stabiles Nuklid; für diese Elemente ist die Nukleonenzahl des Nuklids mit der größten Halbwertszeit in Klammern angegeben.

Name	Symbol	Protonenzahl Z	relative Atommasse A_r	Name	Symbol	Protonenzahl Z	relative Atommasse A_r
Actinium*	Ac	89	(227)	Bismut	Bi	83	208,9804
Aluminium	Al	13	26,98154	Blei	Pb	82	207,2
Americium*	Am	95	(243)	Bor	B	5	10,811 ± 5[m,s]
Antimon	Sb	51	121,75 ± 3	Brom	Br	35	79,904
Argon	Ar	18	39,948[g,s]	Cadmium	Cd	48	112,41[g]
Arsen	As	33	74,9216	Caesium	Cs	55	132,9054
Astat	At	85	(210)	Calcium	Ca	20	40,078[g]
Barium	Ba	56	137,33[g]	Californium*	Cf	98	(251)
Berkelium*	Bk	97	(247)	Cer	Ce	58	140,12[g]
Beryllium	Be	4	9,01218	Chlor	Cl	17	35,453

Fortsetzung Tabelle Chemische Elemente

Name	Symbol	Protonenzahl Z	relative Atommasse A_r	Name	Symbol	Protonenzahl Z	relative Atommasse A_r
Chrom	Cr	24	51,9961 ± 6	Platin	Pt	78	195,08 ± 3
Cobalt	Co	27	58,9332	Plutonium*	Pu	94	(244)
Curium*	Cm	96	(247)	Polonium*	Po	84	(209)
Dysprosium	Dy	66	162,50 ± 3[g]	Praseodym	Pr	59	140,9077
Einsteinium*	Es	99	(252)	Promethium	Pm	61	(145)
Eisen	Fe	26	55,847	Protactinium*	Pa	91	231,0359
Erbium	Er	68	167,26 ± 3[g]	Quecksilber	Hg	80	200,59 ± 3
Europium	Eu	63	151,96[g]	Radium*	Ra	88	(226)
Fermium*	Fm	100	(257)	Radon*	Rn	86	(222)
Fluor	F	9	18,998403	Rhenium	Re	75	186,207
Francium*	Fr	87	(223)	Rhodium	Rh	45	102,9055
Gadolinium	Gd	64	157,25 ± 3[g]	Rubidium	Rb	37	85,4678 ± 3[g]
Gallium	Ga	31	69,723 ± 4	Ruthenium	Ru	44	101,07 ± 2[g]
Germanium	Ge	32	72,59 ± 3	Samarium	Sm	62	150,36 ± 3[g]
Gold	Au	79	196,9665	Sauerstoff	O	8	15,9994 ± 3[g,s]
Hafnium	Hf	72	178,49 ± 3	Scandium	Sc	21	44,95591 ± 1
Helium	He	2	4,00260 ± 2[g,s]	Schwefel	S	16	32,066 ± 6[s]
Holmium	Ho	67	164,9304	Selen	Se	34	78,96 ± 3
Indium	In	49	114,82[g]	Silber	Ag	47	107,8682 ± 3[g]
Iod	I	53	126,9045	Silicium	Si	14	28,0855 ± 3[s]
Iridium	Ir	77	192,22 ± 3	Stickstoff	N	7	14,0067[g]
Kalium	K	19	39,098	Strontium	Sr	38	87,62[g]
Kohlenstoff	C	6	12,011[s]	Tantal	Ta	73	180,9479
Krypton	Kr	36	83,80[g,m]	Technetium*	Tc	43	(98)
Kupfer	Cu	29	63,546 ± 3[s]	Tellur	Te	52	127,60 ± 3[g]
Lanthan	La	57	138,9055 ± 3[g]	Terbium	Tb	65	158,9254
Lawrencium*	Lr	103	(260)	Thallium	Tl	81	204,383
Lithium	Li	3	6,941 ± 2[g,m,s]	Thorium*	Th	90	232,0381[g]
Lutetium	Lu	71	174,967[g]	Thulium	Tm	69	168,9342
Magnesium	Mg	12	24,305	Titan	Ti	22	47,88 ± 3
Mangan	Mn	25	54,9380	Unnilpentium*	Unp	105	(262)
Mendelevium*	Md	101	(258)	Unnilquadium*	Unq	104	(261)
Molybdän	Mo	42	95,94				
Natrium	Na	11	22,98977	Uran*	U	92	238,0289[g,m]
Neodym	Nd	60	144,24 ± 3[g]	Vanadium	V	23	50,9415
Neon	Ne	10	20,179[g,m]	Wasserstoff	H	1	1,00794 ± 7[g,m,s]
Neptunium*	Np	93	(237)	Wolfram	W	74	183,85 ± 3
Nickel	Ni	28	58,69	Xenon	Xe	54	131,29 ± 3[g,m]
Niob	Nb	41	92,9064	Ytterbium	Yb	70	173,04 ± 3
Nobelium*	No	102	(259)	Yttrium	Y	39	88,9059[g]
Osmium	Os	76	190,2[g]	Zink	Zn	30	65,38 ± 2
Palladium	Pd	46	106,42[g]	Zinn	Sn	50	118,710 ± 7
Phosphor	P	15	30,97376	Zirconium	Zr	40	91,224 ± 2[g]

Literaturverzeichnis

Die Zusammenstellung enthält Lehrbücher, Monographien und Originalarbeiten ohne Anspruch auf Vollständigkeit. Die Werke allgemeinen Charakters sind, nach Sachgebieten geordnet, den Zitaten vorangestellt, auf die in den einzelnen Kapiteln und Abschnitten verwiesen wird. Dort findet man unter jeder Überschrift Hinweise auf die Werke im allgemeinen Literaturteil, die zur weiteren Information von Bedeutung sind.

Allgemeine Literatur

Analytische Chemie

Handbücher, Tabellen- und Nachschlagewerke:

[1] Fresenius, W., Jander, G. (Hrsg.), Handbuch der Analytischen Chemie, Springer-Verlag, Berlin/Heidelberg/New York ab 1940

[2] Kelker, H. (Hrsg.), Analysen- und Meßverfahren (Ullmanns Encyklopädie der technischen Chemie, Bd. 5, 4. Aufl.) Verlag Chemie, Weinheim/Deerfield Beach, Florida/Basel 1980

[3] D'Ans, J., Lax, E., Taschenbuch für Chemiker und Physiker,
Bd. 1: Makroskopische physikalisch-chemische Eigenschaften, 3. Aufl., Lax, E., Synowietz, C. (Hrsg.) (1967)
Bd. 3: Eigenschaften von Atomen und Molekülen, 3. Aufl., Schäfer, K., Synowietz, C. (Hrsg.) (1970), Springer-Verlag, Berlin/Heidelberg/New York

[4] Weast, R. C. (Hrsg.), Handbook of Chemistry and Physics, 62nd ed., The Chemical Rubber Company Press Inc., Cleveland, Ohio 1981-1982

[5] Küster, F. W., Thiel, A., Rechentafeln für die Chemische Analytik, 103. Aufl., neu bearb. von Ruland, A., Walter de Gruyter, Berlin/ New York 1985

[6] DIN Deutsches Institut für Normung e. V. (Hrsg.), DIN Taschenbuch 22, Einheiten und Begriffe für physikalische Größen, Normen, 6. Aufl., Beuth Verlag, Berlin/Köln 1984

[7] Deutscher Zentralausschuß für Chemie (Hrsg.), Internationale Regeln für die chemische Nomenklatur und Terminologie,
Bd. 2, Gruppe 1: Internationale Union für Reine und Angewandte Chemie (IUPAC), Regeln für die Nomenklatur der Anorganischen Chemie (1970), Deutsche Fassung, hrsg. von der Gesellschaft Deutscher Chemiker
Bd. 2, Gruppe 6: Internationale Union für Reine und Angewandte Chemie (IUPAC), Abteilung für Physikalische Chemie, Kommission für Symbole, Terminologie und Einheiten, Handbuch der Symbole und der Terminologie physikochemischer Größen und Einheiten (1973),
Verlag Chemie, Weinheim/Deerfield Beach, Florida/Basel

Theoretisch orientierte Werke:

[8] Hägg, G., Die theoretischen Grundlagen der analytischen Chemie, 2. Aufl., Birkhäuser Verlag, Basel/Stuttgart 1962

[9] Seel, F., Grundlagen der analytischen Chemie, 7. Aufl., Verlag Chemie, Weinheim/New York 1979

[10] Fluck, E., Becke-Goehring, M., Einführung in die Theorie der quantitativen Analyse, 6. Aufl., Dr. Dietrich Steinkopff Verlag, Darmstadt 1980
[11] den Boef, G., Grundlagen der chemischen Analyse in wäßrigen Lösungen, Umschau Verlag, Frankfurt am Main 1976
[12] Kunze, U. R., Grundlagen der quantitativen Analyse, Georg Thieme Verlag, Stuttgart/New York 1980
[13] Danzer, K., Than, E., Molch, D., Analytik. Systematischer Überblick, Wissenschaftliche Verlagsgesellschaft, Stuttgart 1977
[14] Autorenkollektiv, Analytikum, 6. Aufl., VEB Deutscher Verlag für Grundstoffindustrie, Leipzig 1984
[15] Autorenkollektiv (Kolditz, L., Hrsg.), Anorganikum, Teil 2, 10. Aufl., VEB Deutscher Verlag der Wissenschaften, Berlin 1984
[16] Skoog, D. A., West, D. M., Fundamentals of Analytical Chemistry, 4th ed., Holt, Rinehart and Winston, London/New York/Sydney/Toronto 1982
[17] Kenner, C. T., Busch, K. W., Quantitative Analysis, Macmillan Publishing Co., Inc., New York 1979
[18] Pecsok, R. L., Shields, L. D., Cairns, T., McWilliam, I. G., Modern Methods of Chemical Analysis, 2nd ed., John Wiley and Sons, New York/Santa Barbara/London/Sydney/Toronto 1976
[19] Korte, F. (Hrsg.), Methodicum Chimicum, Bd. 1 Analytik, Georg Thieme Verlag, Stuttgart 1973

Praktisch orientierte Werke:

[20] Jander, G., Blasius, E., Einführung in das anorganisch-chemische Praktikum (einschließlich der quantitativen Analyse), 12. Aufl., S. Hirzel Verlag, Stuttgart 1984
[21] Müller, G. O., Lehrbuch der Angewandten Chemie, Bd. III: Quantitativ-anorganisches Praktikum, 2. Aufl., S. Hirzel Verlag, Leipzig 1975
[22] Lux, H., Praktikum der quantitativen anorganischen Analyse, 7. Aufl., J. F. Bergmann-Verlag, München 1979
[23] Biltz, H., Biltz, W., Ausführung quantitativer Analysen, 10. Aufl., überarb. von Auterhoff, H., S. Hirzel Verlag, Stuttgart 1983
[24] Vogel's Textbook of Quantitative Inorganic Analysis (including Elementary Instrumental Analysis), 4th ed., revised by Bassett, J., Denney, R. C., Jeffery, G. H., Mendham, J., Longman Group Limited, London 1978
[25] Poethke, W., Kupferschmid, W., Praktikum der Maßanalyse, 2. Aufl., Verlag Theodor Steinkopff, Dresden 1980
[26] Felber W., Räthe, C., Laboratoriumspraxis – Einführung und quantitative Analyse, 2. Aufl., VEB Deutscher Verlag für Grundstoffindustrie, Leipzig 1983
[27] Jander, G. (Hrsg.), Neuere maßanalytische Methoden, 4. Aufl. (Die chemische Analyse, 33. Bd.), Ferdinand Enke Verlag, Stuttgart 1956
[28] Wagner, W., Hull, C. J., Inorganic Titrimetric Analysis, Contemporary Methods (Treatise on Titrimetry, Vol. 1, Jordan, J., ed.), Marcel Dekker, Inc., NewYork 1971
[29] Hansen, L. D., Izatt, R. M., Christensen, J. J., Curran, D. J., New Developments in Titrimetry (Treatise on Titrimetry, Vol. 2, Jordan, J., ed.), Marcel Dekker, Inc., New York 1971
[30] Swift, E. H., Butler, E. A., Quantitative Measurements and Chemical Equilibria, W. H. Freeman and Company, San Francisco 1972

Anorganische Chemie

[31] Blaschette, A., Allgemeine Chemie, Bd. I: Atome, Moleküle, Kristalle (1974); Bd. II: Chemische Reaktionen (1979), Akademische Verlagsgesellschaft, Wiesbaden
[32] Christen, H. R., Grundlagen der allgemeinen und anorganischen Chemie, 7. Aufl.,

Verlag Moritz Diesterweg/Otto Salle Verlag, Frankfurt am Main/Berlin/München und Verlag Sauerländer, Aarau/Frankfurt am Main/Salzburg 1982
[33] Holleman, A.F., Wiberg, E., Lehrbuch der Anorganischen Chemie, 91.-100. Aufl., verb. u. erw. von Wiberg, N., Walter de Gruyter, Berlin/New York 1985
[34] Cotton, F.A., Wilkinson, G., Anorganische Chemie, 4. Aufl., Verlag Chemie, Weinheim/Deerfield Beach, Florida/Basel 1982
[35] Autorenkollektiv (Kolditz, L., Hrsg.), Anorganikum, Teil 1, 10. Aufl., VEB Deutscher Verlag der Wissenschaften, Berlin 1984

Physikalische Chemie

[36] Moore, W.J., Hummel, D.O., Physikalische Chemie, 3. Aufl., Walter de Gruyter, Berlin/New York 1983
[37] Barrow, G.M., Physikalische Chemie, 6. Aufl., neubearb. von Herzog, G.W., Bohmann Verlag, Wien und Friedr. Vieweg und Sohn, Braunschweig/Wiesbaden 1984
[38] Wedler, G., Lehrbuch der Physikalischen Chemie, 2. Aufl., Verlag Chemie, Weinheim/Deerfield Beach, Florida/Basel 1985
[39] Kortüm, G., Lehrbuch der Elektrochemie, 5. Aufl., Verlag Chemie, Weinheim 1972

Textbezogene Literatur

1 Einführung und Grundbegriffe

[2, 9, 13, 14, 19, 20, 24]

2 Praktische Grundlagen der Maßanalyse

[40] Bureau International des Poids et Mesures, Le Système International d'Unités (SI), 3e Ed, 1977
Deutsche Übersetzung: SI, Das Internationale Einheitensystem, Friedr. Vieweg und Sohn, Braunschweig 1982
[41] Gesetz über Einheiten im Meßwesen vom 2.7. 1969, Bundesgesetzblatt 1969, Teil I, S. 709
Ausführungsverordnung zum Gesetz über Einheiten im Meßwesen vom 2.7. 1969, Bundesgesetzblatt 1970, Teil I, S. 981
Gesetz zur Änderung des Gesetzes über Einheiten im Meßwesen vom 6.7. 1973, Bundesgesetzblatt 1973, Teil I, S. 720
Verordnung zur Änderung der Ausführungsverordnung zum Gesetz über Einheiten im Meßwesen vom 7.11. 1973, Bundesgesetzblatt 1973, Teil II, S. 1761
Zweite Verordnung zur Änderung der Ausführungsverordnung zum Gesetz über Einheiten im Meßwesen vom 12.12. 1977, Bundesgesetzblatt 1977, Teil II, S. 2537
Dritte Verordnung zur Änderung der Ausführungsverordnung zum Gesetz über Einheiten im Meßwesen vom 8.5. 1981, Bundesgesetzblatt 1981, Teil I, S. 422
[42] Haeder, W., Gärtner, E., Die gesetzlichen Einheiten in der Technik, 2. Aufl., Beuth-Vertrieb, Berlin/Köln/Frankfurt am Main 1971
[43] Bender, D., Pippig, E., Einheiten, Maßsysteme, SI, Friedr. Vieweg und Sohn, Braunschweig 1973
[44] DIN 1301, Einheiten (Teil 1: Februar 1978, Teil 2: Februar 1978, Teil 3: Oktober 1979)
[45] Aylward, G.H., Findlay, T.J.V., Datensammlung Chemie in SI-Einheiten, 2. Aufl., Verlag Chemie, Weinheim/Deerfield Beach, Florida/Basel 1981

2.1 Geräte zur Volumenmessung

[24, 30]

[46] Scholze, H., Glas - Natur, Struktur und Eigenschaften, Springer-Verlag, Berlin/Heidelberg/New York 1977

[47] DIN 12664 Teil 1, Laborgeräte aus Glas; Meßkolben mit einer Marke, August 1983

[48] DIN 12242 Teil 1, Laborgeräte aus Glas; Kegelschliffe für austauschbare Verbindungen, Maße, Toleranzen, Juli 1980

[49] DIN 12252, Laborgeräte aus Glas; Stopfen mit Kegelschliff, April 1979

[50] DIN 12680 Teil 1, Laborgeräte aus Glas; Meßzylinder mit Strichteilung, Oktober 1975; Teil 2, Laborgeräte aus Glas; Meßzylinder mit Hauptpunkte-Ringteilung, April 1983

[51] DIN 12685 Teil 1, Laborgeräte aus Glas; Mischzylinder mit Strichteilung, Oktober 1975; Teil 2, Laborgeräte aus Glas; Mischzylinder mit Hauptpunkte-Ringteilung, April 1983

[52] DIN 12690, Laborgeräte aus Glas; Vollpipetten mit einer Marke, Klasse A und Klasse B, April 1975

[53] Kühne, W. H., Überlegungen zur Volumenmessung, Firmenschrift der Firma Rudolf Brand, Wertheim, Annex No. 589/a, 1970

[54] DIN 12691, Laborgeräte aus Glas; Vollpipetten mit einer Marke, schnellablaufend, Wartezeit 15 Sekunden, Klasse AS, April 1975

[55] DIN 12695, Laborgeräte aus Glas; Meßpipetten für teilweisen Ablauf, Klasse A und Klasse B, April 1975

[56] DIN 12696, Laborgeräte aus Glas; Meßpipetten für völligen Ablauf, Klasse A und Klasse B, April 1975

[57] DIN 12697, Laborgeräte aus Glas; Meßpipetten, schnellablaufend, Wartezeit 15 Sekunden, Klasse AS, April 1975

[58] DIN 12621, Laborgeräte aus Glas; Farbige Kennzeichen von Pipetten, Anordnung, Maße, Kennfarben, Juli 1971

[59] Hauptverband der gewerblichen Berufsgenossenschaften, Zentralstelle für Unfallverhütung und Arbeitsmedizin, Fachausschuß Chemie, Richtlinien für Laboratorien, Carl Heymanns Verlag, Köln 1982

[60] DIN 12700 Teil 1 bis Teil 6, Laborgeräte aus Glas; Büretten, März 1975

[61] Friedman, H. B., LaMer, V. K., Ind. Engng. Chem., Anal. Ed. *2,* 54 (1930)

[62] Hahn, F. L., Z. Anal. Chem. *167,* 104 (1959)

[63] Szebelledy, L., Clauder, O., Z. Anal. Chem. *105,* 24 (1936)

[64] Rellstab, W., GIT Fachz. Lab. *13,* 1053 (1969)

[65] Doerffel, K., Statistik in der analytischen Chemie, 3. Aufl., Verlag Chemie, Weinheim, Deerfield Beach, Florida/Basel, 1984

2.2 Lösungen für die Maßanalyse

[16, 20, 24, 26]

[66] Seel, F., Valenztheoretische Begriffe, Angew. Chem. *66,* 581 (1954)

[67] DIN 32625, Größen und Einheiten in der Chemie; Stoffmenge und davon abgeleitete Größen, Begriffe und Definitionen, Juli 1980

[68] DIN 32629 Stoffportion; Begriff, Kennzeichnung (Vornorm)

[69] Weninger, J., Stoffportion, Stoffmenge und Teilchenmenge, Diesterweg Salle, Frankfurt am Main/Berlin/München 1970

[70] Cordes, J. F., Größen- und Einheitensysteme; SI-Einheiten, in Bock, R., Fresenius, W., Günzler, H., Huber, W., Tölg, G. (Hrsg.), Analytiker-Taschenbuch, Bd. 2, Springer-Verlag, Berlin/Heidelberg/New York 1981

[71] DIN 1310 Zusammensetzung von Mischphasen (Gasgemische, Lösungen, Mischkristalle); Begriffe, Formelzeichen, Februar 1984

[72] Kullbach, W., Mengenberechnungen in der Chemie, Verlag Chemie, Weinheim/Deerfield Beach, Florida/Basel 1980

[73] Brinkmann, H., Rechnen mit Größen in der Chemie, Verlag Moritz Diesterweg/Otto Salle Verlag, Frankfurt am Main/Berlin/München und Verlag Sauerländer, Aarau/Frankfurt am Main/Salzburg 1980

3 Maßanalysen mit chemischer Endpunktbestimmung

3.1 Säure-Base-Titrationen

[8-12, 15-18, 20-22, 24-26, 30]

[74] Bliefert, C., pH-Wert-Berechnungen, Verlag Chemie, Weinheim/New York 1978
[75] Kielland, J., J. Amer. chem. Soc. *59,* 1675 (1937)
[76] Sörensen, S. P. L., Biochem. Z. *21,* 131 (1909)
[77] Firma Merck, Puffersubstanzen, Pufferlösungen, Puffer-Titrisole, Darmstadt
[78] DIN 19260, pH-Messung; Allgemeine Begriffe, März 1971
[79] DIN 19266, pH-Messung; Standardpufferlösungen, August 1979
[80] Stegemann, K., Kienbaum, F., Verwendung von Farb- und Fluoreszenzindikatoren bei der Acidi- und Alkalimetrie (Titrationsfehler), in: [27]
[81] Rast, K., Indikatoren und Reagenzpapiere, in: Methoden der organischen Chemie, (Houben-Weyl), Müller, E. (Hrsg.), 4. Aufl., Bd. III/2, Georg Thieme Verlag, Stuttgart 1962
[82] Bishop, E. (Ed.), Indicators, Pergamon Press, Oxford/New York/Toronto/Sydney/Braunschweig 1972
[83] Schmidt, V., Mayer, W. D., Indikatoren und ihre Eigenschaften, in: Bock, R., Fresenius, W., Günzler, H., Huber, W., Tölg, G., (Hrsg.), Analytiker-Taschenbuch, Bd. 2 (1981) und Bd. 3 (1983), Springer-Verlag, Berlin/Heidelberg/New York
[84] Firma Riedel-de Haën, Indikatoren, Indikator- und Reagenzpapiere, Seelze/Hannover 1982
[85] Demuth, R., Kober, F., Grundlagen der Spektroskopie, Verlag Moritz Diesterweg/Otto Salle Verlag, Frankfurt am Main/Berlin/München und Verlag Sauerländer, Aarau/Frankfurt am Main/Salzburg 1977
[86] Hesse, M., Meier, H., Zeeh, B., Spektroskopische Methoden in der organischen Chemie, 2. Aufl., Georg Thieme Verlag, Stuttgart/New York 1984
[87] Williams, D. H., Fleming, I., Spektroskopische Methoden zur Strukturaufklärung, 5. Aufl., übers. u. bearb. von Zeller, K. P., Georg Thieme Verlag, Stuttgart/New York 1985
[88] Staab, H. A., Einführung in die theoretische organische Chemie 3. Nachdruck der 4. Aufl., Verlag Chemie, Weinheim 1975
[89] Kolthoff, I. M., Die Maßanalyse, 2. Aufl., Bd. I (1930), Bd. II (1931), Springer-Verlag, Berlin
[90] Kolthoff, I. M., Säure-Base-Indikatoren, Springer-Verlag, Berlin 1932
[91] Sörensen, S. P. L., Andersen, A. C., Z. Anal. Chem. *44,* 156 (1905)
[92] Incze, G., Z. Anal. Chem. *56,* 177 (1917)
[93] Küster, F. W., Z. anorg. allg. Chem. *13,* 134 (1897)
[94] Sörensen, S. P. L., Biochem. Z. *21,* 186 (1909)
[95] Winkler, Cl., Praktische Übungen in der Maßanalyse, 5. Aufl., bearb. von Brunck, O., Verlag Felix, Leipzig 1920
[96] Kjeldahl, J., Z. Anal. Chem. *22,* 366 (1883)
[97] Schäfer, H., Sieverts, A., Z. Anal. Chem. *121,* 170 (1941)
[98] Blasius, E., Die Verwendung von Ionenaustauschern in der Maßanalyse, in: [27]

3.2 Fällungstitrationen

[8-12, 15-17, 20-22, 24-26, 30]

[99] Gay-Lussac, J. L., Vollständiger Unterricht über das Verfahren Silber auf nassem Wege zu probieren, Friedrich Vieweg, Braunschweig 1833

[100] Liebig, J., Ann. Chem. Pharm. *77,* 102 (1851)
[101] Volhard, J., J. prakt. Chem. *117,* 217 (1874)
[102] Mohr, F., Lehrbuch der chemisch-analytischen Titrirmethode, Friedrich Vieweg und Sohn, Braunschweig 1855
[103] Fajans, K., Hassel, O., Z. Elektrochem. angew. phys. Chem. *29,* 495 (1923)
[104] Fajans, K., Wolff, H., Z. anorg. allg. Chem. *137,* 221 (1924)
[105] Fajans, K., Adsorptionsindikatoren für Fällungstitrationen, in: [27]
[106] Caldwell, J. R., Moyer, H. V., Ind. Engng. Chem., Anal. Edit. *7,* 38 (1935)

3.3 Oxidations- und Reduktionstitrationen
[8-12, 15-18, 20-22, 24-26, 30]

[107] Pauling, L., Die Natur der chemischen Bindung, 2. Nachdruck der 3. Aufl. 1968, Verlag Chemie, Weinheim 1976
[108] Jones, C., Chem. News *60,* 163 (1889)
[109] Stegemann, K., Metalle als Reduktionsmittel (Metallreduktoren), in: [27]
[110] Zimmermann, Cl., Ber. dt. chem. Ges. *14,* 779 (1881)
[111] Laitinen, H. A., Chemical Analysis, McGraw-Hill, New York 1960
[112] Kolthoff, I. M., Stenger, V. A., Volumetric Analysis, Bd. 1, 2. Nachdruck der 2. Aufl. (1947), Bd. 2, 2. Aufl. (1947), Bd. 3, 2. Aufl. (1957), Interscience Publishers, New York
[113] Reinhardt, C., Chemiker-Ztg. *1889,* 323
[114] Furman, N. H., Cer(IV)-Lösungen als maßanalytische Oxidationsmittel, in: [27]
[115] Brennecke, E., Oxidations-Reduktions-Indikatoren, neubearb. von Blasius, E., in: [27]
[116] Blasius, E., Wittwer, G., in [115]
[117] Cramer, F., Einschlußverbindungen, Springer-Verlag, Berlin/Göttingen/Heidelberg 1954
[118] Saenger, W., Naturwissenschaften *71,* 31 (1984)
[119] de Haën, E., Ann. Chem. Pharm. *91,* 237 (1854)
[120] Bruhns, G., Chemiker-Ztg. *42,* 301 (1918)
[121] Bastius, H., Fresenius Z. Anal. Chem. *250,* 169 (1970)
[122] Stegemann, K., Stegemann, E., Iodatometrie, Periodatometrie, Bromatometrie und Bromometrie. Ersatz für iodometrische Verfahren unter besonderer Berücksichtigung von Chloramin (Natriumsalz des p-Toluolsulfonchloramids), in: [27]
[123] Berka, A., Vulterin, J., Zýka, J., Maßanalytische Oxidations- und Reduktionsmethoden, Akademische Verlagsgesellschaft Geest und Portig, Leipzig 1964
[124] Stamm, H., Die Reduktion von Permanganat zu Manganat als Grundlage eines maßanalytischen Verfahrens, in: [27]
[125] Jerschkewitz, H. G., Rienäcker, G., Titrationen mit Chrom(II)- und Titan(III)-Salzlösungen, in: [27]

3.4 Komplexbildungstitrationen
[9-12, 15-18, 20, 24-26]

[126] Fick, R., Ulrich, H., I. G. Farbenindustrie AG, D. R. P. 638071 vom 9. 11. 1936
[127] Ender, W., Fette u. Seifen *45,* 144 (1938)
[128] Schwarzenbach, G., Schweiz. Chemiker-Ztg. Techn.-Ind. *28,* 181, 377 (1945)
[129] Schwarzenbach, G., Helv. chim. Acta *29,* 1338 (1946)
[130] Schwarzenbach, G., Flaschka, H., Die komplexometrische Titration, 5. Aufl., Ferdinand Enke Verlag, Stuttgart 1965
[131] Schwarzenbach, G., Schneider W., Komplexometrische Titrationsmethoden, in: [27]
[132] Biedermann, W., Schwarzenbach, G., Chimia *2,* 1 (1948)
[133] Schwarzenbach, G., Biedermann, W., Helv. chim. Acta *31,* 678 (1948)
[134] Körbl, J., Přibil, R., Emr, A., Collection Czech. Chem. Commun. *22,* 961 (1957)
[135] Přibil, R., Komplexometrie, Bd. I-IV, übers. von Emr, A., VEB Deutscher Verlag für Grundstoffindustrie, Leipzig 1962-1966

[136] Kober, F., Grundlagen der Komplexchemie, Verlag Moritz Diesterweg/Otto Salle Verlag, Frankfurt am Main/Berlin/München und Verlag Sauerländer, Aarau/Frankfurt am Main/Salzburg 1979
[137] Umland, F., Janssen, A., Thierig, D., Wünsch, G., Theorie und Praktische Anwendung von Komplexbildnern, Akademische Verlagsgesellschaft, Frankfurt am Main 1971
[138] Flaschka, H., Püschel, R., Z. Anal. Chem. *143*, 330 (1954)
[139] Firma E. Merck, Komplexometrische Bestimmungsmethoden mit Titriplex, Darmstadt
[140] Firma Riedel-de Haën, Idranal-Reagenzien für die Komplexometrie, Seelze/Hannover

4 Maßanalysen mit physikalischer Endpunktbestimmung

[2, 10, 12–16, 20, 21, 24, 39]

[141] Kraft, G., Fischer, J., Indikation von Titrationen, Walter de Gruyter, Berlin/New York 1972
[142] Kraft, G., Elektrochemische Analysenverfahren, in: Kienitz, H., Bock, R., Fresenius, W., Huber, W., Tölg, G. (Hrsg.), Analytiker-Taschenbuch Bd. 1, Springer-Verlag, Berlin/Heidelberg/New York 1980
[143] Schumacher, E., Umland F., Neue Titrationen mit elektrochemischer Endpunktsanzeige, in: Bock, R., Fresenius, W., Günzler, H., Huber, W., Tölg, G. (Hrsg.), Analytiker-Taschenbuch Bd. 2, Springer-Verlag, Berlin/Heidelberg/New York 1981
[144] Oehme, F., Richter, W., Instrumentelle Titrationstechnik, Dr. Alfred Hüthig Verlag, Heidelberg 1983
[145] Kortüm, G., Kolorimetrie, Photometrie und Spektrometrie, 4. Aufl., Springer-Verlag, Berlin 1962
[146] Abrahamczik, E., Potentiometrische und konduktometrische Titrationen, in: Methoden der organischen Chemie, (Houben-Weyl), Müller, E. (Hrsg.), 4. Aufl., Bd. III/2, Georg Thieme Verlag, Stuttgart 1962
[147] Cruse, K., Huber, R., Hochfrequenztitration, Verlag Chemie, Weinheim 1957
[148] Eisenman, G., in: Advances in Analytical Chemistry and Instrumentation *4*, 215 (1965)
[149] Cammann, K., Das Arbeiten mit ionenselektiven Elektroden, 2. Aufl., Springer-Verlag, Berlin/Heidelberg/New York 1977
[150] Scholz, E., Karl-Fischer-Titration, Methoden zur Wasserbestimmung, Springer-Verlag, Berlin/Heidelberg/New York 1984
[151] Mitchell jr., J., Smith, D. M., Aquametry, Part III (The Karl Fischer Reagent), 2. Aufl., John Wiley & Sons, New York 1980
[152] Eberius, E., Wasserbestimmungen mit Karl-Fischer-Lösung, Verlag Chemie, Weinheim 1958
[153] Abresch, K., Claasen, I., Die coulometrische Analyse, Verlag Chemie, Weinheim 1961
[154] Karsten, P., Kies, H. J., Bergshoeff, G., Chem. Weekblad *48*, 734 (1952)
[155] Gran, G., Analyst *77*, 661 (1952)
[156] Johansson, A., Svensk Papperstidn. *50*, Nr. 11 B, 124 (1947)
[157] Jungnickel, J. L., Peters, E. D., Anal. Chem. *27*, 450 (1955)
[158] Scholz, E., Fresenius Z. Anal. Chem. *312*, 462 (1982)

5 Überblick über die Geschichte der Maßanalyse

[159] Szabadváry, F., Geschichte der analytischen Chemie, Friedr. Vieweg und Sohn, Braunschweig 1966
Szabadváry, F., Robinson, A., The History of Analytical Chemistry in: Wilsons + Wil-

sons Comprehensive Analytical Chemistry, Vol. X, Elsevier Scientific Publishing Comp., Amsterdam/Oxford/New York 1980
[160] Rancke-Madsen, E., The Development of Titrimetric Analysis till 1806, Copenhagen 1958
[161] Ostwald, W., Die wissenschaftlichen Grundlagen der analytischen Chemie, Verlag Wilhelm Engelmann, Leipzig 1894
[162] Hantzsch, A. R., Ber. dt. chem. Ges. *39,* 1084 (1906), *40,* 3017 (1907), *41,* 1187 (1908)
[163] Michaelis, L., Oxydations- und Reduktionspotentiale, Springer-Verlag, Berlin 1926 (2. Aufl. 1933)
[164] Fischer, K., Angew. Chem. *48,* 394 (1935)
[165] Behrend, R., Z. physik. Chem. *11,* 466 (1893)
[166] Böttger, W., Z. physik. Chem. *24,* 253 (1897)
[167] Crotogino, F., Z. anorg. Chem. *24,* 225 (1900)
[168] Haber, F., Klemensiewicz, Z., Z. Physik. Chem. *67,* 385 (1909)
[169] Müller, E., Die elektrometrische (potentiometrische) Maßanalyse, 7. Aufl., Verlag Theodor Steinkopff, Dresden/Leipzig 1944
[170] Küster, F. W., Grüters, M., Z. anorg. Chem. *35,* 454 (1903)
[171] Kolthoff, I. M., Konduktometrische Titrationen, Verlag Theodor Steinkopff, Dresden/Leipzig 1923
[172] Jander, G., Manegold, E., Z. anorg. Chem. *134,* 283 (1924)
Jander, G., Pfundt, O., Z. anorg. Chem. *153,* 219 (1926)
Jander, G., Pfundt, O., Die konduktometrische Maßanalyse u. a. Anwendungen der Leitfähigkeitsmessungen auf chemischem Gebiet unter besonderer Berücksichtigung der visuellen Methode, Ferdinand Enke Verlag, Stuttgart 1945
Jander, G., Pfundt, O., Die Leitfähigkeitstitration, in: Böttger, W. (Hrsg.), Physikalische Methoden der analytischen Chemie, Teil 2, 2. Aufl., Akademische Verlagsgesellschaft, Leipzig 1949
[173] Britton, H. T. S., Conductometric Analysis, Chapman & Hall, London 1934
[174] Blake, G. G., J. Sci. Instrum. *22,* 174 (1945)
[175] Jensen, F. W., Parrack, A. L., Ind. Engng. Chem., Anal. Ed. *18,* 595 (1946)
[176] Foreman, J., Crips, D. J., Trans. Faraday Soc. *42* A, 186 (1946)
[177] Willard, H. H., Fenwick, F., J. Amer. chem. Soc. *44,* 2504, 2516 (1922)
[178] Heyrovsky, J., Bull. Soc. chim. Françe *41,* 1224 (1927)
[179] Majer, V., Z. Elektrochem. angew. phys. Chem. *42,* 120, 123 (1936)
[180] Salomon, E., Z. phys. Chem. *24,* 55 (1897)
[181] Nernst, W., Merriam, E. S., Z. phys. Chem. *53,* 235 (1905)
[182] Foulk, C. W., Bawden, A. T., J. Amer. chem. Soc. *48,* 2045 (1926)
[183] Wernimont, G., Hopkinson, F. J., Ind. Engng. Chem., Anal. Ed. *15,* 272 (1943)
[184] Geil, J. V., Reger, H., Richter, W., Schäfer, J., Laborpraxis *5,* 1032 (1981), *6,* 24 (1982)

Anhang

[5, 6, 7]

[185] International Union of Pure and Applied Chemistry, Inorganic Chemistry Division, Commission on Atomic Weights and Isotopic Abundances, Pure Appl. Chem. *56,* 653 (1984)

Namenregister

Sachregister